微纳机器人
生物操作与生物制造

王化平　侯尧珍　著

国防工業出版社
·北京·

内 容 简 介

本书介绍了微纳机器人技术在生物操作与生物制造中的应用，重点阐述了“毫－微－纳”多尺度机器人自动化操作在生物细胞分析、人工组织制造及生物医学应用方面的原创性研究成果。全书共9章，前4章内容涉及机器人微纳生物操作基本概念、基础理论、发展概况与研究方案，是全书的基础；第5章～第9章重点阐述了著者基于跨尺度机器人协同生物组装、光致电沉积生物组装、流体动力学交互生物组装以及磁控微操作生物组装等四类技术在人工组织制造与生物医学应用中取得的原创性成果与关键技术。

本书紧密结合组织工程与再生医疗国际前沿研究，不仅系统性地介绍了机器人微纳生物操作相关理论，更对机器人化人工组织制造研究方案与典型案例进行了深入分析。因此，无论对初次涉足微纳机器人与生物制造领域的大专院校研究生，还是对已经有一定工作经验的专业科技人员，本书都具有很好的参考价值。

图书在版编目（CIP）数据

微纳机器人生物操作与生物制造/王化平，侯尧珍著.—北京：国防工业出版社，2024.7

ISBN 978－7－118－13272－4

Ⅰ.①微… Ⅱ.①王… ②侯… Ⅲ.①纳米材料—机器人—研究 Ⅳ.①TP242

中国国家版本馆 CIP 数据核字(2024)第 056968 号

※

国防工業出版社出版发行

（北京市海淀区紫竹院南路23号 邮政编码100048）

雅迪云印（天津）科技有限公司印刷

新华书店经售

*

开本 710×1000 1/16 **插页** 4 **印张** 19 **字数** 350 千字

2024年7月第1版第1次印刷 **印数** 1—1500 册 **定价** 119.00 元

（本书如有印装错误，我社负责调换）

国防书店：(010)88540777　　书店传真：(010)88540776

发行业务：(010)88540717　　发行传真：(010)88540762

前 言

人工组织与器官制造技术作为当前多学科交叉的新兴研究领域,以构建与人体真实组织具有相似结构与功能的替代品为目标,在器官衰竭、失效、癌变等重大疾病的治疗、新药研发与筛选中潜力巨大,有望从根本上解决器官移植中供源不足、免疫排斥等问题。

传统的组织工程技术(tissue engineering)以生物兼容或生物可降解材料为原料,通过构建具有特定三维形貌的细胞支架及种子细胞的着床生长,已能够构建一批应用于临床的人体组织替代品。然而,受细胞支架制备精度、生物材料降解速率与细胞生长速度可控性限制,通过现有技术仍难以构建从宏观形貌到微观特性均能模拟人体真实结构的人工组织。作为近年来快速兴起的研究分支,模块化组织工程技术(modular tissue engineering)通过将种子细胞封装入具有特定微结构特性的微模块中,并按人体组织、器官形貌进行三维组装,实现了更为精密且兼顾生理学特性的人工组织制造。然而,该类方法的研究在国际上仍处于探索阶段,能否开发高精度、稳定、高效的生物操作与生物制造技术,实现模块化组织工程对复合型高精密人工组织的高通量、自动化制造,是未来人工组织走出实验室投入临床应用的关键。

基于作者长期在微纳操作机器人与微纳生物制造领域积累的理论与技术,本书提炼凝聚多年来在机器人与微纳制造领域国际期刊发表的系列成果,介绍了著者在生物细胞与人工组织的机器人化微纳操作与生物制造方面的原创性研究成果。本书从基本概念、基础理论、发展概况、研究方案与实践等出发,系统论述了细胞的机器人化三维组装与人工组织生物制造等方面的理论与实践。本书内容可归纳为两部分:第 1 章 ~ 第 4 章,针对人工组织与器官的机器人化微纳生物制造这一新兴多学科交叉技术,全面阐述了液相环境下机器人与生物目标的多尺度交互总体方法、生物微纳操作中涉及的物理理论、细胞化组装模块的加工方法和生物微纳操作方法;第 5 章 ~ 第 9 章,重点阐述著者基于跨尺度机器人协同生物组装、光致电沉积生物组装、流体动力学交互生物组装以及磁控微操作生物组装等四类技术在人工微组织制造方面取得的原创性研究成果与关键技术。全书既涵盖人工组织的生物制造及应用、典型机器人化生物制造技术的基本概念与研究进展，更突出了著者研究团队通过在该领域多年经验的积累进行的以下创新。①在国内首次开展了基于多机器人跨尺度协同的人工微血管制造研究，成功制造了200μm尺度人工微血管，为复杂人工组织内部营养供给提供了解决方法（见第3章和第5章）。②创新性地开展了三维肝小叶人工组织生理学、药理学测试模型的机器人化微纳生物制造，实现了具有生物功能的微尺度肝模型的离体构建，为未来新药测试与筛选开辟了新的途径（见第6章和第7章）。③首次开展了具有环境感知形变功能的单薄膜拟生物组织微机器人设计与制造，创新性地实现了可降解微纤维结构的任意剪裁形变与生物降解，并通过磁性纳米颗粒封装与微纤丝三维引导组装，实现了机械特性可控的三维人工微组织制造（第8章和第9章）。

本书全面、系统论述并总结了微纳机器人生物操作与生物制造及其在组织工程与再生医疗中的应用，展示了著者及其团队在生物医学微纳机器人领域的原创成果，为未来生物制造技术全面投入应用奠定了坚实的理论与工程基础。

作　者

2022年6月

目 录

第1章 机器人化微纳生物制造技术 …… 1
1.1 组织工程中的生物制造技术 …… 1
1.1.1 组织工程研究进展 …… 1
1.1.2 生物制造技术概述 …… 5
1.2 自上而下型生物制造方法 …… 6
1.2.1 基于细胞支架的生物制造技术 …… 7
1.2.2 免细胞支架的生物制造技术 …… 9
1.3 自下而上型生物制造方法 …… 11
1.3.1 细胞化模块制造技术 …… 11
1.3.2 细胞化模块组装技术 …… 13
1.4 机器人化细胞组装方法 …… 15
1.4.1 细胞组装概述 …… 15
1.4.2 微纳生物操作技术研究进展 …… 17
1.4.3 微纳操作机器人研究进展 …… 22
参考文献 …… 24

第2章 生物微纳操作中的物理体系 …… 30
2.1 微纳尺度效应 …… 30
2.2 微纳尺度下的材料与力学性能 …… 31
2.2.1 材料的基本力学特性 …… 32
2.2.2 弹塑性变形 …… 35
2.2.3 疲劳与断裂 …… 37
2.3 微纳尺度下的流体力学 …… 38
2.3.1 流体力学基本假设 …… 38
2.3.2 流体力学基本方程组 …… 40
2.3.3 纳维-斯托克斯方程 …… 43
2.3.4 雷诺数 …… 43

2.3.5 黏性不可压缩流体运动 …… 44
2.3.6 扩散现象 …… 44
2.3.7 表面张力与亲疏水性 …… 45
2.4 微纳尺度下的电磁现象 …… 46
2.4.1 静电作用 …… 46
2.4.2 范德瓦尔斯力 …… 47
2.4.3 介电力 …… 49
2.4.4 电泳现象 …… 51
2.4.5 电磁场理论与应用 …… 51
2.5 微纳尺度下的光学技术 …… 53
2.5.1 显微成像 …… 53
2.5.2 激光捕获 …… 58
参考文献 …… 59

第3章 细胞化微模块加工技术 …… 64
3.1 光固化技术 …… 65
3.1.1 基于掩模版的光固化加工工艺 …… 66
3.1.2 立体光刻技术 …… 67
3.2 微流控法 …… 68
3.2.1 点状细胞化微模块构建方法 …… 69
3.2.2 线状细胞化微模块构建方法 …… 71
3.2.3 平面状细胞化微模块构建方法 …… 73
3.3 生物打印 …… 74
3.3.1 基本原则 …… 76
3.3.2 细胞3D生物打印 …… 76
3.3.3 基于细胞液滴的生物打印(DCB) …… 76
3.3.4 基于挤压的细胞生物打印(ECB) …… 77
3.3.5 基于立体光刻的细胞生物打印(SLA) …… 79
参考文献 …… 80

第4章 微纳生物操作方法 …… 85
4.1 微纳机械操作 …… 86
4.1.1 微纳机械操作原理 …… 86
4.1.2 微纳机械操作机器人系统 …… 88
4.1.3 微纳机械操作末端执行器 …… 90

4.1.4 机械力微纳生物操作应用 …… 90
4.2 磁驱动微纳操作 …… 93
4.2.1 磁驱动原理 …… 93
4.2.2 磁驱动微纳操作机器人系统 …… 94
4.2.3 磁驱动生物微纳操作机器人制备 …… 95
4.2.4 磁驱动生物微纳操作机器人运动控制 …… 98
4.3 光驱动微纳操作 …… 99
4.3.1 光镊原理 …… 100
4.3.2 光镊微纳操作系统 …… 101
4.3.3 光镊生物微纳操作 …… 101
4.4 电场驱动微纳操作 …… 104
4.4.1 介电泳原理 …… 104
4.4.2 介电泳微纳操作机器人系统 …… 106
4.4.3 光诱导介电泳微纳操作机器人系统 …… 107
4.4.4 介电泳生物微纳操作的应用 …… 108
4.5 声场驱动微纳操作 …… 110
4.5.1 声场驱动原理 …… 110
4.5.2 声场驱动微纳操作机器人系统 …… 111
4.5.3 声场驱动生物微纳操作应用 …… 112
参考文献 …… 115

第5章 基于编队控制的多机器人动态重构协同微操作 …… 120
5.1 跨尺度协同微操作机器人系统 …… 120
5.1.1 导轨微操作机器人系统设计 …… 121
5.1.2 微纳操作机器人末端执行加工 …… 125
5.2 微操作机器人运动控制 …… 128
5.2.1 宏微混合运动控制 …… 129
5.2.2 末端轨迹补偿 …… 130
5.2.3 微模块运动路径规划 …… 132
5.3 多机器人动态可重构协同微操作 …… 138
5.3.1 概述 …… 138
5.3.2 多探针位姿一致性 …… 139
5.3.3 多构态协同微操作 …… 142
5.3.4 协同微操作构态确定 …… 144
5.4 基于编队控制的末端构态重构 …… 147

5.4.1 不同构态的拓扑结构与邻接矩阵分析 …… 148
5.4.2 基于人工势场法的多微操作器运动 …… 150
5.4.3 多微操作器同步运动控制 …… 154
参考文献 …… 159

第6章 基于光致电沉积的人工微组织组装技术 …… 165
6.1 概述 …… 165
6.2 细胞化微胶囊设计与制造 …… 168
6.2.1 海藻酸水凝胶材料 …… 168
6.2.2 海藻酸-聚赖氨酸微胶囊的制备 …… 170
6.2.3 海藻酸-聚赖氨酸微胶囊结构和形状的优化 …… 173
6.2.4 海藻酸-聚赖氨酸微胶囊的肝细胞嵌入式生长 …… 174
6.3 表面处理及共培养 …… 176
6.4 微组织的组装和自黏合 …… 179
6.4.1 微模块组装的过程仿真和组装参数优化 …… 179
6.4.2 微组织的构建和自黏合 …… 183
6.5 小结 …… 184
参考文献 …… 185

第7章 基于流体动力学交互的人工微组织组装与功能评估 …… 191
7.1 薄片状仿肝小叶微单元结构制作 …… 195
7.1.1 微流道芯片设计 …… 196
7.1.2 水凝胶选择 …… 197
7.1.3 仿肝小叶微单元制作 …… 199
7.2 六边形微单元的体外培养 …… 200
7.2.1 PEGDA 光固化对细胞活性的影响 …… 200
7.2.2 六边形微单元的多细胞共培养 …… 202
7.3 基于局部微流体力的六边形微单元的三维微组装 …… 203
7.3.1 三维拾取操作 …… 203
7.3.2 基于流体动力学交互的对齐组装 …… 204
7.4 基于脉冲微环流的六边形微单元的三维微组装 …… 206
7.4.1 三维堆叠策略 …… 206
7.4.2 片上自动对齐组装 …… 208
7.5 仿肝小叶三维微组织的体外培养 …… 209
7.5.1 仿肝小叶三维微组织的细胞活性评估 …… 209

7.5.2 仿肝小叶三维微组织的肝功能评估…… 209
7.5.3 微单元的阵列化扩展 …… 211
参考文献…… 213

第8章 基于磁场驱动的可生物兼容微机器人的体内操作与应用 …… 218
8.1 概述 …… 218
8.2 磁驱动微机器人控制系统 …… 219
8.2.1 永磁体磁驱动系统 …… 219
8.2.2 电磁线圈磁驱动系统 …… 220
8.2.3 电磁铁磁驱动系统 …… 221
8.2.4 八极电磁铁驱动系统 …… 222
8.3 磁驱动微机器人结构设计与制备方法 …… 224
8.3.1 仿鞭毛菌磁性微机器人 …… 224
8.3.2 环境自适应形变磁性微机器人 …… 227
8.3.3 表面凹坑修饰的双螺旋磁性微机器人…… 229
8.4 磁驱动微机器人运动控制方法与策略 …… 230
8.4.1 磁驱动原理 …… 230
8.4.2 磁场梯度驱动方法 …… 231
8.4.3 旋转磁场驱动方法 …… 232
8.4.4 振荡磁场驱动方法 …… 232
8.5 环境自适应形变微机器人的应用 …… 234
8.5.1 海藻酸微机器人运动控制 …… 234
8.5.2 主动运输方法设计 …… 235
8.5.3 被动运输方法设计 …… 237
8.5.4 微机器人间接在体运动 …… 239
8.6 表面凹坑修饰的双螺旋微钻机器人的应用 …… 240
8.6.1 微机器人运动仿真建模 …… 241
8.6.2 微机器人运动性能测试 …… 242
8.6.3 微机器人血栓清除功能的模型验证…… 244
参考文献…… 246

第9章 基于磁引导的人工微组织组装技术 …… 251
9.1 基于磁引导的微组织组装的发展现状 …… 251
9.2 基于尖端电磁镊引导的缠绕式细胞三维微组装方法 …… 254
9.2.1 概述 …… 254

9.2.2 尖端电磁镊引导微操作的必要性分析 …… 256
9.2.3 微组装系统设计 …… 257
9.2.4 微机器人操作系统 …… 259
9.2.5 微纤维缠绕长度优化 …… 261
9.2.6 磁镊尖端与微纤维相互作用分析 …… 263
9.2.7 尖端电磁镊运动轨迹规划 …… 270
9.3 基于永磁引导沉淀的流道打印式细胞三维组装方法 …… 275
9.3.1 组装系统设计 …… 277
9.3.2 PDMS 微流道喷头微纤维喷射控制 …… 278
9.3.3 磁引导系统的优化 …… 281
9.3.4 磁性纳米粒子浓度优化 …… 283
9.3.5 打印操作与体内组织形状模拟 …… 286
9.3.6 三维体内组织形状模拟 …… 288
参考文献 …… 290

彩图 …… 彩插 1

第1章

机器人化微纳生物制造技术

1.1 组织工程中的生物制造技术

1.1.1 组织工程研究进展

人体功能器官的衰竭与组织缺失是当前发病率最高且最具威胁性的医疗难题之一,其治疗费用高昂且治疗过程风险性高。据2018年世界卫生组织统计结果显示,截至2016年全球每年因心脏病与脑血管疾病等由组织功能衰竭引起的疾病造成死亡的人数为1520万,死亡率以46%居于榜首(图1.1)。据2017年中国卫生和计划生育统计年鉴显示,肿瘤疾病、心脏病及脑血管疾病在十大致死疾病中占比为69.22%,居于我国榜首。随着免疫抑制剂的开发与移植免疫基础研究的发展,以器官移植为代表的缺失类疾病临床医疗修复技术得到了飞速的发展。

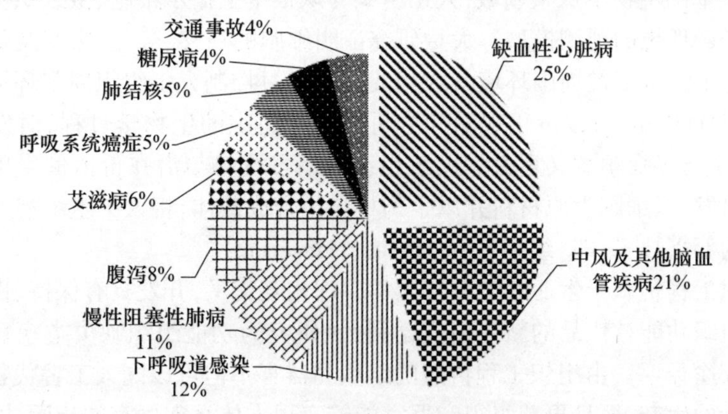

图1.1 2016年全球死亡率统计结果

对受损组织和器官的修复和治疗手段目前主要包括自体组织器官移植、异体组织器官移植、异种组织器官移植、人工器械替代等方法。自体组织器官移植的最大优点是可以避免免疫排斥,然而从患者自体获取移植供体不但供源有限,而且会造成患者更多的损伤。异体组织器官移植虽增加了人体组织和器官的供应来源,但异体间的免疫排斥常常引起移植失败。异种组织器官移植虽然可以完全解决组织器官的供体来源问题,但异种组织和器官间的组织相容性问题使移植体难以存活。人工器械替代物由人工合成制备,既可以大批量生产解决供源的问题,又由于它是惰性物质可以避免免疫排斥,具有其他器官移植所无法相比的优点。然而人工替代物仅能替代人体组织和器官的有限的生物学功能,且容易产生异物反应。如何在离体环境下构建可批量化制备、能够真实再现人体组织器官生物学功能的替代品,即人工组织与器官,已经成为当前从根上解决受损组织修复问题的关键。人工组织以人类自体细胞为原料,通过在离体环境下构建与特定组织器官具有相似结构、功能的替代品,为器官衰竭、失效与癌变等重大疾病的治疗开辟了新的途径,研究其相关理论与方法在临床医学、基础生物学、再生医疗与药物研发等领域都将具有重大的意义[1]。

人工组织作为介于细胞与动物模型之间的新型生物模型,能够深刻揭示生命体的基本规律,将在新药研发、再生医疗、肿瘤等重大疾病的个性化治疗等领域产生重要影响[2]。首先,在临床医疗领域,人工组织为新药测试与重大疾病的治疗提供了更有效的测试模型。与啮齿类动物测试模型相比,人工组织由人体特定细胞群构成,能够更充分地在体外再现人体局部区域的新陈代谢过程。将其作为药物测试模型和肿瘤等重大疾病的治疗模型,可比动物模型更精确、有效评估疗效[3]。在再生医疗领域,人工组织是组织器官移植的终极替代品。人工组织作为具有保持、恢复及提高人体组织器官功能的替代品,以自体细胞为原料,能够从根本上解决现阶段器官移植中供源不足、免疫排斥与异物反应等弊端[4]。在基础生物学探索领域,人工组织为从根本上揭示细胞、微组织生物学机理提供了最理想的观测模型。大量研究证明细胞的迁移、分化、癌变及基因蛋白表达均与组织构型及周围环境参数相关[5]。通过控制人工组织周围环境变量及其三维(3D)构型,可以量化观测和分析细胞与组织的生物学过程,对发育生物学、形态学与癌变学意义重大。人工组织的诸多优势与潜在价值催生出从工程学角度出发,以细胞为原材料并以生物材料为合成载体,将人工组织视为产品进行开发的新兴技术,即“组织工程(tissue engineering)”[6]。

组织工程是基于生命科学并与工学原理相互交叉,开发具有保持、恢复及提高人体组织功能替代品的新兴研究学科,该研究为功能组织缺失类疾病开辟了新的治疗途径[7]。由组织工程再造的组织和器官不但可以同人工替代物一样进行大批量的生产,而且再造组织和器官能够实现人体真实器官的相同功能,通过

使用自体细胞还可以防止免疫排斥的产生，被认为是最有希望彻底解决组织和器官修复难题的途径[8-9]。

组织工程的基本原理如图1.2所示，首先从人体活体组织或干细胞群获取用于构建人工组织的种子细胞，并将其进行普通生物学二维(2D)培养，使其在离体环境下扩增到理想的数量。其次，将增殖后的细胞种植到具有良好生物相容性且在体内可逐步降解吸收的多孔支架上，形成细胞-支架复合物，并使细胞沿着支架构型继续增殖、诱导分化。最终，将此复合物植入机体组织病损部位，在体内继续增殖并分泌细胞外基质(Extra Cellular Matrix, ECM)，伴随着生物材料的逐步降解，形成新的与自身功能和形态相适应的组织或器官，从而达到修复病损组织或器官的目的[10]。因此，组织工程的三大要素为种子细胞、生物材料、组织构建，其核心问题是构建由细胞与再生支架结合的复合体。

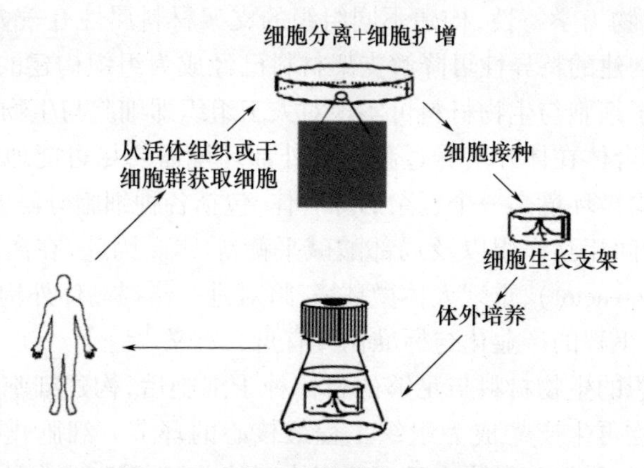

图1.2 组织工程构建人工组织原理

种子细胞是实现组织和器官再造的基础，通过获取同源组织中的理想细胞作为种子在体外培养扩增，即可获得大量的目标细胞作为构建人工组织的原材料。因此，直接从成熟组织中获取的细胞是最常用的种子细胞来源。如早期用于构建肌腱组织、软骨组织等使用的肌腱细胞、成熟软骨细胞均可来源于自体成熟组织[11-13]。然而，从自体获取的成熟细胞在体外培养环境下容易老化而失去增殖能力，无法完全满足构建组织的需求。干细胞研究的飞速发展为种子细胞的选择带来了新的希望。干细胞具有自我复制以及向多种成熟细胞分化的能力，这些优势完全符合组织工程种子细胞的需求。因此，胚胎干细胞、成体干细胞已成为最重要的两种干细胞种子来源。胚胎干细胞来源于早期囊胚的内细胞团，在体外适当培养条件下能够无限扩增且保持未分化状态。去除抑制细胞分化的因子后，其可以自发向三个胚层细胞分化。胚胎干细胞因其独特的无限增殖能力和分化全能性，有望为组织工程提供充足的种子细胞来源。与胚胎干细胞相比，成体干细胞

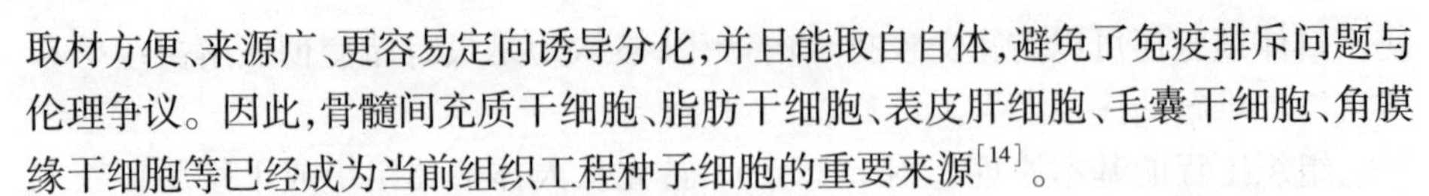

取材方便、来源广、更容易定向诱导分化,并且能取自自体,避免了免疫排斥问题与伦理争议。因此,骨髓间充质干细胞、脂肪干细胞、表皮肝细胞、毛囊干细胞、角膜缘干细胞等已经成为当前组织工程种子细胞的重要来源[14]。

生物材料是构建人工组织生物支架的重要组成部分,在种子细胞转换为人工组织的过程中为细胞提供了赖以生存的环境。通过将生物材料制备成具有特定形貌与微结构特性的生物支架,可以为细胞的增殖、分化、营养交换、新陈代谢以及细胞外基质分泌等生理活动提供空间场所。为构建理想的生物支架,生物材料需要具有生物可降解性、合适的降解速率、良好的生物相容性、一定的生物力学强度等性质。目前常用的生物材料主要包括自然界存在的生物兼容性材料、人工合成生物材料两类。水凝胶等具有光交联、化学交联、热交联等特性的材料均为构建生物支架的重要成分。然而,由于不同的组织具有不同的结构与组成、不同的生物力学特性,构建不同组织的支架材料属性有较大差别,开发适用于不同组织构建的特异性可降解支架材料已经成为组织构建的关键瓶颈[15]。具备合适的种子细胞与生物材料可实现对人工组织即细胞与生物材料复合体的构建。然而,复合体在体外培养过程中的外部环境需要尽可能地模拟人体真实的微环境。体内微环境是一个复杂的综合体,包括各种细胞分泌的生长因子、细胞外基质、细胞间相互作用以及局部酸碱平衡等[16]。因此,在离体环境下构建生物反应器(bioreactor),重现人体微环境,将对进一步提高体外构建组织的生物功能,实现组织工程的产业化与标准化具有重大意义[17]。

在具备理想的生物材料与足够的目标种子细胞后,构建细胞与生物材料复合的细胞化生物再生支架成为组织工程最核心的环节。细胞化生物再生支架(cellular scaffold)将细胞封装于具有特定构型的空间支架中,为种子细胞提供了赖以生存和依附的三维环境,解决了隔离细胞群无法自我生长为具有特定形态的三维组织的难题。它作为细胞外基质(ECM)不仅起着决定新生组织、器官形状大小的作用,更重要的是可作为细胞增殖与分化提供营养、进行气体交换、排除废物的场所[18]。再生支架作为空间基底,为细胞在三维空间的定向生长、扩散、增殖提供了必要的机械支撑,通过将再生支架构造为特定的三维形貌,可以有效引导着床细胞以再生支架为模具扩增为与其具有相同形貌的三维人工组织结构。因此,为了构建与人体真实结构具有相似结构与功能的人工组织,再生支架必须具有精密的内部结构与外形,并能实现着床细胞生长与支架结构比例化降解[19]。当前,基于细胞化生物再生支架制造的人工组织构建方法仍面临巨大挑战。如表 1.1 所列,首先,人体组织由复合细胞构成,通过不同种类细胞间的相互协作才能从宏观层面实现特定的生物学功能。因此,人工组织必须像人体内部结构一样具有神经、骨结构、血管与角膜上皮组织等多种组成部分;其次,微尺度下真实的人体组织由具有特定轮廓与相似功能的细胞化微结构单元按特定

规律重复堆叠而成,如肝脏中的肝小叶结构、肾脏中的肾元结构、胰脏中的胰岛结构等。因此,使构建的人工组织兼具真实组织的宏观形貌以及特征化微结构是组织工程亟须解决的技术瓶颈;最后,人体组织与器官中应遍布不同尺寸的血管结构,上至直径在毫米尺度的主动脉、下至若干微米尺度直径的毛细血管,这些复杂的血管网络为组织中的细胞营养交换、气体输送提供了唯一的通道。可以说,微血管是人体组织的基石与必不可少的功能单元。然而,现阶段组织工程技术所构建的人工组织大多为不具备微血管循环结构的组织。受营养物质扩散能力的限制,无血管情况下的人工组织大多局限于层状、薄膜状等厚度较小的二维结构,才可保证结构中的细胞充分吸收外部培养液中的营养物质。当人工组织结构进一步扩展到三维尺度时,组织内部细胞将因难以吸收到外部营养物质而逐渐凋亡。因此,人工组织的血管化是未来组织工程技术的研究重点之一。由此可见,针对组织工程构建复合三维功能化人工组织中仍存在的各项挑战,探索能够兼顾细胞级操作精度与宏观尺度加工效率的制造技术,以构建具有复合细胞、内部精密微结构、仿生外部形貌,并能长期保持细胞整体活性的三维人工组织,是当前组织工程的整体发展趋势[20]。

表1.1　工程技术现状与挑战

组织重要参数	组织工程已具备的技术	组织工程未达到的技术
人工组织结构	无特定微结构特性的简单组织	与对应真实组织具备相同的特征化微尺度结构的复杂组织
组织异质性	由单一种类细胞构成的组织	由多种细胞与细胞外基质构成的特异性复合组织
组织尺度	层状、薄膜状二维组织	具有厚度的三维组织
组织血管化程度	无血管与微循环系统的组织	血管化组织

1.1.2　生物制造技术概述

随着纳米技术、生物医学工程、机器人技术、材料科学等多学科前沿交叉领域的快速发展,针对组织工程对构建复合型精密人工组织的需求,近年来涌现出了一批兼顾操作精度与制备效率的细胞与生物再生支架复合制备技术。我们将这些技术统称为面向组织工程与人工组织构建的生物制造技术(biofabrication)。生物制造技术以细胞为原材料,结合细胞定位、细胞筛选、细胞操作、细胞装配等操作手段,实现特定细胞群的封装、细胞与生物材料复合体的集成化制备,通过高精密的操作以加工技术解决组织工程中复杂人工组织构建的难题。

当前,针对组织工程的生物制造方法如图1.3所示,主要分为自上而下型(top - down)及自下而上型(bottom - up)两类[21]。自上而下型构建方法是存在较久且较为成熟的方法,即将人工组织视为整体进行加工,通过直接制备集成的再生支架并在其孔隙中进行细胞着床、培养、分裂与增殖,形成具有生物学意义的成熟结构,再将其移植到人体内部。通过合理控制再生支架表面孔的密度、孔隙大小及内部结构的连通性,可以有效实现对细胞营养物质的传送,并为细胞内向生长及转移提供环境。现已实现的自上而下型方法主要有电纺丝法[22]、制孔剂沥滤法[23]、3D 打印法[24]、多层叠片法[25]及软光刻法[26]等。自下而上型生物制造方法是指从细观尺度出发,针对人体组织与器官由具有相似功能与微结构的单元按生物学规律在三维空间连接而成这一特点,通过设计具有特定构型与生物功能的兼容性微模块(micromodules),并将目标细胞封装于微模块中构成用于制造人工组织的细胞化组装单元(cellular modules),并通过高精密、高效率的操作手段将若干微单元聚合成具有特定形貌的宏观可见组织的过程。目前,自下而上型生物制造技术中用于构建细胞化微模块的方法包括自组装聚合、水凝胶细胞封装、细胞薄层加工、细胞打印等[27]。通过这些方法制备的细胞化微模块将进一步通过随机填充、细胞层堆叠、引导组装等生物操作方法组装大型的三维人工组织[28]。该类方法中由于微单元本身具有特定微结构特性和生物功能,聚合后整体结构又具备特定的组织形貌,该类方法从微观到宏观尺度上有效再现了真实人体组织与器官的结构与功能,已经成为目前聚焦发展的前沿技术。

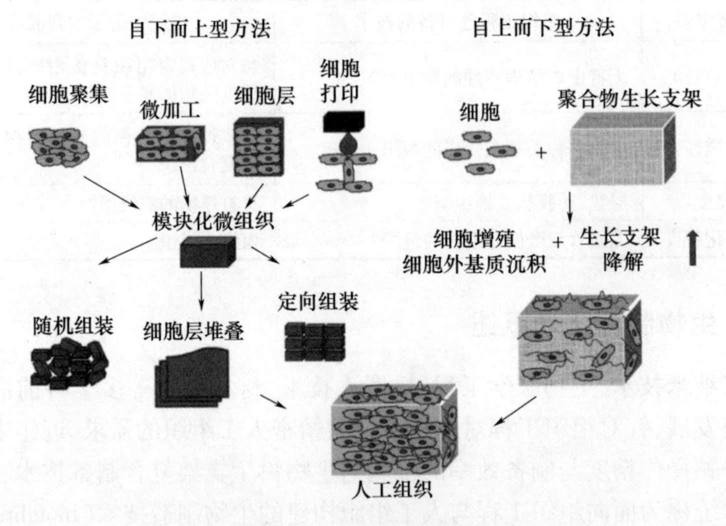

图 1.3 生物制造技术对人工组织的构建方法

1.2 自上而下型生物制造方法

自上而下型生物制造方法将人工组织作为整体进行加工,以确保从整体三

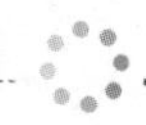

维宏观结构及形貌真实模拟人体组织与器官。为实现人工组织的集成加工,该类方法具体可根据是否使用再生支架作为种子细胞的机械支撑分为两类:基于细胞支架(scaffold - based)的生物制造技术、免细胞支架(scaffold - free)的生物制造技术。

1.2.1　基于细胞支架的生物制造技术

细胞支架的制造需要保证生物兼容性、生物可降解性及一定的孔密度与孔尺寸的要求。通过合理控制再生支架表面孔的密度、孔隙大小及内部结构的连通性,可以有效实现对细胞营养物质的传送,并为细胞内向生长及转移提供环境。如前所述,现已实现的再生支架制造方法主要有电纺丝法、制孔剂沥滤法、光刻与三维打印方法等。

普通的电纺丝法受加工工艺限制,多用于实现二维结构。L. D. Wright 和 R. T. Young 对电纺丝法进行了改进,通过对静电纺丝材料的烧结、提升其延展性等机械性能,可以实现对三维结构的塑造,获得用于细胞生长的三维再生支架[29]。在制孔剂沥滤法中,用于细胞着床与生长的生物材料与制孔剂混合以组成聚合粒子材料。通过溶解蒸发,制孔剂被过滤而在生物材料上留下小孔用于提供细胞生长环境。如图 1.4 所示,C. Hu 等使用磁性糖粒子作为制孔剂,实现了对生物材料微结构的磁性控制,提升了三维再生支架制作的可操作性[30]。随着快速成型技术与三维打印技术的快速发展,生物打印(bioprinting)在基于细胞支架的人工组织构建中作为新兴技术,展现出巨大潜力。生物打印以细胞与生物材料混合物作为打印原料(bio - ink),通过计算机进行建模与三维打印控制,实现了高精度的三维再生支架构型。K. Jakab 和 B. Damon 等有效融合离散型与连续型生物打印,在离散型打印中将球形细胞群分别装载到再生支架上,而在连续型生物打印中则将支架材料与细胞群混合并连续导出以堆叠成所需的三维结构。如图 1.5 所示,G. Vozzi 和 C. Flaim 等使用三轴可控的微动台对微量调节注射器的针尖进行精确控制,使用恒压控制聚乳酸 - 羟基乙酸共聚物(PLGA)溶液,实现了针对再生支架的三维聚合物沉积。

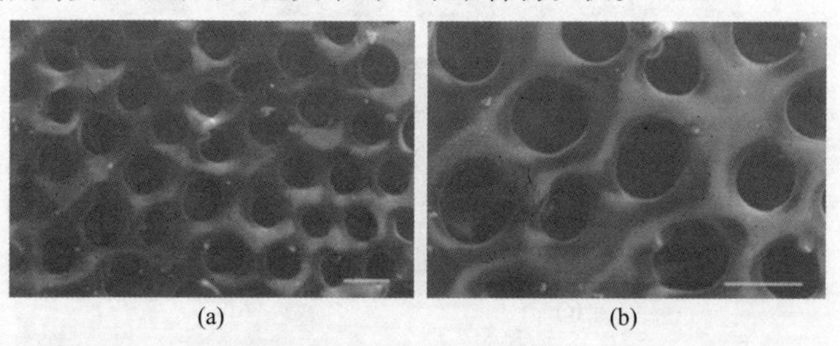

图 1.4　磁性糖粒子沥滤法对再生支架的加工(标尺:100 μm)

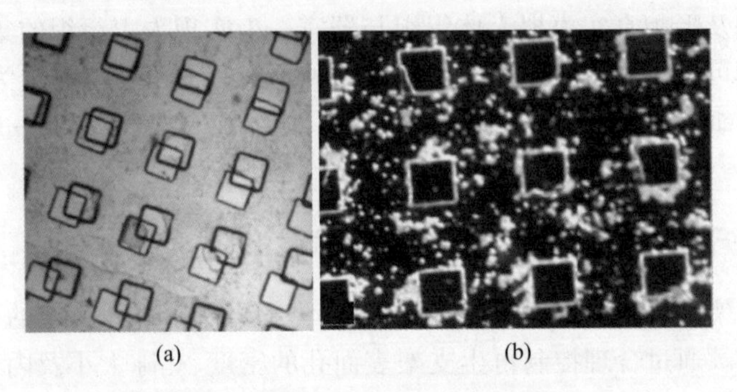

图 1.5　多层叠片法对 PLGA 支架的加工

基于上述的再生支架制造方法，早在 1997 年，Joseph Vacanti 团队通过在三维再生支架上着床软骨细胞，成功在小鼠背部移植了具有人体耳朵形状的三维人工组织，成为基于细胞支架的生物制造技术的典型代表[31]。研究中可生物降解的高分子聚合物被塑型成 3 岁儿童耳廓形状的人工软骨组织，成功验证了三维细胞结构体外构建的可行性。聚合物模板通过聚乙醇酸非纺织网构成人类耳廓形状。随后将牛关节软骨细胞着床到模板孔隙中并被移植到无胸腺小鼠背部的皮下囊袋中。在移植后四个星期内人工组织均能保持良好的细胞活性，在移除支架后经过 12 周的发育即可达到如图 1.6 所示的耳廓外形与内部构造。实验结果证明聚乳酸－聚羟基乙酸通过着床软骨细胞能够构建具有一定复杂度的三维人工组织，在整形外科与重建外科等方面具有重要意义。然而，耳廓结构与人体其他组织与器官相比是较为简单的三维结构，该方法仍无法被用于构建满足组织工程需求的复杂三维细胞结构。

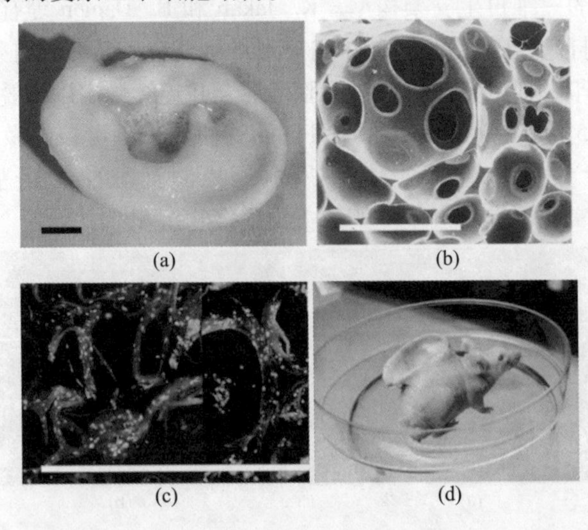

图 1.6　人工三维软骨结构

1.2.2　免细胞支架的生物制造技术

与基于细胞支架的人工组织制造技术相比，免细胞支架的制造技术不依赖于生物材料，而以种子细胞及细胞分泌物作为制造人工组织的原材料。如图1.7所示，免细胞支架制造技术以细胞作为原材料，通过具有特定构型的模具、特殊生物反应器、细胞聚合生长等方式实现批量细胞的离体培养。由于细胞在生长与增殖过程中会分泌大量的细胞外基质，细胞群以分泌物作为黏合剂即可被集成为具有层状、球状等形貌的模块。这些模块作为构建人工组织的基本单元被进一步通过堆叠、卷曲构型或细胞打印构建成三维结构。三维结构完全由复合细胞与细胞外基质构成，组成成分与人体真实组织一致。

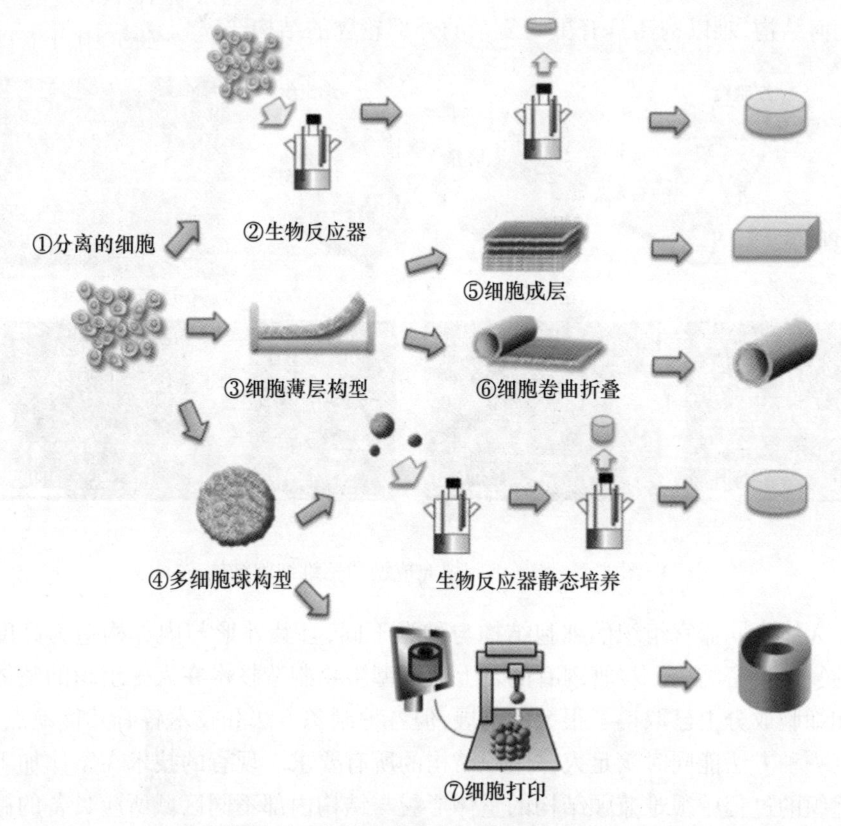

图1.7　免细胞支架人工组织制造方法

基于模具构型的制造技术可以通过预先设计具有特定构型的模具，将细胞播种到模具中培养扩增以获得具有模具相同形貌的人工组织。如图1.8所示，聚二甲基硅氧烷(PDMS)作为生物友好的聚合物，被设计成具有特定构型的模

具。细胞被包裹到胶原蛋白凝胶中形成细胞粒并播种到模具中。营养液通过细胞粒之间的间隙渗入以保证细胞的分裂与增殖,直至最后细胞粒连接在一起构成完整的三维细胞结构。然而,成型模具的可塑性极其有限,无法构成复杂三维结构,且通过随机填充难以获得由多种细胞构成的多层结构[32]。该方法可以被用于构建具有功能性的三维细胞结构,如骨骼肌肉微组织等[33]。其他免细胞支架的方法通过将细胞群与细胞外基质构成的层状、球状结构进行三维构型,即可形成所需的三维结构,如通过将层状细胞结构卷曲、折叠获得的立方体结构、管状结构等。该类基于细胞薄层构型的技术通过在温感培养皿中培养细胞,免去了传统培养技术使用胰岛素等试剂对细胞结层结构的破坏。细胞层完全由细胞构成,不含其他生物材料,因此可以直接移植到病患部位,避免了对细胞载体、再生支架等的使用。然而,通过细胞层构型的三维结构大多为规则、固定的简单三维几何结构,难以构建具有更为复杂的外部轮廓的结构[34-36]。

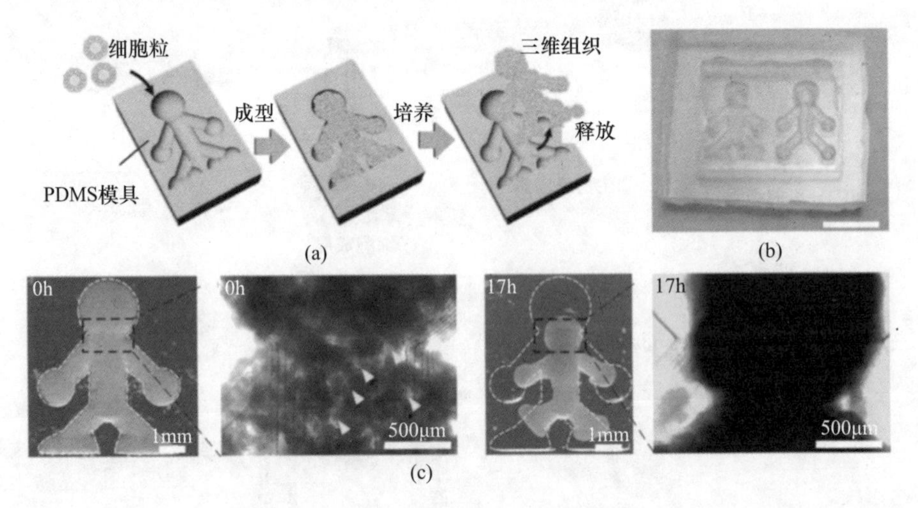

图 1.8　基于细胞填充成型的三维细胞结构

人体不同器官组织的细胞结构与种类不同,且其外形与内部构造为高度集成的复杂精密结构。尽管现有的自上而下型生物制造技术在人工组织的整体形貌和细胞成分上已取得了很大的进展,但各种制备方法和技术各有其优缺点,尚没有一种方法能同时满足人体组织结构的所有要求。现有的技术在整体加工人工组织的过程中很难兼顾结构的整体形貌与结构内部不同区域所应具备的微结构特性,且在细胞支架的降解速率、生物兼容性等方面仍存在诸多问题。因此,研究者认为自上而下型生物制造技术仅能实现诸如膝盖软骨薄片结构、皮肤结构等无特殊三维构型要求的简单结构,而离实现复杂的三维结构仍然存在很大的距离。

1.3 自下而上型生物制造方法

随着微纳操作技术的出现与快速发展,为构建从整体形貌与局部微结构特性均能再现真实人体组织与器官的三维复杂人工组织,研究者提出了基于细胞群微结构组装的自下而上型三维组织制造技术。自下而上型生物制造方法通过微纳操作技术将细胞群封装为具有不同构型的模块化微组装单元,并对单元模块进行有序化微组装,即可在保持真实组织宏观结构的同时使组织内部具备精密微结构,有效解决当前"自上而下"型方法的不足。如图1.9所示,首先满足特定要求的目标细胞群被通过微操作技术筛选后封装为具有特定功能与构型的二维微结构(即一维至二维)。二维微结构作为基本的组装单元,通过微操作技术在三维空间内被组装为具有特定规律的三维结构(即二维至三维)。组装过程需满足特定的生物学规律,以保证组装获得的三维结构与真实的目标组织或器官具有相同的整体形貌,确保从生理学角度真实再现人体内部情况。通过这样的方法以积少成多的形式将若干微结构单元连接成肉眼可见的三维宏观结构。

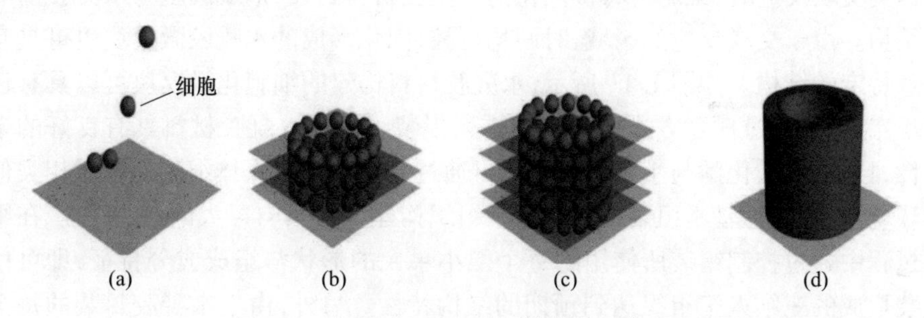

图1.9　自下而上型细胞三维结构组装方法

(a)一维到二维;(b)二维到三维;(c)三维细胞结构;(d)三维人工组织。

1.3.1 细胞化模块制造技术

为实现人工组织的自下而上型三维组装,首要问题是如何实现细胞的封装,为生物组装操作提供用于组装的基本模块,即如何实现细胞在特定场景下的聚集以构成细胞化微组装模块(cellular micromodules)。控制细胞聚集并形成细胞化模块的方法很多,如将细胞播种于微孔中或微流道中[37],将细胞与水凝胶材料混合构型,或将细胞直接培养成层状结构等[38]。

如图1.10所示,基于微模具构型的细胞化模块制造技术通过将初代细胞或干细胞播种到具有特定形状的微孔或微流道中,通过细胞的增殖及细胞外基质的分泌以构成与磨具具有相同形状的微组织。该类方法的优势在于微组织模块构建中不依赖于任何生物材料，完全依靠大量分泌的细胞外基质，细胞外基质不仅使细胞聚集在一起，同时也为细胞的长期生存提供了特定的微结构特性。然而，由于一些细胞种类在增殖过程中无法分泌足够的细胞外基质，因此无法使用该方法在细胞之间构建稳固的连接[39]。另一类细胞化模块制造技术被称为细胞成膜技术，即细胞培养环境被人为控制后将细胞群培养为具有一定厚度的层状结构的细胞膜片(cellsheets)的过程。被控环境主要包括影响细胞分裂增殖行为的微环境参数及影响细胞外基质分泌的环境参数等。以细胞膜片作为组装单元的组装技术将使用简单的堆叠方式实现三维结构的组装，且由于细胞膜片本身具有足够的力学特性，构建成的三维组织同样具有理想的力学特性。第三类细胞化模块制造技术是基于水凝胶材料的细胞封装技术，即通过将细胞群与水凝胶材料混合以构建成具有特定形态的细胞与生物材料混合微模块的制造技术。由于并非所有种类的细胞均可在分裂增殖过程中分泌足够的细胞外基质，水凝胶材料的出现为细胞外基质提供了理想的替代品，为各类细胞的黏合与固化封装开辟了新途径。该类方法中，细胞首先被混合于具有特定化学特性的生物兼容性水凝胶材料中。水凝胶具有化学交联、光交联等特性，在特定的条件触发该类交联反应时，细胞群将被固化的水凝胶材料封装，形成细胞与水凝胶的混合结构。由于交联反应的区域、时间均可控，固化形成的水凝胶微模块也可具有任意特定的结构。如图 1.11 所示，水凝胶材料构建的细胞化微模块可以具有任意形态，并可通过任意方式进行三维排列组装。由于水凝胶材料具有良好的亲水性，且其机械、化学与生物兼容性均可通过调节达到与人体细胞外基质相类似的环境，以其作为基本组装单元的人工组织构建方法具有巨大的潜力[40]。在组装过程中通过控制组装所使用的每个微小单元的形状与组成成分特征，即可使组装形成的三维人工组织达到预期的结构特性。另外，由于水凝胶封装的每个微模块的细胞密度均为可控，整体三维组织内部的扩散特性达到了前所未有的水平[41]。

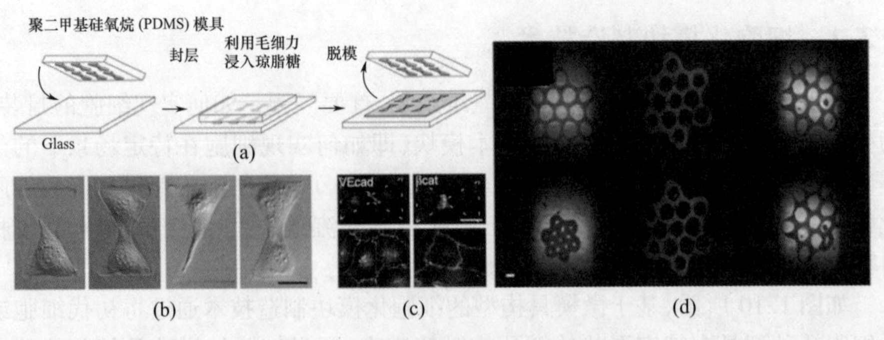

图 1.10　基于微模具构型的细胞化模块封装

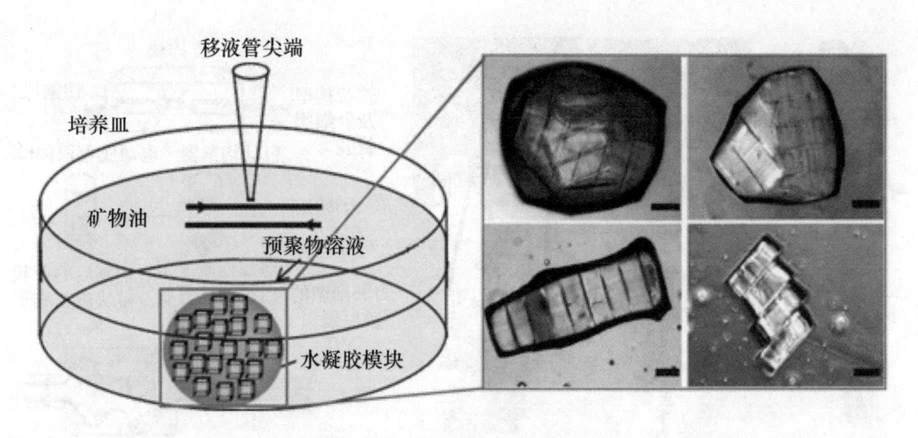

图1.11　水凝胶细胞化微模块

1.3.2　细胞化模块组装技术

自下而上型的人工组织构建方法中的挑战为如何在保持组装微模块的微结构特性与细胞特性的前提下，组装出具有足够力学特性与仿生构型的三维结构。在此，我们将针对细胞化微模块的三维组装方法分为五类，即：连续性光交联组装(additive photocrosslinking)、随机组装(random packing)、组织打印(tissue printing)、引导组装(directed assembly)、细胞膜片堆叠(cell sheet stacking)等。

连续性光交联组装以二维的细胞－凝胶模块作为基本的构建模块，通过重复性的光交联反应实现逐层连接的三维人工组织结构。如图1.12(a)～(d)所示，通过连续性的分层光交联技术，水凝胶封装的细胞化微模块被堆叠并黏合成阵列化的六边形微结构，以实现人体肝小叶微组织的体外重构。由于在逐层的光交联中微模块的形状可控，每一层的结构特性也可控，整个三维结构从微观到宏观都为细胞的生长创造了内部高度流通的传质通道，有效提高了结构中细胞的增殖与扩散能力。随机组装的概念源于人体毛细血管的分布特点。毛细血管本身具有特定的形状与生物功能，然而由于人体各个区域对毛细血管均有大批量的需求，可以说毛细血管以随机分布的形式遍布人体组织，以运输营养物质、交换代谢产物。因此，随机组装通过使用具有特定构型和生物功能的细胞化微模块作为原材料，不具体控制每一个模块在组装中的位置，而是从外部三维形貌上整体控制最终的组装结果，使得三维结构内部每一个单元都以随机状态分布。如图1.12(e)所示，为构建具有输送营养物质的微血管结构，微管状的细胞化微模块被批量地通入具有特定构型的微流道中，并被随机封装为三维结构。由于流道本身具有特定的形貌，而内部随机分布的每一个微模块都具有运输养分的扩散功能，该随机组装的方法为构建微血管三维结构提供了一个种高效手段[42]。

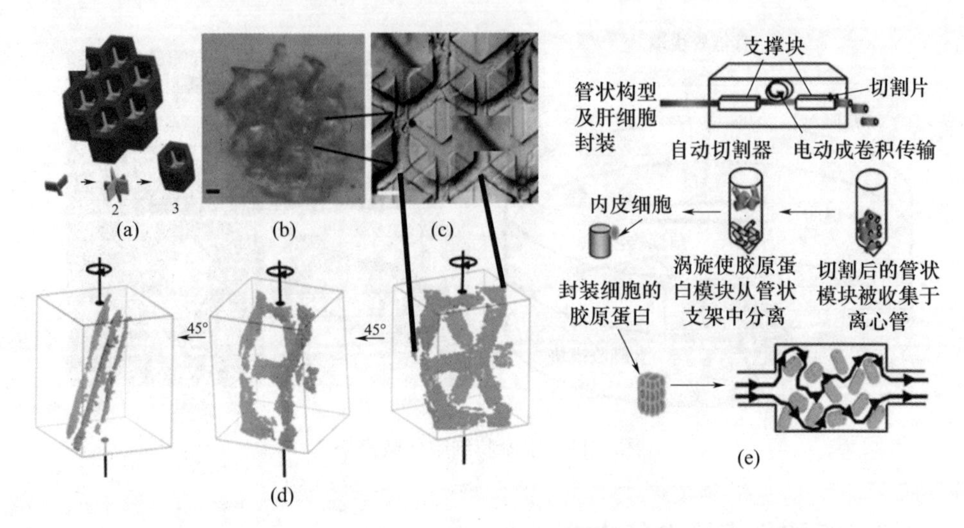

图 1.12 细胞化模块组装技术

(a)～(d)连续性光交联组装;(e)随机组装。

组织打印的概念与连续性光交联的方法相似,以细胞与生物材料混合物作为打印使用的生物墨水,在微尺度范围内实现特定三维结构的喷涂打印与逐层堆叠。如图 1.13 所示,早期的组织打印技术以细胞球作为生物打印墨水并以水凝胶作为生物打印纸(bio - paper),通过将细胞球打印到预先设计好孔的水凝胶上,并通过细胞球分泌细胞外基质后融合为具有特定形貌的集成组织结构[43]。随着生物打印技术的发展,近年来已出现具有双喷头并以复合后的多种细胞作为生物墨水的细胞打印系统。这类系统已能实现包括血管组织、外周神经组织等的功能化组织的构建[44]。引导组装技术的出现是为了能够构建更加有序化和具备空间组织能力的三维人工组织。当构建三维结构时使用的细胞化微模块为易损的特殊结构,且需要由多种不同成分的微模块按特定的三维顺序分布而成时,三维组装需要针对每一个组装单元均有较高的空间操控能力,因此需要对每一个单元进行三维引导。引导组装技术借助于流体力、光电磁等场力实现对细胞化微模块的三维引导与分布,最终以逐个引导的形式构建具有特定成分与分布特征的三维结构[45]。细胞膜片堆叠是目前能够有效解决人工组织机械特性不足、细胞间连接问题的代表性组装方法。与其他组装方法相比,该方法通过促进细胞分泌足够的细胞外基质来实现模块间的组装与融合,即不需要除生物体系外的任何人工合成材料的辅助,整个组装过程人为干预较少。首先,用于组装的每一层细胞膜片均是由细胞及其分泌的细胞外基质混合而成,无任何掺杂。其次,组装堆叠后的各细胞层之间的连接也是依靠细胞外基质完成的[46]。因此,整个三维构架具有全面的生物特性及与真实组织极为相似的机械

参数。然而，该方法受限于在增殖扩散中能够产生大量细胞外基质的细胞种类[47]。

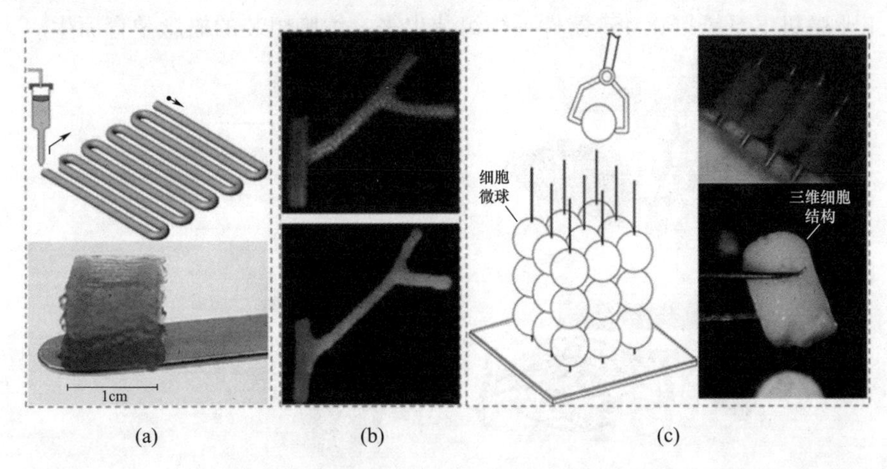

图 1.13　基于组织打印技术的人工组织构建方法

当前，自下而上型生物制造方法已经能够制造一部分具有微结构特性且兼具人体组织相似形貌、功能的三维人工组织。然而，为构建更加精密复杂且可以批量化生产的人工组织，仍需深入探索细胞级别、亚细胞级别的高精度操作方法，以及实现更为高效、高通量、空间可控的细胞聚集与构型方法。由此可见，未来人工组织的开发是和微纳尺度下的操作技术，特别是自动化操作技术息息相关的。因此，对微纳操作技术的深入研究，能够有效提高自下而上型三维人工组织构建的效率、精度与稳定性，为组织工程开发复杂功能化人工组织与临床应用开辟了新的途径。

1.4　机器人化细胞组装方法

1.4.1　细胞组装概述

自上而下型生物制造技术通过将特定细胞群进行二维封装与三维构型以构建三维人工组织。其实质是实现了细胞从一维到三维空间的组装，通过将细胞以既定的规律进行聚集，实现了细胞群从微观到宏观的尺度放大。如图 1.14 所示，从生物学角度出发，微尺度下人体大部分的器官均由具有相似形状和功能的模块化微单元构成，这些微单元均以若干种细胞为原料，按照特定的规律组装而成。基于此生物学规律，以中国科学院外籍院士福田敏男教授为代表的一批学者提出了一个大胆的设想:如果我们能够按照类似于人体器官的构成规律对细胞进行人为组装,在保证组装效率与精度的前提下,是否能够将人体组织与器官像工业微机电系统(MEMS)器件一样组装出来?细胞组装的概念孕育而生。

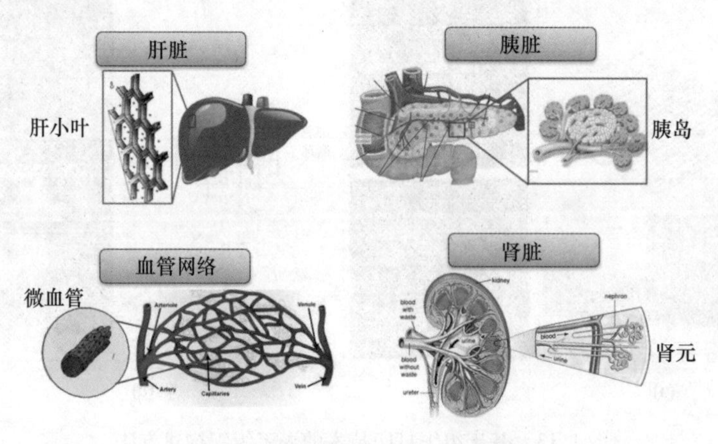

图 1.14 人体器官中的模块化微组织

细胞组装(cell assembly)是指以细胞或细胞群为操作对象,通过高精度的微纳操作技术实现细胞在三维空间内的定位、移动、固定、聚集的过程。如果在细胞组装中引入机器人技术,即可实现机器人化的细胞组装。由于机器人技术具有高效、高精度、自动化等优势,将其应用到细胞组装中将能够大幅提升组装效率与稳定性,为批量化构建高精密复合型三维人工组织提供了一种全新的理念。图 1.15 展示了机器人化细胞组装的整体概念。整个细胞组装的过程包括单细胞操作与甄选、细胞群封装、细胞群组装、微组织培养四个环节。首先,在获取一批种子细胞时,为从中挑选出符合特定要求的理想细胞,需要对细胞进行标记。单细胞操作通过微纳技术在光学显微镜、电子显微镜下对单个细胞进行物理操作,以获取每个细胞的黏度、弹性模量、局部硬度等机械参数。细胞的机械参数作为无标签的生物标记,与传统生物学标记方法相比,免去了对细胞进行的特殊化学处理,而以细胞自身特征作为其评测指标,有效避免了标记过程中对细胞本身的损伤。机械参数作为细胞固有属性,能够多方位反应细胞的实时状态,对细胞筛选意义重大。如:癌细胞的弹性模量与表面黏附特性与健康细胞相比具有很大的差别,有核细胞与无核细胞的整体硬度也存在较大差别。因此,通过基本的机械参数即可对细胞进行区分。为了能够精确抽取细胞参数,甚至是单细胞局部的周期性变化参数,需要在亚细胞级别的原位环境下对细胞进行高精密操作,这依赖于现有的各种微纳生物操作技术。微纳操作技术通过细胞切割、注射、纳米压痕操作、移动与固定等方式可有效获取细胞的机械参数,并在完成对种子细胞的无标签标记后,即可对标记细胞进行筛选,将符合要求的所有细胞挑

选后进行培养和扩增。

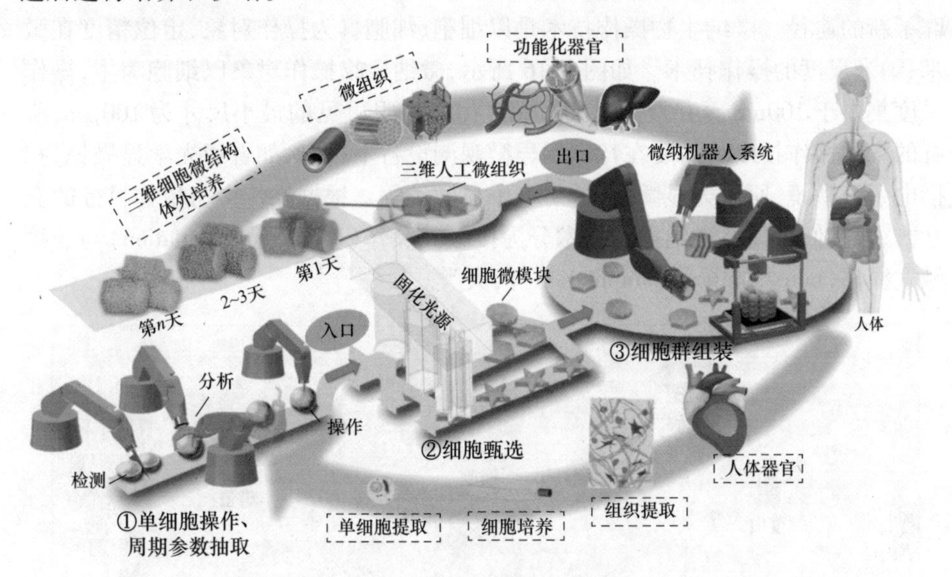

图 1.15　机器人化细胞组装整体概念(见彩插)

在获得扩增后的理想细胞群后,可将细胞群进行微尺度下的二维封装。该步骤与传统的自下而上型生物制造技术相类似,通过将细胞群与具有特定化学特性的生物材料结合,可制备成细胞 - 生物材料相容的二维结构。然而,为了制备微尺度下与人体真实组织结构相似的微模块,细胞群与生物材料混合后大多被置于微流控芯片中,通过微加工技术对生物材料的光交联、化学交联实现仿生微组装二维结构的构建。在获得具有不同构型的二维细胞群组装单元后,即可通过多机器人协同微纳操作对微单元进行三维组装,构建与人体特定器官微组织有相似形貌与功能的三维复合型精密微结构。细胞组装构建的三维结构由细胞群与生物材料组成,此时的组装结构由于细胞密度较低且不具备充足的细胞外基质,仍无法作为人工组织应用。因此,细胞组装的最后一个步骤是对组装形成的三维结构进行细胞共培养。在细胞培养过程中,三维微结构中的细胞将分裂增殖,并逐步扩散填充覆盖整个三维构架。同时,细胞分泌的细胞外基质将作为黏合剂填充三维组装结构中各单元间的缝隙,辅助实现三维结构的高度集成。细胞培养过程中同时可以添加各种生长因子与诱导因子,以加速人工组织的血管化和促进细胞功能化的表达。最终,人工组织和细胞共同培养后形成的三维人工微组织即可作为药理学、病理学模型应用于生物学、医学中。

1.4.2　微纳生物操作技术研究进展

微纳操作技术是实现细胞组装的核心,为细胞组装中单细胞操作、细胞筛选、细胞群三维组装提供了必要的技术支撑,为自下而上型人工微组织的构建开辟了新的途径。微纳生物操作技术是以细胞、细胞群为操作对象,定位精度在微米、纳米尺度的操作技术。如图 1.16 所示,微纳生物操作对象以细胞为主,操作尺度集中于 100nm 至几百微米的范围。由于肉眼可见的最小尺寸为 100μm,所有的微纳操作技术均需要在特定的显微观测设备下进行,如普通光学显微镜、扫描电子显微镜、原子力显微镜、透射电子显微镜等。根据操作中与生物目标的交互方式,我们可以将微纳操作技术分为接触式操作(contact manipulation)与非接触式操作(non - contact manipulation)两大类。

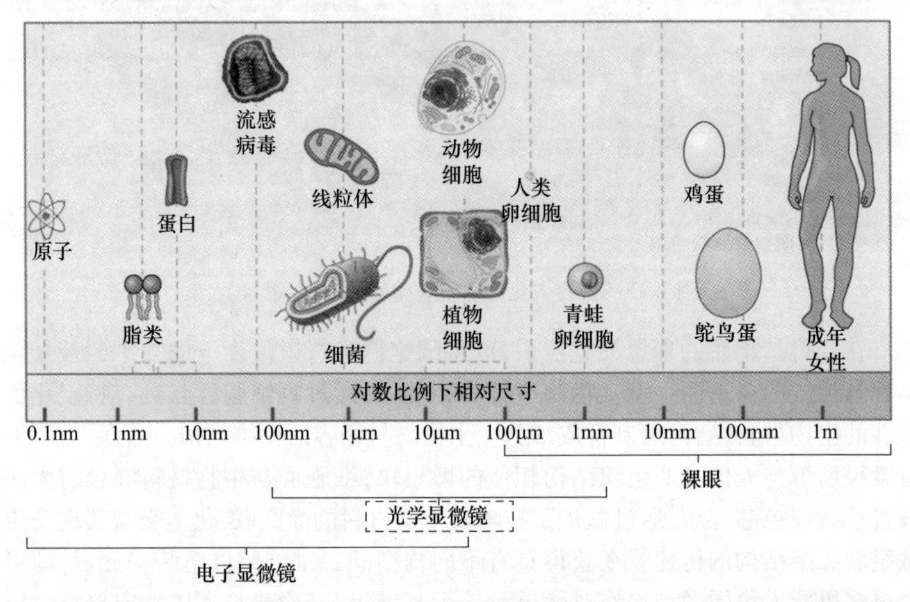

图 1.16 微纳生物操作对象相对尺寸

非接触式操作主要是指基于电场、磁场、光场、声场等场力所构成的非接触式力交互体系。通过与微流控技术相结合,非接触式力能够在不与细胞、细胞群发生物理接触(physical contact)的前提下完成生物目标的定位、拾取、移动、固定等与细胞组装息息相关的生物操作。该类微纳操作大多通过将培养液与生物目标混合入微流道中,在封闭系统中即可完成对目标的操作。由于系统为封闭式,有效避免了生物目标暴露于自然环境下,对保持目标生物活性具有重要的意义。

微流道技术通过设计微米级别的流体通道,将微量液体与被控目标一同注入流道后,通过微阀对流体的控制即可实现对目标的操纵,其流体控制精度可以从微升增加到公升。微流道以流体力、毛细力、离心力作为主要的驱动力,通过对灵敏气阀的控制,微流体可以有效实现单细胞捕捉、高通量药物筛选、单细胞分析与单分子操作等[48]。通过对微流道系统增加辅助的光控、电控、磁控、声控辅助系统,融合非接触式力即可在实现流道中细胞群整体控制的前提下对某一个或若干个特定目标进行高精度的微纳操作。如图1.17所示,微流道系统实现了对细胞群中单细胞的自动捕获与阵列。通过对阵列单细胞设计不同的微流道舱室,可以在同一时间中对单细胞进行不同条件下的培养与观测。

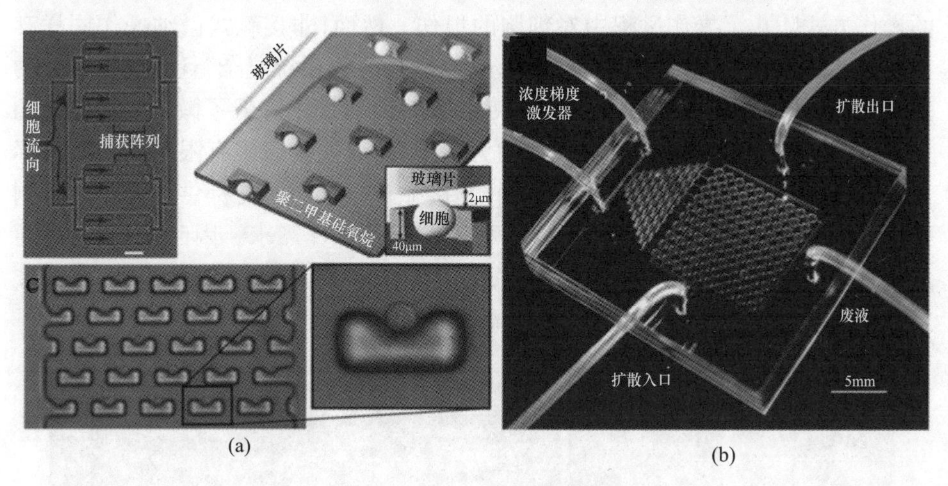

(a) (b)

图1.17 微流道细胞阵列操作

光镊(optical tweezers)作为非接触式微操作的典型代表,广泛应用于单细胞、病毒与脱氧核糖核酸(DNA)等生物目标的微操作中。光镊系统大多与微流道系统结合,即可实现封闭空间内的生物操作。通过扫描激光焦点,光镊系统可以同时实现对多个目标的捕获与操作。如图1.18(a)所示,香港城市大学孙东教授团队使用光镊对细胞进行操作,可以有效避免物理接触对细胞的损伤并保持较高的操作精度。介电泳微操作(dielectrophoresis)广泛应用于细胞筛选、细胞聚集等生物微操作中。其基本原理是细胞等微尺度下物体的极化效应,即当细胞被置于电场环境下时其表面电荷会发生迁移而受电场力作用的现象。如图1.18(b)所示,北京理工大学福田敏男教授团队通过在微流道中加工微电极,实现了不同尺寸细胞的高速筛选[49]。沈阳自动化所刘连庆教授团队在介电泳系统原理基础上,融合光诱导技术构建了全新的光诱导介电泳(ODEP)微操作平台[50]。如图1.19(a)~(b)所示,ODEP中微电极由光诱导现象产生,当有足够光强的可见光照射到芯片镀层时,照射区域会实时由绝缘材料转变为导体,构成电极。与传统诱导介电泳(DEP)相比,由于其电极可编程、可实时控制,在生物微操作中具有更高的灵活性。磁力作为另一种主要的非接触式力,也被广泛应用于生物目标的微操作中。通过使用如磁镊等的磁力驱动系统(magnetically driven microtool)并与微流道系统相结合,可以在封闭系统中构建微分类器、微装载器、微机器人等系统[51]。磁力驱动系统与光镊相比能够在三维空间内提供更大的操作力，国际上包括 Metin Sitti、Bradley Nelson、张立、孙东等团队都深入开展了相关研究，并将其用于细胞操作、药物靶向输送等微纳操作中。综上所述，非接触式微操作能够有效地与微流道系统融合，在封闭环境下对细胞进行精确操作。封闭的环境有效避免了外界对细胞活性的影响，且不依赖于机械力接触的操作方式防止了操作过程中对细胞的损伤。然而，非接触式微纳操作同样存在许多缺陷。首先，借助于各种物理场所搭建的操作系统复杂，且对操作对象的尺寸、成分及操作环境均有严格的约束，这从一定程度上降低了微纳生物操作的灵活性；其次，大部分的非接触式力均为二维力，仅能在二维有限空间内对目标进行操作；最后，根据系统的参数不同，非接触式微操作所能提供的操作力限制在皮牛级别，难以适应对细胞群高效、稳定的三维操作需求。因此，为实现高通量的细胞三维组装与人工组织的构建，仍需开发能够有效介入三维操作，在保证操作精度的前提下兼顾操作灵活性与高效性的生物操作技术。

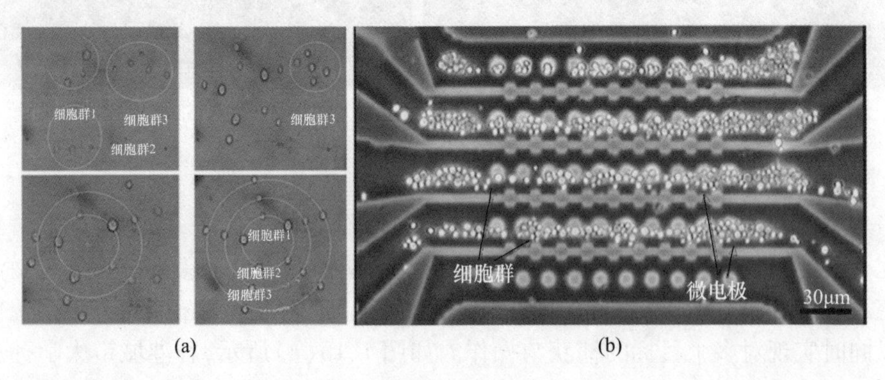

图 1.18　光镊与介电泳细胞操作

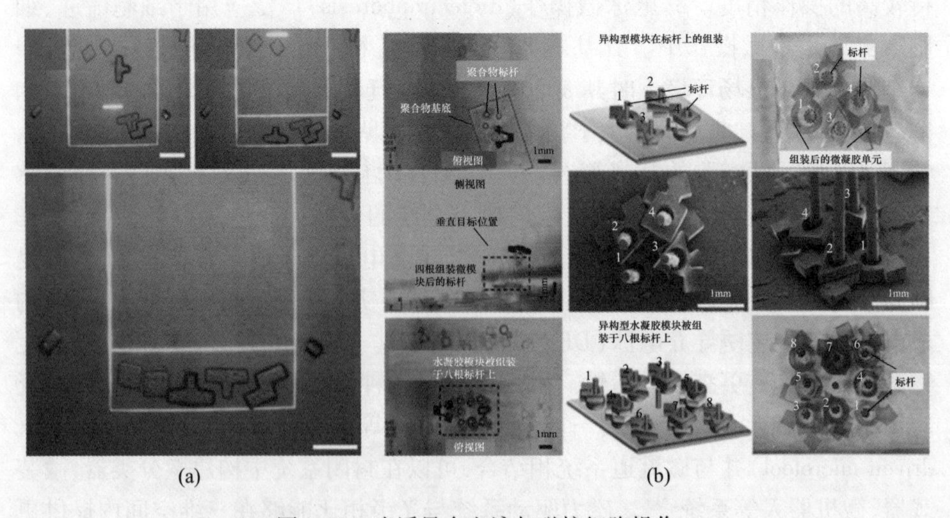

图 1.19　光诱导介电泳与磁控细胞操作

接触式微操作主要是指通过操作器与细胞群直接交互,以物理接触的形式完成的操作。由于需要与生物目标发生接触,该类微操作主要通过探针类末端执行器以吸力、黏附力、机械力等形式实现细胞定位、固定与三维组装。与非接触式微操作相比,探针物理接触能够提供微牛级别的操作力,三维组装效率得到保证。同时,由于探针可以在开放式的培养环境中对生物目标进行操作,简化的操作系统使组装过程具有较高的灵活性。

微量移液管(micropipette)作为使用最普遍的微操作探针,能够实现单细胞操作、卵细胞固定与注射、细胞去核、细胞硬度与黏附特性分析等。如图1.20(a)所示,其主要原理是通过微量移液管尖端提供的气体负压,使用吸附力(aspiration force)将细胞固定于移液管尖端,以实现对细胞的三维操纵。其主要缺点是在控制吸附力的大小时,容易对细胞局部造成破坏,难以在操作后保持细胞活性。为了改善接触操作对细胞表面的破坏,研究者对微量移液管进行改进,通过凝胶黏附力对细胞进行软接触式的操作。如图1.20(b)所示,微量移液管表面被镀金后变为导电微电极,通过在移液管内部注入热敏胶从而与移液管针尖区域形成闭合电路。由于热敏胶在温度发生变化时即可在液相与固相之间灵活转换,通过导通电路使电极增温即可将移液管尖端喷出的凝胶固化,同时固定其周围的生物目标[52]。基于机械力的微纳操作方法主要以标准悬臂梁(AFM cantilever)及钨针(tungsten needle)等作为末端执行器。如图1.20(c)所示,通过在末端执行器协同配合下对生物目标的加持、挤压即可实现对细胞的三维移动、去核与辅助注射、细胞硬度与黏附特性分析、细胞注射、切割等生物操作[53-54]。机械力微纳操作是最直观的生物微纳操作方法,通过机械控制能够使其从微牛到牛之间平滑变化,且宏观机械操作臂及其相关机器人系统技术已经非常成熟,可以将其相关理论与方法拓展到微纳尺度下形成基于机械力的机器人化三维组装的流水线作业[55]。

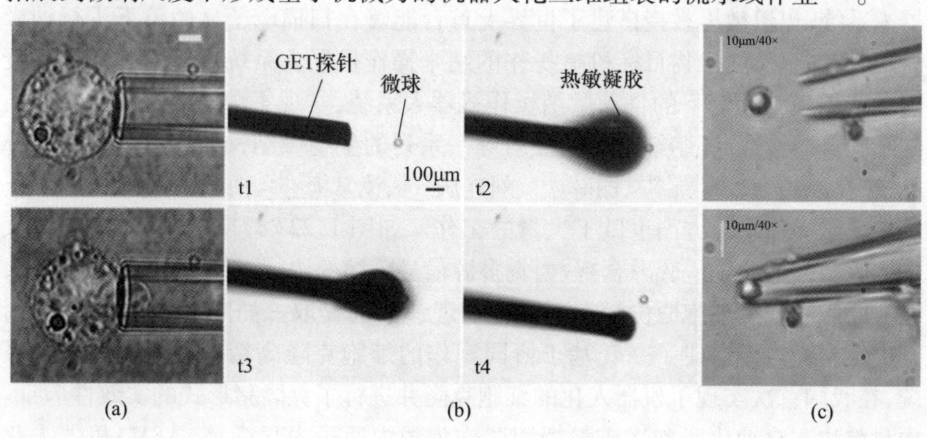

图1.20　接触式微纳操作方法

1.4.3 微纳操作机器人研究进展

近年来，随着机器人学、人工智能、纳米技术、生物医学工程等多学科之间相互渗透发展，机器人化的微纳操作在生物医学中得到了广泛的应用，其灵活、多自由度、高精度控制、实时反馈、可在线调节的优点为生物医学的发展带来了革命性突破。机器人化微纳操作以机器人技术实现微纳操作过程的实时信息反馈，并借助反馈信息对操作进行在线调节与控制。与普通微纳操作系统相比，机器人化微纳操作通过多探针末端执行器协同带来的灵活优势，能够有效实现微观定位与微结构的精密组装，其基于反馈信息的实时控制机制为微纳操作带来了更高的精度与效率[56]。基于视、力觉反馈的自动化微纳操作机器人系统已成为当今的研究热点，机器人系统代替人工操作，有效避免了复杂、重复、耗时的操作任务中的人为干预，通过将其相关技术应用到高速、精密的细胞三维组装操作中，能够为组装效率与稳定性提供有力保障，推动自动化三维微组装的进程。

如图 1.21 所示，理想的微纳操作机器人系统集微力反馈控制和显微视觉于一体，具有高分辨率的观察能力，能够在充分考虑微观环境量子尺寸效应、表面效应、体积效应与宏观量子隧道效应等特性及范德瓦尔斯、黏附力、静电力等尺度效应力干扰下，对细观操作对象的定位定向、移动和装配实现有效力控制[57]。国内外学者在微纳机器人系统设计与操作方法研究等领域投入了大量的精力，取得了丰硕的研究成果。早在 20 世纪 90 年代，Kimura 等即研发了世界上首台精子细胞注射微纳操作机器人系统，通过微量移液管接触式操作能够对精子完成稳定高效的注射[58]。意大利比萨圣安娜大学仿生机器人研究所则搭建了首台用于组装医用微器件的微组装机器人系统[59]。如图 1.22(a) ~ (b)所示，日本新井健生教授搭建了具有超高速单细胞抓取与加持等操作灵巧双指微操作机器人系统，福田敏男教授搭建了世界上首台能够在扫描电子显微镜下进行纳米材料、亚细胞尺度生物目标机械操作的纳米操作机器人系统。多伦多孙钰教授团队基于视觉反馈下的自动微纳操作机器人系统，实现了精子筛选、细胞去核、红细胞自动计数、胚胎细胞自动注射等一系列的生物微纳操作。国内专家如孙立宁[60]、席宁[3]、赵新[61]、谢晖[62]、刘连庆[63]、汝常海[64]、白春礼[65]、张海霞[66]等在微纳操作系统方面也做了大量的工作。如图 1.22(c) 所示，哈尔滨工业大学谢晖教授搭建了一套融合视、力觉多源信息反馈的协同微纳操作机器人系统，能够同时实现单细胞原位状态下多种物理参数的提取。如图 1.22(e) 所示，南开大学赵新教授搭建了一套基于协同操作的细胞克隆高精密微操作机器人系统，在我国首次实现了机器人化的细胞克隆并进行了克隆猪形式的实效性验证。中科院沈阳自动化所刘连庆教授团队作为国内原子力显微镜(AFM)机器人化操作的先驱，搭建了基于 AFM 力学反馈的微操作机器人系统，实现了动物细胞在原位环境下的机械参数高精度实时抽取。东南大学,南京航空航天大学分别研发了基于力反馈的机器人控制系统[67],清华大学,西安交通大学搭建了基于显微反馈的微纳操作系统,解决微创及微尺度深度测量方面的问题[68]。北京航空航天大学研制了基于光学显微技术的生物细胞微操作系统并进行了小鼠卵细胞的基因注入研究[69]。华中科技大学提出了一种多机械手协同操作的亚毫米零件装配机器人系统[70]。上海交通大学,清华大学、哈尔滨工业大学和上海大学机器人所研发了基于多自由度的协调运动操作系统,能够完成特定环境下精确的操作任务[71]。由此可见,微纳操作机器人系统及其相关技术已经逐步成熟,并向着全自动化与智能化的方向发展。将相关技术应用到生物操作与细胞组装中能够充分发挥其高效性与高精度的特点,有效应对细胞组装中活体对操作实效性的严格要求,为未来人工组织与器官制造技术走向临床与产业化提供强有力的支撑。

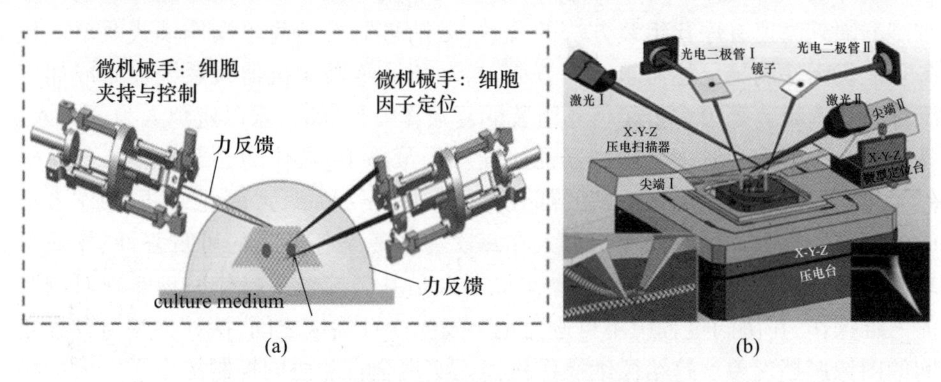

图1.21 基于视觉、力觉反馈的微纳操作机器人系统

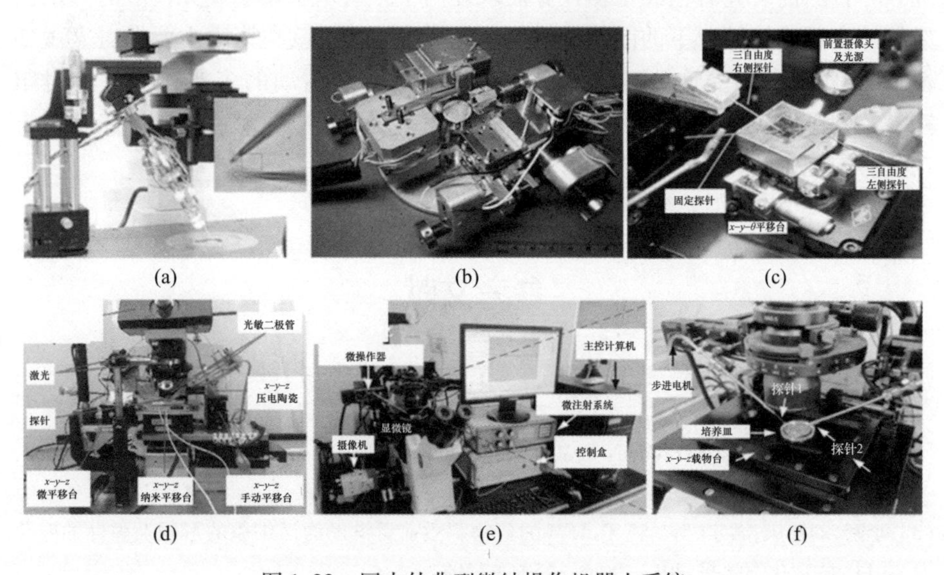

图1.22 国内外典型微纳操作机器人系统

显微视觉反馈作为微纳操作机器人系统中最直观且最易获得的反馈信息，是微纳操作机器人系统逐步实现全自动的核心。Nelson 带领的团队作为微纳操作机器人显微视觉反馈系统开发与自动化生物操作领域的先驱，通过虚拟现实技术与机器视觉，实现了生物细胞的遥控操作与半自动化操作，将操作人员从烦琐、耗时的重复性工作中逐步解脱出来[72]。Ferreira 等通过对虚拟现实技术的改进，将自动化微纳操作机器人系统应用到了微组装中[73]。目前，针对细胞操作中任务单一、策略简单、协同性较低等缺陷的自动化操作系统已经发展成熟。研究者针对该类任务开发了多样化的显微视觉反馈算法，主要用于实现微纳操作机器人系统末端执行器的三维定位与实时跟踪。特别是针对显微视觉不易获取深度信息的特点，开发了一系列基于探针尖端离焦与对焦特性的针尖深度信息采集算法[74]。然而，面对细胞多维操作对精度及效率要求的日益苛刻及三维细胞群缺乏高速有序化组装方法的现状，微纳机器人的简单操作模式及单一任务功能仍无法满足上述需求。一方面，自动化微纳操作机器人系统在完成如三维细胞结构组装等由多个子任务组装的复杂作业目标时，难以避免人为的介入。特别是在机器人系统多个操作器的协同操作策略中，人作为必要的核心单元仍然是整个控制循环中不可或缺的部分(human - in - loop)。因此，不同操作人员的经验差异影响了微纳操作机器人在每次完成复杂任务时的可重复性、作业再现性与稳定性。另一方面，微纳操作机器人是基于接触式操作原理实现对细胞的三维操作，在协同过程中不可避免地会发生探针尖端之间、探针尖端与背景之间的图像遮挡现象。这给微纳操作机器人实现全自动协同控制提出了巨大的挑战。尽管当前研究者已经根据任务需求提出了一些基于模型或无模型的算法已经能够实现遮挡情况下的图像分割与重构[75]。然而，该类算法主要针对显微环境下的静态目标，受计算时间的影响难以实现高速运动的多执行器的实时跟踪[76]。为此，亟须开发能够实现细胞复杂组装任务，无须人为介入且能实现自动化协同配合的微纳操作机器人系统。

参考文献

[1] 丁珊，李立华，周长忍．新型组织工程支架材料[J]．生物医学工程学杂志，2002，19(1)：122 - 126.

[2] YAMADA K M，CUKIERMAN E. Modeling tissue morphogenesis and cancer in 3D[J]. Cell，2007，130：601 - 610.

[3] 李密，刘连庆，席宁，等．基于 AFM 的药物刺激前后淋巴瘤活细胞的形貌及弹性的变化[J]．物理化学学报，2012，28(6)：1502 - 1508.

[4] RU C H,WANG F L,et al. Suspended,shrinkage – Free,electrospun PLGA nanofibrous scaffold for skin tissue engineering[J]. Acs Applied Materials & Interfaces,2015,7:10872 – 10877.

[5] COLOSI C,COSTANTINI M,LATINI R,et al. Rapid prototyping of chitosan – coated alginate scaffolds through the use of a 3D fiber deposition technique[J]. Journal Of Materials Chemistry B,2014,2:6779 – 6791.

[6] LANGER R,VACANTI J P. Tissue engineering[J]. Science,1993,260(5110):920 – 926.

[7] STOCK U A,VACANTI J P. Tissue engineering:Current state and prospects[J]. Annual Review of Medicine,2001,52:443 – 451.

[8] 胡江,陶祖莱. 组织工程研究进展[J]. 生物医学工程学杂志,2000,17(1):763 – 766.

[9] VACANTI C A. The history of tissue engineering[J]. Journal of Cellular and Molecular Medicine,2006,10(3):569 – 576.

[10] 王身国,贝建中. 组织工程细胞支架及其相关技术的研究[J]. 现代康复,2001,16:227 – 279.

[11] CAO Y,LIU Y,LIU W,et al. Bridging tendon defects using autologous tenocyte engineered tendon in a hen mode[J]. Plastic and Reconstructive Sugery,2002,110(5):1280 – 1289.

[12] LIU Y,CHEN F,LIU W,et al. Repairing large porcine full – thickness defects of articular cartilage using autologous chondrocyte – engineered cartilage[J]. Tissue Engineering,2002,8(4):709 – 721.

[13] XIA W,LIU W,CUI L,et al. Tissue engineering of cartilage with the use of chitosan – gelatin complex scaffolds[J]. Journal of Biomedical Materials Research Part B – Applied Biomaterials,2004,71(2):373 – 380.

[14] GRIFFITH L G,NAUGHTON G. Tissue engineering – current challenges and expanding opportunities[J]. Science,2002,295:1009 – 1014.

[15] ZHANG Y S,KHADEMHOSSEINI A. Advances in engineering hydrogels[J]. Science,2017,356(2):256 – 267.

[16] WANG B,LIU W,ZHANG Y,et al. Engineering of extensor tendon complex by an ex vivo approach[J]. Biomaterials,2008,29(20):2954 – 2961.

[17] LIU K,ZHOU G,LIU W,et al. The dependence of in vivo stable ectopic chondrogenesis by human mesenchymal stem cells on chondrogenic differentiation in vitro[J]. Biomaterials,2008,29(14):2183 – 2192.

[18] 吴林波,丁建东. 组织工程三维多孔支架的制备方法和技术进展[J]. 功能高分子学报,2003,1:93 – 96.

[19] BORENSTEIN J T,WEINBERG E J,ORRICK B K,et al. Microfabrication of three – dimensional engineered scaffolds[J]. Tissue Engineering,2007,13:1837 – 1844.

[20] ADELÖW C,SEGURA T,HUBBELL J A,et al. The effect of enzymatically degradable poly (ethylene glycol) hydrogels on smooth muscle cell phenotype[J]. Biomaterials,2008,29(3):314 – 326.

[21] NICHOL J W,KHADEMHOSSEINI A. Modular tissue engineering:engineering biological tissues from the bottom up[J]. Soft Matter,2009,5(7):1312 – 1319.

[22] YOSHIMOTO H, SHIN Y M, TERAI H, et al. A biodegradable nanofiber scaffold by electrospinning and its potential for bone tissue engineering[J]. Biomaterials, 2003, 24(12): 2077 – 2082.

[23] GAO J, CRAPO P M, WANG Y D, Macroporous elastomeric scaffolds with extensive micropores for soft tissue engineering[J]. Tissue Eng, 2006, 12(4): 917 – 925.

[24] JAKAB K, DAMON B, NEAGU A, et al. Three – dimensional tissue constructs built by bioprinting[J]. Biorheology, 2006, 43(3): 509 – 513.

[25] VOZZI G, FLAIM C, AHLUWALIA A, et al. Fabrication of PLGA scaffolds using soft lithography and microsyringe deposition[J]. Biomaterials, 2003, 24: 2533 – 2540.

[26] WHITESIDES G M, OSTUNI E, TAKAYAMA S, et al. Soft lithography in biology and biochemistry[J]. Annu. Rev. Biomed. Eng, 2001, 3: 335 – 373.

[27] YEH J, LING Y, KARP J M, et al. Micromolding of shape – controlled, harvestable cell – laden hydrogels[J]. Biomaterials, 2006, 27(31): 5391 – 5398.

[28] KOH W G, PISHKO M V. Fabrication of cell – containing hydrogel microstructures inside microfluidic devices that can be used as cell – based biosensors[J]. Analytical and Bioanalytical Chemistry, 2006, 385(8): 1389 – 1397.

[29] WRIGHT L D, YOUNG R T, FREEMAN J W, et al. Fabrication and mechanical chraterization of 3D electrospun scaffolds for tissue engineering[J]. Biomed. Mater, 2010, 5: 055006.

[30] HU C, UCHIDA T, TERCERO C, et al. Development of biodegradable scaffolds based on magnetically guided assembly of magnetic sugar particles[J]. J. Biotechnol, 2012, 159: 90 – 98.

[31] CAO Y L, VACANTI J P, PAIGE K T, et al. Transplantation of chondrocytes utilizing a polymer – cell construct to produce tissue – engineered cartilage in the shape of a human ear[J]. Plastic and Reconstructive Surgery, 1997, 100(2): 297 – 302.

[32] MATSUNAGA Y T, MORIMOTO Y, TAKEUCHI S. Molding cell beads for rapid construction of macroscopic 3D tissue architecture[J]. Advanced Materials, 2011, 23: 90 – 94.

[33] SAKAR M S, NEAL D, BOUDOU T, et al. Formation and optogenetic control of engineered 3D skeletal muscle bioactuators[J]. Lab on a Chip, 2012, 12: 4976 – 4985.

[34] YAMATO M, OKANO T. Cell sheet engineering[J]. Materials Today, 2004, 7: 42 – 47.

[35] YANG J, YAMATO M, KOHNO C, et al. Cell sheet engineering: recreating tissues without biodegradable scaffolds[J]. Biomaterials, 2005, 26(33): 6415 – 6422.

[36] OHASHI K, YOKOYAMA T, YAMATO M, et al. Engineering functional two – and three – dimensional liver systems in vivo using hepatic tissue sheets[J]. Nature Medicine, 2007, 13(7): 880 – 885.

[37] KARP J M, YEH J, ENG G, et al. Controlling size, shape and homogeneity of embryoid bodies using poly(ethylene glycol) microwells[J]. Lab Chip, 2007, 7: 786 – 794.

[38] L'HEUREUX N, PAQUET S, LABBE R, et al. A completely biological tissue – engineered human blood vessel[J]. FASEB J, 1998, 12(1): 47 – 56.

[39] NAPOLITANO A P, CHAI P, DEAN D M, et al. Dynamics of the self assembly of complex

cellular aggregates on micromolded nonadhesive hydrogels[J]. Tissue Eng,2007,13(8):2087 - 2094.

[40] BILLIET T,VANDENHAUTE M,SCHELFHOUT J,et al. A review of trends and limitations in hydrogel - rapid prototyping for tissue engineering[J]. Biomaterials,2012,33(26):6020 - 6041.

[41] CHUNG S E,PARK W,SHIN S,et al. Guided and fluidic self - assembly of microstructures using railed microfluidic channels[J]. Nature Materials,2008,7(7):581 - 587.

[42] BORENSTEIN J T,TERAI H,KING K R,et al. Microfabrication technology for vascularized tissue engineering[J]. Biomedical Microdevices,2002,4(3),167 - 175.

[43] JAKAB K, NEAGU A, MIRONOV V, et al. Engineering biological structures of prescribed shape using self - assembling multicellular systems[J]. Proc Natl Acad Sci USA,2004,101(9):28649.

[44] NOROTTE C,MARGA F S,NIKLASON L E,et al. Scaffold - free vascular tissue engineering using bioprinting[J]. Biomaterials,2009,30(30):59107.

[45] DU Y,LO E,ALI S,et al. Directed assembly of cell - laden microgels for fabrication of 3D tissue constructs[J]. Proceedings of the National Academy of Sciences,2008,105(28):9522 - 9527.

[46] L'HEUREUX N, STOCLET J C, AUGER F A, et al. A human tissueengineered vascular media:a new model for pharmacological studies of contractile responses[J]. FASEB J,2001,15(2):515 - 524.

[47] L'HEUREUX N,DUSSERRE N,KONIG G,et al. Human tissueengineered blood vessels for adult arterial revascularization[J]. Nat. Med,2006,12(3):3665.

[48] DITTRICH P S,MANZ A. Lab - on - a - chip:microfluidics in drug discovery[J]. Nature Reviews Drug Discovery,2006,5(3):210 - 218.

[49] YUE T,NAKAJIMA M,TAKEUCHI M,et al. On - chip self - assembly of cell embedded microstructures to vascular - like microtubes[J]. Lab on a Chip,2014,14:1151 - 1161.

[50] YANG W,YU H,LI G,et al. High - Throughput fabrication and modular assembly of 3D heterogeneous microscale tissues[J]. Small,2017,13(1):12 - 26.

[51] YAMANISHI Y,SAKUMA S,ONDA K,et al. Powerful actuation of magnetized microtools by focused magnetic field for particle sorting in a chip[J]. Biomedical Microdevices,2010,12:745 - 752.

[52] TAKEUCHI M,NAKAJIMA M,KOJIMA M,et al. Nanoliters discharge/suction by thermoresponsive polymer actuated probe and applied for single cell manipulation[J]. Journal of Robotics andMechatronics,2010,22(5):644 - 650.

[53] KASHIWASE Y,IKEDA T,OYA T,et al. Manipulation and soldering of carbon nanotubes using atomic force microscope[J]. Applied Surface Science,2008,254:7897 - 7900.

[54] XIE H. Three - dimensional automated micromanipulation using a nanotip gripper with multi - feedback[J]. Journal of Micromechanics and Microengineering,2009,19:075009.

[55] RAMADAN A,TAKUBO T,MAE Y,et al. Developmental process of a chopstick - like hybrid -

structure two – fingered micromanipulator hand for 3 – D manipulation of microscopic objects [J]. IEEE/ASME Transactions on Mechtronics,2009,56:1121 – 1135.

[56] LIXIN D,ARAI F,FUKUDA T. Destructive constructions of nanostructures with carbon nanotubes through nanorobotic manipulation[J]. IEEE/ASME Transactions on Mechtronics,2004,9:350 – 357.

[57] 邹志青,赵建龙. 纳米技术和生物传感器[J]. 传感器世界,2004,3(12):6 – 11.

[58] CARROZZA M,EISINBERG A,MENCIASSI A,et al. Towards a force – controlled microgripper for assembling biomedical microdevices[J]. Journal of Micromechanics and Microengineering,2000,10(1):67 – 73.

[59] SIEBER A,VALDASTRI P,HOUSTON K,et al. A novel haptic platform for real time bilateral biomanipulation with a MEMS sensor for triaxial force feedback[J]. Sensors and Actuators A,2008,142:19 – 27.

[60] 何志勇,孙立宁,芮延年. 一种微小表面缺陷的机器视觉检测方法[J]. 应用科学学报,2012,30(5):531 – 537.

[61] ZHANO Q L,SUN M Z,CUI M S,et al. Robotic cell rotation based on the minimum rotation force[J]. IEEE Transactions on Automation Science and Engineering,2015,12:1504 – 1515.

[62] MENG X G,ZHANG H,SONG J M,et al. Broad modulus range nanomechanical mapping by magnetic – drive soft probes[J]. Nature Communication,2017,8:1 – 10.

[63] LI M,DANG D,LIU L Q,et al. Atomic force microscopy in characterizing cell mechanics for biomedical applications:A Review[J]. IEEE Tansactions on Nanobioscience,2017,16(6):523 – 540.

[64] ZHANG Y L,ZHANG Y,RU C H,et al. A compact closed – loop nanomanipulation system in scanning electron microscope[J]. IEEE International Conference on Robotics and Automation,2011,1:3157 – 3162.

[65] 邓文礼,白春礼,方晔,等. 苯基硫脲在 Au 表面自组装单分子膜的 AFM 观察[J]. 电子显微学报,1997,16(6):700 – 702.

[66] 王煜,郭辉,张海霞,等. SiC 薄膜制备 MEMS 结构[J]. 中国机械工程,2005,16(14):1310 – 1312.

[67] 宋爱国. 力觉临场感遥操作机器人(1):技术发展与现状[J]. 南京信息工程大学学报(自然科学版),2013,0 22(1):167 – 171.

[68] 谢琦,潘博,付宜利,等. 基于腹腔微创手术机器人的主从控制技术研究[J]. 机器人,2011,19(2):1521 – 1529.

[69] 毕树生,宗光华,赵玮,等. 微操作技术的最新研究进展[J]. 中国科学基金,2001,15(3):153 – 157.

[70] 黄心汉. 微装配机器人系统研究与实现[J]. 华中科技大学学报(自然科学版),2011,3(9):418 – 422.

[71] 李超,谢少荣,李恒宇,等. 基于姿态闭环控制的球面并联仿生眼系统设计与研究[J]. 机器人,2011,21(4):148 – 153.

[72] SUN Y, NELSON B J. Biological cell injection using an autonomous microrobotic system[J]. International Journal of Robotics Research, 2002, 21:861 - 868.

[73] FERREIRA A, CASSIER C, ANDHIRAI S. Automatic microassembly system assisted by vision servoing and virtual reality[J]. IEEE/ASME Transactions on Mechatronics, 2004, 9:321 - 333.

[74] WANG W H, LIU X Y, SUN Y. Contact detection in microrobotic manipulation[J]. International Journal of Robotics Research, 2007, 26:821 - 828.

[75] SALAH M. Model - free, occlusion accommodating active contour tracking[J]. International Scholarly Research Notices, 2012.

[76] SAVIA M, KOIVO H N. Contact micromanipulation——survey of strategies[J]. IEEE/ASME Transactions on Mechatronics, 2009, 14:504 - 514.

第2章

生物微纳操作中的物理体系

2.1 微纳尺度效应

微纳操作通常指操作对象或操作空间的尺寸在几个纳米到几百个纳米范围内的操作[1-2]。与宏观世界中操作相比,微纳操作最明显的区别是特征长度的不同。由于自然界很多物理量都与长度相关,因此在尺寸减小时,物理规律将发生微妙的变化。常见物理量与长度的关系列于表2.1之中[3]。

表2.1 常见物理量与长度的关系

物理量	符号	表达式	尺度效应
长度	L	L	L
面积	S	$\propto L^2$	L^2
体积	V	$\propto L^3$	L^3
质量	m	ρV	L^3
压力	$\boldsymbol{F}_{\mathrm{P}}$	PS	L^2
重力	$\boldsymbol{G}$	mg	L^3
惯性力	$\boldsymbol{F}_{\mathrm{I}}$	$-ma$	L^3
黏性力	$\boldsymbol{F}$	$u\boldsymbol{S}/d\ \mathrm{d}x/\mathrm{d}t$	L^2
弹性力	$\boldsymbol{F}$	$e\boldsymbol{S}\Delta L/L$	L^2
弹簧刚度	K	$2UV/(\Delta L^2)$	L
谐振频率	ω	$\sqrt{K/m}$	L^{-1}
转动惯量	$\boldsymbol{I}$	$\boldsymbol{I}=mr^2$	L^5

（续）

物理量	符号	表达式	尺度效应
偏移	D	M/K	L^2
雷诺数	Re	F_i/f_f	L^2
静电力	$\boldsymbol{F}_e$	$\varepsilon S\boldsymbol{E}^2/2$	L^2
范德瓦尔斯力	$\boldsymbol{F}_{vdw}$	$\boldsymbol{H}d/12z^2$	L
介电力	$\boldsymbol{F}_d$	$2\pi L^3\varepsilon_1\dfrac{\varepsilon_2-\varepsilon_1}{\varepsilon_2+2\varepsilon_1}\nabla(\boldsymbol{E}^2)$	L^3

由表2.1可知，重力和惯性力等与长度的高阶次相关，当尺寸减小时，这类作用力急剧减小。而黏性力、静电力等与长度的低阶次相关，当尺寸减小时，这类作用力减小较为缓慢。因此，黏性力、静电力、范德瓦尔斯力等在宏观世界中影响很小的作用力，在微观领域却具有不可忽视的影响和作用。此外，当尺寸继续减小时，分子内部的作用力和运动将不可忽视。当尺寸减小至纳米级别时，甚至将出现量子效应。因此，分析微纳环境的作用力和构建数学物理模型是微纳研究的一大关键点。

2.2　微纳尺度下的材料与力学性能

微纳操作的本质是利用接触式操作器或非接触式驱动力改变微观物体的位置和姿态，进而实现有序的分类筛选和排列组装[4-5]。类比到宏观世界中，微纳操作相当于多个机械臂在车间中搬运装配组件。宏观世界常见的此类操作对象有纸箱子、机械零部件等，由于其规则的形状和一定的刚度使得运用机械臂便可实现操作[6]。然而，在微观世界中，由于操作对象的材料不同，微纳操作变得更加复杂。当涉及细胞科学和组织工程，生物材料的硬度和刚度较低，形状多变，夹取生物材料类似于用筷子加年糕。施力过小易掉落，施力过大易破坏[7]。此外，将对象放至目标位置时，由于材料黏性和表面张力的影响，操作对象可能会黏附在操作器上无法释放。同样，对于操作器来说，如果刚度不足，将导致形变过大而降低操作精度。但是，如果操作器刚度过大，则极易划割或刺入生物材料，造成不可避免的机械损伤。较大硬度和刚度的操作器在某些场合适用，如显微注射中的细胞穿刺操作。由此可见，操作器与操作对象的材料和力学特性对操作结果至关重要。本章节将介绍生物微纳操作中常用的生物材料，以及它们不同的理化性质和应用场景，并进一步阐明微纳操作中存在的技术难点和实现方法。

2.2.1 材料的基本力学特性

在组织工程中,支架材料(scaffold)可以实现生物材料与细胞结合[8]。支架材料为细胞提供附着和增殖的环境,形成细胞外基质(ECM)[9]。支架材料的应用场合对其理化性质提出了要求。化学性质方面,支架材料必须具有良好的生物兼容性和可降解性等性能。物理性质方面,支架材料必须具有一定的刚度和弹性,以用作细胞生长的"支架"。此外支架材料还应具有可加工性,以形成特定形状与结构[10]。高分子材料因其门类广、便于改性等优点成为支架材料的主要选择。按材料来源划分,生物材料分为两大类:一是人工高分子聚合物,如聚乙二醇;二是天然高分子材料,如琼脂[11]。表2.2和表2.3分别为常用的人工高分子聚合物和天然高分子材料[12]。通常情况下,人工高分子聚合物的机械性能优异,可加工性和可操作性强,但细胞增殖效果不太理想。天然高分子材料具有突出的生物兼容性,但刚度通常较低,形状控制和操作难度较大。

表2.2 常用的人工高分子聚合物(按字母排序)

英文缩写	英文名称	中文名称
FEP	fluorinated ethylene propylene	全氟乙烯丙烯共聚物
LDPE	low - density polyethylene	低密度聚乙烯
PAM	polyacrylamide	聚丙烯酰胺
PANi	polyaniline	聚苯胺
PC	polycarbonate	聚碳酸酯
PCL	polycaprolactone	聚己内酯
PDMS	polydimethyl siloxane	聚二甲基硅氧烷
PEDOT	poly(3,4 - ehtylenedioxythiophene)	聚(3,4 - 乙烯二氧噻吩)
PEG	polyethylene glycol	聚乙二醇
PEGDA	polyethylene glycol diacrylate	聚乙二醇二丙烯酸酯
PEGDMA	polyethylene glycol dimethacrylate	聚乙二醇二甲基丙烯酸酯
PET	polyethylene terephthalate	聚对苯二甲酸乙二醇酯
PGA	polyglycolic acid	聚乙醇酸
PLA	polylactide	聚乳酸
PLGA	poly(lactic - co - glycolic acid)	聚乳酸 - 羟基乙酸共聚物
PMMA	poly(methyl methacrylate)	聚甲基丙烯酸甲酯
pNIPAM	poly(N - isopropylacrylamide)	聚(N - 异丙基丙烯酰胺)

表2.3　常用的天然高分子材料(按字母排序)

英文缩写	英文名称
FEP	fluorinated ethylene propylene
LDPE	low – density polyethylene
PAM	polyacrylamide
PANi	polyaniline
PC	polycarbonate
PCL	polycaprolactone
PDMS	polydimethyl siloxane
PEDOT	poly(3,4 – ehtylenedioxythiophene)
PEG	polyethylene glycol
PEGDA	polyethylene glycol diacrylate
PEGDMA	polyethylene glycol dimethacrylate
PET	polyethylene terephthalate
PGA	polyglycolic acid
PLA	polylactide
PLGA	poly(lactic – co – glycolic acid)
PMMA	poly(methyl methacrylate)
pNIPAM	poly(N – isopropylacrylamide)

人体中不同细胞的机械性能不同。如图2.1(a)所示,骨细胞的弹性模量约为10GPa,而肝脏细胞的弹性模量约为1kPa。对于一些常用的支架材料,改变工艺参数将改变结构最终的力学性能。如聚丙烯酰胺(PAM)的弹性模量在150Pa~150kPa的范围内可控。然而,生物材料弹性模量等参数的取值范围远不及需求范围,因此需要根据不同的应用场合选择相应的支架材料。图2.1(a)、图2.1(b)给出了常用材料的弹性模量和应用范围[13]。

支架材料一般需要可控的结构形状,而传统机械切削加工的方式在微纳领域受到了加工精度和灵活性的限制。因此支架材料多采用基于理化特性的特殊成型方式,包括热固化、光固化、热塑性、电沉积、化学交联等[14-18]。

热固化是指材料初次受热后发生化学变化,逐渐硬化成型,即使受热也不软化的不可逆过程。具备热固化的典型材料是聚二甲基硅氧烷(PDMS)[19]。PDMS是一种无色、无味、无毒、不易挥发且具有良好的化学惰性的黏稠液体。由于PDMS与硅片和玻璃具有贴合性,且透光性良好,因此其被作为微流控和软光刻中广泛使用的材料。为了制成特定形状的PDMS,通常采用有表面形貌的硅片作为模具,从而在固化后的PDMS表面得到互补的形貌。

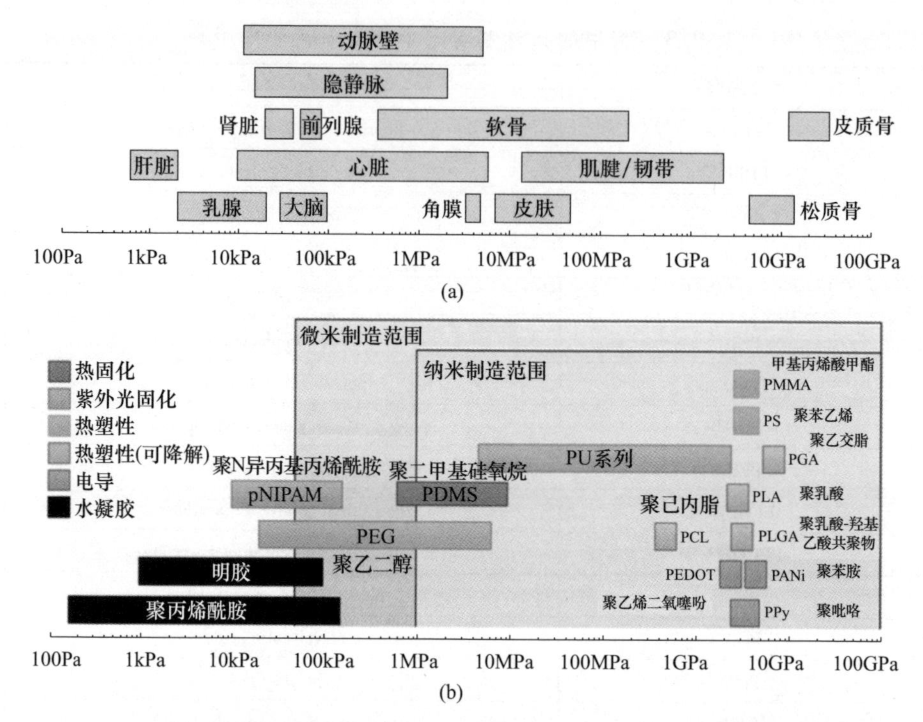

图 2.1　人体细胞组织(a)和常用生物材料(b)的弹性模量范围(见彩插)

光交联是指高分子材料在光照情况下发生化学反应并固化的过程。在具体使用中,经常选择聚乙二醇(PEG)[20]。PEG 是一类在紫外光下交联且对自然光不敏感的材料。低分子量的 PEG 是一种无色无味的黏稠液体,高分子量时呈现固态。PEG 依据分子量的不同而用途不同。如 PEG－400 为无色透明液体,可用作眼药水。PEG－4000 为白色固体,可用作药片膜衣。PEGDMA 和 PEGDA 是 PEG 的两种衍生物,同样具有紫外光交联的性质,但在亲疏水性等方面有差异。由于交联固化发生在受光照部分,因此利用掩模版或数字微镜阵列(digital micromirror device,DMD)改变光路的图案,即可得到不同形状的结构。

热塑性是指物体能够反复加热软化流动和冷却硬化为固态的性质。大部分线型高分子材料具有热塑性,如聚乳酸(PLA)[21]。PLA 具有良好的力学性能和较低的密度,是 3D 打印机的常用耗材。此外,PLA 具有生物降解性和兼容性,因而可用作生物医学材料。热塑性材料的形状控制主要采用两种方法,一是利用高精度的 3D 打印技术,直接形成连续复杂的三维空间结构,二是利用模板辅助法,可借助软光刻等技术。

电沉积是指在电场作用下物质从其化合物溶液或熔盐中沉积出来的过程。聚苯胺(PANi)是一种具有极高电导率的聚合物,具有特殊的掺杂特性,性质稳定又便于合成,是优良的导电高分子材料[22]。PANi 可以在电极表面沉积成膜,

因而常用作纳米级镀膜材料。此外,可采用电纺丝等技术形成纳米线,结合直写技术可以得到二维或三维空间结构。

化学交联是指由小的链状分子交联成大分子网状或空间结构的过程。例如,褐藻酸钠遇到含 Ca^{2+} 溶液会发生交联反应,形成固态水凝胶,并由此成为发酵工艺中产酶细胞的传统包裹材料[23]。利用微流控的方法,调整褐藻酸钠和 $CaCl_2$ 溶液的流速,可以得到直径在几十微米的褐藻酸钙纤维。利用褐藻酸钠和 $CaCO_3$ 纳米颗粒悬浮液,则可以通过电沉积方法,得到一定图案形状的褐藻酸钙水凝胶。

2.2.2　弹塑性变形

力学与细胞和组织的行为状态息息相关[24]。一方面,细胞的生长状态会表现在力学特性上,如癌细胞的黏性会大幅度减小,更加容易转移。另一方面,支架材料的刚度、孔隙率以及外界的应力刺激会影响细胞的增殖和表达,如流体剪切可以促进内皮细胞重构细胞骨架,增加细胞强度。因此,研究细胞及支架材料的力学特性对细胞检测和培养均有重要意义。然而细胞结构复杂,难以得到具有广泛适用性的物理模型。本节将着重介绍现有的几种简单模型和相应的测量方法,为解决问题提供一定的思路。

虽然细胞内部有细胞核以及线粒体、内质网等功能各异的结构,但细胞的整体表现受内部不均匀性影响较小。因此如果不研究细胞内部结构或特定细胞骨架问题,则我们一般将细胞简化为内部均匀的同一介质[25]。如果细胞在小受力和小变形的情况下,细胞的变形与受力几乎成正比,那么我们可以假设其满足线性弹性体模型,如图 2.2 所示。该模型可以采用很多结构力学的方法来求解,如给定应力载荷 σ、测量细胞应变 ε,便可以得到细胞的弹性模量 $\boldsymbol{E}$,可表示为

$$\sigma = \boldsymbol{E}\varepsilon \tag{2-1}$$

如果在该模型的基础上再考虑细胞的黏性,假设细胞由弹性元件和黏性元件组成,便可以得到黏弹性模型。对于黏度为 μ 的黏性元件,其应力应变满足以下关系:

$$\sigma = \mu\dot{\varepsilon} \tag{2-2}$$

如果弹性元件和黏性元件串联,称为麦克斯韦模型,其满足 $\sigma = \sigma_1 = \sigma_2$,$\varepsilon = \varepsilon_1 + \varepsilon_2$,代入弹性元件和黏性元件公式,可得

$$\dot{\varepsilon} = \frac{1}{\boldsymbol{E}}\dot{\sigma} + \frac{1}{\mu}\sigma \tag{2-3}$$

如果弹性元件和黏性元件并联,则称为开尔文模型,其满足 $\sigma = \sigma_1 + \sigma_2$,$\varepsilon = \varepsilon_1 = \varepsilon_2$,代入弹性元件和黏性元件公式,可得

$$\sigma = \boldsymbol{E}\varepsilon + \mu\dot{\varepsilon} \tag{2-4}$$

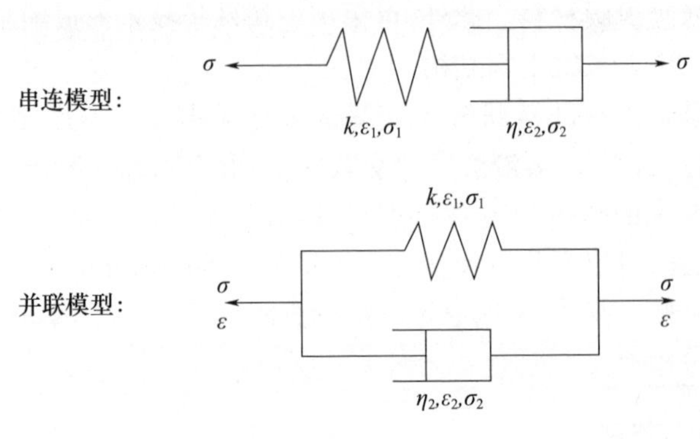

图 2.2　两种黏弹性模型

我们知道细胞膜和细胞质的组成和表征有着很大的差异,因此我们也可以把细胞简化为由弹性细胞膜和黏性流体组成的液滴模型,如图 2.3 所示。该模型的细胞膜有各向同性的张力,但不抗弯,因此适用于细胞有很大变形的情况,但速度较快时不太适用。在此基础上,如果再可考虑细胞核和细胞质的差异性,可以将细胞核膜和细胞核再比作一个两相液滴,形成细胞膜 - 细胞质 - 细胞核膜 - 细胞质的复合液滴模型。除此之外,还有很多其他模型,适用于不同的研究问题和计算方法。

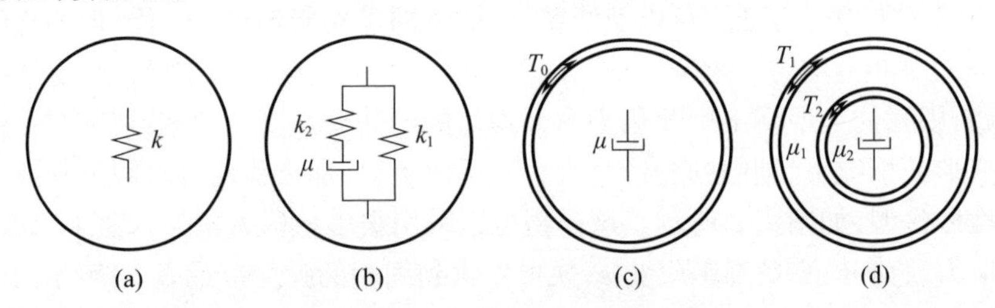

图 2.3　四种细胞模型

(a)线弹性;(b)黏弹性;(c)液滴;(d)复合液滴。

上述的各种模型在测量时主要关注的是应力和应变,一方面如何准确提供应力载荷,另一方面如何准确测量应变数值。常用的方法有微管吮吸法、按压法等。微管吮吸法是指利用负压将细胞吸入直径小于它的管内。负压可由压力泵精确控制,而细胞进入微管的变形明显,便于观测,因此可实现性较强。按压法是利用探针或平板使细胞受压,然后观测细胞的变形量。该方法操作较为直观,但在使用探针操作时,存在局部应力不均匀,影响测量结果的代表性。不过该方法可与原子力显微镜等相结合,从而获得精确的定位测量以及信息丰富的成像[26]。此外,还有些基于悬浮的测量技术、基于流体剪切变形的测量技术等,具有一定的适用性[27]。

2.2.3　疲劳与断裂

通常情况下，我们希望材料具有一定的强度和刚度。比如，操作探针在夹取微观物体时，本身变形不能太大，否则难以精确定位，更不能断裂或碎裂，否则容易污染样品。另一方面，当进行细胞穿刺或切核时，我们又希望细胞的柔韧性不是很好[28]。本节主要探讨如何在生物微纳操作中避免或者利用材料的疲劳和断裂。

在接触式机械操作中，多采用探针结构作为机械臂的末端执行器。在电子显微镜下为避免电荷累积等因素，一般采用金属探针。在光学显微镜下为了便于吮吸注射等操作，一般采用微量移液管作为探针[29]。对于探针和机械臂而言，相当于悬臂梁式结构。假设水平悬臂梁长度为 l，质量线密度为 q，则水平悬臂梁由于自重引起的挠曲线方程为

$$w = -\frac{qx^2}{24\boldsymbol{EI}}(x^2 - 4lx + 6l^2) \tag{2-5}$$

式中：$\boldsymbol{E}$ 为弹性模量；$\boldsymbol{I} = \int_A y^2 \mathrm{d}A$ 为惯性积；$\boldsymbol{EI}$ 称为弯曲刚度。一般规定 y 轴向上为正向，故挠曲线方程带负号。由挠曲线方程可得，悬空的末端变形量最大，转角和挠度分别为

$$\begin{aligned} \theta_{\mathrm{B}} &= -\frac{ql^3}{6\boldsymbol{EI}} \\ w_{\mathrm{B}} &= -\frac{ql^4}{8\boldsymbol{EI}} \end{aligned} \tag{2-6}$$

对于长 50mm，直径 5mm 的钢质圆柱机械臂，自重引起的末端挠度大约有 20μm。该变形量对于宏观世界并不算很大，但足以影响显微观测下的操作精度。而且在光学显微镜下，高度方向上的距离超过 5μm 可能出现离焦的问题。为了改善该问题可以通过加粗机械臂、采用锥状结构、更换刚度更大的材料等方式，也可以采用并联式机器人结构，通过多杆并联提高系统整体的刚度和定位精度。

上述计算说明，钢铁、玻璃等宏观条件刚性很强的材料可以受力产生显微可见的变形。微纳操作中的机械臂控制更多是基于位置控制，而非力矩控制。因此，对于作为末端执行器的玻璃探针，适当的变形能力虽会影响操作精度，却可以避免玻璃探针直接折断。这种微观下的“柔韧性”使得玻璃材料成为末端执行器的主要选择，并且其变形经常作为相互接触或提供足够夹持力的判断依据。当然，如果变形量达到十几微米甚至几十微米，玻璃探针同样存在产生裂纹甚至直接断裂的可能。

若末端执行器夹持或按压物体时，受到垂直方向上的力为 $\boldsymbol{F}$，则操作臂的挠

曲线方程为

$$w = -\frac{Fx^2}{6\boldsymbol{EI}}(3l - x) \tag{2-7}$$

由挠曲线方程可得，末端变形量最大，转角和挠度分别为

$$\begin{aligned} \theta_B &= -\frac{Fl^3}{2\boldsymbol{EI}} \\ w_B &= -\frac{Fl^3}{3\boldsymbol{EI}} \end{aligned} \tag{2-8}$$

由此可知，相比于重力这种均布载荷，单端受力可以引起更大的变形。

在细胞穿刺和切核中，主要需要提供足够的力使操作器沿接近法向的方向刺入细胞，从而注射或吸取物质。在分析受力时，可采用合适的细胞力学模型。对于植物细胞，还应考虑细胞壁的影响。当然，操作器的刚度和硬度应该足够大，才能刺入细胞膜。

2.3 微纳尺度下的流体力学

流体力学是力学的一个分支，主要研究流体本身的运动状态和其他物体相互作用的物理规律[30]。由于生物微纳操作以细胞、支架材料等为主，其操作环境以液态为主，因此研究微纳尺度下的流体作用对分析和优化生物微纳操作具有重要价值[31]。尽管经典流体力学的研究背景多基于宏观条件，但在微纳操作下，由于其尺寸尚且足够大，基本满足流体力学的假设，所以很多经典理论仍适用。另外，微纳操作研究主要关注流体作用的宏观表现，与现有方法的研究目标较为一致。因此本章节内容以宏观层次的经典流体力学为基础，介绍通用物理方法的同时，突出微观操作面临的不同条件，并对微观操作特有的现象进行着重介绍。

2.3.1 流体力学基本假设

1）连续介质假设

流体力学的研究对象是气体和液体为主的流体。流体是由大量分子组成的，这些分子的宏观运动便是流体的运动。为了研究流体不同位置的运动和力学特性，常常需要微积分等数学工具，取局部微元，因此需要满足连续介质假设：流体的微元充满了整个空间，并能满足数学上的微分和偏导条件。连续介质假设是经典流体力学的基本假设，具有无论任何黏附特性或边界特性的流体，在进行建模计算时，必须遵循连续介质假设。但在某些特殊问题中，连续介质假设可

能不被满足。如，对于稀薄流体环境（如扫描电子显微镜的真空腔），流体分子之间的距离较大，与物体的特征尺度接近，不宜再看作连续介质[32]。

流体力学的研究结果基于宏观条件，对于微纳米研究来说，当尺寸降至分子尺寸时，必须考虑分子的热运动。然而像水分子的直径在 0.4nm 左右，其平均自由程约在 10^{-8}左右，远小于大多数微纳问题所研究的尺度，故一般不考虑分子的微观运动，但对于范德瓦尔斯力等具有宏观表现的作用力，往往需要针对特定问题加以考虑。

2）黏性

当两种流体之间或流体与界面之间存在相对运动时，流体对运动存在抵抗作用，这种抵抗称为黏性。黏性是流体的固有属性之一，而黏度（viscosity）被用来表示黏性的强度，也称作黏性系数（efficient of viscosity）[33]。黏度用符号 μ 表示，单位为帕秒（Pa·s）。实验证明，大多数流体的速度与受力大小成正比（常见流体的黏度如表 2.4 所列）。假设沿一定方向流动，相邻非常近的两层流体的速度之差为 du，之间的距离为 dy，则流体受到的切应力为

$$\tau = \mu \frac{\mathrm{d}u}{\mathrm{d}y} \tag{2-9}$$

式中：du/dy 称为剪切变形速度。该定律称为牛顿黏性定律。满足该定律的流体称为牛顿流体。

表 2.4 常见流体的黏度表

流体类型	黏度/10^{-5}Pa·s
水	100.2
乙醇	119.7
水银	156
干燥空气	1.82
二氧化碳	1.47

若用流体的黏度 μ 除以密度 ρ，则得到运动黏度（kinematic viscosity），用符号 ν 表示，单位为 m^2/s：

$$\nu = \frac{\mu}{\rho} \tag{2-10}$$

对于某些黏性很小的流体，有时视为黏度为 0，称作非黏性流体。现实世界中流体都是黏性流体，但黏性会使计算复杂。空气等流体的黏度较小，因此在满足要求的前提下，可当作非黏性流体来处理。

并非所有流体都满足牛顿黏性定律，不满足牛顿黏性定律的流体称为非牛顿流体。常见的非牛顿流体包括以下几类，如图 2.4 所示。

对于塑性流体(plastic fluid),其切应力－剪切变形速度曲线不过原点,而是存在一个最小切应力值,当物体所受切应力小于该值时,物体的表现如同固体。当物体所受切应力大于该值时,物体才会像流体一样运动。若物体依旧满足线性关系,称作宾汉流体(Bingham fluid)。常见的有牙膏、奶油、豆沙等。

假塑性流体(pseudoplastic fluid),是指随着剪切变形速度增大而黏度变小的流体。血液、鸡蛋液等大部分高分子材料和溶液均属于这一类。

膨胀性流体(dilatant fluid),是指随着剪切变形速度增大而黏度变大的流体。如较浓稠的玉米淀粉糊。

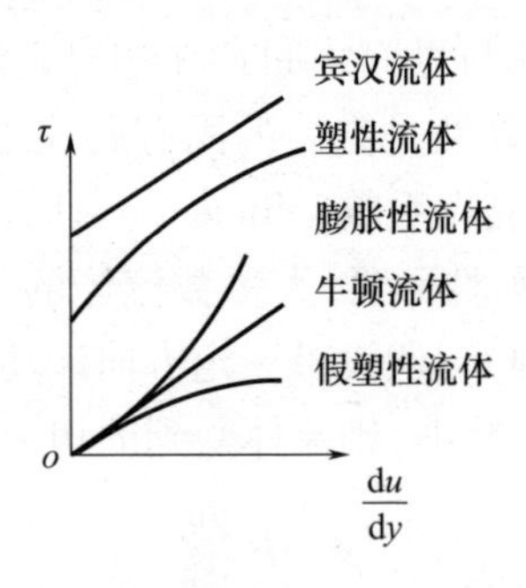

图 2.4　流体的类型(切应力－剪切变形速度)

3)可压缩性

流体的体积并非一成不变,通常我们将能够压缩的流体称为可压缩流体,将压缩时体积几乎不变、可忽略其压缩性的流体称为不可压缩流体。在一般问题中,液体体积变化不大,被看作是不可压缩的,气体体积极易发生变化,被看作是可压缩的。但在水击问题中,液体必须看作是可压缩的。不可压缩的流体在现实世界是不存在的,这也是为了便于分析进行的一种模型化近似。

不具有黏性且不可压缩的流体称为理想流体。理想流体不存在阻力和能量损耗,在计算时较为简便,但也意味着真正意义上的理想流体是不存在的。如流体的边界部分,由于黏性的存在会出现速度梯度,而远离边界的部分不受黏性影响,有时可以将后者看作理想流体。

2.3.2　流体力学基本方程组

1)两种描述方法

研究流体运动主要有两种方法:拉格朗日方法和欧拉方法。拉格朗日方法是指以空间中某个流体质点为研究对象,观察其位置、速度、加速度和受力随着时间的变化。采用该方法时流体的运动状态仅是时间 t 的函数。若已知 t_0 时刻该质点坐标为(x_0,y_0,z_0),既该质点的位置矢量 $\boldsymbol{r}=(x,y,z)$、速度矢量 $\boldsymbol{u}=(u,v,w)$ 和加速度矢量 $\boldsymbol{a}=(a_x,a_y,a_z)$ 分别表示为

$$
\begin{gathered}
\boldsymbol{r}=\boldsymbol{r}(x_0,y_0,z_0,t)\\
\boldsymbol{u}=\frac{\partial \boldsymbol{r}(x_0,y_0,z_0,t)}{\partial t}\\
\boldsymbol{a}=\frac{\partial^2 \boldsymbol{r}(x_0,y_0,z_0,t)}{\partial t^2}
\end{gathered}
\tag{2-11}
$$

欧拉方法是指持续观测空间中固定的一点,研究任意时刻通过该点的流体运动状态,进而描绘出空间中所有位置点的流体运动状态。由于固定观测点在现实生活中更易实现,因此流体力学多采用欧拉方法。令观测点坐标为 $\boldsymbol{r}=(x,y,z)$,时刻为 t,则该点的速度矢量表示为

$$\boldsymbol{u}=\boldsymbol{u}(x,y,z,t) \tag{2-12}$$

取经历微小时间 $\mathrm{d}t$ 的一端微元,则加速度矢量可表示为

$$
\begin{aligned}
\boldsymbol{a}&=\lim_{\mathrm{d}t\to 0}\frac{\boldsymbol{u}(x+\mathrm{d}x,y+\mathrm{d}y,z+\mathrm{d}z,t+\mathrm{d}t)-\boldsymbol{u}(x,y,z,t)}{\mathrm{d}t}\\
&=\lim_{\mathrm{d}t\to 0}\frac{1}{\mathrm{d}t}\left(\frac{\partial \boldsymbol{u}}{\partial t}\mathrm{d}t+\frac{\partial \boldsymbol{u}}{\partial x}\mathrm{d}x+\frac{\partial \boldsymbol{u}}{\partial y}\mathrm{d}y+\frac{\partial \boldsymbol{u}}{\partial z}\mathrm{d}z\right)\\
&=\frac{\partial \boldsymbol{u}}{\partial t}+\boldsymbol{u}\frac{\partial \boldsymbol{u}}{\partial x}+\boldsymbol{v}\frac{\partial \boldsymbol{u}}{\partial y}+\boldsymbol{w}\frac{\partial \boldsymbol{u}}{\partial z}
\end{aligned}
\tag{2-13}
$$

式中:第 1 项称为局部导数,表示非定常运动由于时间变化引起的速度变化;第 2~4 项称为位变导数,表示流体质点由于位置变化引起的速度变化。该式整体称为随体导数或物质导数。

为简便起见,记$\frac{\mathrm{D}}{\mathrm{D}t}=\frac{\partial}{\partial t}+\boldsymbol{u}\frac{\partial}{\partial x}+\boldsymbol{v}\frac{\partial}{\partial y}+\boldsymbol{w}\frac{\partial}{\partial z}$,所以有

$$a=\frac{\mathrm{D}\boldsymbol{u}}{\mathrm{D}t}=\frac{\partial \boldsymbol{u}}{\partial t}+\boldsymbol{u}\frac{\partial \boldsymbol{u}}{\partial x}+\boldsymbol{v}\frac{\partial \boldsymbol{u}}{\partial y}+\boldsymbol{w}\frac{\partial \boldsymbol{u}}{\partial z} \tag{2-14}$$

在直角(笛卡儿)坐标系下的形式为

$$
\begin{cases}
a_x=\dfrac{\mathrm{D}\boldsymbol{u}}{\mathrm{D}t}=\dfrac{\partial \boldsymbol{u}}{\partial t}+\boldsymbol{u}\dfrac{\partial \boldsymbol{u}}{\partial x}+\boldsymbol{v}\dfrac{\partial \boldsymbol{u}}{\partial y}+\boldsymbol{w}\dfrac{\partial \boldsymbol{u}}{\partial z}\\
a_y=\dfrac{\mathrm{D}\boldsymbol{v}}{\mathrm{D}t}=\dfrac{\partial \boldsymbol{v}}{\partial t}+\boldsymbol{u}\dfrac{\partial \boldsymbol{v}}{\partial x}+\boldsymbol{v}\dfrac{\partial \boldsymbol{v}}{\partial y}+\boldsymbol{w}\dfrac{\partial \boldsymbol{v}}{\partial z}\\
a_z=\dfrac{\mathrm{D}\boldsymbol{w}}{\mathrm{D}t}=\dfrac{\partial \boldsymbol{w}}{\partial t}+\boldsymbol{u}\dfrac{\partial \boldsymbol{w}}{\partial x}+\boldsymbol{v}\dfrac{\partial \boldsymbol{w}}{\partial y}+\boldsymbol{w}\dfrac{\partial \boldsymbol{w}}{\partial z}
\end{cases}
\tag{2-15}
$$

在有了流体的描述方法后,我们可以根据具有普适性的宏观物理规律,建立流体力学领域的基本方程组。

2)连续性方程

首先,可以根据质量守恒推出连续性方程,其矢量形式为

$$\frac{\partial \rho}{\partial t}+\nabla\cdot(\rho\boldsymbol{u})=0 \tag{2-16}$$

直角坐标形式为

$$\frac{\partial \rho}{\partial t}+\frac{\partial(\rho \boldsymbol{u})}{\partial x}+\frac{\partial(\rho \boldsymbol{v})}{\partial y}+\frac{\partial(\rho \boldsymbol{w})}{\partial z}=0 \tag{2-17}$$

式中:ρ 是流体的密度;$\boldsymbol{u}=(\boldsymbol{u},\boldsymbol{v},\boldsymbol{w})$是流体的速度矢量。

对于定常运动(不随时间变化的流动),$\frac{\partial \rho}{\partial t}=0$,所以有

$$\nabla \cdot(\rho \boldsymbol{u})=0 \text{ 或 } \frac{\partial(\rho \boldsymbol{u})}{\partial x}+\frac{\partial(\rho \boldsymbol{v})}{\partial y}+\frac{\partial(\rho \boldsymbol{w})}{\partial z}=0 \tag{2-18}$$

3)运动方程

再者,根据动量守恒可以推出运动方程,其微分形式为

$$\rho \frac{\mathrm{D}\boldsymbol{u}}{\mathrm{D}t}=\rho \boldsymbol{F}+\nabla \cdot \boldsymbol{P} \tag{2-19}$$

式中:$\boldsymbol{F}=(\boldsymbol{f}_x,\boldsymbol{f}_y,\boldsymbol{f}_z)$是单位体积上的质量力;$\boldsymbol{P}$ 是二阶应力张量。

$$\boldsymbol{P}=\begin{bmatrix}\boldsymbol{p}_{xx} & \boldsymbol{p}_{xy} & \boldsymbol{p}_{xz}\\ \boldsymbol{p}_{yx} & \boldsymbol{p}_{yy} & \boldsymbol{p}_{yz}\\ \boldsymbol{p}_{zx} & \boldsymbol{p}_{zy} & \boldsymbol{p}_{zz}\end{bmatrix} \tag{2-20}$$

直角坐标形式为

$$\begin{cases}\rho\left(\frac{\partial \boldsymbol{u}}{\partial t}+\boldsymbol{u}\frac{\partial \boldsymbol{u}}{\partial x}+\boldsymbol{v}\frac{\partial \boldsymbol{u}}{\partial y}+\boldsymbol{w}\frac{\partial \boldsymbol{u}}{\partial z}\right)=\rho f_x+\frac{\partial p_{xx}}{\partial x}+\frac{\partial p_{xy}}{\partial y}+\frac{\partial p_{xz}}{\partial z}\\ \rho\left(\frac{\partial \boldsymbol{v}}{\partial t}+\boldsymbol{u}\frac{\partial \boldsymbol{v}}{\partial x}+\boldsymbol{v}\frac{\partial \boldsymbol{v}}{\partial y}+\boldsymbol{w}\frac{\partial \boldsymbol{v}}{\partial z}\right)=\rho f_y+\frac{\partial p_{yx}}{\partial x}+\frac{\partial p_{yy}}{\partial y}+\frac{\partial p_{yz}}{\partial z}\\ \rho\left(\frac{\partial \boldsymbol{w}}{\partial t}+\boldsymbol{u}\frac{\partial \boldsymbol{w}}{\partial x}+v\frac{\partial \boldsymbol{w}}{\partial y}+\boldsymbol{w}\frac{\partial \boldsymbol{w}}{\partial z}\right)=\rho f_z+\frac{\partial p_{zx}}{\partial x}+\frac{\partial p_{zy}}{\partial y}+\frac{\partial p_{zz}}{\partial z}\end{cases} \tag{2-21}$$

4)能量方程

最后,可以根据能量守恒推出能量方程:

$$\rho \frac{\mathrm{D}}{\mathrm{D}t}\left(\boldsymbol{U}+\frac{1}{2}u \cdot \boldsymbol{u}\right)=\rho F \cdot \boldsymbol{u}+\nabla \cdot(P \cdot \boldsymbol{u})+\nabla \cdot(K \nabla T)+\rho \tag{2-22}$$

式中:U 是单位质量的内能;q 是由于热辐射或其他原因在单位时间内传入单位质量流体的热量;K 是热传导系数;T 是热力学温度。

直角坐标形式为

$$\begin{aligned}&\rho\left(\frac{\partial}{\partial t}+\boldsymbol{u}\frac{\partial}{\partial x}+\boldsymbol{v}\frac{\partial}{\partial y}+\boldsymbol{w}\frac{\partial}{\partial z}\right)\left(U+\frac{\boldsymbol{u}^2+\boldsymbol{v}^2+\boldsymbol{w}^2}{2}\right)\\ &=\rho(f_x\boldsymbol{u}+f_y\boldsymbol{v}+f_z\boldsymbol{w})+\frac{\partial}{\partial x}(p_{xx}\boldsymbol{u}+p_{xy}\boldsymbol{v}+p_{xz}\boldsymbol{w})+\frac{\partial}{\partial y}(p_{yx}\boldsymbol{u}+p_{yy}\boldsymbol{v}+p_{yz}\boldsymbol{w})+\\ &\quad\frac{\partial}{\partial z}(p_{zx}\boldsymbol{u}+p_{zy}\boldsymbol{v}+p_{zz}\boldsymbol{w})+\frac{\partial}{\partial x}\left(k\frac{\partial T}{\partial x}\right)+\frac{\partial}{\partial y}\left(k\frac{\partial T}{\partial y}\right)+\frac{\partial}{\partial y}\left(k\frac{\partial T}{\partial y}\right)+\rho q\end{aligned} \tag{2-23}$$

左边项代表动能和内能的随体导数,右边项依次是单位体积内质量力做的功,单位体积内面积力做的功,单位体积内由于热传导传入的能量,以及由于辐射或其他原因传入的能量。

5)本构方程

流体的应力和变形之间存在密切的关系,对于牛顿流体,可用本构方程来表示:

$$\tau_{ij}=\begin{cases}\mu\left(\dfrac{\partial u_i}{\partial x_j}+\dfrac{\partial u_j}{\partial x_i}\right) & (i\neq j)\\ -p+2\mu\dfrac{\partial u_i}{\partial x_j}-\dfrac{2}{3}\mu\,\nabla\cdot u & (i=j)\end{cases}\tag{2-24}$$

上述方程构成了流体力学基本方程组。

2.3.3　纳维－斯托克斯方程

由于基本方程组的中运动方程采用动量守恒推导,并未考虑黏性因素。将黏性应力引入运动方程,得到纳维－斯托克斯方程(Navier－Stokes equations)[34],简称 N－S 方程。其微分形式为

$$\rho\frac{\mathrm{D}\boldsymbol{u}}{\mathrm{D}t}=\rho\boldsymbol{F}-\nabla\boldsymbol{p}+\mu\,\nabla^2\boldsymbol{u}\tag{2-25}$$

直角坐标形式为:

$$\begin{cases}\rho\left(\dfrac{\partial\boldsymbol{u}}{\partial t}+\boldsymbol{u}\dfrac{\partial\boldsymbol{u}}{\partial x}+\boldsymbol{v}\dfrac{\partial\boldsymbol{u}}{\partial y}+\boldsymbol{w}\dfrac{\partial\boldsymbol{u}}{\partial z}\right)=\rho f_x-\dfrac{\partial\boldsymbol{p}}{\partial x}+\mu\left(\dfrac{\partial^2\boldsymbol{u}}{\partial x^2}+\dfrac{\partial^2\boldsymbol{u}}{\partial y^2}+\dfrac{\partial^2\boldsymbol{u}}{\partial z^2}\right)\\ \rho\left(\dfrac{\partial\boldsymbol{v}}{\partial t}+\boldsymbol{u}\dfrac{\partial\boldsymbol{v}}{\partial x}+\boldsymbol{v}\dfrac{\partial\boldsymbol{v}}{\partial y}+\boldsymbol{w}\dfrac{\partial\boldsymbol{v}}{\partial z}\right)=\rho f_y-\dfrac{\partial\boldsymbol{p}}{\partial y}+\mu\left(\dfrac{\partial^2\boldsymbol{v}}{\partial x^2}+\dfrac{\partial^2\boldsymbol{v}}{\partial y^2}+\dfrac{\partial^2\boldsymbol{v}}{\partial z^2}\right)\\ \rho\left(\dfrac{\partial\boldsymbol{w}}{\partial t}+\boldsymbol{u}\dfrac{\partial\boldsymbol{w}}{\partial x}+\boldsymbol{v}\dfrac{\partial\boldsymbol{w}}{\partial y}+\boldsymbol{w}\dfrac{\partial\boldsymbol{w}}{\partial z}\right)=\rho f_z-\dfrac{\partial\boldsymbol{p}}{\partial z}+\mu\left(\dfrac{\partial^2\boldsymbol{w}}{\partial x^2}+\dfrac{\partial^2\boldsymbol{w}}{\partial y^2}+\dfrac{\partial^2\boldsymbol{w}}{\partial z^2}\right)\end{cases}\tag{2-26}$$

由于 N－S 方程考虑了流体的黏性,因此具有更为普遍的适用性,并被广泛应用于流体力学仿真计算当中。N－S 方程为非线性方程,一般计算较为复杂,甚至仿真求近似解的计算量也较大。

2.3.4　雷诺数

黏性是流体力学研究中不可忽视的一个因素,为了表示黏性对流体的影响程度,引入了雷诺数的概念。其表达式为

$$Re=\frac{\rho uL}{\mu}\tag{2-27}$$

式中:ρ 是流体的密度;u 是流体的速度;L 是流体的特征长度;μ 是流体的黏度。

雷诺数是惯性力和黏性力的比值。雷诺数越大,黏性力的影响越小,当雷诺数大于一定值(约4000)时,流体的微小变化也会引起不稳定和急剧变化,形成湍流。当雷诺数小于一定值(约2300)时,流体的运动较有规律,并有明显的分层现象,称为层流。当雷诺数位于过渡状态时,流体的类型一般需视具体情况而定。湍流和层流对应不同的研究模型,而雷诺数是判断流体类型和选用研究模型的一大准则。由于微纳领域的特征尺度较小,因而雷诺数不会太大,一般符合层流条件[35]。

2.3.5 黏性不可压缩流体运动

由于大部分微纳生物操作基于液态环境,黏性力影响突出,故一般视为黏性不可压缩流体情形,将前述的流体力学基本方程组加以改变,便可得到黏性不可压缩流体的基本方程组。

(1)连续性方程。对于不可压缩流体,$\rho \equiv \rho_0$,所以

$$\nabla \cdot \boldsymbol{u}=0 \tag{2-28}$$

(2)运动方程。即为纳维-斯托克斯方程(N-S 方程):

$$\rho \frac{\mathrm{D}\boldsymbol{u}}{\mathrm{D}t}=\rho \boldsymbol{F}-\nabla \boldsymbol{p}+\mu \nabla^2 \boldsymbol{u} \tag{2-29}$$

(3)能量方程保持不变,仍为

$$\rho \frac{\mathrm{D}}{\mathrm{D}t}\left(U+\frac{1}{2}\boldsymbol{u} \cdot \boldsymbol{u}\right)=\rho \boldsymbol{F} \cdot \boldsymbol{u}+\nabla \cdot (\boldsymbol{p} \cdot \boldsymbol{u})+\nabla \cdot (k \nabla T)+\rho q \tag{2-30}$$

(4)对于不可压缩流体$\nabla \cdot \boldsymbol{u}=0$,所以本构方程为

$$\tau_{ij}=\begin{cases}\mu\left(\dfrac{\partial u_i}{\partial x_j}+\dfrac{\partial u_j}{\partial x_i}\right) & (i \neq j)\\[2ex] -p+2\mu \dfrac{\partial u_i}{\partial x_j} & (i=j)\end{cases} \tag{2-31}$$

2.3.6 扩散现象

扩散(diffusion)是物质输运的宏观表现。在微观研究中,由于液态环境的浓度不同,会出现物质从高浓度向低浓度扩散的现象[36]。

根据菲克第一定律(Fick's first law),单位时间内通过单位截面的扩散物质流量与该截面处的浓度梯度成正比:

$$J=-D \frac{\mathrm{d}c}{\mathrm{d}x} \tag{2-32}$$

式中:J 称为扩散通量;D 称为扩散系数;c 是扩散物质的体积浓度。

该式适用于扩散通量不随时间变化的稳态扩散情况。对于非稳态扩散,则

有菲克第二定律(Fick's second law)表示浓度随时间的变化:

$$\frac{\partial c}{\partial t}=D\left(\frac{\partial^2 c}{\partial x^2}+\frac{\partial^2 c}{\partial y^2}+\frac{\partial^2 c}{\partial z^2}\right) \tag{2-33}$$

2.3.7　表面张力与亲疏水性

液体表面存在趋于拉紧收缩的特性,这种现象便是由表面张力引起的。表面张力一般用 γ 表示,单位为 N/m。表面张力的大小与相接触的两种物质有关,作用方向与接触面相切。

对于经典的肥皂泡模型,有

$$\boldsymbol{F}=2\gamma l \tag{2-34}$$

将表面自由能引入四个热力学基本公式[37]中,有

$$\begin{aligned}
\mathrm{d}U &= T\mathrm{d}S - p\mathrm{d}V + \gamma\mathrm{d}A_{\mathrm{s}} + \sum_B \mu_B \mathrm{d}n_B \\
\mathrm{d}H &= T\mathrm{d}S + V\mathrm{d}p + \gamma\mathrm{d}A_{\mathrm{s}} + \sum_B \mu_B \mathrm{d}n_B \\
\mathrm{d}A &= -S\mathrm{d}T - p\mathrm{d}V + \gamma\mathrm{d}A_{\mathrm{s}} + \sum_B \mu_B \mathrm{d}n_B \\
\mathrm{d}G &= -S\mathrm{d}T + V\mathrm{d}p + \gamma dA_{\mathrm{s}} + \sum_B \mu_B \mathrm{d}n_B
\end{aligned} \tag{2-35}$$

式中:U 是热力学能;T 是热力学温度;S 是系统的熵;p 是压强;V 是体积;A_{s} 是表面积;μ_B 是化学势;n_B 是物质的量;H 是系统的焓;G 是吉布斯自由能。

从上述关系,可推导出:

$$\gamma=\left(\frac{\partial U}{\partial A_{\mathrm{s}}}\right)_{S,V,n_B}=\left(\frac{\partial H}{\partial A_{\mathrm{s}}}\right)_{S,p,n_B}=\left(\frac{\partial A}{\partial A_{\mathrm{s}}}\right)_{T,V,n_B}=\left(\frac{\partial G}{\partial A_{\mathrm{s}}}\right)_{T,p,n_B} \tag{2-36}$$

由此可知,在其他量不变的条件下,γ 对应单位表面积增量引起的系统热力学能或吉布斯自由能增量,因此 γ 又称为表面自由能。

大部分物质可以按与水的亲和能力分为亲水性和疏水性两种。一般而言,亲水性物质之间会互相吸附,亲水性溶液可以润湿亲水性表面,只有很小的接触角。而疏水性材料很难润湿亲水性表面,具有很大的接触角。亲疏水性是表面张力的一种体现,在微纳领域有很多应用。如亲水材料会吸附在微流道的玻璃底面,因此可以在玻璃表面涂布一层疏水的 PDMS,使其能够顺利地通过流道。对于一些生物改性,则需要降低亲水性材料和疏水性材料之间的表面张力,使他们能够混合或连接,一般需要用到表面活性剂。表面活性剂是一种可以降低亲疏水材料之间表面张力的物质,通常是有机高分子链,一端具有羟基等极性的亲水基团,一端具有链烃等非极性的疏水基团。

2.4 微纳尺度下的电磁现象

在微纳尺度下,电磁现象具有更为广泛的体现。除了宏观条件下的静电力和磁力外,范德瓦尔斯力等微观现象的本质也是电磁作用。由于电磁学理论较为成熟,可控性较强,因此常被用来进行非接触式的微纳操作,如电泳、介电泳、磁驱动等[38-39]。因此,研究电磁特性不仅是分析微观物理现象的理论基础,更是实现非接触式微纳操作的有效途径。

2.4.1 静电作用

静电力又称库仑力,是指静止带电体之间的作用力,是微纳操作常见的驱动力或干扰力。静电力的一大特性是传递距离远,且不需要介质,因此可用于非接触方式的驱动控制[40]。

当带电物体间的距离远大于物体尺寸时,便可将其抽象为点电荷。真空中两个静止的点电荷之间 q_1 受到 q_2 的静电力为

$$\boldsymbol{F}_{12} = \frac{q_1 q_2}{4\pi\varepsilon_0 r^2}\boldsymbol{e}_{12} \tag{2-37}$$

式中:r 为两个带电物体的中心距离;q_1 和 q_2 为两个物体的带电量,其符号表示电荷的正负;$\varepsilon_0 = 8.85\times10^{-12}\mathrm{C}^2/(\mathrm{N}\cdot\mathrm{m}^2)$ 是真空介电常数,$\boldsymbol{e}_{12}$ 是 q_1 指向 q_2 的单位方向矢量。

当两个物体带同种电荷时,计算出的静电力为正,表现为斥力;当两个物体带异种电荷时,计算出的静电力为负,表现为引力。

静电力满足叠加性,点电荷 q_0 受到的多个电荷 $q_i(i=1,2,\cdots)$ 静电力合力:

$$\boldsymbol{F} = \sum_{i=1}^{n}\frac{q_0 q_i}{4\pi\varepsilon_0 r_i^2}\boldsymbol{e}_{0i} \tag{2-38}$$

若物体尺寸远小于物体之间距离,式(2-38)较为符合,若物体之间距离非常近时,可近似表示为

$$\boldsymbol{F}_{\mathrm{e}} \approx \frac{\pi\sigma_1\sigma_2}{\varepsilon_0}d^2 \tag{2-39}$$

式中:σ_1 和 σ_2 为面电荷密度,$\sigma_i = \frac{q_i}{\pi d_i^2}$;$d$ 为等效半径。

然而,如果电场、物体形状、电荷分布都较为复杂,则很难由库仑定律推导出静电力。而电拉力 f_{e}(Maxwell 应变力)可用电场 $\boldsymbol{E}$ 来表示:

$$f_e = \frac{1}{2}\varepsilon_0 \boldsymbol{E}^2 \tag{2-40}$$

2.4.2　范德瓦尔斯力

分子间作用力，又称范德瓦尔斯力（van der Waals force），是存在于中性分子或原子之间的一种弱碱性的电性吸引力[41]。范德瓦尔斯力的本质是分子或原子之间的静电相互作用，其能量大小约几十 kJ/mol，比化学键能小 1～2 个数量级，没有方向性和饱和性。两个分子间的相互作用可采用兰纳－琼斯势（Leonard－Jones potential）来表示：

$$\phi(r) = 4\varepsilon\left[\left(\frac{\sigma}{r}\right)^{12} - \left(\frac{\sigma}{r}\right)^{6}\right] \tag{2-41}$$

式中：r 为分子的半径；ε 为势能阱深度；σ 是相互作用的势能正好为零时的两者距离。

L－J 势更偏向于经验公式，ε 和 σ 一般由实验拟合得出，如图 2.5 所示。一般认为 6 次方项才是与范德瓦尔斯力的有关的项。当两个分子具有一定距离时，其之间表现为引力。当距离过于接近时，则表现为斥力。

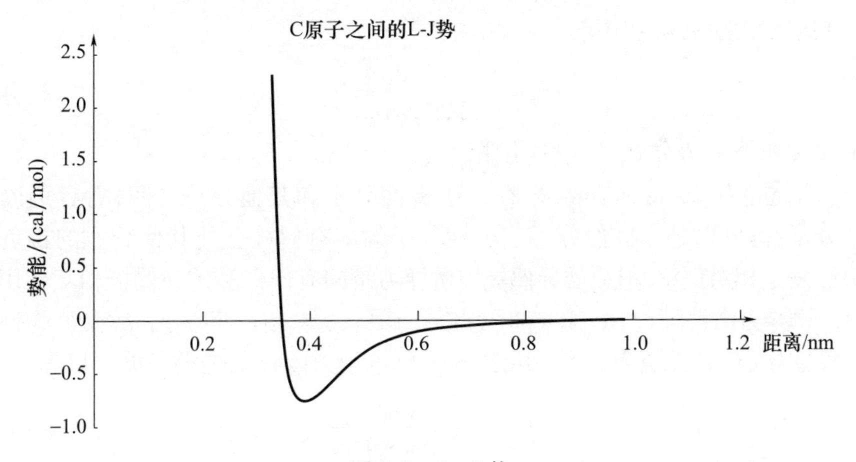

图 2.5　L－J 势

范德瓦尔斯力的大小受很多因素影响，其中一项是分子的极性。根据正负电荷中心是否重合可将分子分为极性分子和非极性分子。分子的极性可用偶极矩 $\boldsymbol{\mu}$ 来衡量，其大小等于极性分子正（或负）电荷中心的电荷量 q 与两中心距离 d 的乘积：

$$\boldsymbol{\mu} = qd \tag{2-42}$$

式中：$\boldsymbol{\mu}$ 是一个矢量，方向由正电荷中心指向负电荷中心，单位为库米（C・m）。表 2.5 给出了一些物质的偶极矩。

表 2.5　一些物质的偶极矩

物质	偶极矩/(10^{-30}C·m)	物质	偶极矩/(10^{-30}C·m)
H_2	0	H_2O	6.16
N_2	0	HCl	3.43
CO_2	0	HBr	2.63
CS_2	0	HI	1.27
H_2S	3.66	CO	0.40
SO_2	5.33	HCN	6.99

按照产生原理来划分,范德瓦尔斯力一般包括三种形式的力[42-43]。

(1)取向力(orientation force),存在于极性分子之间。极性分子本身正负电荷中心不重合,存在固有偶极。取向力是固有偶极之间相互作用的结果,一些文献中称其为偶极间的静电力。取向力由葛生(Willem Hendrik Keesom)于1912年提出,故又称为葛生力。假设两分子的偶极矩分别为μ_1、μ_2,分子质心间距离为r,则取向力引起的作用能可以表示为

$$\boldsymbol{E}_K = -\frac{2\mu_1^2\mu_2^2}{3kT(4\pi\varepsilon_0)^2 r^6} \tag{2-43}$$

式中:k是玻耳兹曼常数;T是热力学温度。

(2)诱导力(induced force),存在于极性分子和其他分子之间,后者可以是极性分子,也可以是非极性分子。极性分子的固有偶极会使其他分子的正负电荷中心发生相对位移,形成诱导偶极。诱导力是固有偶极和诱导偶极相互作用的结果。诱导力由德拜(Peter Joseph William Debye)于1912年提出,故又称为德拜力。极性分子(偶极矩为μ_1)与被诱导分子(极化率为α_2)的诱导能可以表示为

$$\boldsymbol{E}_D = -\frac{\alpha_2\mu_1^2}{(4\pi\varepsilon_0)^2 r^6} \tag{2-44}$$

(3)色散力(dispersion force),存在于所有分子或原子之间。由于电子无时无刻的运动,正负电荷中心在某一瞬间可能不重合,产生瞬时偶极,进而产生相互作用。色散力由伦敦(Fritz Wolfgang London)证明,故又称伦敦力。两个分子之间的色散能可以表示为

$$\boldsymbol{E}_L = -\frac{3}{2}\,\frac{I_1 I_2}{I_1 + I_2}\,\frac{\alpha_1\alpha_2}{(4\pi\varepsilon_0)^2 r^6} \tag{2-45}$$

式中:I_1、I_2是两个分子的电离能。

表2.6给出分子间作用能的数值。

表2.6　分子间作用力的能量分配

分子类型	Ar	CO	HI	HBr	HCl	NH_3	H_2O
取向能 E_K/(kJ/mol)	0	0.0029	0.025	0.687	3.31	13.31	36.39
诱导能 E_D/(kJ/mol)	0	0.0084	0.113	0.502	1.01	1.55	1.93
色散能 E_L(kJ/mol)	8.50	8.75	25.87	21.94	16.83	14.95	9.00
总作用能 E_{vdw}/(kJ/mol)	8.50	8.76	26.02	23.13	21.25	29.81	47.32

上述公式是基于点粒子模型推导出的，对于两个半径分别为 r_1 和 r_2 的球形粒子，质心间距离为 R，如图2.6所示。其分子间作用能可以表示为

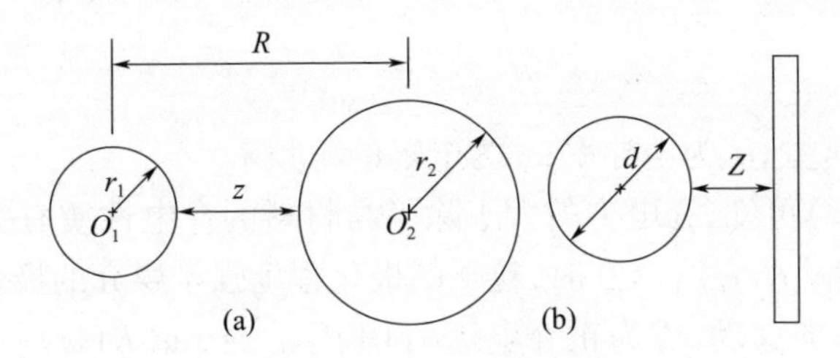

图2.6　介电力产生模型

(a)两个球形粒子模型；(b)球形粒子和平面模型。

$$E_{vdw} = -\frac{H}{6}\left[\frac{2r_1r_2}{R^2-(r_1+r_2)^2}+\frac{2r_1r_2}{R^2-(r_1-r_2)^2}+\ln\frac{R^2-(r_1+r_2)^2}{R^2-(r_1-r_2)^2}\right] \quad (2-46)$$

式中：$H=\pi^2C\rho_1\rho_2$ 称为哈梅克常数(Hamaker constant)。

当 $r_2\to\infty$ 时，便可以得到粒子和平面之间的分子间作用能：

$$E_{vdw} = -\frac{H}{6}\left[\frac{d}{2z}+\frac{d}{2(z+d)}-\ln\frac{z}{z+d}\right] \quad (2-47)$$

式中：z 是粒子表面到平面的距离；d 是粒子的直径。

对上式求导，可得分子间作用力：

$$F_{vdw} = \frac{H}{6}\left[\frac{d}{2z^2}+\frac{d}{2(z+d)^2}-\frac{1}{z}+\frac{1}{z+d}\right] \quad (2-48)$$

若 $z\gg d$，则上式可简化为

$$F_{vdw} = \frac{Hd}{12z^2} \quad (2-49)$$

2.4.3　介电力

电介质在电场中会产生感应电荷，而在非均匀电场中受到力的作用，由此产生的运动现象称为介电泳(dielectrophoresis, DEP)[44]。介电泳由 Hatschck 和 Thome 于1923年发现，由赫伯特·波尔(Herbert Pohl)于1951年命名。直流电和交流电均可产生非均匀电场，由于直流存在电泳现象，而交流受其影响较小，故常采用交流电来产生非均匀电场[45-46]。波尔于1978年建立了传统介电力的计算模型，对于均匀介质球形粒子来说，其在非均匀电场中受到的传统介电力为

$$\boldsymbol{F}_{\mathrm{DEP}}=2\pi r^{3}\varepsilon_{\mathrm{m}}\mathrm{Re}[K(\omega)]\nabla\boldsymbol{E}^{2} \tag{2-50}$$

式中：r 为粒子的半径；ε_{m} 为媒介的介电常数；$\boldsymbol{E}$ 为电场强度；Re 表示取实部；$K(\omega)$为克劳修斯－莫索提(Clausisus－Mossotti)因子，其表达式为

$$K(\omega)=\frac{\varepsilon_{\mathrm{p}}^{*}-\varepsilon_{\mathrm{m}}^{*}}{\varepsilon_{\mathrm{p}}^{*}+2\varepsilon_{\mathrm{m}}^{*}} \tag{2-51}$$

式中：$\varepsilon_{\mathrm{p}}{}^{*}$ 和 $\varepsilon_{\mathrm{m}}{}^{*}$ 分别为粒子和媒介的复合介电常数，其形式为

$$\varepsilon^{*}=\varepsilon-\mathrm{j}\frac{\sigma}{\omega} \tag{2-52}$$

式中：ε 为介电常数；σ 为电导率；ω 为电场的角频率。

由式(2－52)可知，介电力的大小除了与材料的介电性质有关外，还与电场频率有关。当 $\mathrm{Re}[K(\omega)]>0$ 时，粒子的极化程度强于媒介的极化程度，粒子朝场强梯度最大方向移动，称为正介电泳(pDEP)。当 $\mathrm{Re}[K(\omega)]<0$ 时，粒子的极化程度弱于媒介的极化程度，粒子朝场强梯度最小方向移动，称为负介电泳(nDEP)。当 $\mathrm{Re}[K(\omega)]=0$ 时，$\boldsymbol{F}_{\mathrm{DEP}}=0$，此时对应的频率称为交叉频率(cross－over frequency)，如图2.7所示。

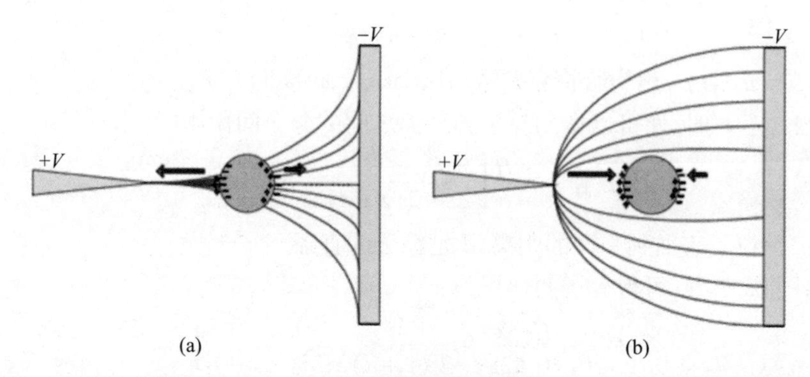

图2.7　介电泳原理图

(a)pDEP；(b)nDEP。

事实上，不仅频率会影响介电力，相位的变化也可以产生介电泳，这种现象称为行波介电泳(traveling－wave dielectrophoresis，twDEP)，如图2.8所示。行波介电泳的作用力可表示为

$$\boldsymbol{F}_{\mathrm{DEP}}=2\pi r^{3}\varepsilon_{\mathrm{m}}\mathrm{Im}[K(\omega)](\boldsymbol{E}_{x}^{2}\nabla\varphi_{x}+\boldsymbol{E}_{y}^{2}\nabla\varphi_{y}+\boldsymbol{E}_{z}^{2}\nabla\varphi_{z}) \tag{2-53}$$

将两种介电力合并，统一的介电力可表示为

$$\boldsymbol{F}_{\mathrm{DEP}}=2\pi r^{3}\varepsilon_{\mathrm{m}}\{\mathrm{Re}[K(\omega)]\nabla\boldsymbol{E}^{2}+\mathrm{Im}[K(\omega)]\sum\boldsymbol{E}^{2}\nabla\varphi\} \tag{2-54}$$

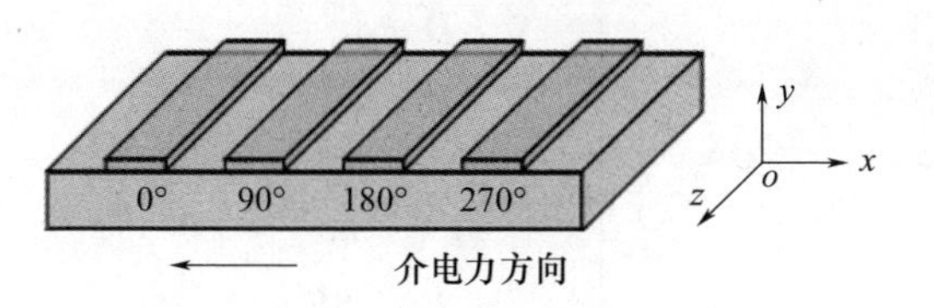

图 2.8　行波介电泳原理图

2.4.4　电泳现象

电泳是指带电颗粒在电场作用下向着电极运动的过程[47]。

电泳力可用电场 $\boldsymbol{E}$ 来表示：

$$\boldsymbol{F}_v = q_v\boldsymbol{E} \tag{2-55}$$

式中：q_v 是电荷量。q_v 具有以下特性：①力的方向由电场的方向和电荷的正负决定；②由均匀电场和非均匀电场产生；③电场频率较低时，可观测到振动现象，电场频率较高时，电泳力减小。

2.4.5　电磁场理论与应用

麦克斯韦方程组（Maxwell's equations）是描述电磁场性质最常用的方程组[48-49]，其积分形式为

$$\begin{cases} \oint_S \boldsymbol{D}\cdot \mathrm{d}\boldsymbol{S} = \int_V \rho \mathrm{d}V \\ \oint_S \boldsymbol{B}\cdot \mathrm{d}\boldsymbol{S} = 0 \\ \oint_l \boldsymbol{E}\cdot \mathrm{d}l = -\dfrac{\mathrm{d}}{\mathrm{d}t}\int_S \boldsymbol{B}\cdot \mathrm{d}\boldsymbol{S} \\ \oint_l \boldsymbol{H}\cdot \mathrm{d}l = \int_S \boldsymbol{J}\cdot \mathrm{d}\boldsymbol{S} + \int_S \dfrac{\partial D}{\partial t}\cdot \mathrm{d}\boldsymbol{S} \end{cases} \tag{2-56}$$

式中：$\boldsymbol{D}$ 是电位移矢量；$\boldsymbol{B}$ 是磁感应强度；$\boldsymbol{E}$ 是电场强度；$\boldsymbol{H}$ 是磁场强度；$\boldsymbol{J}$ 是电流密度；ρ 是电荷体密度函数。

其中：式 1 是有介质的高斯定理；式 2 是磁通连续定理；式 3 是电流环路定理；式 4 是全电流的安培环路定理。

此外，还需要三个辅助表达式：

$$\begin{cases} \boldsymbol{D} = \varepsilon\boldsymbol{E} \\ \boldsymbol{B} = \mu\boldsymbol{H} \\ \boldsymbol{J} = \sigma\boldsymbol{E} \end{cases} \tag{2-57}$$

麦克斯韦方程组的微分形式为

$$
\begin{cases}
\nabla \cdot \boldsymbol{D} = \rho \\
\nabla \cdot \boldsymbol{B} = 0 \\
\nabla \times \boldsymbol{E} = -\dfrac{\partial \boldsymbol{B}}{\partial t} \\
\nabla \times \boldsymbol{H} = \boldsymbol{J} + \dfrac{\partial \boldsymbol{D}}{\partial t}
\end{cases}
\tag{2-58}
$$

其中:第1个公式表明电荷产生电场;第2个公式表明磁场为无源场;第3个公式表明静电场无旋,感生电场符合电磁感应定律;第4个公式表明电流产生磁场。麦克斯韦方程组是大部分仿真计算的依据公式,建模时一般视自由电荷和电流为产生电磁场的根本因素[50]。

由于静电场无旋,又有梯度场无旋,故可以将静电场表示为一个标量的梯度场,该标量称为电势,用符号 φ 表示[51]。电势与电场强度满足以下关系:

$$
\boldsymbol{E} = -\nabla\varphi \tag{2-59}
$$

代入电场的高斯公式中:

$$
\nabla^2\varphi = -\frac{\rho}{\varepsilon} \tag{2-60}
$$

该式属于数学物理方法解决范畴,具有经典的解析解。

此外,由于电场力是保守力,故可以引入静电势能的概念,点电荷 q 在电场中的势能为

$$
\boldsymbol{E}_{\mathrm{p}} = q\varphi \tag{2-61}
$$

另一方面,由于磁场无源,又有旋度场无源,故可以将磁场表示为一个矢量的旋度场,该矢量称为磁矢势,用符号 $\boldsymbol{A}$ 表示[52]。磁矢势与磁感应强度的关系为

$$
\boldsymbol{B} = \nabla \times \boldsymbol{A} \tag{2-62}
$$

磁矢势的环量代表对应曲面的磁通量,但磁矢势本身并没有直接的物理意义。此外,磁矢势作为矢量,在计算时依旧较为复杂。因此考虑到特殊情形时的简便计算,如果研究的区域内没有自由电流,即

$$
\begin{cases}
\nabla \cdot \boldsymbol{B} = 0 \\
\nabla \times \boldsymbol{H} = 0
\end{cases}
\tag{2-63}
$$

则该特殊情况下,磁场满足无源无旋条件,故可以引入磁标势 φ_{m},有

$$
\boldsymbol{H} = -\nabla\varphi_{\mathrm{m}} \tag{2-64}
$$

需要注意的是,磁场力本身与路径有关,是非保守力,不存在磁势能的概念,但在该特殊条件下,可以引入势能。跟点电荷相对应,在磁场中引入磁偶极子模型,其磁矩为 m,则势能:

$$
\boldsymbol{E}_{\mathrm{p}} = m\varphi_{\mathrm{m}} \tag{2-65}
$$

将其分别对位置和姿态角求导，便可以得到磁偶极子在磁场中受到的力和力矩：

$$\begin{aligned} \boldsymbol{F} &= (\boldsymbol{m} \cdot \nabla)\boldsymbol{B} \\ \boldsymbol{T} &= \boldsymbol{m} \times \boldsymbol{B} \end{aligned} \tag{2-66}$$

这是现今大多磁驱动系统的工作原理。需要注意的是受力公式仅在计算空间内无电流时才满足，而力矩公式虽由特殊条件推导出，但其适用于一般条件，包括分子自旋等模型。

2.5　微纳尺度下的光学技术

2.5.1　显微成像

人类肉眼的分辨率大约在 0.1mm 左右，目力较好者可达到 0.05mm。然而，大部分细胞的平均直径在 10～20μm，要想看到微观世界，必须借助显微镜。按照成像原理来划分，显微镜包括光学显微镜、电子显微镜以及其他成像方式[53-54]。

1）光学显微镜

光学显微镜（Optical Microscope，OM）是一种由多个透镜及相应机构组成的光学仪器[55]。其利用光学原理，把人眼所不能分辨的微小物体放大成像，以供人们提取微观结构信息。自问世以来，光学显微镜广泛应用于生物研究和医学诊治等领域。随着微机电系统（MEMS）技术的出现，光学显微镜作为观测手段，在加工制造、精密组装等领域发挥着不可或缺的作用[56-57]。

常见的光学显微镜一般由载物台、聚光照明系统、物镜和目镜组成的成像系统和调焦机构组成，如图 2.9 所示。早期的光学显微镜只是光学元件和精密机械元件的组合，它以人眼作为接收器来观察放大的像。后来在显微镜中加入了摄影装置，以感光胶片作为可以记录和存储的接收器。现代又普遍采用光电元件、电视摄像管和电荷耦合器等作为显微镜的接收器，配以微型电子计算机后构成完整的图像信息采集和处理系统。在引入计算机视觉和自动控制后，光学显微镜有望实现操作任务的全自动化。

光学显微镜主要应用于微纳制造、先进材料以及生物医学等领域[58]。光学显微镜是一种历史悠久而富有生命力的仪器，时至今日依旧是微纳制造和生物医学研究中最为主流和不可替代的有效观测手段。现代常见的光学显微镜有体视显微镜、金相显微镜、倒置显微镜、共聚焦显微镜、原子力显微镜等。下面将着重介绍细胞科学及生物操作中常用显微镜。

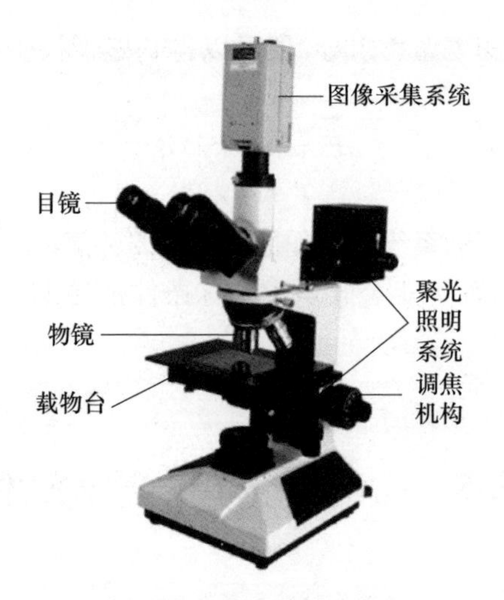

图 2.9　光学显微镜的组成

（1）体视显微镜。体视显微镜（stereo microscope）是指双目镜筒光路具有一定夹角而非平行的显微镜，其使图像有立体感，如图 2.10 所示。体视显微镜具有较大的工作距离和景深，可放置较高较厚的物体，而不局限于生物切片，因此它可以作为生物组织的常用观测仪器。由于内部棱镜的转向，图像为正立关系。体视显微镜中一般利用复杂镜头组合实现放大倍率连续变化，称为连续变倍体视显微镜（stereo zoom microscope）[59]。然而，机构特性也决定了体视显微镜的放大倍数有限，一般只有 0.5 ~ 6 倍。

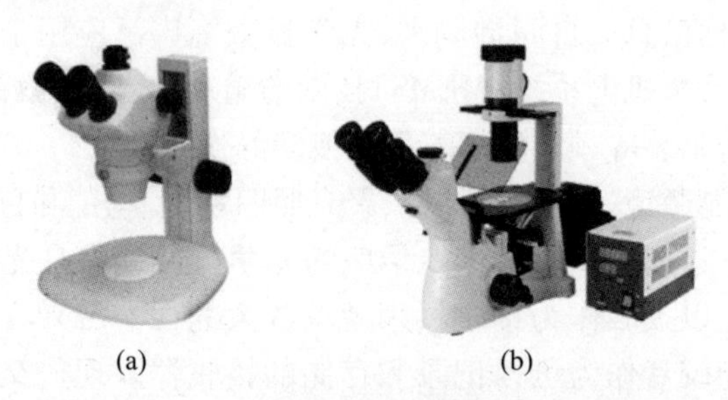

图 2.10　常用显微镜

（a）体视显微镜；（b）倒置显微镜。

（2）倒置显微镜。倒置显微镜（inverted microscope）是指物镜与光源上下颠倒的显微镜，如图 2.10 所示。倒置显微镜的物镜位于载物台的下方，而光源和聚光镜等器件位于载物台的上方，光线由上而下照射物体。倒置显微镜的载物台上方空间较大，可放置培养皿等器件，因此常用于细胞生物学的相关研究。倒置显微镜一般配有相差环，可用于活细胞观测。若在倒置显微镜上配置荧光光源、激发块、切换器等附件，即可实现倒置荧光观测。在荧光观测时，荧光光源从物镜进入,最终反射光也由物镜接收,经半透半反镜后传给图像采集模块,得到荧光观测图像。

(3)共聚焦显微镜。共聚焦显微镜(confocal microscope)是一种利用逐点照明和空间针孔调制来改善成像的显微镜[60-61]。从一个点光源发射的探测光通过透镜聚焦到被观测物体上,如果物体恰在焦平面的二倍焦点上,那么反射光通过原透镜应当汇聚回到光源,这就是所谓的共聚焦[62-64]。通过移动透镜系统可以对一个半透明的物体进行三维逐点扫描,通过计算机重构即可提高图形的分辨率和对比度,从而得到在普通显微镜下被叠加隐藏的信息,其原理如图 2.11 所示。共聚焦显微镜的出现对细胞和微生物观测具有重要意义,已成为现代生命科学研究中不可或缺的观测仪器。

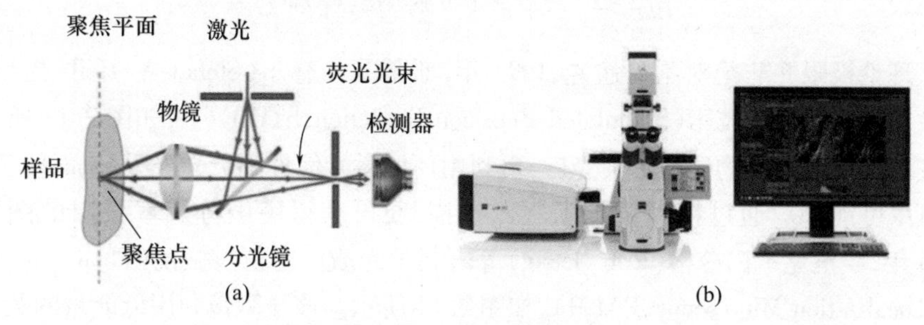

图 2.11　共聚焦显微镜

(a)工作原理;(b)共聚焦显微镜设备构成。

(4)超分辨率光学显微镜。由于光的波动性,光在通过小孔时会发生衍射,中心亮斑即为爱里斑(Airy disk)。爱里斑的角度 θ 与波长 λ 及小孔的直径 d 满足下式:

$$\sin\theta \approx \frac{1.22\lambda}{d} \tag{2-67}$$

当一个艾里斑的边缘与另一个艾里斑的中心正好重合时,此时对应的两个物点刚好能被人眼或光学仪器所分辨,称为瑞利判据(Rayleigh criterion)。所以可用艾里斑半径衡量成像面分辨率的极限:

$$\delta \approx \frac{0.61\lambda}{n\sin\alpha} \tag{2-68}$$

式中,δ 为分辨率;n 为折射率;α 为孔径角。由式可知,显微镜分辨率的极限约为光波波长的一半,称为阿贝极限,如图 2.12 所示。自然界可见光中波长最短的紫光波长约 400nm,因此阿贝极限约为 200nm。大多数病毒和细胞内部结构均小于该尺寸,因此无法用传统光学显微镜观测,然而电子显微镜要求材料具有导电性,否则电荷堆积无法观测图像,且真空状态细胞会快速失水,很难存活或保持形状,因此也难以使用电子显微镜观测极小尺寸的生物结构。

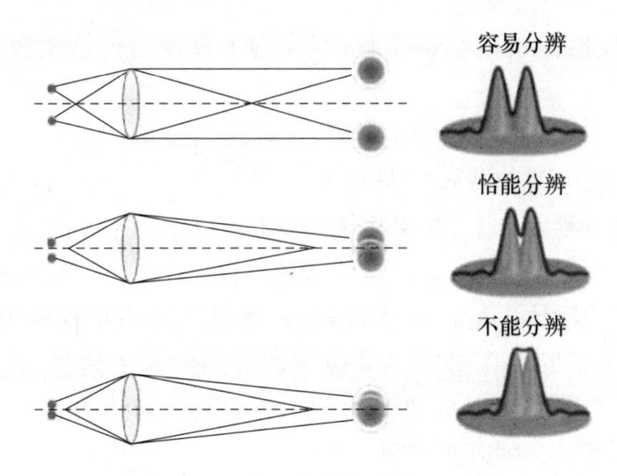

图 2.12　光激活定位显微镜(PALM)

理论极限并非绝对不可逾越,1994 年,斯蒂芬·赫尔(Stefan W. Hell)提出了受激发射损耗显微技术(Stimulated Emission Depletion,STED)[65],如图 2.13 所示。该技术利用激光使物质发出荧光后,再利用环形激光使外围荧光淬灭,从而使荧光光斑尽可能小。通过精确定位和逐点扫描,便可获得突破分辨率极限的图像。2006 年,埃里克·白兹格(Eric Betzig)等研制了光激活定位显微镜(Photo - activated Localization Microscopy,PALM),如图 2.14 所示。该显微镜利用低能量的荧光,每次只激活少量蛋白,由于彼此之间距离较远,因此分辨出来,通过多次照射后的图层叠加,便可得到超分辨率的图像。上述方法严格来讲并没有违背光学分辨率极限,而是利用物理方法和化学特性巧妙地避开了这一制约,实现了超分辨率观测。2014 年,诺贝尔化学奖颁给了埃里克·白兹格、斯蒂芬·赫尔以及威廉·莫尔纳(William E. Moerner),以表彰他们对超分辨率荧光成像的贡献。

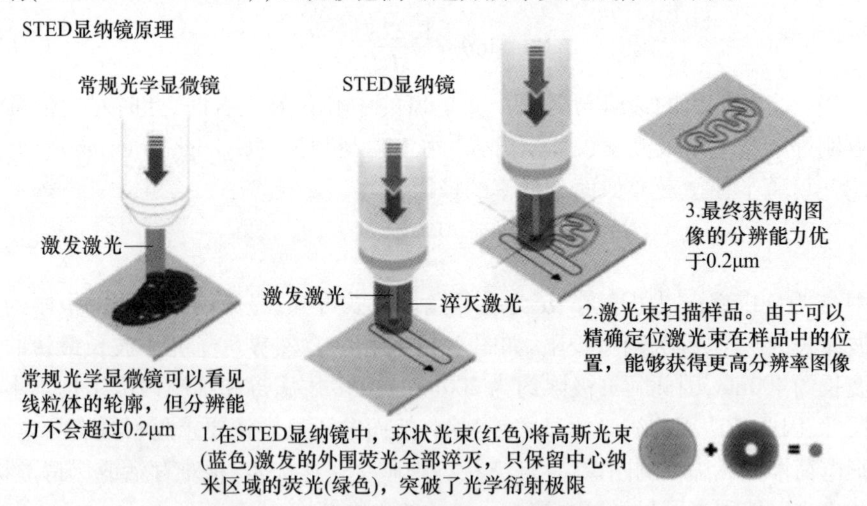

图 2.13　受激发射损耗显微技术(STED)

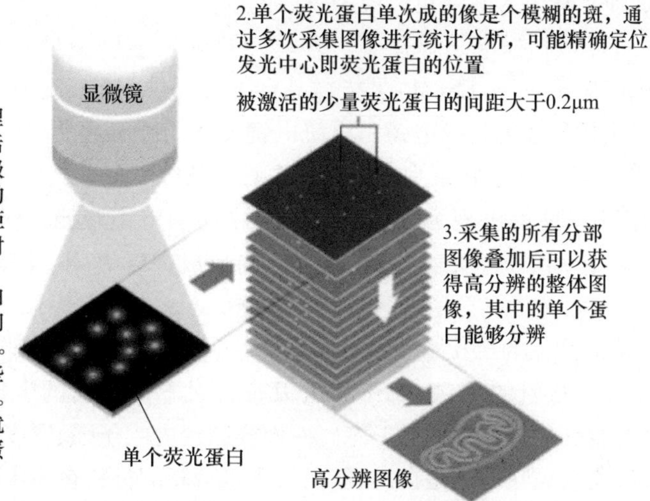

图 2.14　光激活定位显微镜(PALM)

2)电子显微镜

电子显微镜(Electron Microscope,EM)是由电子束作为照射源的显微镜。实物粒子也具有波动性,而电子的波长远小于可见光的波长,故电子显微镜具有更高的分辨率,可以看见病毒和细胞内部结构,是纳米级研究常用的观测仪器。就结构而言,电子显微镜主要由电子源、样品台、电磁透镜以及真空装置等部分组成[66]。按照工作原理来划分,电子显微镜主要包括透射电子显微镜、扫描电子显微镜等。

(1)透射电子显微镜。透射电子显微镜(Transmission Electron Microscope,TEM)是指利用电子书作为照射源穿透观测对象,利用电磁透镜作为图像接收装置的电子显微镜[67]。电子束经过样品时会发生散射,从而在荧光屏上产生亮度不同的图像。由于电子穿透能力有限,因此为了便于观测需将样品切至 50nm 左右的超薄切片,一般需要借助专业的电镜切片机(ultratome)。TEM 的分辨率可以达到 0. 2nm。

(2)扫描电子显微镜。扫描电子显微镜(Scanning Electron Microscope,SEM)是指利用电子束对样品表面进行逐点扫描,从而得到样品表面三维灰度图像的电子显微镜。SEM 可用于观测物体表面形貌,具有景深大、立体感强等优势,因而在对材料纹理、细胞结构等的观测中具有广泛应用。由于表面观测不需要超薄切片,因此 SEM 的制样过程更为简便[68]。此外,表面的边缘形貌、材料的成分均在成像亮度上有所反应,使图像具有更为丰富的信息。当然,如果材料导电性较差,可能出现表面电荷堆积,图像过亮以至于影响观测的情况,通过表面喷镀金属使其导电等方法可以改善这一问题。

(3)环境扫描电子显微镜。环境扫描电子显微镜(Environmental Scanning Electron Microscope,ESEM)是指样品台可以提供一定压强、温度、湿度等条件从而接近生物环境的扫描电镜。传统电镜要求工作环境为真空,样品为导电干燥样品[69]。而常规生物细胞或组织在高真空条件下快速失水死亡,难以保持原有形貌,而ESEM的出现为活细胞和含水样品的电镜观测提供了可能。一方面,ESEM采用多级压差光阑技术,在镜筒内形成梯度真空,保持电子枪10^{-5}Pa高真空的同时,使样品台的压强可达到2000Pa,减少真空失水的问题。另一方面,ESEM采用气体的二次电子检测,可放大微弱电子信号并消除电荷累积,改善含水或不导电材料的成像。ESEM可以直接对不镀金属的生物样品进行活体观测,尽可能反映样品的真实形态。然而样品台内的压强、湿度与自然界相比还是低很多,失水等问题还是会出现,而且含水量高的材料在失水过程中可能会损坏电子枪。

3)其他成像方式

除了传统的光学显微镜和电子显微镜外,还有很多特殊的显微镜,比较典型的有原子力显微镜,扫描隧道显微镜等。

原子力显微镜(Atomic Force Microscope,AFM)是一种利用探针对样品进行扫描成像的显微镜。在起始阶段,AFM探针的尖端非常接近样品表面从而受到原子间相互作用[70]。在扫描过程中,由于表面形貌凹凸不平,会使探针发生形变或运动,从而形成表面形貌的图像。AFM具有原子级的分辨率,但扫描成像速度有限。此外,由于AFM通过与样品相互作用来成像,所以要求样品相对固定,否则位置发生改变将难以得到确切图像。

2.5.2 激光捕获

光本身是具有能量的。当采用激光束聚集照射物体时,便可形成光阱,使微小物体受压束缚在光阱内。当移动激光束时,光阱内的物体便会随之移动。该方法仿佛有无形的镊子夹住物体一样,因此称为光镊(Optical Tweezer,OT)[71]。光镊的作用力主要包括两部分。一方面,当光被粒子吸收或散射时,使粒子受到光照方向的压力,称为散射力。另一方面,光束的聚焦意味着在焦点附近有很强的电场梯度,对介电粒子有很强的吸引作用,称为梯度力。因此,粒子被定位在光束焦点靠下的位置。

光的本质是电磁波,若粒子直径小于光的波长,满足瑞利散射条件,可采用电磁模型来计算光镊作用力的大小。将粒子视为电偶极子,其受到的梯度力可表示为

$$F_{\text{grad}} = \frac{1}{2}\alpha \nabla E^2 \tag{2-69}$$

式中:α 是电偶极子的极化率;$\boldsymbol{E}$ 是电场强度。对于球形诱导电偶极子,极化率可表示为

$$\alpha = 4\pi\varepsilon_0 n_{\text{m}}^2 r^3 \frac{n_{\text{p}}^2 - n_{\text{m}}^2}{n_{\text{p}}^2 + 2n_{\text{m}}^2} \tag{2-70}$$

式中:r 是粒子的半径;n_p 和 n_{m} 分别是粒子和介质的折射率。代入梯度力公式,可得

$$F_{\text{grad}} = 2\pi\varepsilon_0 n_{\text{m}}^2 r^3 \frac{n_{\text{p}}^2 - n_{\text{m}}^2}{n_{\text{p}}^2 + 2n_{\text{m}}^2} \nabla E^2 \tag{2-71}$$

由此可知,梯度力的大小与电场强度的梯度有关。除了梯度力外,粒子所受的散射力可以表示为

$$F_{\text{scat}} = \frac{n_{\text{m}} 128\pi^5 r^6}{3\lambda^4} \left(\frac{n_{\text{p}}^2 - n_{\text{m}}^2}{n_{\text{p}}^2 + 2n_{\text{m}}^2} \right)^2 I_0 \tag{2-72}$$

式中:λ 为光的波长;I_0 为发光强度。

若粒子直径大于光的波长,则可采用米氏散射模型来计算,梯度力和散射力分别可以表示为

$$\begin{aligned} F_{\text{grad}} &= \frac{n_{\text{m}} P}{c} \left\{ -R\cos 2\theta_1 + \frac{T^2 [\sin(2\theta_1 - 2\theta_2) + R\sin 2\theta_1]}{1 + R^2 + 2R\cos 2\theta_2} \right\} \\ F_{\text{scat}} &= \frac{n_{\text{m}} P}{c} \left\{ 1 + \cos 2\theta_1 - \frac{T^2 [\sin(2\theta_1 - 2\theta_2) + R\sin 2\theta_1]}{1 + R^2 + 2R\cos 2\theta_2} \right\} \end{aligned} \tag{2-73}$$

式中:R 是光束的反射率;T 是光束的投射率;P 是激光光束的功率;c 是光速;θ_1 是光束的入射角;θ_2 是光束入射到粒子的折射角。

参考文献

[1] CONNACHER W;ZHANG N,HUANG A,et al. Micro/nano acoustofluidics:materials,phenomena,design,devices,and applications[J]. Lab on a Chip,2018,18(14):1952 - 1996.

[2] 袁帅,王越超,席宁,等. 机器人化微纳操作研究进展[J]. 科学通报,2013,58(S2):28 - 39.

[3] FUKUDA T,ARAI F. Micro - nanorobotic manipulation system and their application[M]. Berlin:Springer,2013.

[4] WHITESIDES G M. The origins and the future of microfluidics[J]. Nature,2006,442(7101):368 - 373.

[5] BECKER H. Hype,hope and hubris:the quest for the killer application in microfluidics[J]. Lab on a Chip,2009,9(15):2119 - 2122.

[6] 束德林. 工程材料力学性能[M]. 3 版. 北京:机械工业出版社,2016.

[7] COLLINS D J, ALAN T, HELMERSON K, et al. Surface acoustic waves for on - demand production of picoliter droplets and particle encapsulation[J]. Lab on a Chip, 2013, 13(16): 3225 - 3231.

[8] CHEUNG H Y, LAU K T, LU T P, et al. A critical review on polymer - based bio - engineered materials for scaffold development[J]. Composites Part B: Engineering, 2007, 38(3): 291 - 300.

[9] HONG N K, KANG D H, MIN S K, et al. Patterning methods for polymers in cell and tissue engineering[J]. Annals of Biomedical Engineering, 2012, 40(6): 1339 - 1355.

[10] BADYLAK S F, FREYTES D O, GILBERT T W. Extracellular matrix as a biological scaffold material: Structure and function[J]. Acta Biomaterialia, 2015, 23(1): S17 - S26.

[11] Meyers M A, Chen P Y, Lin A Y M, et al. Biological materials: Structure and mechanical properties[J]. Progress in Materials Science, 2008, 53(1): 1 - 206.

[12] KAGATA G, GONG JP, OSADA Y. Friction of Gels. 6. effects of sliding velocity and viscoelastic responses of the network [J]. J. Phys. Chem. B, 2002, 106(18): 4596 - 4601.

[13] KWON H J, OSADA Y, GONG J P. Polyelectrolyte gels - fundamentals and applications[J]. Polymer Journal, 2006, 38(12): 1211 - 1219.

[14] BILLIET T, VANDENHAUTE M, SCHELFHOUT J, et al. A review of trends and limitations in hydrogel - rapid prototyping for tissue engineering[J]. Biomaterials, 2012, 33(26): 6020 - 6041.

[15] WALLACE J, WANG M O, THOMPSON P, et al. Validating continuous digital light processing (cDLP) additive manufacturing accuracy and tissue engineering utility of a dye - initiator package[J]. Biofabrication, 2014, 6(1): 015003.

[16] CHEN R, HUANG C, KE Q, et al. Preparation and characterization of coaxial electrospun thermoplastic polyurethane/collagen compound nanofibers for tissue engineering applications[J]. Colloids and Surfaces B: Biointerfaces, 2010, 79(2): 315 - 325.

[17] BICELLI L P, BOZZINI B, MELE C, et al. A review of nanostructural aspects of metal electrodeposition[J]. Int. J. Electrochem. Sci, 2008, 3(4): 356 - 408.

[18] ORYAN A, KAMALI A, MOSHIRI A, et al. Chemical crosslinking of biopolymeric scaffolds: Current knowledge and future directions of crosslinked engineered bone scaffolds[J]. International Journal of Biological Macromolecules, 2018, 107: 678 - 688.

[19] EDUOK U, FAYE O, SZPUNAR J. Recent developments and applications of protective silicone coatings: A review of PDMS functional materials[J]. Progress in Organic Coatings, 2017, 111: 124 - 163.

[20] D'SOUZA A A, SHEGOKAR R. Polyethylene Glycol(PEG): A versatile polymer for pharmaceutical applications[J]. Expert Opinion on Drug Delivery, 2016, 13(9): 1257 - 1275.

[21] FARAH S, ANDERSON D G, LANGER R. Physical and mechanical properties of PLA, and their functions in widespread applications: A comprehensive review[J]. Advanced Drug Delivery Reviews, 2016, 107: 367 - 392.

[22] WANG H, LIN J, SHEN Z X. Polyaniline(PANi) based electrode materials for energy storage

and conversion[J]. Journal of Science:Advanced Materials and Devices,2016,1(3):225 – 255.

[23] JIMÉNEZ – ESCRIG A,SÁNCHEZ – MUNIZ F J. Dietary fibre from edible seaweeds:Chemical structure,physicochemical properties and effects on cholesterol metabolism[J]. Nutrition Research,2000,20(4):585 – 598.

[24] SHIEH A C,ATHANASIOU K A. Principles of cell mechanics for cartilage tissue engineering [J]. Annals of Biomedical Engineering,2003,31(1):1 – 11.

[25] 吕东媛,周吕文,龙勉. 干细胞的生物力学研究[J]. 力学进展,2017,47:534 – 585.

[26] LIM C T,ZHOU E H,QUEK S T. Mechanical models for living cells:A review[J]. Journal of Biomechanics,2006,39(2):195 – 216.

[27] 马斌,王作斌. 原子力显微镜在细胞力学特性研究中的进展[J]. 微纳电子技术,2014,51(9):593 – 597.

[28] RAND R P,BURTON A C. Mechanical properties of the red cell membrane[J]. Biophysical Journal,1964,4(2):115 – 135.

[29] UNGAI – SALÁNKI R,PETER B,GERECSEI T,et al. A practical review on the measurement tools for cellular adhesion force[J]. Advances in Colloid and Interface Science,2019,269:309 – 333.

[30] JACOB N,CARROLL N,HUELS M J,et al. Intermolecular and surface forces[J]. Academic Press,1991.

[31] VAN OSS C J. Acid – base interfacial interactions in aqueous media[J]. Colloids and Surfaces A:Physicochemical and Engineering Aspects,1993,78:1 – 49.

[32] 吴望一. 流体力学[M]. 北京:北京大学出版社,1983.

[33] 日本机械学会. JSME 教科书系列流体力学[M]. 北京:北京大学出版社,2013.

[34] CHORIN A J. Numerical solution of the navier – stokes equations[J]. Mathematics of Computation,1968,22(104):745 – 762.

[35] PURCELL E M. Life at low reynolds number[J]. American Journal of Physics,1977,45(1):3 – 11.

[36] KIDSON G V. Some aspects of the growth of diffusion layers in binary systems[J]. Journal of Nuclear Materials,1961,3(1):21 – 29.

[37] 傅献彩. 物理化学[M]. 5 版. 北京:高等教育出版社,2006.

[38] KONG X,DENEKE C,SCHMIDT H,et al. Surface acoustic wave mediated dielectrophoretic alignment of rolled – up microtubes in microfluidic systems [J]. Appl. Phys. Lett, 2010, 96,134105.

[39] CHEN Y,DING X,STEVEN LIN S C,et al. Tunable nanowire patterning using standing surface acoustic waves[J]. ACS Nano,2013,7(4):3306 – 3314.

[40] 苟秉聪,胡海云. 大学物理[M]. 2 版. 北京:国防工业出版社,2011.

[41] 郭硕鸿. 电动力学[M]. 3 版. 北京:高等教育出版社,2008.

[42] ANGYÁN J G,GERBER I C,SAVIN A,et al. Van der Waals forces in density functional theory:Perturbational long – range electron – interaction corrections[J]. Physical Review A,2005,72(1):012510.

[43] WU Q,YANG W. Empirical correction to density functional theory for van der Waals interactions[J]. The Journal of Chemical Physics,2002,116(2):515 – 524.

[44] SHI J, MAO X, AHMED D, et al. Focusing microparticles in a microfluidic channel with Standing Surface Acoustic Waves(SSAW)[J]. Lab Chip,2008,8(2):221 – 223.

[45] ZENG Q,CHAN H W L,ZHAO X Z,et al. Enhanced particle focusing in microfluidic channels with standing surface acoustic waves[J]. Microelectronic Engineering,2010,87(5 – 8):1204 – 1206.

[46] JO M C, GULDIKEN R. Active density – based separation using standing surface acoustic waves[J]. Sensors and Actuators A:Physical,2012,187:22 – 28.

[47] MA Z,GUO J,LIU Y J,et al. The patterning mechanism of carbon nanotubes using surface acoustic waves:The acoustic radiation effect or the dielectrophoretic effect[J]. Nanoscale, 2015,7,14047 – 14054.

[48] WARD A J,PENDRY J B. Refraction and geometry in Maxwell's equations[J]. Journal of Modern Optics,1996,43(4):773 – 793.

[49] Russakoff G. A derivation of the macroscopic Maxwell equations[J]. American Journal of Physics,1970,38(10):1188 – 1195.

[50] YEE K. Numerical solution of initial boundary value problems involving Maxwell's equations in isotropic media[J]. IEEE Transactions on Antennas and Propagation,1966,14(3):302 – 307.

[51] MERRITT R,PURCELL C,STROINK G. Uniform magnetic field produced by three,four,and five square coils[J]. Review of Scientific Instruments,1983,54(7):879 – 882.

[52] WANG J,SHE S,ZHANG S. An improved Helmholtz coil and analysis of its magnetic field homogeneity[J]. Review of Scientific Instruments,2002,73(5):2175 – 2179.

[53] SADER J E,SANELLI J A,ADAMSON B D,et al. Spring constant calibration of atomic force microscope cantilevers of arbitrary shape[J]. Review of Scientific Instruments,2012,83(10):103705.

[54] GATES R S,PRATT J R. Accurate and precise calibration of AFM cantilever spring constants using laser Doppler vibrometry[J]. Nanotechnology,2012,23(37):375702.

[55] BACUS J W,GRACE L J. Optical microscope system for standardized cell measurements and analyses[J]. Applied Optics,1987,26(16):3280 – 3293.

[56] HO C M,TAI Y C. Micro – Electro – Mechanical – Systems(MEMS)and fluid flows[J]. Annual Review of Fluid Mechanics,1998,30:579 – 612.

[57] JUDY J W. Micro Electro Mechanical Systems(MEMS):Fabrication,design and applications[J]. Smart Materials and Structures,2001,10(6):1115.

[58] HANSON K M,BARDEEN C J. Application of nonlinear optical microscopy for imaging skin[J]. Photochemistry and Photobiology,2009,85(1):33 – 44.

[59]李焱,龚旗煌. 从光学显微镜到光学"显纳镜"[J]. 物理与工程,2015,25(2):31 – 36.

[60] NWANESHIUDU A,KUSCHAL C,SAKAMOTO F H,et al. Introduction to confocal microscopy[J]. Journal of Investigative Dermatology,2012,132(12):1 – 5.

[61] SEMWOGERERE D, WEEKS E R. Confocal microscopy[J]. Encyclopedia of Biomaterials and Biomedical Engineering, 2005, 23: 1 - 10.

[62] 李楠,王黎明,杨军. 激光共聚焦显微镜的原理和应用[J]. 军医进修学院学报, 1996(3): 232 - 234.

[63] 任小则,宋峰,庞雪芬. 激光扫描共聚焦显微镜的使用及其在医学研究领域中的应用[J]. 中国科技信息, 2009(11): 237 - 238.

[64] 陈耀文,林珏龙,赖效莹,等. 激光扫描共聚焦显微镜系统及其在细胞生物学中的应用[J]. 激光生物学报, 1998(2): 131 - 134.

[65] 张槊墨. 微分干涉相衬显微镜的设计[D]. 湖北工业大学, 2009.

[66] RUSKA E. The development of the electron microscope and of electron microscopy[J]. Reviews of Modern Physics, 1987, 59(3): 627.

[67] WILLIAMS D B, CARTER C B. The transmission electron microscope[M]. Transmission Electron Microscopy. Springer, Boston, MA, 1996: 3 - 17.

[68] ZHOU W, APKARIAN R, WANG Z L, et al. Fundamentals of Scanning Electron Microscopy (SEM)[M]. Scanning Microscopy for Nanotechnology. Springer, New York, NY, 2006: 1 - 40.

[69] MUSCARIELLO L, ROSSO F, MARINO G, et al. A critical overview of ESEM applications in the biological field[J]. Journal of Cellular Physiology, 2005, 205(3): 328 - 334.

[70] SAFAROVA K, DVORAK A, KUBINEK R, et al. Usage of AFM, SEM and TEM for the research of carbon nanotubes[J]. Modern Research and Educational Topics in Microscopy, 2007, 2: 513 - 519.

[71] ZHANG H, LIU K K. Optical tweezers for single cells[J]. Journal of the Royal Society Interface, 2008, 5(24): 671 - 690.

第3章

细胞化微模块加工技术

“自下而上”型生物制造方法通过重复细胞化微模块的制备和组装，构建具有特定微结构的三维功能化组织，在大尺寸复杂组织或器官（如肝脏、肾脏）的体外人工构建方面展现出极大的应用潜力[1-2]。这些尺寸、形状可控的细胞化微结构作为细胞化三维组织的基本单元，其本身的特性影响最终三维组织的功能。

细胞化微模块通常由水凝胶等生物材料包裹或封装细胞形成。水凝胶通常由天然或人工合成聚合物制备，其可以与合适的试剂在特定的刺激（如 PH 值、温度、光照等）。下产生交联反应，交联后的水凝胶是柔软疏松的，能够吸收大量的水[3]。水凝胶交联后具有很强的保水性，这使得它们具有与真实细胞外基质（ECM）相近的柔性和力学性能[4]。此外，水凝胶组织内部具有多孔结构，利于被封装细胞的氧气、营养物质的供给和代谢。通过控制交联条件，可以很灵活地调节水凝胶的膨胀性、力学特性、化学和物理结构、交联密度和孔隙率等相关参数。常用的水凝胶材料有琼脂糖、海藻酸盐、壳聚糖、胶原、明胶、聚-2-甲基丙烯酸羟乙酯（聚 HEMA）、聚乙二醇二丙烯酸酯（PEGDA）等。根据细胞生存的微环境的需求，水凝胶可以制备成具有不同形状和结构的微模块。细胞化水凝胶微模块的制备方法有很多，如光固化、微流控、生物打印等，如图 3.1 所示。本书将介绍微尺度的细胞化水凝胶微模块的制备以及它们在组织工程中的不同应用。

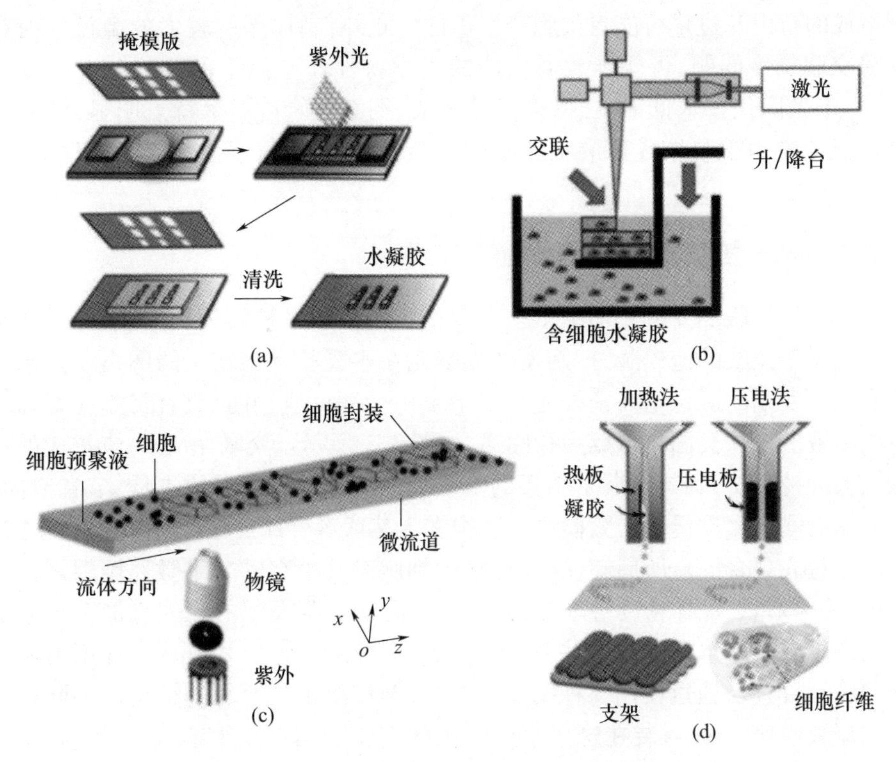

图3.1 细胞化微模块的加工方法

(a)基于掩模版的光固化技术;(b)立体光刻技术;(c)微流控技术;(d)生物打印。

3.1 光固化技术

光固化技术将光或光子以特定几何形状投射到光敏感材料的表面。这种技术的起源可以追溯到现代半导体工业领域。例如,光固化技术被广泛应用于半导体器件氧化薄膜或衬底上创建复杂图案。在生物医学领域,光固化技术可以独立或与其他技术结合,用于制作二维的细胞生长支架或包裹细胞的微结构[5]。光固化技术在制作细胞化微模块方面的优点:它可以将细胞均匀地封装于水凝胶中;具有毫米到微米范围的制作分辨率;制备过程产生热量很小;能够在时间和空间上对交联反应进行很好的控制等。因此,光固化技术已被用于组织工程领域中多种细胞的体外培养,如肝细胞、成纤维细胞、成肌细胞、内皮细胞、心脏干细胞[6]和海马神经元等[7]。然而光固化技术也存在一些缺点,水凝胶光交联反应需要引入光引发剂。而光引发剂吸收入射光会产生自由基,由使用光引发剂造成的自由基过量可能对细胞产生毒性。此外，制作厚度较大的微模块时存在光交联梯度问题，可能导致微模块的力学特性在空间上的不均匀。尽管如此，由于光固化技术低成本、操作简单灵活、图案保真度高等特点明显，使其依然广泛地应用于制作各种形状的细胞化微模块，服务于人工三维组织的体外构建。

3.1.1 基于掩模版的光固化加工工艺

基于掩模版的光固化加工工艺主要依靠掩模版来控制固化图案，即采用预先印制期望图案的掩模版，控制紫外光曝光在水凝胶预聚物上的图案[8]。水凝胶和光引发剂的混合物在紫外光照射下发生交联反应，并且只有暴露在紫外线下的溶液区域才会固化形成多孔网络，如图3.2所示。交联完成后，未反应的预聚物被冲掉，就得到具有期望图案的水凝胶结构。这种工艺成本低、节省时间，可以短时间内大批量生产微模块[9]。很多天然或者合成的聚合物都可以用这种方法进行光聚合。众所周知，哺乳动物的细胞对其生存的二维微环境因素包括硬度、几何形状、配体密度等非常敏感[10]。而基于掩模版的光固化加工工艺可以对二维或三维水凝胶的这些基质参数进行灵活调整[11]。Khetan 等用透明质酸(HA)水凝胶，通过使用多种肽和紫外光，制作出了具有相同结构但不同硬度的水凝胶模块[12]。封装在这些水凝胶中的人骨髓间充质干细胞(hMSCs)在分化过程中展现出对水凝胶的刚度依赖性，指细胞在刚度不同的水凝胶中向成骨或脂肪方向进行分化。hMSCs 在较硬的水凝胶中分化成脂肪细胞，而在较软的水凝胶中分化为成骨细胞。这一结果与以往发表的研究结果截然不同[13]。这项研究说明利用水凝胶的刚度变化可以用于控制哺乳动物细胞的分化。调节水凝胶机械性能的另一种方法是调节交联程度和预聚物的浓度。Ali 教授团队用明胶和甲基丙烯酸酯混合反应，制备了一种新型的水凝胶材料——甲基丙烯酸明胶(GelMA)[14]。GelMA 聚合物的刚度就可以通过调节甲基丙烯酸化程度(20% ~80%)和自身的浓度(5% ~15%)来改变。将 NIH - 3T3 细胞成纤维细胞封装在 GelMA 结构中进行培养，发现最柔软的水凝胶(浓度5%)中细胞存活率超过90%，而最硬的水凝胶(浓度15%)中细胞存活率仅为75%。

在另一项研究中，Liu、Tsang 等设计了一个多层曝光平台进行聚乙二醇(PEG)水凝胶混合多肽的光交联实验。如图3.2(b)所示，他们将肝细胞封装在该水凝胶聚合物中进行培养，发现聚合水凝胶中的肝细胞活性比未聚合水凝胶中的肝细胞活性高。这是因为聚合后的水凝胶形成了疏松的孔隙网络，有利于营养物质传达至细胞。除此之外，聚合水凝胶中肝细胞的尿素和白蛋白产量也明显高于未聚合水凝胶中细胞的产量。这一研究表明，通过对水凝胶进行空间上的成形聚合，可以有效提高细胞在体外的活性和功能表达。

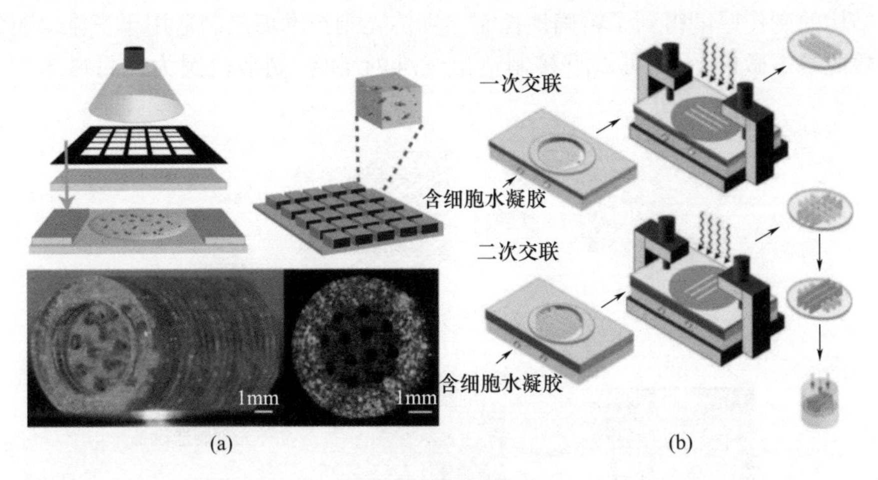

图3.2　光固化工艺

(a)基于掩模版的光固化技术制作细胞化微模块;(b)多层曝光平台制作PEG水凝胶微结构。

基于掩模版的光固化技术也可以实现多种细胞在水凝胶结构中的共培养。Hammoudi和同事利用此技术将成纤维细胞和骨髓基质干细胞封装在PEGDA水凝胶中,实现了高细胞活性的长期(14天)共培养[15]。虽然该实验没有对两种细胞间的交互进行探讨,但这项技术可以用于研究体外培养条件下同种细胞或不同种细胞间的相互作用。这对于人工组织在生物医学方面的应用是很有意义的。

但是,基于掩模版的光固化技术也存在一定的局限性。如只适用于光敏感的材料,并且光交联过程可能会对细胞造成一定伤害。此外,该技术依赖于掩模版,因此自动化程度不高,并且由于光的衍射作用,利用光掩模形成的水凝胶对图案的还原精度也有一定的限制。

3.1.2　立体光刻技术

立体光刻技术(SL)是一种计算机辅助设计(CAD)的无掩膜光刻技术,广泛用于快速成型工业领域,最近十年开始应用于生物医学领域。该工艺的基本原理如图3.3所示:首先利用三维计算机绘图软件设计结构/支架。对于非常复杂的三维设计,也可以使用磁共振成像(MRI)或计算机断层扫描(CT)[16]。然后用软件对该设计模型进行分层处理,每层厚度约25~100μm。将分层后的数据传送至SL设备(SLA)。SLA首先利用紫外光固化生成第一层,然后使SLA上升,紫外固化生成第二层,以此类推,直到完成所有层。相比于基于掩模版的光固化技术,立体光刻技术具有不可比拟的优点[17]。立体光刻技术不需要制作物理掩模版,这样就节省了微结构的加工时间和成本。此外,SLA的自动化技术也使结构的制作厚度得到了精确地控制。立体光刻技术可以制造用于三维微组织构建的基本微单元,也可以直接制造出三维的结构,制造范围为几百微米到几毫米。

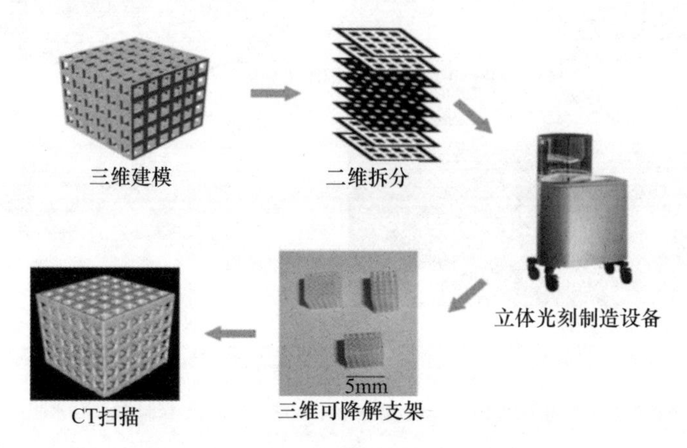

图 3.3　立体光刻技术制作三维支架

Dhariwala 等是最早将立体光刻技术应用于生物医学的研究团队之一。他们利用该技术将细胞封装在具有简单几何形状的聚(环氧乙烷)和 PEG－二甲基丙烯酸酯(PEGDMA)水凝胶中[18]。虽然该研究只证明了其中细胞的高活性,但这是首次将表面立体光刻技术应用于组织工程领域。之后,研究人员又利用 SLA 制备了更为复杂的微结构,并探究了外界微环境对细胞长期培养的影响。对于可生物降解的水凝胶,也有研究证实可以使用 SLA 将其制作可生物降解的生物支架[19]。

尽管过去几年立体光刻技术在生物制造领域发展迅速,但传统 SLA 可制备的微组织最小尺寸受激光束宽度的限制。大部分商业化的激光器波束宽度在 250μm 左右[20],并不适用于微米尺度的三维组织构建。针对这一问题,Bajaj 等将立体光刻技术与介电泳(DEP)技术结合,制作细胞化微结构。DEP 可以控制水凝胶和细胞形成特殊图案,SLA 可以交联固化形成模块。这种方法可以操作单个细胞,也可以用于细胞化微球的制备。另一方面,新型的高分辨率 SLA 也在逐步商业化。微型 SLA 的精度可达到 20μm,能够制备亚微米尺寸的水凝胶模块,从而实现微米尺度的三维组织构建[21]。

3.2　微流控法

微流控法是一种基于微流道芯片形成水凝胶微模块或细胞化水凝胶微模块

的方法。在各种制造方法中,微流控技术非常适合于微尺寸细胞化微结构的形成。微流道可以通过一种可控的方式操纵水凝胶预聚物,从而实现对微模块尺寸的精确控制[22]。因此该方法具有高制备率、高均匀性和设计灵活性,便于微模块的大量生产。与光固化技术可以形成任意形状的薄片状微单元不同,基于微流道的细胞化微模块可分为点、线、面三种标准化的形状,如图 3.4 所示。点状细胞化微模块制备工艺比较简单,能广泛应用于简单的三维模型组装[23]中。线状细胞化微模块适用于血管、神经网络、肌纤维等线状组织的重建[24]。另外,线状细胞化结构可以通过卷绕或编制形成三维大尺度的组织。平面状细胞化微模块可以通过堆叠或卷曲等进行三维组织构建,或直接作为移植微组织应用于临床医学研究[25-26]。

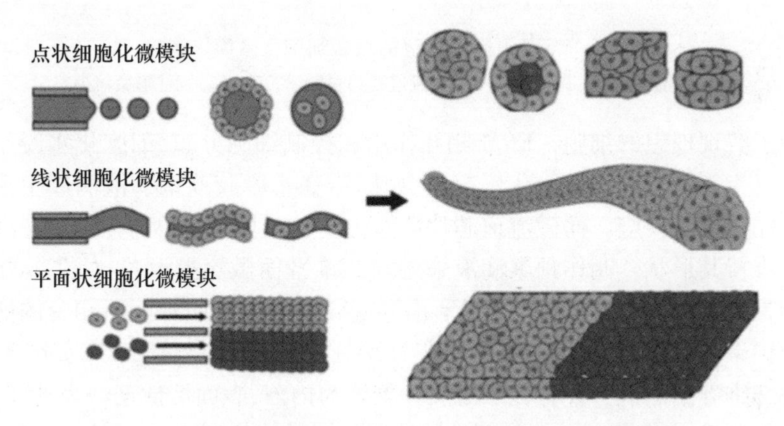

图 3.4　基于微流控技术的点状、线状、平面状细胞化微模块构建

3.2.1　点状细胞化微模块构建方法

点状细胞化微模块是通过细胞聚集(细胞球)或通过在水凝胶球进行细胞培养(细胞化水凝胶微球)形成的。细胞球的制备是将细胞培养在非细胞黏附性的基底,这样细胞会趋向于聚集成团。因此,细胞球模块的大小由聚集的细胞数量决定。而为了产生尺寸均等的细胞球,通常使用垂滴或在微孔中培养的方式[27-28]。近年来,以微流道芯片结合垂滴培养或微孔培养的手段成功地实现了均匀大小细胞球的批量生产[29-30]。因为微流道的液体流动性,这些微流道装置能够持续为细胞提供营养、添加药物和收集分泌物。此外,微流道装置还可以注入其他类型的细胞形成多种细胞混合的微球,实现多细胞共培养。因此该方法制作的细胞化微球可以被用于微尺度的组织模型构建并进行生物和药代动力学分析。然而,由于细胞微球是由细胞和其自身分泌的 ECM 组成,因此很难通过提前设计细胞和 ECM 之间的作用关系来增强细胞的活性和功能。

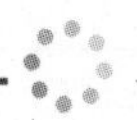

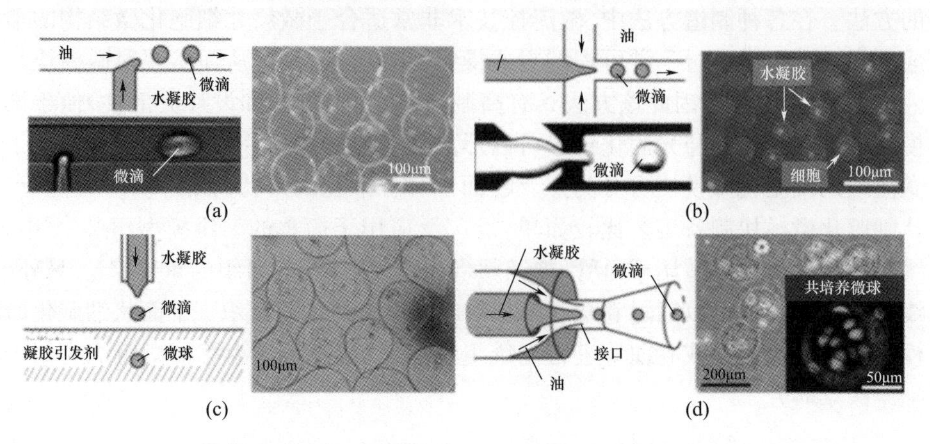

图 3.5　基于不同微流道的点状细胞化微模块构建
(a)T 连接型微流道;(b)二维混合流道;(c)微喷管流道;(d)圆柱形微流道。

为了实现理想的细胞 - ECM 相互作用和控制细胞分布,细胞化水凝胶微球被提出。为制备均匀的细胞化水凝胶微球,需在水凝胶预聚物液滴产生形变或塌陷前完成交联反应。而微流道芯片能够重复生产均匀大小的预聚滴液并将其固化以维持其形状。制作预聚滴液采用准二维平面微流控设备,如 T 连接型微流道和二维微流体混合设备。"T"形连接型微流道通过两种互不相容的液体如水凝胶预聚液和表面活性剂油在"T"形连接处接触,形成微球[31-32],如图 3.5(a)所示。二维微流体混合设备以水凝胶预聚液为内液,表面活性剂油为外围液,也可以在孔口或流道下游产生大小均匀的微球[33-34],如图 3.5(b)所示。对于这两种装置,通过调节两种液体的流速和通道的尺寸,可以轻易、统一地控制微球的大小。然而,在二维微流控设备中,有时由于微滴和微流道面的接触仍会造成微滴的变形。

为了克服这个问题,科学家们研究出了微喷管流道和圆柱形微流道设备。微喷管用于在空气中产生形状规则的微滴,如图 3.5(c)所示。这样微滴就不会由于接触任何面而导致变形[35]。而圆柱形微流道设备产生的微滴四周均被外围液体包围,从而避免了微滴与流道管壁的接触[36-37],如图 3.5(d)所示。设备的圆腔管道可以根据微滴需求的尺寸而设计。与二维微流控设备类似,圆柱形微流道设备可以生产高规则性、高产量的水凝胶微滴,因此同样可以实现制备基于海藻酸盐、胶原、PEG 等的细胞化水凝胶微球[38]。

通过上述微流控技术制备的细胞化水凝胶微球,可以进行多层次细胞培养。一种方法是在已经封装细胞的微球表面再接种一层细胞。已有研究制备了针对肝细胞和成纤维细胞[39]、真皮成纤维细胞和表皮角化细胞[40]的三维微球共培养组织。因为三维培养环境和多细胞交互作用可以增强细胞功能,因此,这种三维同心微球共培养模式也常用于药理学和病理学研究。

众多研究者在制造异质水凝胶方面做出了很多卓有成效的探索,这为封装细胞的球形微模块提供了丰富的应用场景和可能性,例如多种药物装载、分级递送以及更复杂的运动控制等[41-42]。如图3.6(a)所示,最多拥有20个异质成分的水凝胶微珠被制造出来,这对于细胞微模块的复杂结构研究具有启发性的意义[43]。为了给封装在球形微模块中的细胞提供更有利的增殖和分化培养条件,基于圆柱形微流道设备,研究人员制造了核-壳结构的水凝胶微珠(图3.6(b)),其中水凝胶微珠中嵌入了培养基液滴用来给细胞的增殖和分化提供更有利的培养环境。为了提高通过微流体技术制造的点状细胞微模块的产量,具有复杂结构的并行微流道装置出现了[44-45]。Headen等研制了一种具有六个流动聚焦喷嘴的两层PDMS微流体装置(图3.6(c)),并将其用于并行制造载有细胞的水凝胶微球,实验结果表明,这种并行的制造方法并不会增加水凝胶微球的多分散性[46]。

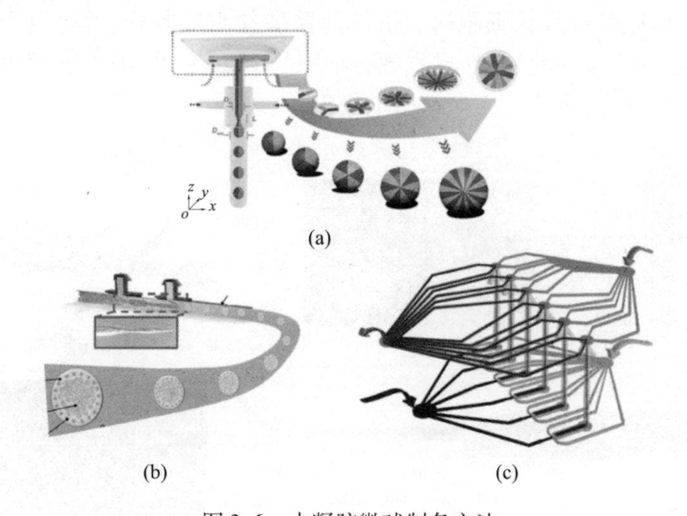

图3.6　水凝胶微球制备方法

(a)异构水凝胶微球制备;(b)核-壳形状水凝胶微球制备;

(c)用于并行水凝胶微球制造的PDMS微流体装置。

3.2.2　线状细胞化微模块构建方法

微流控技术提供了制造长度不受限制的水凝胶微纤维的方案。含有细胞的水凝胶在微流道芯片中流动生成纤维,通过设计微流道芯片的通道尺寸和控制液体流量,可以控制微纤维的直径。微流控连续产生细胞化水凝胶的技术可以分为挤压法、二维层流法和同轴流法(图3.7)。挤压法是把微喷管尖端置于凝胶引发剂中,然后将混有细胞的水凝胶预聚液从微喷管直接挤入凝胶引发剂中,使水凝胶从液体流变为固态纤维,如图3.7(a)所示。在成型过程中,细胞化水凝胶的直径主要由微喷管尖端孔径决定,略受液体流速变化的影响。采用挤压法,可以轻易制备封装细胞的海藻酸盐微纤维[47-48]。

二维层流法可以实现水凝胶微纤维的并行控制。二维层流法中基本采用与二维微流控设备相似的水凝胶微球生产装置(图3.7(b))。表面活性剂取代油,凝胶引发剂作为外围液体引发流动中的水凝胶的固化[49]。通过改变内部和外部的液体流速可以改变微纤维的直径。利用并行控制的方法,可以制作多层多种细胞的微纤维结构,实现体外共培养。

在同轴流道中,水凝胶微纤维的径向控制是通过类似于圆柱形微流道的装置实现的。同轴流法的原理是设计多层的同轴圆柱形微流体通道使水凝胶外圈包裹一层凝胶引发剂。这样设计的好处是,水凝胶的交联反应会在水凝胶束的周围同步进行[50]。利用这一特点,可以制作内芯为载有细胞ECM,外壳为海藻酸盐水凝胶的微纤维[51-52],如图3.7(c)所示。依附ECM的细胞可以在微纤维结构中生长形成微纤维状细胞群。溶解海藻酸盐水凝胶壳,就可以得到成熟的细胞化ECM微纤维。此外,如果将载有细胞的ECM替换为微管,就可以得到中空的水凝胶微纤维,可作为人造血管的模型。

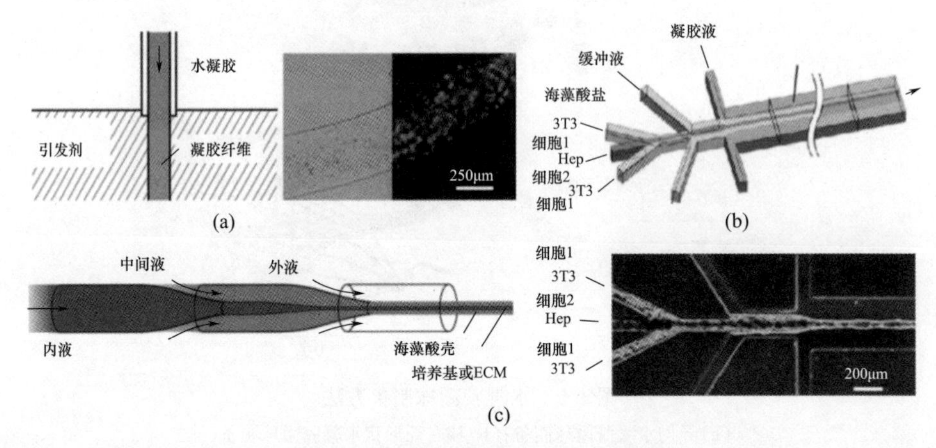

图3.7 线状细胞化微模块构造方法

(a)挤压法;(b)二维层流法;(c)同轴流道法。

研究人员在单一圆柱形水凝胶微纤维的基础上,通过优化用于微纤维制造的微流控系统结构以及融入可编程的流体及机械控制方法,开发了形貌多样、结构异质的复合水凝胶微纤维。通过改进同轴微流体装置的结构,研究人员制造了具有截面形貌可变且成分异质的细胞微纤维[53-54]。此外,可编程控制法已应用于制造在径向和轴向具有编码特征的水凝胶微纤维[50-56]。如图3.8(a)所示,Edward等利用一种基于二维层流装置的数字流体控制方法实现了以串行、

并行或混合的方式对液体的形态、细胞类型和液体成分进行编码[55]。张等通过对液体的流速和旋转喷嘴的振动参数进行可编程控制，制造出了嵌入以特定序列排列的离散液滴的微纤维(如图3.8(b))，微纤维的序列可以携带加密信息。由于生物医学研究对微纤维的功能和特性提出了多样化的要求，研究人员创造了多种不同形状的细胞微纤维，包括凹槽形[57]、中空形[58]、核-壳形[59]、螺旋形[60]和节点形[61-62]等。科研人员基于新型同轴微流体装置制造出具有螺旋形和直线形两类通道的中空可灌注微纤维，如图3.8(c)所示。这两类中空微纤维能够模拟血管结构，并通过相互比较用以研究血管结构对营养物质和代谢物运输的影响[63]。

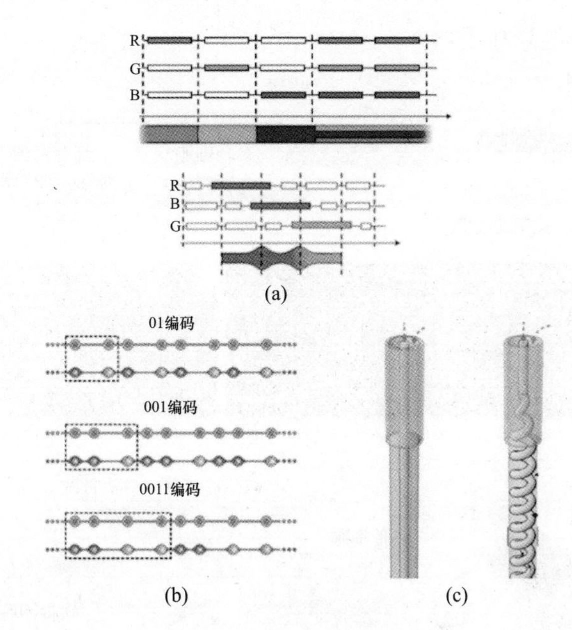

图3.8　微纤维制备方法

(a)液体成分以串行、并行及混合方式编码的微纤维；(b)携带二进制编码的细胞微纤维；(c)具有螺旋和直线形两类通道的中空可灌注微纤维。

3.2.3　平面状细胞化微模块构建方法

基于微流控技术构建平面状细胞化微模块，可以制造复杂、多层的细胞化板片。微流道芯片能够在制作过程中通过控制含细胞的液体流动来控制不同细胞在基底或在水凝胶中的固定位置[64-65]，如图3.9所示。利用复合微流道可以帮助培养基形成梯度化，从而引导琼脂糖凝胶片上的间充质干细胞分区域分化为不同细胞，如图3.9(b)所示。此外，将微流道与载有细胞的多孔膜整合，可以实现“片上器官”的模型搭建。微流道灌注培养基，多孔膜搭载多种类型细胞，从而形成动态的共培养系统,模拟具有血液循环功能的人体组织。基于此模型的相关研究,如上皮细胞和内皮细胞、肝细胞和内皮细胞的片上共培养,在培养过程中不仅可以很方便地加入其他试剂,同时也可以实时监测细胞的形态变化[66-67]。这种"片上器官"的一个主要优点是,它不需要整个器官组织模型就可以实现细胞在体外的功能重建。因此,基于微流道的"片上器官"系统可以作为药物测试中动物模型的低成本替代品。

尽管基于微流控技术的点状、线状、平面状细胞化微模块可以作为人工微组织独立地应用于细胞的体外培养和药物测试等方面,但它们简单的构架不可比拟人体器官的三维复杂结构和血管网络。为了构建模拟人体器官的复杂三维微组织仍需要精确的操作手段来组装这些微模块。

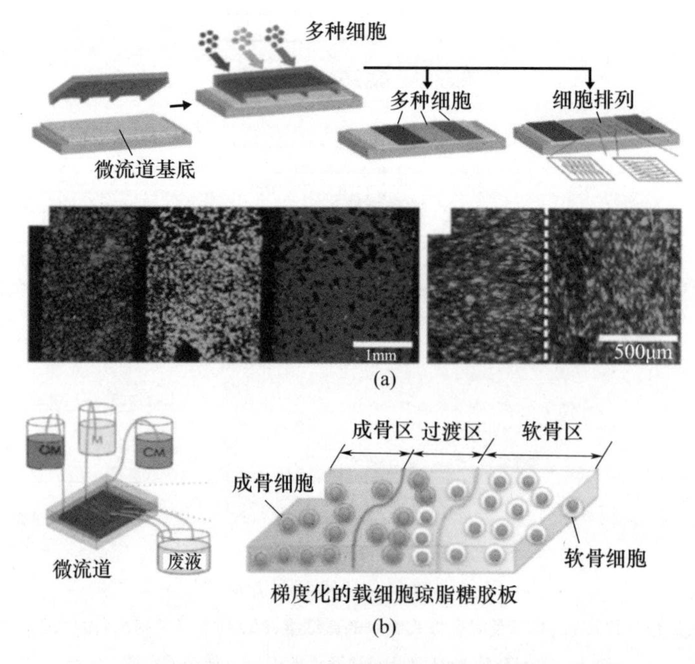

图 3.9　基于微流控的平面状细胞化微模块制备(见彩插)

(a)利用微流道控制平面状微模块上的细胞分布;(b)利用微流道引导细胞在凝胶板上的分化趋势。

3.3　生物打印

3D 打印是一种快速成型的制造技术,用于高精度地逐层构建复杂的结构。这个自动化的、可添加的过程有助于制造具有精确体系结构(包括:外部形状、内部孔隙,几何形状和互连性)的 3D 产品,具有很高的天然组织或器官的重现

性和可重复性。在再生领域,它可以同时精确构建多个细胞类型和生物因子,从而能够更好地模仿活组织或器官并形成复杂的多尺度结构,为仿生支架的制作提供一个很好的选择。近三十年来,3D生物打印技术已被广泛用于直接或间接制造3D细胞支架或医用植入物,以及再生医学领域。它为细胞、蛋白质、DNA、药物、生长因子和其他生物活性物质的放置提供了非常精确的时空控制,可以更好地指导组织的形成,以供病人的特异性治疗。生物活性支架的3D打印包含两种:含有生物成分的脱细胞功能支架和旨在复制天然类组织的细胞负载结构。两者的目标都是为组织/器官再生提供生物相容性的可植入结构,因此将生物活性支架制造中的3D打印称为"生物打印"。在这方面,生物打印并不表示细胞是直接打印的,而是表示参与制造过程的某个阶段。

要再现功能性组织或器官的复杂的异质结构,一个基本的要求是全面了解其组成部分的成分和结构。医学成像技术是提供细胞、组织、器官和机体层面的三维结构和功能信息的不可或缺的工具,有助于设计特定患者的组织或器官结构。它通常以提供无创成像的方式进行,包括计算机断层扫描(CT)和磁共振成像(MRI)。计算机辅助设计(CAD)、计算机辅助制造(CAM)工具和数学建模也被用来收集和数字化组织的复杂层析和结构信息。以上工具将三维成像的组织或器官模型分解为二维水平切片,并导入3D生物打印系统逐层沉积。结合现有的3D生物打印技术,选择细胞类型(分化型或未分化型)、生物材料(合成型或天然型)和辅助生化因子,这些打印组件的配置可以驱动3D组织器官的构建。这种综合技术(图像设计-制造)可以重建更复杂的三维水平的结构,并结合机械和生化引导,这是重建整个器官结构的关键元素。此外,该技术通过模拟自然的、高度动态的、可变的三维结构以及力学性能和生化微环境,具有构建三维组织或器官特异性微环境的能力。通过这种方式,用于器官再生的3D生物打印可以打印多种活细胞,包括脉管系统和神经网络集成,并最终开发出3D生物打印器官类似物的特定功能。Charles W. Hull等于1986年获得液体光多聚体立体摄影技术专利,这被证明是未来3D打印技术的先驱工作。一种基于传统二维喷墨技术的细胞生物打印技术在2003年问世。2009年,Organovo和Invetech公司创造了第一个商业3D生物打印机。目前,越来越多的全球利益和需要,越来越多的企业已经建立并扩大其在生物打印市场的业务,如3D系统、惠普、Novogen MMX生物、3D Bioplotter、牛津性能材料和商业血管生物等。到2022年,全球3D生物打印市场预计将达到18.2亿美元,包括用于牙科、医疗、分析和食品应用的产品和材料。尽管考虑到复杂性和功能性,3D生物打印技术仍处于起步阶段,但该技术似乎展现出了极大的希望,可以推动组织工程向器官制造方向发展,最终缓解器官短缺,挽救生命。

3.3.1 基本原则

组织工程应用的3D生物打印可根据是否将活细胞直接打印到结构中分为两种形式。细胞生物打印技术可以直接将活细胞沉积在生物油墨中，形成三维生物结构。根据工作策略3D生物打印主要可分为三大类，分别是基于流线型、基于挤出型和激光辅助生物打印。现有生物打印技术的变化也会影响活组织/器官构建的特征。相比之下，脱细胞生物打印技术为组织再生应用提供了更广泛的选择。不考虑细胞活力或生物活性成分，几种具有较高温度、化学品和其他恶劣环境的3D打印技术可用于制造植入物。考虑到目标组织/器官的具体要求，设计必须考虑生物打印系统（生物油墨和生物打印系统）的能力和性能，其将在下文中被详细讨论。

3.3.2 细胞3D生物打印

细胞3D生物打印在制造过程中直接利用活细胞，并结合3D打印快速原型的固有优势。人们已经开发出各种各样的技术来创造三维活体组织/器官类似物，每一种都有不同的特性例如生物材料、分辨率、打印速度和细胞存活率。根据打印方式的不同（生物油墨沉积机理），细胞生物打印的代表性技术可以分为三种类型：基于打印的技术、基于挤压的技术和立体打印技术。基于软骨的生物打印依赖于各种能源（热、电、激光束、声学或气动机制），以高通量的方式对活细胞和其他生物制剂的生物墨水微滴进行模块化设计。它提供了更大的优势，因为它的简单和灵活，精确控制生物沉积包括细胞，生长因子，和基因的组织/器官再生。由于其简单、多功能性和高透发射能力，它也一直是最常见于药物投递。

由熔融沉积成型（FDM）打印技术发展而来的基于挤压的生物打印技术，采用气动、机械或电磁驱动系统，以“针式注射器”为基础进行细胞沉积。在生物打印过程中，生物墨水通过沉积系统精确地打印出充满细胞的细丝，形成所需的三维结构[68]。

立体生物打印技术（vat - photopolymrization）主要是利用激光能量，通过光束扫描或图像投影建模，将充满细胞的生物墨水沉积在储层中，从而实现高精度图案的成型。由于这种技术拥有对生物沉积的精确控制能力和高分辨率，它可以提供更大的优势[69]。

3.3.3 基于细胞液滴的生物打印（DCB）

基于细胞液滴的生物打印技术是对充满细胞的生物墨水（水凝胶或浆状

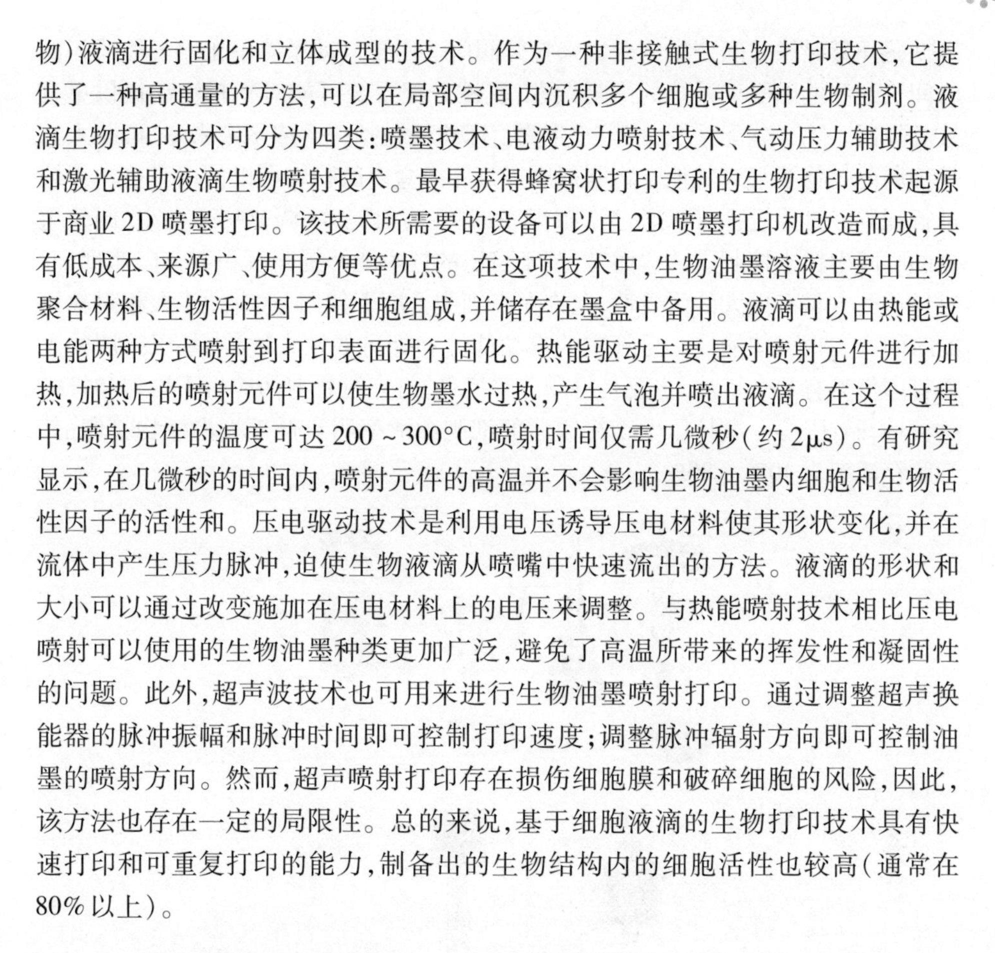

物)液滴进行固化和立体成型的技术。作为一种非接触式生物打印技术,它提供了一种高通量的方法,可以在局部空间内沉积多个细胞或多种生物制剂。液滴生物打印技术可分为四类:喷墨技术、电液动力喷射技术、气动压力辅助技术和激光辅助液滴生物喷射技术。最早获得蜂窝状打印专利的生物打印技术起源于商业2D喷墨打印。该技术所需要的设备可以由2D喷墨打印机改造而成,具有低成本、来源广、使用方便等优点。在这项技术中,生物油墨溶液主要由生物聚合材料、生物活性因子和细胞组成,并储存在墨盒中备用。液滴可以由热能或电能两种方式喷射到打印表面进行固化。热能驱动主要是对喷射元件进行加热,加热后的喷射元件可以使生物墨水过热,产生气泡并喷出液滴。在这个过程中,喷射元件的温度可达200~300°C,喷射时间仅需几微秒(约2μs)。有研究显示,在几微秒的时间内,喷射元件的高温并不会影响生物油墨内细胞和生物活性因子的活性和。压电驱动技术是利用电压诱导压电材料使其形状变化,并在流体中产生压力脉冲,迫使生物液滴从喷嘴中快速流出的方法。液滴的形状和大小可以通过改变施加在压电材料上的电压来调整。与热能喷射技术相比压电喷射可以使用的生物油墨种类更加广泛,避免了高温所带来的挥发性和凝固性的问题。此外,超声波技术也可用来进行生物油墨喷射打印。通过调整超声换能器的脉冲振幅和脉冲时间即可控制打印速度;调整脉冲辐射方向即可控制油墨的喷射方向。然而,超声喷射打印存在损伤细胞膜和破碎细胞的风险,因此,该方法也存在一定的局限性。总的来说,基于细胞液滴的生物打印技术具有快速打印和可重复打印的能力,制备出的生物结构内的细胞活性也较高(通常在80%以上)。

3.3.4　基于挤压的细胞生物打印(ECB)

挤压式生物打印技术是一项集成技术,包括用于挤压控制的流体分配系统和用于生物打印的自动化机器人系统。生物墨水被挤压成充满细胞的圆柱形丝状物,可以精确地沉积到所需的三维结构中。连续沉积可在快速制造过程中提供更好的结构完整性。分注系统可分为三类:气动式、机械式(活塞式或螺杆式)和螺线管式,如图3.10所示[70]。气动系统的生物3D打印技术可以利用加压空气通过无阈或基于阈的系统挤出成型的细胞纤维。

与无阈系统相比,基于阈的系统由于压力和脉冲频率可控,具有更高的精度。机械微挤压提供了一种更简单、更直接的控制生物油墨打印的方法。通常由注射器和针头组成的活塞系统适用于低黏度流体,而螺杆系统能够产生更大的压力,使生物油墨具有更高的黏度。然而,在机械微挤压过程中,沿喷嘴施加的巨大剪力可能会对细胞造成潜在的伤害。电磁微挤压通过抵消浮动磁铁柱塞和铁磁环形磁铁之间产生的磁力来打开阀门。由于气动系统中压缩气体体积的时间延迟和电磁驱动系统的高复杂性,机械分配系统可能对物料流动提供更直接的控制。除了分配系统,挤出式生物打印机还包括一个或多个墨盒,可装入充满细胞的生物墨水或其他生物制剂用于打印。盒内的材料可以使用微挤压系统进行配制。打印过程可以通过涂布程序、调节喷射速度、调节喷嘴大小、调整墨盒的空间坐标来控制。总体而言,基于挤压的技术能够提高沉积和打印速度,并对异质配方具有更大的耐受性,允许在高细胞密度下使用,这有助于在相对较短的时间内实现可伸缩性。尽管它的多功能性和拥有的巨大优势,基于挤压的生物打印仍然有几个挑战,主要是打印分辨率低,打印过程剪切应力不均匀和打印材料选择有限等。微挤压生物打印后的细胞存活率明显低于喷墨生物打印,其细胞存活率为 40% ~80% 。

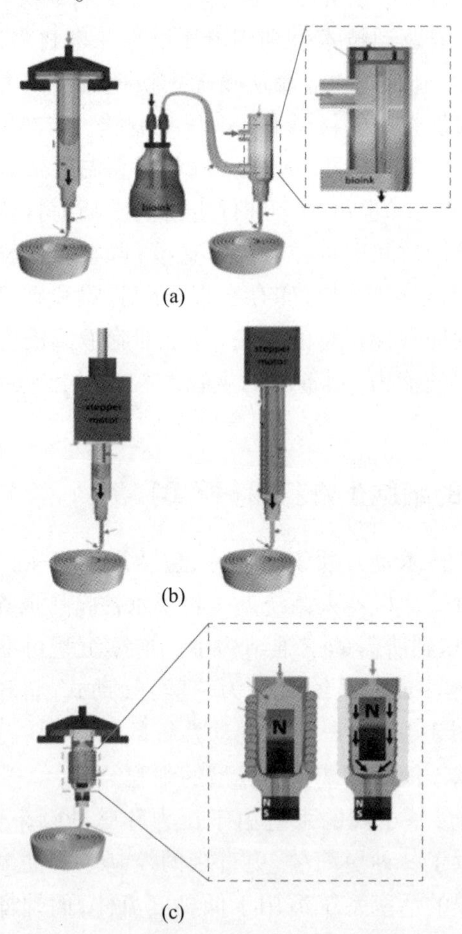

图 3.10　气动式、机械式和螺线管式微挤出式 3D 打印的系统示意图

(a)气动式;(b)机械式;(c)螺线管式。

3.3.5 基于立体光刻的细胞生物打印(SLA)

立体光刻成型技术提供了一种具有高分辨率和准确性的添加型制造技术[71],如图3.11所示。基于立体光刻的生物打印技术利用光或激光的空间控制,通过选择性光聚合的方式在生物油墨中分层打印出几何二维图案。三维结构可以按照"逐层"打印的方式在二维图形上连续堆叠。二维图案层的光聚合是基于SLA的生物印刷中最关键的一步,传统的立体生物打印技术有两种类型:激光扫描和掩模图像投影。激光扫描技术是指使用激光束扫描可光固化的生物油墨,以固化形成二维图案。分辨率取决于光照条件(如激光光斑的大小、波长、功率、曝光时间以及激光束的吸收或散射),以及光引发剂或紫外线吸收剂的选择。生物油墨的种类和浓度、扫描速度和激光功率对生物印迹结构的整体力学性能有很大影响。当打印多层结构时,早期固化形成的二维结构层可能会反复暴露在激光下,造成机械强度不均匀从而导致最终的三维结构存在缺陷。立体光刻技术(μSLA)的分辨率可达5~10 μm。该技术利用数字光处理技术动态生成已定义的掩模图像,将该图像投影到可光固化生物油墨的表面,可以同时固化多个二维图形层。与激光扫描技术相比,由于能够同时形成整个图层的形状,掩模图像投影打印速度更快。

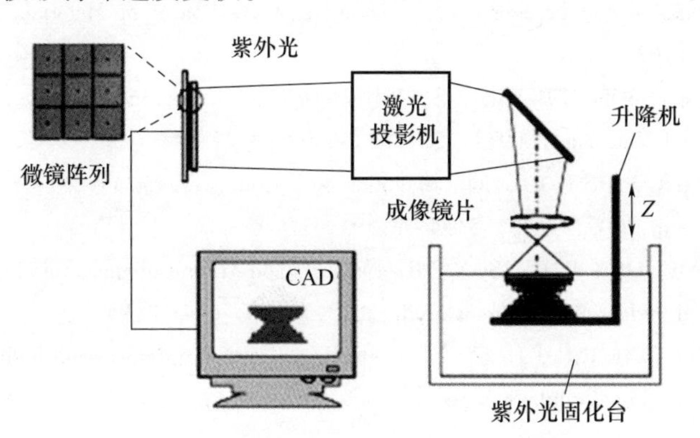

图3.11 基于立体光刻的生物打印技术的系统示意图

可光聚合生物油墨的选择有限,但聚合物改性技术可以使研究人员有更多的选择。常见的可光固化生物油墨包括聚乙二醇丙烯酸酯/甲基丙烯酸酯及其衍生物、甲基丙烯酸酯/丙烯酸酯天然生物材料(明胶、透明质酸、葡聚糖等)和甲基丙烯酸酯/丙烯酸帽等合成聚合物。总体而言,基于立体光刻的生物打印技术的主要优势在于,它们能够简单地制造出具有高分辨率的复杂结构,并在没有支撑材料的情况下快速打印结构。由该技术制备的生物结构内的细胞活性达80%以上。

随着仪器技术的进步、空间和时间分辨率的提高以及特定器官的生物油墨和细胞来源的优化,3D 生物打印技术有望在不久的将来成为最高效、可靠和方便的生物组织构建方法之一。3D 生物打印的高度灵活性和可控性使多种具有时空梯度的活性药物在组织/器官再生过程中调节细胞功能成为可能。这项技术的一个独特之处在于它能够实现个性化的治疗计划,以满足患者的个人需求。此外,具有生理变化特征的先进材料工程方法将进一步优化生物材料的性能,这些结构能满足发育过程中动态组织重塑的要求。

参考文献

[1] NAITO H, MELNYCHENKO I, DIDIE M, et al. Optimizing engineered heart tissue for therapeutic applications as surrogate heart muscle[J]. Circulation, 2006, 114(1_supplement): I-72-I-78.

[2] TSANG V L, CHEN A A, CHO L M, et al. Fabrication of 3D hepatic tissues by additive photopatterning of cellular hydrogels[J]. The FASEB journal, 2007, 21(3): 790-801.

[3] RIVEST C, MORRISON D, NI B, et al. Microscale hydrogels for medicine and biology: synthesis, characteristics and applications[J]. Journal of Mechanics of Materials and Structures, 2007, 2(6): 1103-1119.

[4] SLAUGHTER B V, KHURSHID S S, FISHER O Z, et al. Hydrogels in regenerative medicine[J]. Advanced Materials, 2009, 21(32-33): 3307-3329.

[5] SUN J G, TANG J, DING J D. Cell orientation on a stripe-micropatterned surface[J]. Chinese Science Bulletin, 2009, 54(18): 3154-3159.

[6] AUBIN H, NICHOL J W, HUTSON C B, et al. Directed 3D cell alignment and elongation in microengineered hydrogels[J]. Biomaterials, 2010, 31(27): 6941-6951.

[7] ZORLUTUNA P, JEONG J H, KONG H, et al. Stereolithography-based hydrogel microenvironments to examine cellular interactions[J]. Advanced Functional Materials, 2011, 21(19): 3642-3651.

[8] REVZIN A, RUSSELL R J, YADAVALLI V K, et al. Fabrication of poly(ethylene glycol) hydrogel microstructures using photolithography[J]. Langmuir, 2001, 17(18): 5440-5447.

[9] 刘灏,黄国友,李昱辉,等. 基于水凝胶的"自下而上"组织工程技术研究进展[J]. 中国科学:生命科学,2015,45(3):256-270.

[10] BAJAJ P, TANG X, SAIF T A, et al. Stiffness of the substrate influences the phenotype of embryonic chicken cardiac myocytes[J]. Journal of Biomedical Materials Research Part A, 2010, 95(4): 1261-1269.

[11] MARKLEIN R A, BURDICK J A. Spatially controlled hydrogel mechanics to modulate stem cell interactions[J]. Soft Matter, 2010, 6(1): 136-143.

[12] KHETAN S, BURDICK J A. Patterning network structure to spatially control cellular remodeling and stem cell fate within 3 - dimensional hydrogels[J]. Biomaterials, 2010, 31(32): 8228 - 8234.

[13] HUEBSCH N, ARANY P R, MAO A S, et al. Harnessing traction - mediated manipulation of the cell/matrix interface to control stem - cell fate[J]. Nature Materials, 2010, 9(6): 518 - 526.

[14] NICHOL J W, KOSHY S T, BAE H, et al. Cell - laden microengineered gelatin methacrylate hydrogels[J]. Biomaterials, 2010, 31(21): 5536 - 5544.

[15] HAMMOUDI T M, LU H, TEMENOFF J S. Long - term spatially defined coculture within three - dimensional photopatterned hydrogels[J]. Tissue Engineering Part C: Methods, 2010, 16(6): 1621 - 1628.

[16] MANKOVICH N J, SAMSON D, PRATT W, et al. Surgical planning using three - dimensional imaging and computer modeling[J]. Otolaryngologic Clinics of North America, 1994, 27(5): 875 - 889.

[17] BAJAJ P, MARCHWIANY D, DUARTE C, et al. Patterned three - dimensional encapsulation of embryonic stem cells using dielectrophoresis and stereolithography[J]. Advanced Healthcare Materials, 2013, 2(3): 450 - 458.

[18] DHARIWALA B, HUNT E, BOLAND T. Rapid prototyping of tissue - engineering constructs, using photopolymerizable hydrogels and stereolithography[J]. Tissue Engineering, 2004, 10(9 - 10): 1316 - 1322.

[19] SECK T M, MELCHELS F P W, FEIJEN J, et al. Designed biodegradable hydrogel structures prepared by stereolithography using poly(ethylene glycol)/poly(d,l - lactide) - based resins[J]. Journal of Controlled Release, 2010, 148(1): 34 - 41.

[20] MELCHELS F P W, FEIJEN J, GRIJPMA D W. A poly(D,L - lactide) resin for the preparation of tissue engineering scaffolds by stereolithography[J]. Biomaterials, 2009, 30(23): 3801 - 3809.

[21] LEIGH S J, GILBERT H T J, BARKER I A, et al. Fabrication of 3 - dimensional cellular constructs via microstereolithography using a simple, three - component, poly(ethylene glycol) acrylate - based system[J]. Biomacromolecules, 2013, 14(1): 186 - 192.

[22] CHUNG B G, LEE K H, KHADEMHOSSEINI A, et al. Microfluidic fabrication of microengineered hydrogels and their application in tissue engineering[J]. Lab on a Chip, 2012, 12(1): 45 - 59.

[23] KHADEMHOSSEINI A, LANGER R. Microengineered hydrogels for tissue engineering[J]. Biomaterials, 2007, 28(34): 5087 - 5092.

[24] ONOE H, TAKEUCHI S. Cell - laden microfibers for bottom - up tissue engineering[J]. Drug Discovery Today, 2015, 20(2): 236 - 246.

[25] MATSUDA N, SHIMIZU T, YAMATO M, et al. Tissue engineering based on cell sheet technology[J]. Advanced Materials, 2007, 19(20): 3089 - 3099.

[26] YANG J, YAMATO M, KOHNO C, et al. Cell sheet engineering: recreating tissues without bio-

degradable scaffolds[J]. Biomaterials,2005,26(33):6415 – 6422.

[27] LEE W G,ORTMANN D,HANCOCK M J,et al. A hollow sphere soft lithography approach for long – term hanging drop methods[J]. Tissue Engineering Part C: Methods,2010,16(2):249 – 259.

[28] TUNG Y C,HSIAO A Y,ALLEN S G,et al. High – throughput 3D spheroid culture and drug testing using a 384 hanging drop array[J]. Analyst,2011,136(3):473 – 478.

[29] FREY O,MISUN P M,FLURI D A,et al. Reconfigurable microfluidic hanging drop network for multi – tissue interaction and analysis[J]. Nature Communications,2014,5(1):1 – 11.

[30] TORISAWA Y,TAKAGI A,NASHIMOTO Y,et al. A multicellular spheroid array to realize spheroid formation,culture,and viability assay on a chip[J]. Biomaterials,2007,28(3):559 – 566.

[31] HONG S,HSU H J,KAUNAS R,et al. Collagen microsphere production on a chip[J]. Lab on A Chip,2012,12(18):3277 – 3280.

[32] TAN W H,TAKEUCHI S. Monodisperse alginate hydrogel microbeads for cell encapsulation[J]. Advanced Materials,2007,19(18):2696 – 2701.

[33] AIKAWA T,KONNO T,TAKAI M,et al. Spherical phospholipid polymer hydrogels for cell encapsulation prepared with a flow – focusing microfluidic channel device[J]. Langmuir,2012,28(4):2145 – 2150.

[34] YULIANG,DENG,NANGANG,et al. Rapid purification of cell encapsulated hydrogel beads from oil phase to aqueous phase in a microfluidic device[J]. Lab on A Chip,2011.

[35] HUANG S B,WU M H,LEE G B. Microfluidic device utilizing pneumatic micro – vibrators to generate alginate microbeads for microencapsulation of cells[J]. Sensors & Actuators B Chemical,2010,147(2):755 – 764.

[36] UTADA,A. S,LORENCEAU,et al. Monodisperse double emulsions generated from a microcapillary device[J]. Science,2005,308(5721):537 – 541.

[37] TAKEUCHI S. An axisymmetric flow – focusing microfluidic device[J]. Advanced Materials,2010,17(8):1067 – 1072.

[38] TSUDA Y,MORIMOTO Y,TAKEUCHI S. Monodisperse cell – encapsulating peptide microgel beads for 3D cell culture[J]. Langmuir,2010,26(4):2645 – 2649.

[39] MATSUNAGA Y T,MORIMOTO Y,TAKEUCHI S. Molding cell beads for rapid construction of macroscopic 3D tissue architecture[J]. Advanced Materials,2011,23(12):H90 – H94.

[40] MORIMOTO Y,TANAKA R,TAKEUCHI S. Construction of 3D,layered skin,microsized tissues by using cell beads for cellular function analysis[J]. Advanced Healthcare Materials,2013,2(2):261 – 265.

[41] ZHANG L,CHEN K,ZHANG H,et al. Microfluidic templated multicompartment microgels for 3D encapsulation and pairing of single cells[J]. Small,2018,14(9):1702955.

[42] TANG G,XIONG R,LV D,et al. Gas – shearing fabrication of multicompartmental microspheres:a one – step and oil – free approach[J]. Advanced Science,2019,6(9):1802342.

[43] WU Z, ZHENG Y, LIN L, et al. Controllable synthesis of multicompartmental particles using 3D microfluidics[J]. Angewandte Chemie International Edition, 2020, 59(6): 2225 – 2229.

[44] DE RUTTE J M, KOH J, DI CARLO D. Scalable high – throughput production of modular microgels for in situ assembly of microporous tissue scaffolds[J]. Advanced Functional Materials, 2019, 29(25): 1900071.

[45] KAMPERMAN T, TEIXEIRA L M, SALEHI S S, et al. Engineering 3D parallelized microfluidic droplet generators with equal flow profiles by computational fluid dynamics and stereolithographic printing[J]. Lab on a Chip, 2020, 20(3): 490 – 495.

[46] HEADEN D M, GARCÍA J R, GARCÍA A J. Parallel droplet microfluidics for high throughput cell encapsulation and synthetic microgel generation[J]. Microsystems & Nanoengineering, 2018, 4(1): 1 – 9.

[47] SUGIURA S, ODA T, AOYAGI Y, et al. Tubular gel fabrication and cell encapsulation in laminar flow stream formed by microfabricated nozzle array[J]. Lab on a Chip, 2008, 8(8): 1255 – 1257.

[48] MAZZITELLI S, CAPRETTO L, CARUGO D, et al. Optimised production of multifunctional microfibres by microfluidic chip technology for tissue engineering applications[J]. Lab on a Chip, 2011, 11(10): 1776 – 1785.

[49] ZHANG S, GREENFIELD M A, MATA A, et al. A self – assembly pathway to aligned monodomain gels[J]. Nature Materials, 2010, 9(7): 594 – 601.

[50] LEE K H, SHIN S J, KIM C B, et al. Microfluidic synthesis of pure chitosan microfibers for bio – artificial liver chip[J]. Lab on a Chip, 2010, 10(10): 1328 – 1334.

[51] HSIAO A Y, OKITSU T, ONOE H, et al. Smooth muscle – like tissue constructs with circumferentially oriented cells formed by the cell fiber technology [J]. Plos One, 2015, 10(3): e0119010.

[52] HIRAYAMA K, OKITSU T, TERAMAE H, et al. Cellular building unit integrated with microstrand – shaped bacterial cellulose[J]. Biomaterials, 2013, 34(10): 2421 – 2427.

[53] CHENG Y, ZHENG F, LU J, et al. Bioinspired multicompartmental microfibers from microfluidics[J]. Advanced Materials, 2014, 26(30): 5184 – 5190.

[54] YOON D H, KOBAYASHI K, TANAKA D, et al. Simple microfluidic formation of highly heterogeneous microfibers using a combination of sheath units[J]. Lab on a Chip, 2017, 17(8): 1481 – 1486.

[55] KANG E, JEONG G S, CHOI Y Y, et al. Digitally tunable physicochemical coding of material composition and topography in continuous microfibres[J]. Nature Materials, 2011, 10(11): 877 – 883.

[56] YANG C, YU Y, WANG X, et al. Programmable knot microfibers from piezoelectric microfluidics[J]. Small, 2022, 18(5): 2104309.

[57] EBRAHIMI M, OSTROVIDOV S, SALEHI S, et al. Enhanced skeletal muscle formation on microfluidic spun Gelatin Methacryloyl (GelMA) fibres using surface patterning and agrin

treatment[J]. Journal of Tissue Engineering and Regenerative Medicine, 2018, 12(11): 2151 - 2163.

[58] XIE R, KOROLJ A, LIU C, et al. h - FIBER: microfluidic topographical hollow fiber for studies of glomerular filtration barrier[J]. ACS Central Science, 2020, 6(6): 903 - 912.

[59] YU Y, CHEN G, GUO J, et al. Vitamin metal - organic framework - laden microfibers from microfluidics for wound healing[J]. Materials Horizons, 2018, 5(6): 1137 - 1142.

[60] LIU J D, DU X Y, CHEN S. A phase inversion - based microfluidic fabrication of helical microfibers towards versatile artificial abdominal skin[J]. Angewandte Chemie, 2021, 133(47): 25293 - 25300.

[61] XIE R, XU P, LIU Y, et al. Necklace - like microfibers with variable knots and perfusable channels fabricated by an oil - free microfluidic spinning process[J]. Advanced Materials, 2018, 30(14): 1705082.

[62] LIU Y, YANG N, LI X, et al. Water harvesting of bioinspired microfibers with rough spindle - knots from microfluidics[J]. Small, 2020, 16(9): 1901819.

[63] DU X Y, LI Q, WU G, et al. Multifunctional micro/nanoscale fibers based on microfluidic spinning technology[J]. Advanced Materials, 2019, 31(52): 1903733.

[64] YUAN B, JIN Y, SUN Y, et al. A strategy for depositing different types of cells in three dimensions to mimic tubular structures in tissues[J]. Advanced Materials, 2012, 24(7): 890 - 896.

[65] LENG L, MCALLISTER A, ZHANG B, et al. Mosaic hydrogels: One - step formation of multiscale soft Materials[J]. Advanced Materials, 2012, 24(27): 3650 - 3658.

[66] HUH D, MATTHEWS B D, MAMMOTO A, et al. Reconstituting organ - level lung functions on a chip[J]. Science, 2010, 328(5986): 1662 - 1668.

[67] ILLA X, VILA S, YESTE J, et al. A novel modular bioreactor to in vitro study the hepatic sinusoid[J]. PLos One, 2014, 9(11): e111864.

[68] ZHU P, YANG W, WANG R, et al. 4D Printing of complex structures with a fast response time to magnetic stimulus[J]. ACS Applied Materials & Interfaces, 2018, 10(42): 36435 - 36442.

[69] WU J, ZHAO Z, XIAO K, et al. Reversible shape change structures by grayscale pattern 4D printing[J]. Multifunctional Materials, 2018, 1(1): 015002 - 015011.

[70] OZBOLAT I T, HOSPODIUK M. Current advances and future perspectives in extrusion - based bioprinting[J]. Biomaterials, 2016, 76: 321 - 343.

[71] LIU Q, LEU M C, SCHMITT S M. Rapid prototyping in dentistry: technology and application [J]. The International Journal of Advanced Manufacturing Technology, 2006, 29(3): 317 - 335.

第4章

微纳生物操作方法

微纳机器人操作广泛应用于工业领域与生物医学领域。如:MEMS加工中通过微探针与微纳器件的接触实现对器件电学特性参数的分析与检测;细胞学研究中通过对细胞的注射、去核等操作实现对单细胞病理学、药理学特性的分析[1]。在这些应用场景下,微纳操作机器人通过不同的操作力与目标进行交互,实现对目标的定位、拾取、移动与释放[2]。

根据机器人与目标交互方式的不同,我们将操作方法分为接触式操作、非接触式操作两大类[3]。其中,接触式操作常用的操作力包括吮吸力、黏附力、机械力等;非接触式操作中常用的操作力主要基于介电泳、光镊、磁控等技术。各种微操作机器人系统中常见的操作力的特点如图4.1所示。由于接触式操作需要与操作目标发生直接的物理接触,对目标的损伤比非接触式操作大。然而,接触式操作方法最为直观,对系统与操作环境要求简单,所能提供的操作力跨度广,因此应用场景也更为广泛,宏观尺度下的控制方式、操作策略大多都可以直接应用到其中。相比之下,非接触式操作方法由于需要借助特定的物理学原理,对操作环境及系统复杂程度要求较高。例如,对操作目标的形状、尺寸、成分等均有严格的约束,且操作环境多为封闭系统,其所能提供的操作力大多处于从皮牛到微牛的尺度,应用场景较为单一。

特性种类	接触式微纳操作机器人			非接触式微纳操作机器人		
	吮吸力	黏附力	机械力	介电泳	光镊	磁控
细胞损伤	高	中	高	低	中	低
施加力大小	中	中	大	小	小	中
操作环境约束	中	中	低	中	高	高

图4.1　微纳操作中常用的操作力

4.1 微纳机械操作

基于机械力的微纳操作机器人系统是起步较早、研究程度更为成熟的一类系统。正如传统机器人系统使用机械臂实施抓取、搬运等任务，同样我们可以使用微纳尺度下的机械臂实现细胞等活体目标的生物微纳操作。然而，在尺度缩小的过程中由于受尺度效应（scale effect）、低雷诺系数等因素的影响，微纳尺度下的物理体系、力学体系与宏观尺度下有很大的区别[4]。因此，在细观尺度下开发基于机械力的机器人系统需要重点考虑物理学参数的变化。

4.1.1 微纳机械操作原理

当操作空间缩小到微纳尺度时，操作环境将变为低雷诺系数环境，细胞及其他的生物目标所在的普通液相环境将被视为高黏性液体环境。在低雷诺系数环境下的黏性力远大于惯性力并占据主导作用。因此，在宏观下基于牛顿三大定律的力学体系将不再适用。例如，在宏观环境下，受到外力作用的物体在当前时刻的运动速度、加速度均与上一时刻的运动状态相关，而在微观环境下由于惯性力可以被忽略，当前时刻的运动情况将仅与当前时刻的受力情况相关[5]。其次，如图 4.2 所示尺度效应的影响，微纳尺度下物体受力与其特征长度的二次方成正比。当尺寸缩小时，物体体积将以三次方速度缩小，而其长度、面积将以一次方、二次方速度缩小，下降速度比体积小很多。因此，与体积相关的力（体积力）的下降速度将远高于面积力、线性力，则黏附力、摩擦力等将成为微纳尺度下的主导力。

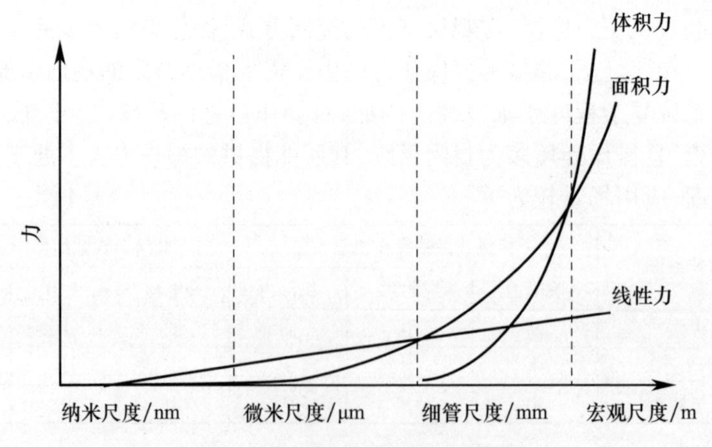

图 4.2 受尺度效应影响下的力变化

根据尺度效应可知，当操作环境在微纳尺度时，主导力主要集中在黏附力中，这是基于机械操作的微纳机器人实现生物目标抓取、移动的根源。在微纳尺度下，主要的吸附力包括：范德瓦尔斯力、表面张力、静电力三大类。范德瓦尔斯力作为原子力，受诱导效应、取向效应与色散效应影响，可表示为

$$\boldsymbol{F}_{\mathrm{vdw}}=\left(\frac{\delta}{\delta+\gamma/2}\right)^{2}\left(\frac{Hd}{16\pi\,\delta^{2}}+\frac{H\rho^{2}}{8\pi\,\delta^{2}}\right) \tag{4-1}$$

式中：γ 为接触表面粗糙度；H 为里夫施茨－范德瓦尔斯分量；d 为微结构尺寸；ρ 为黏附区域表面半径。表面张力在微观尺寸下受环境湿度影响，可表示为

$$\boldsymbol{F}_{\mathrm{tens}}=\pi R_{2}^{2}\gamma\left(\frac{1}{R_{1}}+\frac{1}{R_{2}}\right)+2\pi R_{2}\gamma \tag{4-2}$$

式中：R_1 与 R_2 为接触面半月桥圆柱面的特征半径；γ 为潮湿环境下水的表面张力。静电力与微结构表面电荷情况相关，可表示为

$$\boldsymbol{F}_{\mathrm{elec}}=\frac{\pi\varepsilon dU^{2}}{2\delta} \tag{4-3}$$

式中：ε 为空气介电常数；U 为接触物之间的压差。

三种不同类的吸附力在微纳操作中扮演重要的角色，且应用于不同场景中。如图4.3(a)和图4.3(b)示，当在干燥的空气中进行微操作时，微操作目标与操作末端执行器表面很容易吸附有电荷，因此当操作器靠近目标时会受到静电力作用而对操作对象进行吸附[6]。由于操作对象的重力作为非主导力可以被忽略，目标被吸附后可以对其进行拾取和移动等微操作。如图4.3(c)和图4.3(d)所示，在纳米尺度下，当AFM悬臂梁靠近碳纳米管时，受范德瓦尔斯力作用，碳纳米管会自动吸附贴靠到AFM表面并被固定住[7]。在此基础上即可对碳纳米管进行拔取和移动操作。由此可见，在不同场景下何种吸附力占主导地位主要是由三类吸附力的特性决定的。首先，静电力需要操作对象与操作器均带有电荷，这要求其操作环境为非液相环境，即需要在一般为空气或真空环境下完成操作任务。其次，范德瓦尔斯力是基于原子间相互作用产生的，其所需要的尺度一般在纳米级别，因此，一般以范德瓦尔斯力为主导力的操作均发生在纳米尺度。最后，表面张力发生在两相界面相交处，要求存在亲疏水界面，因此，利用表面张力的微操作主要适用于气相、液相交互或亲疏水液体交互的环境中。针对生物微纳操作任务而言，由于生物细胞大多为10～100μm尺度，且操作环境为非结构液相环境。因此，面向生物微纳操作的机械力系统大多以表面张力、普通机械力、范德瓦尔斯力为主导力，而静电力的影响则可以基本忽略。

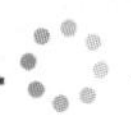

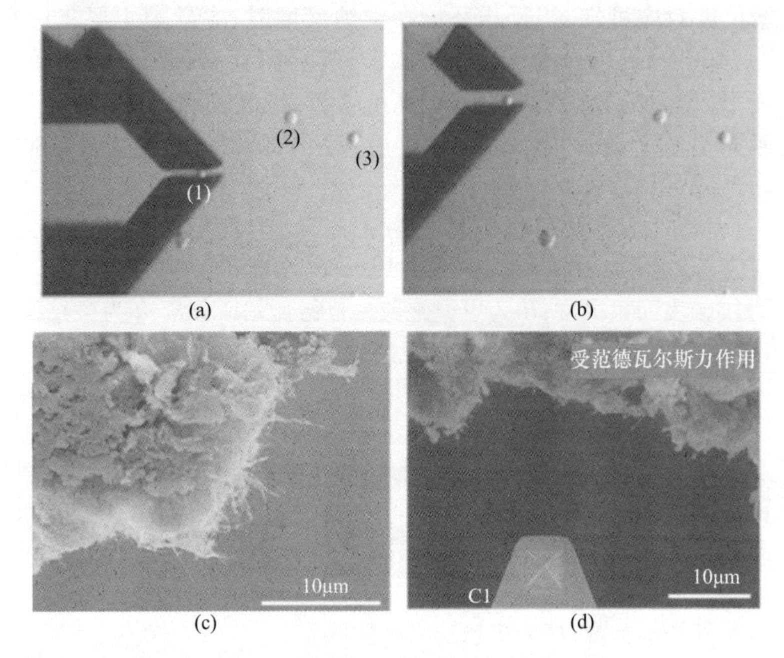

图 4. 3　基于静电力与范德瓦尔斯力的微纳操作

4. 1. 2　微纳机械操作机器人系统

由于微纳尺度下的物理体系与宏观尺度下完全不同,微纳机械操作机器人系统的设计在驱动、传感、控制等方面与宏观机器人都存在较大差异。图 4. 4 展示了一套集成精密驱动、多传感器信息融合与反馈的协同生物微操作机器人系统。与传统机器人的驱动方式相比,微纳操作机器人系统重点需要考虑驱动器所带来的重复定位精度、操作空间、操作效率三方面的特征。由于操作尺度在微纳米级别,对重复定位精度的要求极高[8]。同时,受现有驱动模式的约束,大行程与高精度操作很难兼顾,如何在两者之间取得平衡是选择驱动方式的重要指标。因此,宏观下常用的液压、普通电机等驱动方式集成度有限、重复定位精度与操作精度有限,在微纳尺度下已不再适用。常用的微纳操作机器人系统多以压电陶瓷、静电激励等作为基本的驱动模式,并以通过建立非结构液相环境下的物理模型,来实现微纳目标位姿控制。

针对微纳操作空间有限、易受干扰等环境因素,在选择传感器时应重点考虑高集成度、高敏感性、高鲁棒性的传感模式。然而,受目前 MEMS、NEMS 加工工艺限制,现有的传感器很难做到纳米尺度,微纳操作机器人大多以视觉、力觉作为基本的传感反馈信息。视觉是显微操作中最直观的反馈信息,因此微纳操作大多在显微镜观测条件下开展。显微观测信息可直接作为反馈信息,以图像形式回传给机器人系统以获取操作目标与操作器本身的三维实时位置，为生物微纳操作的自动化与智能化提供了必要的技术支撑。微纳机器人机械操作过程中不可避免地会发生操作器与操作目标的物理接触与形变，通过与应变原理结合即可在操作器上固定力传感器，实现操作过程中的实时力反馈。然而，由于微纳操作器末端尺寸极小，且易在操作中被污染或损坏。因此，在操作器末端搭载的力传感器易损且大多仅能采集一个维度上的力变化。如何在有限空间内实现六维力实时传感，仍是未来微纳尺度力传感反馈需要解决的难题。

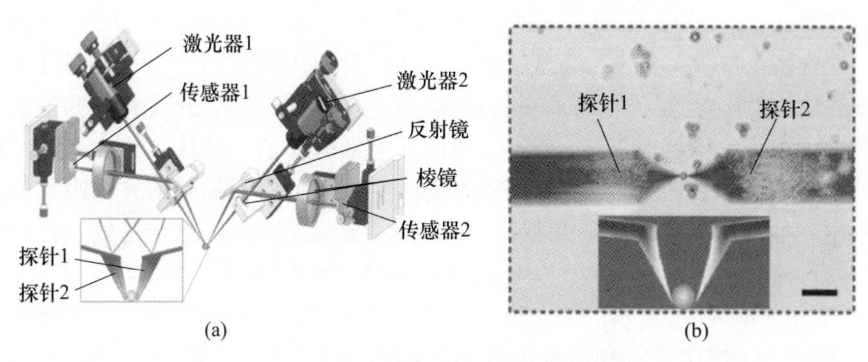

图 4.4　具有驱动、传感与控制的协同微操作机器人系统

微纳尺度下的生物操作大多发生在非结构液相环境下，该环境具有的特点包括尺度效应、高黏性低雷诺系数、布朗运动等。因此，微纳生物操作的控制策略与宏观尺度下截然不同。图 4.5 展示了单细胞注射这一生物微操作的基本控制流程[9]。其建模难点主要集中在非线性、动态、随机、不可预测、反馈信息有限等方面。由于缺乏微纳尺度下的环境物理参数，难以对被控目标建立精确的物理模型。控制难点不再是算法设计，而是如何精确描述非常态化的物理现象。只有从驱动、传感、控制三个方面综合考虑微纳尺度环境的特殊性，才能够设计出兼顾高精度、稳定性与有效操作空间的微纳机械操作机器人系统。

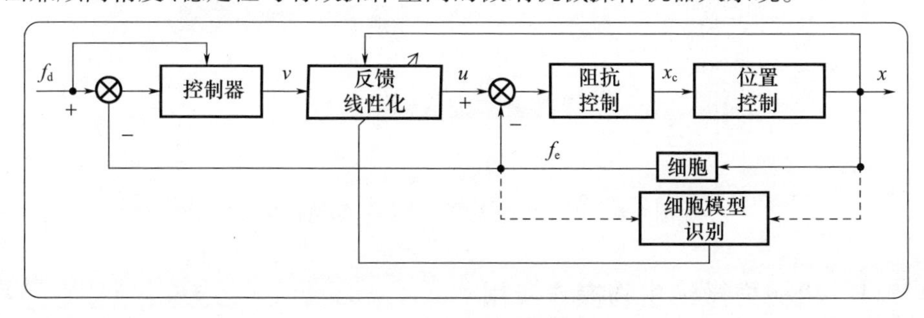

图 4.5　单细胞注射基本力控制流程

4.1.3 微纳机械操作末端执行器

微移液器、原子力显微镜(AFM)探针和微夹钳是三种具有代表性的末端执行器,具有不同的特征且同时被广泛地应用于执行不同场景下的生物微操作任务。与AFM探针和微移液器等单端末端执行器相比,微夹钳大多是基于MEMS(微机电系统)的微工具,且至少提供两个末端来抓取和移动目标,这为生物微操作提供了更大的可控性和灵活性[10]。对受控目标的操纵位点以及力的精度可以通过设计创新的机械结构或采用性能优越的控制器来实现以及优化。面对微夹钳体积较大且其末端总是受限于二维分布的问题,可将一个120°手指分布的微夹钳通过双光子聚合技术打印在光纤的端面。如图4.6(a)所示,该微夹钳中集成了基于光学干涉测量的力传感器,光信号通过传感器反射携带了相关的力学信息,并通过光纤传输最终传递给接收模块,实现力和位置信息的反馈。微移液器大多由气动或液压泵产生的负压提供动力,能够以破坏性较小且易于控制的方式吸取及移动细胞。抽吸过程可以通过控制器进行动态控制,以确保细胞在运输过程中保持在微移液器中的恒定位置。为解决微移液管刚度较大导致的力反馈不灵敏、易损伤细胞等问题,哈尔滨工业大学的谢晖教授等[11]基于悬臂微量移液管探针(CMP)系统提出了一种精确力控制的细胞运输方法。如图4.6(b)所示,在这个微纳机器人系统中,通过测量频移可以检测尖端和细胞之间的相互作用力,且分辨率能够保持在皮牛级别。这样在提供足够的操纵力以运输细胞的同时,能够保证对细胞的损伤最小。AFM探头在测量和控制操纵力和位置方面作用明显。具有中空微流体通道的悬臂梁因其能够提供可控的流体回路的特点[12]成为未来的研究趋势,如图4.6(c)所示。中空微流体通道的悬臂梁显著拓宽了AFM探针的能力和应用场景,能够完成诸如细胞分离和提取等操作[13]。

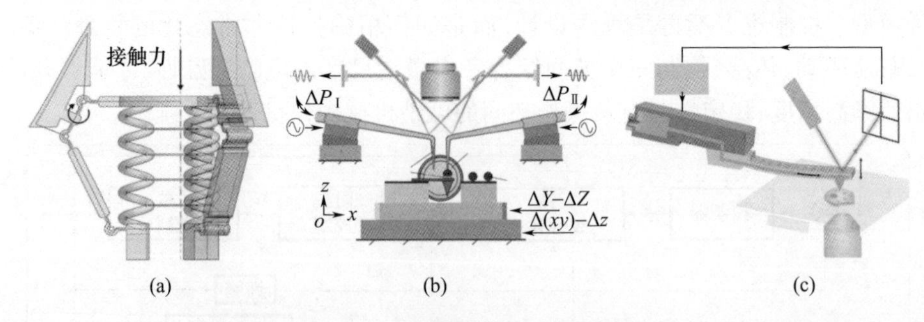

图4.6　用于机械微纳操作的末端执行器

4.1.4 机械力微纳生物操作应用

在生物医学工程的诸多任务中,基于机械力的微纳操作机器人主要用于实

现单细胞操作与特性分析。通过细胞拾取、移动、挤压、切割、注射等实现对单细胞在原位环境下的黏附力、表面硬度、弹性模量等机械参数的抽取，或外界机械刺激下的细胞生理学特性变化分析、药理学特性分析等。

如图4.7所示，福田敏男教授团队搭建了一套基于机械力操作的纳米机器人系统[14]。环境扫描电子显微镜在纳米尺度下提供了湿环境，为生物细胞活性的保持和原位观测创造了基本的条件。纳米操作机器人系统由两个协同的且具有平移和旋转自由度的操作平台构成，以实现纳米级别的定位精度。操作平台中间提供的冷却台（cooling stage）通过实时控制表面温度，保证了液相环境的存在。操作平台前端集成了用于不同操作的纳米操作器，包括纳米刀、纳米探针等，以实现对单细胞在原位环境下的切割、推动、分离等操作[15]。

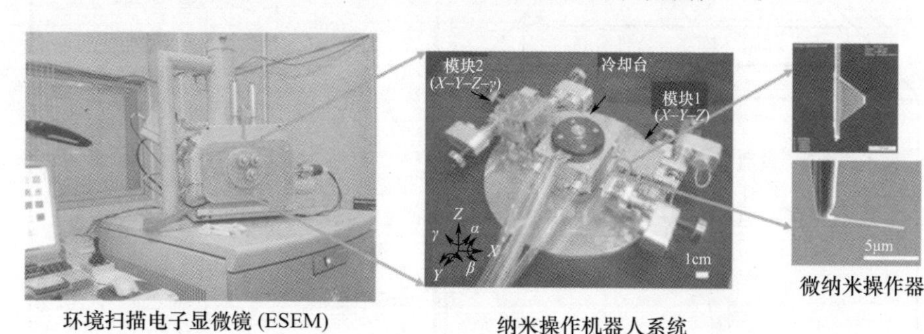

图4.7　基于环境扫描电子显微镜的微纳操作机器人系统

如图4.8所示，为了实现纳米尺度下对单细胞的原位操作与参数抽取，细胞被放置于冷却台上并在电子显微镜下进行观测。通过在纳米操作平台前端固定不同功能的操作器，即可实现不同的操作目标。其基本原理是基于纳米压痕无损操作，即当纳米尺度下的操作器与细胞局部发生接触时，由于该尺度下的操作器刚度较低，挤压过程中操作器自身发生形变，而不会对细胞本身造成破坏。操作器被视为纳米尺度下的悬臂梁结构，其受力形变可使用基本力学体系分析。由此，通过观测计算实时形变量，即可计算出单细胞局部受到的机械力大小。由于细胞存活于原位液相环境下，当操作器推动细胞产生形变时，即可由形变推算出细胞表面的黏附特性。同样的，当使用操作器分离两个相互黏附的细胞而发生形变时，即可推算出细胞间的相互黏附作用力。假设通过纳米探针对细胞局部进行挤压时，通过探针形变即可推算出细胞局部的硬度与弹性模量。由于细胞本身的物理参数与其生物学特性息息相关，如正常细胞与癌细胞的表面硬度与黏附特性就有极大的差别。因此，通过微纳机器人对单细胞的操作，即可对细胞建立无标记的生物标签，未来可实现对细胞的分类识别与筛选，对细胞增殖、分裂、癌化等基础生物学研究意义重大。

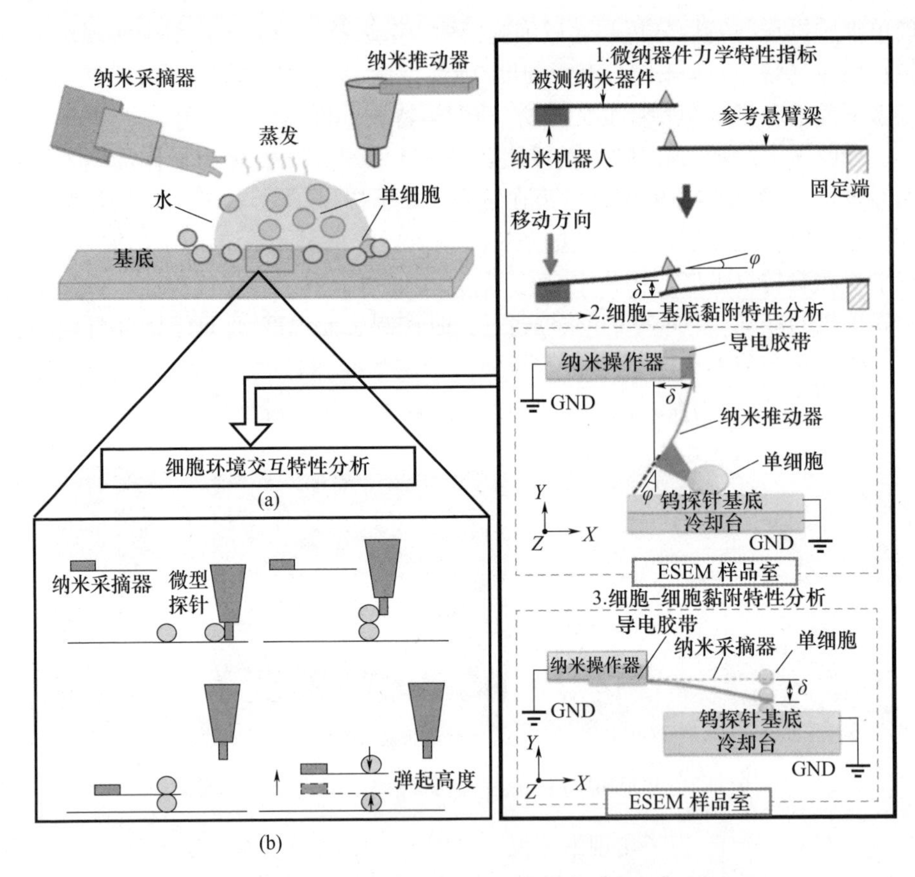

图 4.8　基于环境扫描电子显微镜的微纳操作机器人系统

如图 4.9 所示,当使用机械接触式的微操作机器人系统完成细胞微操作任务时,一个无法忽视的问题是如何在物理黏附存在的情况下精准地释放细胞。被动释放方法主要通过降低目标物体和微工具之间的界面断裂的条件来实现目标的释放,例如,利用镀金基材上的滚动阻力来抵消黏附力[16]、调节 pH 值以降低黏附力[17]、通过分配液体微滴来控制惯性力值以克服黏附力[18]等。与此同时,振动、推力和基于真空的压力是三种常用的主动释放方法,对末端执行器和基底的表面特性没有苛刻的要求。与被动释放相比,主动释放在可控性和效率方面具有更好的性能和潜力,有助于实现细胞及其他微目标的自动化释放。除细胞位置的相对变化外,机器人化的微操作系统对细胞姿态的调节能力将为细胞显微操作提供更丰富的可能性。细胞旋转任务需要多个末端执行器的协作,或通过基板和微型工具的相对运动来完成。为了实现转动角度更大、精度更高的细胞旋转微操作,中国科学院深圳先进技术研究院的徐添添等人基于两种双探针协同操作策略,提出了一种前馈补偿控制方法来实现 2 轴旋转。

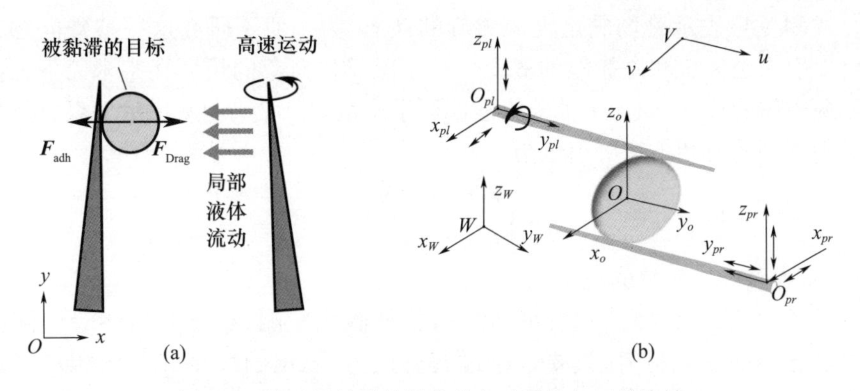

图 4.9　基于机械微纳操作的主动释放与三维旋转

4.2　磁驱动微纳操作

微纳机器人的一个重要的研究目标是制作尺寸在几纳米到几百微米之间的微小型机器人,微小型机器人在生物医疗、环境监测、微机电制造等领域都具有较高的应用前景[19]。由于微纳尺度下集成机器人各部件的难度较大,因此现今的微纳机器人往往将能源、控制、驱动等部件分离出去,通过光[20]、声[21]、磁[22]等非接触方式驱动机构,从而提高机器人的可实现性。其中,磁驱动方式具有作用力大、理论相对成熟、可实现三维驱动等优势,已逐步应用于主动式胶囊内窥镜治疗、载药式靶向治疗等临床问题[23]。然而相比于其他驱动方式,磁驱动微纳机器人的结构必须具有导磁性,这对微加工技术提出了特殊要求,已成为微纳机器人研究的一大关键技术问题[24]。本节整理了现有微纳磁操作的研究成果,介绍了磁驱动理论发展以及现有的微机器人制造和控制技术,并总结分析了磁驱动微纳机器人的发展趋势。

4.2.1　磁驱动原理

微纳机器人的磁驱动原理包括两个方面,一是如何利用磁场控制微纳机器人的运动,这也是本节介绍的重点,二是如何产生满足大小和分布需求的磁场,将在第 8 章中讨论。根据经典理论,无论是电磁场还是电磁场中的物体,都遵循麦克斯韦方程组。由方程组可知,磁场是典型的有旋无源场,其大小与路径有关,故不存在势能的概念。然而对于微纳磁操作系统,其工作空间内一般没有电流存在,因此磁场表达式可改写为

$$\begin{cases}\nabla \cdot \boldsymbol{B} = 0 \\ \nabla \times \boldsymbol{H} = 0\end{cases} \tag{4-4}$$

式(4-4)表示磁场满足无源无旋的性质,为了便于研究这一特殊问题,我们可以引入磁矢势和磁势能的概念。由于磁操作对象的尺寸在毫米以下,远小于场源磁体的尺寸,因此可抽象为磁偶极子。根据广义力与势能的关系,磁体在磁场中受到的力和力矩可表示为

$$\begin{cases}\boldsymbol{F}=(\boldsymbol{m}\cdot\nabla)\boldsymbol{B}\\ \boldsymbol{T}=\boldsymbol{m}\times\boldsymbol{B}\end{cases}\tag{4-5}$$

式中:m 为磁操作对象的磁矩。

对于软磁材料,磁矩的大小和方向受外磁场影响,稳态时最终趋于同向。对于已充磁的硬磁材料,只要未超过其矫顽力,磁矩的大小和方向相对固定。由式(4-5)知,磁体在磁场中受到的力矩与磁场分布有关,并且在稳定状态下力矩趋于零。磁体在磁场中受到的力与磁场梯度的分布有关,比如越靠近磁铁表面磁场梯度越大,与两磁体相互靠近最终相吸的常识符合。根据电磁场理论,电磁场中没有任意一点处于可以让物体仅受电磁力而静止不动的稳定状态。因此要直接控制磁体在磁场中的位置,必须采用精度较高的闭环控制。对于现今的微观研究,其操作环境多为液相,且微纳尺度下的操作一般对应很低的雷诺数。在一个高黏度、低速度的环境中,黏滞力的作用远大于惯性力,如要保持物体运动,必须源源不断地提供驱动力。因此微观操作中,当驱动力足够大时,磁体可缓慢地定向运动,当驱动力小于黏滞力时,磁体随即不再运动。

4.2.2 磁驱动微纳操作机器人系统

在磁场产生方面,场源系统按材料可分为永磁体和电磁铁,其中电磁铁包括气芯式和铁芯式。永磁体产生的磁场较强,但大小难以改变,电磁铁的磁场大小与线圈电流成正比,因此易于控制。电磁铁场源按分布方式可分为匀强磁场、匀强梯度磁场和混合场,其代表分别为亥姆霍兹线圈、麦克斯韦线圈以及多极电磁铁系统[25]。前两者控制较为简单,但都属于气芯式电磁铁,磁力有限。现今多采用多级电磁铁系统,其磁场分布一般不均匀,但通过复杂解算,可实现最多5个自由度的运动[26]。缺少的自由度是由磁场特性决定的,对于同质磁体,磁化轴方向永远不会受到磁力矩的作用,因而无法控制该方向的旋转。常见的多极电磁铁系统按照维度分为平面式和立体式,按极数分为四极、六极、八极甚至是十二极[27]。一般而言,磁铁极数不少于控制自由度个数。在自由度数量相同情况下,极数越多,磁场分布越平滑,控制性能越好。多轴亥姆霍兹线圈如图4.10所示。图4.11和图4.12分别展示了几种常见的电磁铁分布形式和现有的多极电磁铁系统。

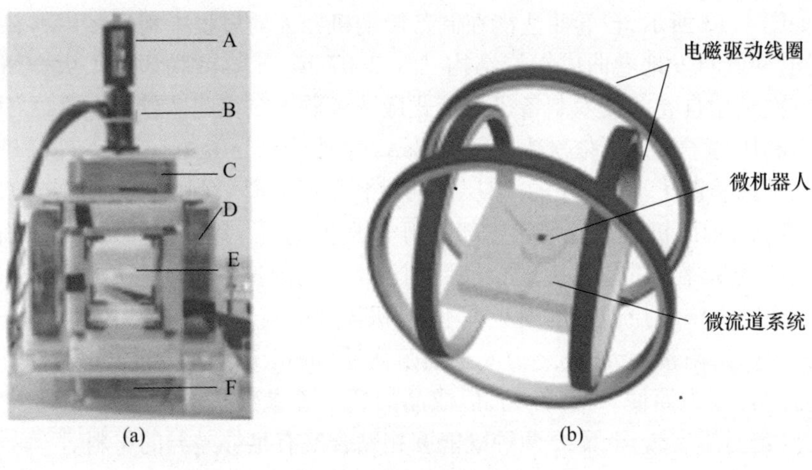

图 4.10　亥姆霍兹线圈
(a)两轴;(b)三轴。

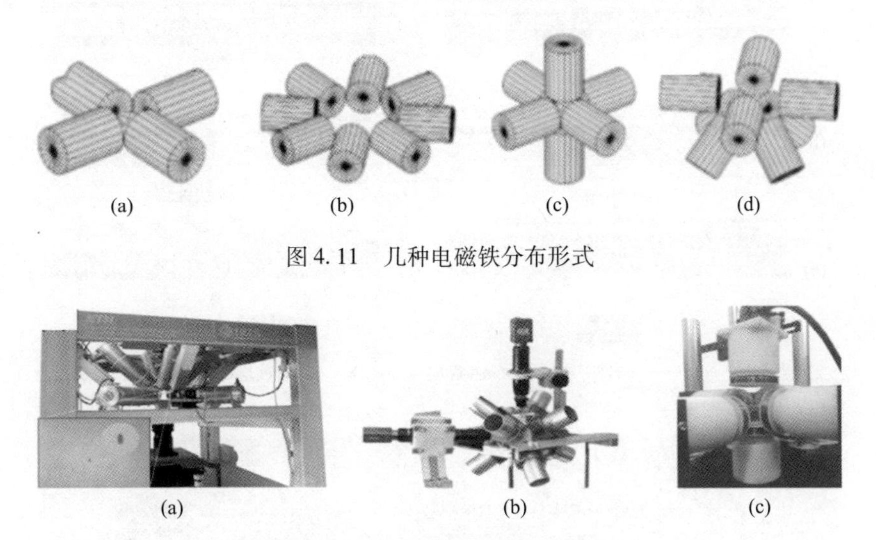

图 4.11　几种电磁铁分布形式

图 4.12　几种现有的多极电磁铁系统

4.2.3　磁驱动生物微纳操作机器人制备

磁驱动生物微纳操作在生物组装、微创手术、主动式胶囊内窥镜、载药式靶向治疗等领域有重要应用。亥姆霍兹线圈和匀强磁场主要控制的是机器人旋转运动。为了实现机器人的前进,必须通过一定的机构转化。最直接的手段便是采用螺旋状结构,利用其旋转产生的推力使机器人前后运动。螺旋式微纳机器人的制作方法主要有自卷曲(rolled - up)、掠射角沉积(glancing angle deposition,GLAD)、激光直写(directlaser writing)、模板辅助(template - assisted)等。

如图 4.13 所示,自卷曲法能在制备微纳机器人的过程中利用多层材料的性能不同,使其自发地卷曲成螺旋结构[28]。2007 年,苏黎世联邦理工大学 Nelson 团队首次利用自卷曲技术制备了螺旋式微纳机器人。该团队首先在 GaAs(001)基底上利用分子束外延依次生长了 AlGaAs 牺牲层和 InGaAs/GaAs 双层薄膜,又利用电子束蒸镀了 15nm 厚的 Cr 层。随后利用反应离子刻蚀除去多余的 Cr/InGaAs/GaAs,形成机器人的带状尾部。用电子束蒸镀和剥离工艺沉积了部分 Cr/Ni/Au,作为机器人的软磁头部。最后利用 HF 刻蚀掉牺牲层释放尾部结构,由于 InGaAs/GaAs 双层薄膜的内应力不同,机器人会自行地卷曲成螺旋状[29]。因该结构形似细菌鞭毛,故称之为人工细菌鞭毛(artificial bacterial flagella)。该方法制备过程较为简便,可行性高,但成品的螺距等参数基于材料特性限制,很难更改,且选材难度较高,需要两种既能互相贴合又有足够差异的材料[30]。

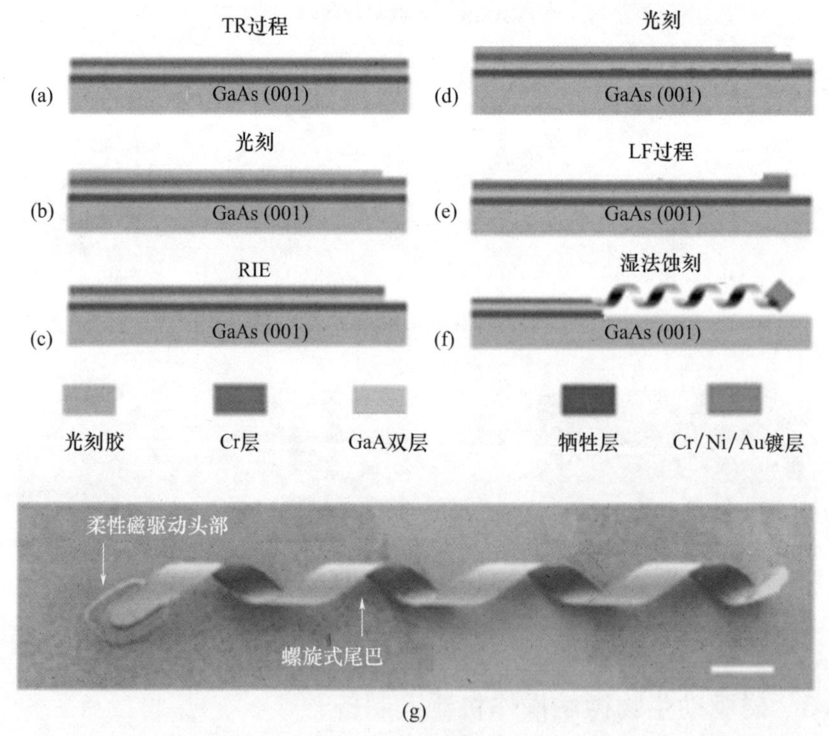

图 4.13　自卷曲法

如图 4.14 所示,掠射角沉积技术是指蒸汽源与基底沿一定角度放置,利用影蔽效应等实现定向生长,通过控制基底的运动,可形成特定形状的微纳结构[31]。2009 年,Ghosh 等利用 GLAD 技术实现了螺旋微纳结构的批量制造。该方法在硅片表面紧密排列大量硅珠,通过电子束蒸发在硅珠上定向生长 SiO_2,同时旋转硅片,从而产生螺旋状的结构。通过蒸发镀膜方式在表面镀有 Co 层,随后沿轴向充磁为永磁体[32]。该方法具有批量制造、形状可控性强等优点，具有较大的应用潜力。但其操作复杂，控制难度较大，对设备和人员的需求均较高。

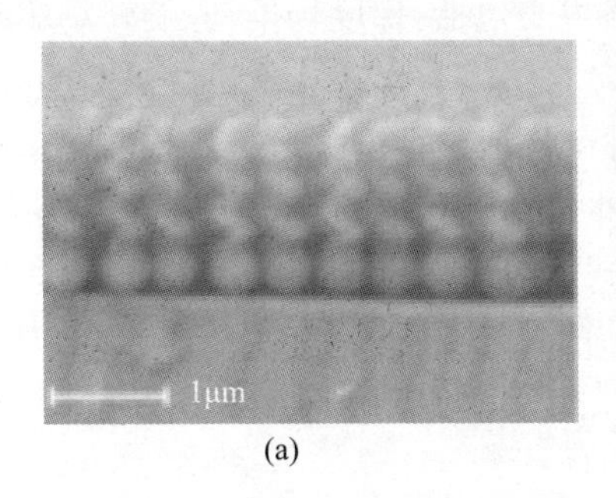

(a)

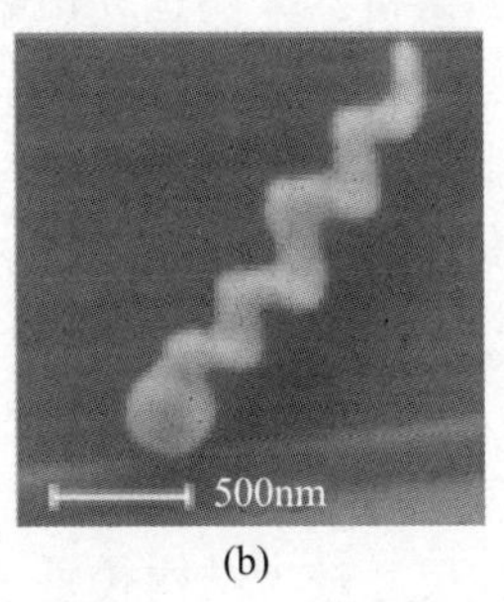

(b)

图 4.14　掠射角沉积

如图 4.15 所示，激光直写技术可以利用光刻胶的感光特性，通过控制激光束的路径，从而形成任意形状的结构[33]。2012 年，Tottori 等基于激光直写技术和电子束蒸镀制作出了磁性螺旋结构。该研究在玻璃基板上涂布有一定的负光刻胶，通过高精密平移台移动玻璃基板，从而改变激光焦点在透明负胶中的三维相对坐标。被激光照射的位置发生双光子聚合，形成与激光轨迹相同的螺旋状固化结构。由于该结构没有任何磁性，因此需要在整个螺旋结构表面通过电子束蒸镀 Ni/Ti 层[34]。基于激光直写技术，其他学者有不同的磁化处理方法。Suter 等采用混有 Fe_3O_4 磁性纳米颗粒的 SU8 负光刻胶聚合物作为激光直写材料，一次直写成型后无须二次镀膜处理[35]。此外，也有研究者直接在 CoNi 软磁头部上进行激光直写[36]。

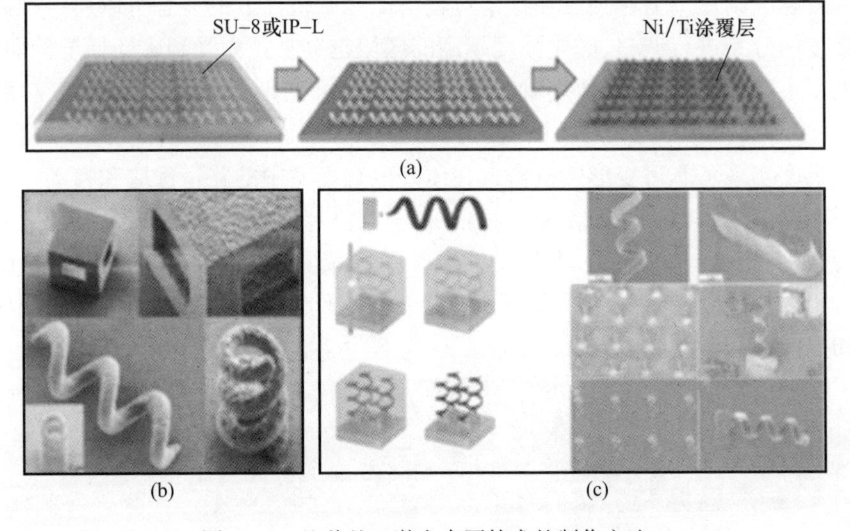

(a)

(b)　(c)

图 4.15　几种基于激光直写技术的制作方法

4.2.4 磁驱动生物微纳操作机器人运动控制

目前磁驱微机器人的运动策略主要包括:梯度场推动、旋转场驱动螺旋形微机器人旋进、震荡柔性部件往复运动推进等。震荡场推进的磁驱动方式中,往往需要柔性的微机器人或者存在柔性部件或柔性连接。磁场方向在垂直于一个基准平面的方向往复变化,从而通过推动液体向垂直于基准平面的一个方向运动。Metin Sitti 等人通过逐层加工的方式制造出仿水母机器人,该机器人可以通过震荡场驱动推水的方式向上游动,并证明震荡场驱动的有效性,如图 4.16 所示[37]。但震荡场驱动对机器人的结构设计和材料限制较多,所以该驱动模式下的机器人往往尺寸较大结构较复杂。

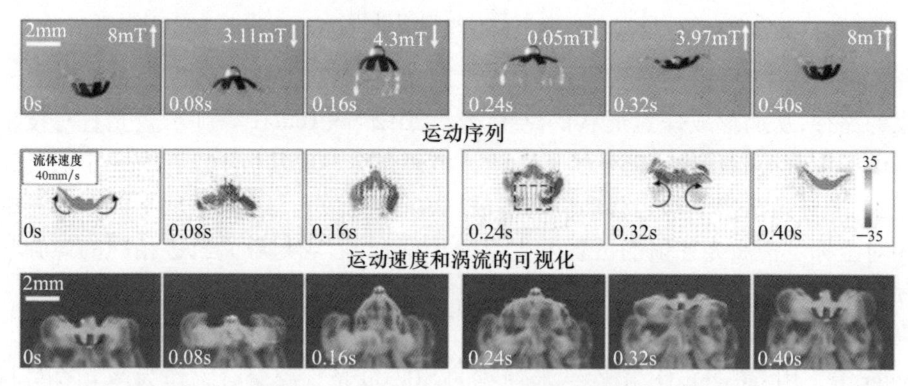

图 4.16 仿水母机器人在震荡场下游动

梯度场推动的磁驱动方式中,磁性微机器人会沿着磁场梯度大的方向移动且梯度越大则作用力越强。在这个过程中磁性微机器人的姿态可以通过控制磁化强度的分布进行调整,磁化强度越高的区域越容易首先受到磁场梯度的驱动。香港城市大学孙东教授利用梯度场实现了非可变形微机器人在动态黏度为 0.12 ~ 0.37mPa · s 的斑马鱼体内的移动(图 4.17)[38]。Bradley J. Nelson 等通过磁场梯度实现了非可变形微机器人在体外鼠脑模型中的路径选取和移动。尽管在磁场梯度驱动微机器人方面,国内外科学家已经取得了很大进步,但是一方面随着微机器人尺寸的缩小,本身磁性也会随之减弱。另一方面微机器人与磁源相对距离的增大导致磁场梯度与微机器人间的作用力进一步减弱,从而造成磁驱动的效率和精度急剧降低。

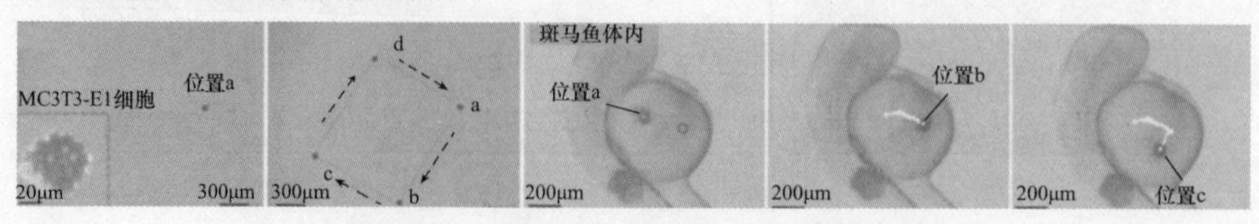

图 4.17 微机器人在斑马鱼体内移动

旋转场驱动螺旋形微机器人旋进的方式中,螺旋结构的微机器人会沿着垂直于旋转平面的方向旋进,其旋进速度与旋转频率成正比直至达到失步频率。苏黎世联邦理工大学通过掩模光刻的方法加工出仿细菌微机器人,并实现了其在旋转场下旋进的推进方式(图 4.18)[39]。加州大学 Joseph Wang 等通过头尾柔性连接的方式,利用带有镍纳米颗粒头部的旋进动作带动整体微机器人的运动[40]。以上研究证明了旋进式磁驱动方式的有效性,但由于微机器人在运动过程中始终处于旋转状态,因此很难对微机器人进行姿态调整。以上的磁控驱动方式往往只应用了一种磁场,本文将融合多种电磁场和离子协同控制,在不同物理场的同时作用下,在实现微机器人精确运动的同时,还能兼顾自身的形变控制,为自形变微机器人的控制和设计提供了全新的思路和方法。

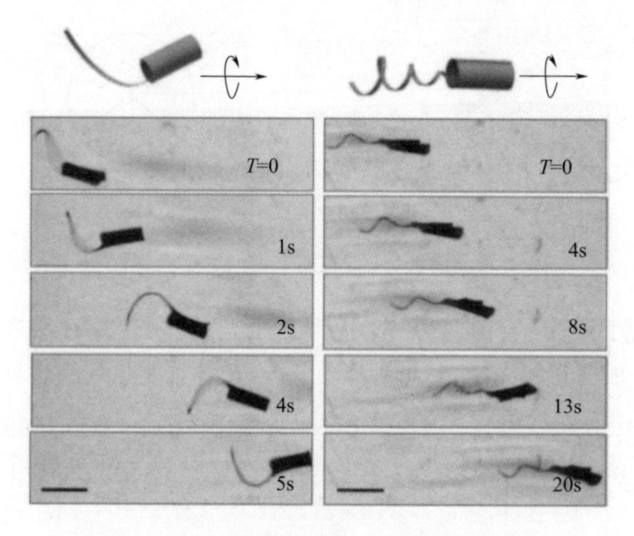

图 4.18　仿细菌微机器人在旋转场下旋进

4.3　光驱动微纳操作

光作为一种电磁波,本身具有动量和能量。如太阳对地球表面物体的光辐射压约为 $5\times10^{-5}\mathrm{N/m^2}$,且光的照射会对物体产生力的作用。激光器的出现,使得小区域内的高强度光和驱动力成为可能。利用汇聚激光束照射物体从而实现粒子捕获和移动的技术称为光镊(OT)[41]。光镊技术具有非接触、损伤小、精度高、环境要求低等优点,因而成为生物微纳操作中常用的一种技术手段[42]。

4.3.1 光镊原理

当光束照射在物体表面时，一部分会反射，另一部分会进入物体发生折射。反射和折射使得物体受到沿光照射方向的作用力，即为散射力。对于受汇聚光束照射的粒子，由于光强的非均匀性，粒子不同位置受力不同，从而产生使粒子趋于焦点的作用力，即为梯度力。由于梯度力和散射力的共同作用，使得粒子被限制在光束焦点靠下的位置，如图 4.19 所示。光镊的本质是利用光阱定位粒子，通过移动光束来移动粒子。

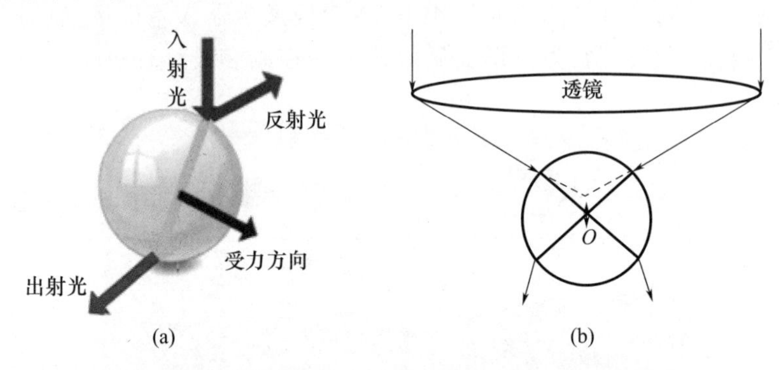

图 4.19 散射力(a)和梯度力的产生原理(b)

常见细胞的直径在 10 ~ 20μm，远大于激光的波长(几百纳米)，符合米氏(Mie)模型。根据几何光学，球形粒子在单光束照射下受到的梯度力和散射力分别为

$$
\begin{aligned}
\boldsymbol{F}_{\text{grad}} &= \frac{n_{\text{m}}p}{c}\left\{-R\cos 2\theta_1 + \frac{T^2[\sin(2\theta_1 - 2\theta_2) + R\sin 2\theta_1]}{1 + R^2 + 2R\cos 2\theta_2}\right\} \\
\boldsymbol{F}_{\text{scat}} &= \frac{n_{\text{m}}p}{c}\left\{1 + \cos 2\theta_1 - \frac{T^2[\sin(2\theta_1 - 2\theta_2) + R\sin 2\theta_1]}{1 + R^2 + 2R\cos 2\theta_2}\right\}
\end{aligned}
\tag{4-6}
$$

式中：n_{m} 是介质的折射率；P 是激光光束的功率；c 是光速；R 是光束的反射率；T 是光束的投射率；θ_1 是光束的入射角；θ_2 是光束入射到粒子的折射角。

因此，光镊要实现粒子捕获，需要满足以下几个条件。一是微观粒子和介质要具有一定的透光性。如果介质透光性太差，将难以被光束穿透照射到微观粒子以产生足够的驱动力。如果粒子对光的反射率较高，则会产生较大的散射力，难以利用梯度力捕获移动粒子。二是微观粒子与介质要有一定的折射率之差。如果微观粒子与介质折射率相同，光由介质进入粒子时不会发生折射，也不会产生作用力。三是激光要具有足够的功率和梯度。激光的功率和梯度直接影响作用力的大小，所以一般采用透镜来汇聚激光束。

4.3.2　光镊微纳操作系统

如图 4.20 所示,经典的光镊系统主要由激光源、中间镜组、载物台、显微成像等装置组成。激光源提供高强度的激光,是驱动力的能量来源。中间镜组除了传递光路外,还需汇聚激光束,一般使用高数值孔径的透镜来得到较强的光束和较大的梯度。载物台和显微成像部分与常见倒置显微镜的构造原理相通,因此可将二者系统相结合,得到光镊显微镜系统。

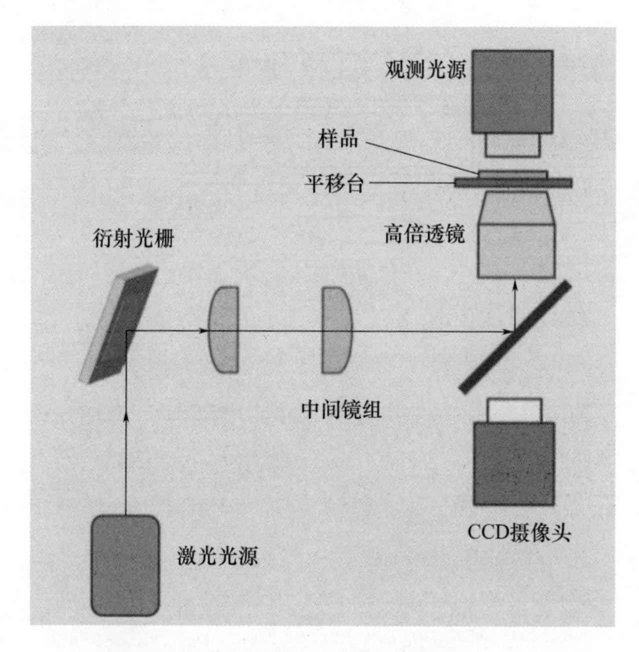

图 4.20　光镊系统原理图

4.3.3　光镊生物微纳操作

1986 年,贝尔实验室的 Ashkin 首次验证了光梯度力势阱的原理,随后进行了单细胞的捕获操作(图 4.21),从此开启了光镊技术在生物微纳操作中的研究与应用[43]。

光镊最基本的应用是捕获与移动粒子。香港城市大学的孙东团队利用光镊系统实现了细胞的运输和有序排列(图 4.22)。该方法通过可快速搜索随机树的视觉算法得到无碰撞轨迹,用光镊直接操作细胞,使其沿规划路径移动。该方法具有较高的运送效率,并且可以采用多个光镊同时操作多个细胞,体现了光镊操作的优势和可行性[44]。

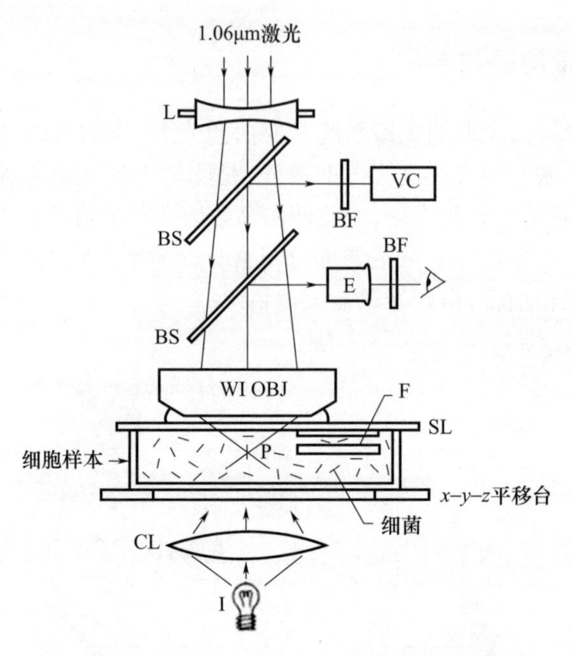

图 4. 21　Ashkin 的光镊系统原理图

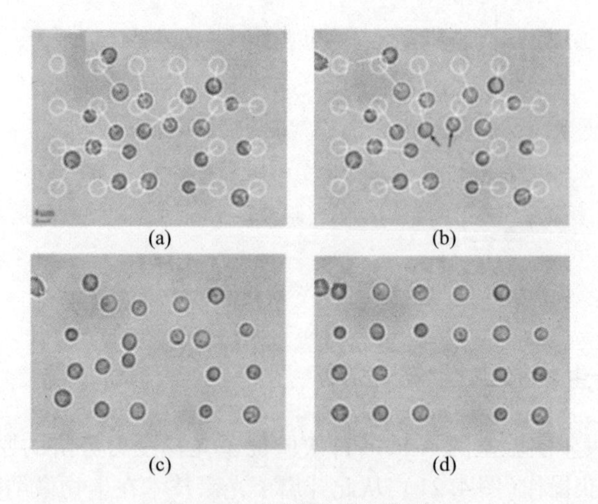

图 4. 22　细胞的有序排列

直接利用光镊束缚并移动粒子是最简单的操作方式之一,但是高强度的激光照射对细胞有不同程度的损伤。所以一种方案是利用可与细胞黏附的微小粒子作为操作对象,进而间接操作细胞等微观生物结构。名古屋大学的 Maruyama 等利用含有螺吡喃的聚乙二醇水凝胶作为光镊操作的中间物体[45]。聚乙二醇(PEG)是一种紫外光交联材料,在制备过程中,PEG 在紫外光照射下固化成水凝

胶。螺吡喃是一种光致变色材料,并且其对不同状态下的细胞黏附性不同。在操作过程中,若采用紫外光照射,细胞可黏附在水凝胶上,若采用可见光照射,细胞则与水凝胶分离。如图4.23所示,通过光镊操作水凝胶,便可移动其黏附的细胞。

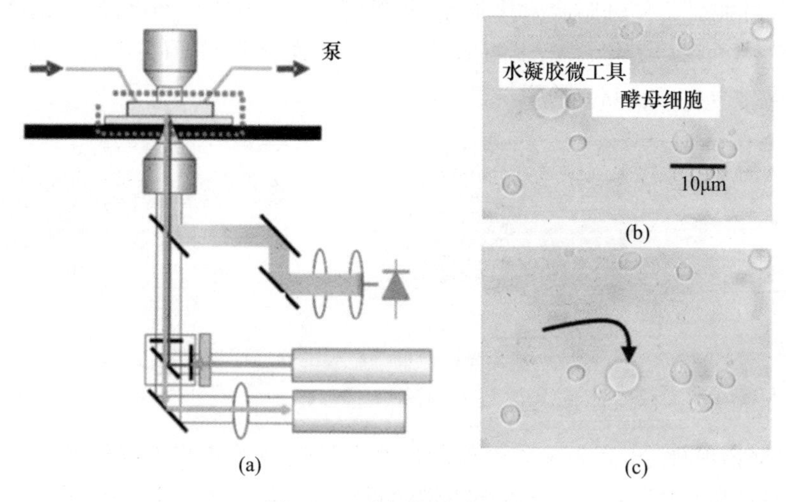

图4.23　光镊操作水凝胶
(a)系统示意图;(b)移动前;(c)移动后。

然而使具有黏附性的中间物体到达目标位置后,由于表面张力等作用的存在,中间物体普遍难以释放细胞。因此,另一种解决方案是利用多光镊操作多个非黏性中间物体,像钳子一样去夹持目标物体,从而实现微纳移动和操作。马里兰大学的Chowdhury等开发了一种多光镊微钳技术,采用多光镊控制多个无黏性的球珠,通过多点夹持方式运送酵母细胞[46]。如图4.24所示,该方法在夹持稳定性和释放可靠性等方面具有极大的优势。

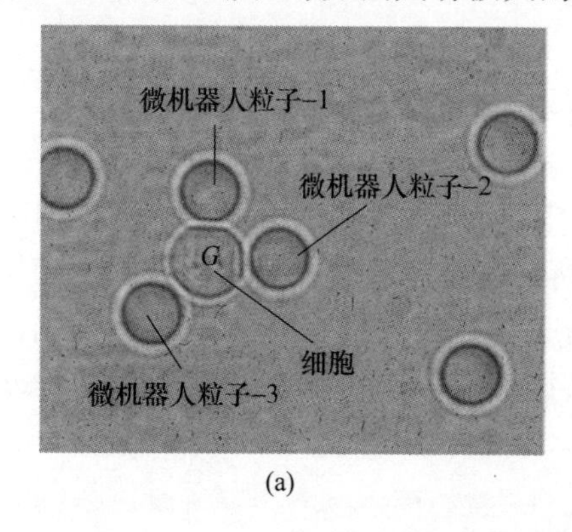

(a)

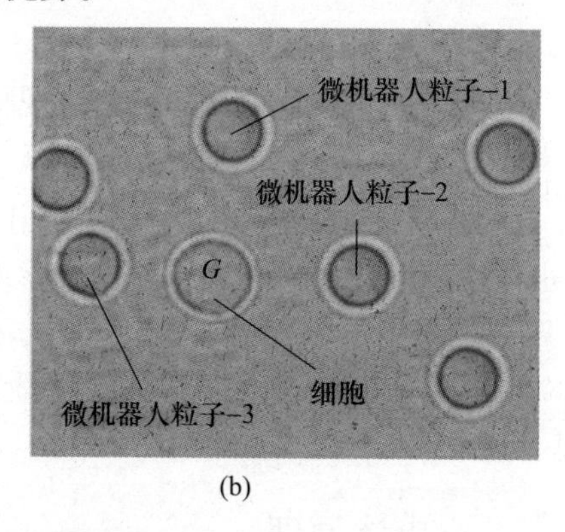

(b)

图4.24　多光镊微钳技术
(a)夹持;(b)释放。

由于光镊可以提供标准大小的作用力,因而可被用于细胞的黏弹性测量。1999 年,Hénon 等利用光镊系统测量了红细胞膜的弹性模量。为了便于施加作用力,该研究在红细胞溶液中加入硅珠。如图 4.25 所示,通过光镊拉动黏附在细胞两端的硅珠,使细胞膜发生形变,根据线弹性模型计算出约为 2.5μN/m 的弹性模量[47]。2007 年,Bareil 等则直接将双光束势阱作用在细胞两端进行拉伸,测得约为 6.67μN/m 的弹性模量[48]。

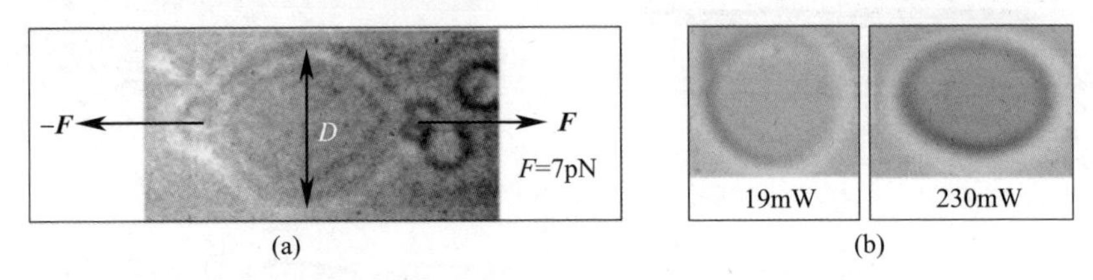

图 4.25 基于光镊拉伸细胞膜的弹性模量测量

(a)间接;(b)直接。

根据衍射理论,激光束经汇聚后的光斑的最小尺寸约为波长的一半,因此传统光镊难以捕获尺寸小于衍射极限的粒子。为了解决这一问题,近场光镊技术被用于超衍射极限的微纳操作[49]。近场光镊所用的隐失场在界面附近随距离急剧衰减,因而可产生很强的梯度力用于近场捕获。按实现方式来划分,近场光镊可分为棱镜全反射式、金属探针式、纳米孔径式、聚焦光束式、微纳光纤式等不同类型[50]。此外,为解决分辨率问题还产生了表面等离激元光镊技术。表面等离激元是指金属表面自由电子与入射光子耦合振荡形成的电磁波,其波长小于入射光波长,因而可以突破衍射极限,目前已取得一定的研究成果[51]。

4.4 电场驱动微纳操作

电场很早便被使用于生物微纳操作中,如研究者利用电泳技术进行细胞分离,也可根据电性变化引起的分离来诊断细胞有无病变。介电泳被发现后便逐渐用于微纳操作中。相比于光镊,介电泳对操作对象具有更大的作用力;相比于磁驱动,介电泳不要求操作对象有磁性,因而其成为一种常用的非接触式操作方法[52]。

4.4.1 介电泳原理

电介质在电场中由于极化作用,沿电场方向会产生感应电荷。如果电场是

非匀强场,电介质会受到介电力的作用,并向着或远离电荷密集的区域移动,这种现象称为介电泳(DEP)。根据赫伯特·波尔(Herbert Pohl)的计算模型[53],球形粒子受到的介电力为

$$\boldsymbol{F}_{\mathrm{DEP}}=2\pi r^3\varepsilon_{\mathrm{m}}\mathrm{Re}[K(\omega)]\nabla\boldsymbol{E}^2 \tag{4-7}$$

$$K(\omega)=\frac{\varepsilon_{\mathrm{p}}^*-\varepsilon_{\mathrm{m}}^*}{\varepsilon_{\mathrm{p}}^*+2\varepsilon_{\mathrm{m}}^*}\quad \varepsilon^*=\varepsilon-\mathrm{j}\frac{\sigma}{\omega}$$

式中:r 为粒子的半径;ε_{m} 为媒介的介电常数;$\boldsymbol{E}$ 为电场强度;$K(\omega)$ 为克劳修斯-莫索提(Clausisus - Mossotti)因子;Re 表示取实部;$\varepsilon_{\mathrm{p}}{}^*$ 和 $\varepsilon_{\mathrm{m}}{}^*$ 分别为粒子和媒介的复合介电常数,其中 ε 为介电常数,σ 为电导率,ω 为电场的角频率。

介电常数和电导率由粒子和媒介的特性决定,而系统控制的变量是电场的频率。当频率较低时,$K(\omega)$ 主要与电导率有关,当频率较高时,$K(\omega)$ 主要与介电常数有关。在频率变化的过程中,$\mathrm{Re}[K(\omega)]$ 的正负可能发生变化。当 $\mathrm{Re}[K(\omega)]>0$ 时,粒子朝场强梯度的最大方向移动,称为正介电泳(pDEP)。当 $\mathrm{Re}[K(\omega)]<0$ 时,粒子朝场强梯度的最小方向移动,称为负介电泳(nDEP)。当 $\mathrm{Re}[K(\omega)]=0$ 时,介电力恰好为0,此时对应的频率称为交叉频率(cross - over frequency)。不同物体具有不同的电学性质,因而具有不同的频率响应特性,通过调整频率即可分离不同的粒子。

除了传统介电力以外,相位的变化也可以产生介电泳,称为行波介电泳(traveling - wave dielectrophoresis, twDEP)[54]。行波介电泳的作用力可表示为

$$\boldsymbol{F}_{\mathrm{DEP}}=2\pi r^3\varepsilon_{\mathrm{m}}\mathrm{Im}[K(\omega)](\boldsymbol{E}_x^2\nabla\varphi_x+\boldsymbol{E}_y^2\nabla\varphi_y+\boldsymbol{E}_z^2\nabla\varphi_z) \tag{4-8}$$

将两种介电力合并,统一的介电力可表示为

$$\boldsymbol{F}_{\mathrm{DEP}}=2\pi r^3\varepsilon_{\mathrm{m}}\{\mathrm{Re}[K(\omega)]\nabla\boldsymbol{E}^2+\mathrm{Im}[K(\omega)]\sum\boldsymbol{E}^2\nabla\varphi\} \tag{4-9}$$

因此,介电泳可以通过非接触方式,实现对微观物体的捕获、移动、筛选、分离等操作,在细胞采集和测量、生物微纳组装等领域具有广泛的研究和应用价值。

由于电场的分布依赖于电极的形状和相对位置,在操作过程中难以灵活改变。为了解决这一问题,研究者将光电导材料与介电泳相结合,开发出光诱导介电泳技术。光诱导介电泳(ODEP)又称光电子镊(optoelectronic tweezers),是利用可控光路照射光电导材料形成虚拟电极,从而产生可控的非均匀电场,进而实现介电泳的操作[55]。光路图案可由投影设备或数字微镜器件实现可编程控制,从而能够在操作过程中实时改变电场分布,实现更为复杂的微纳操作,此项技术已在粒子的采集、运输、排列以及微纳组装等领域取得研究进展。

4.4.2 介电泳微纳操作机器人系统

介电泳系统的关键在于产生非均匀电场。我们知道两个平行极板之间的电场接近匀强电场。当把一个平行极板换成针状电极，便可得到最为简单的非均匀电场。如图4.26(a)所示，针状电极附近的场强远大于平板电极附近[56]。当电极通上交流电后，针状电极对粒子具有介电作用，可以捕获细胞等结构，通过移动针状电极，便可实现粒子随电极的移动。当改变交流电至某一频率范围后，针状电极不再对粒子有吸引力，从而释放粒子。该方法原理较为直观，可实现性强，但热损耗较大，且针端的密集电荷会对细胞产生较大的电损伤。

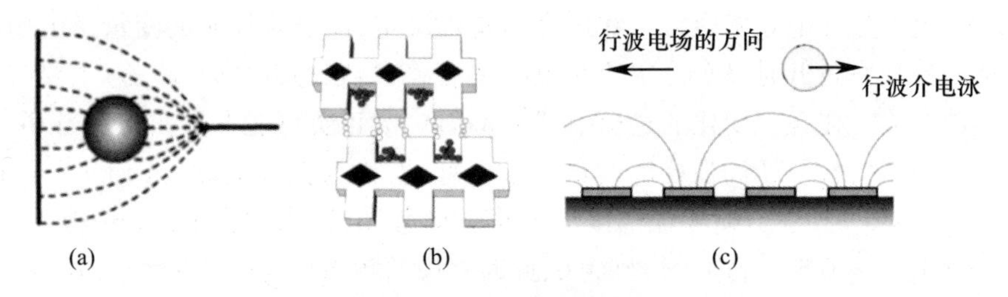

图4.26 介电泳系统种类

(a)平板针状电极；(b)交错电极；(c)行波介电泳装置。

图4.26(b)展示了一种交错电极，采用两组梳齿状电极错开角度排列的形式[57]。由于电荷会在曲率大部位的聚集，因此凸起部分的直角附近电场强度较大，而凹陷部分电场强度较小，从而形成非均匀电场。通过调整电流频率，便可实现对不同粒子的分离。该方法可实现性也较强，但由于分离的粒子交错堆积，后续分离难度较大，效果不太理想。除了传统介电泳方式外，还可采用行波介电泳实现粒子分离。在相邻电极上施加相位角差90°的交流电，产生非均匀电场[58]，如图4.26(c)所示。与传统介电泳不同的是，该电场沿水平方向的分布会发生周期性变化，从而实现粒子沿水平方向的驱动。

细胞的尺寸、电学特性等对介电泳力方向有很大的影响。研究人员通过实验和理论分析得到了两种甚至多种细胞的临界频率，一种基于介电泳微操作机器人系统的细胞图案化操作和模块化封装技术由此逐渐成熟[59]。如图4.27所示，台湾省清华大学的刘承贤教授及其团队设计了具有星状微电极阵列的微芯片，将3T3细胞和HepG2细胞沿电极的阵列依次捕获。当细胞排列完成后，通过水凝胶光固化进行封装，制造出具有模仿肝小叶放射状形貌的细胞微模块[60]。

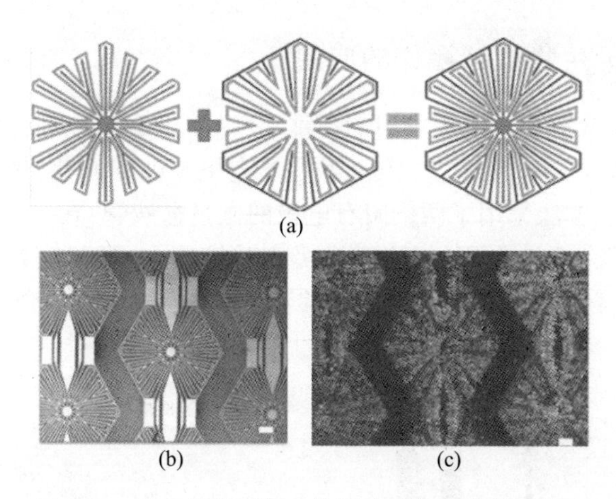

图 4.27　介电泳机制用于仿肝小叶细胞微模块制造
(a)细胞微团案化操作;(b)星状微电极阵列;(c)包含 3T3 细胞和 HepG2 细胞的细胞微模块共培养。

4.4.3　光诱导介电泳微纳操作机器人系统

光诱导介电泳系统的关键在于光控虚拟电极的建立。现有方法基本都采用相同的设计:在两块平板电极中的一块上镀有光电导涂层从而控制电场。如图 4.28 所示,平板电极一般采用表面含有氧化铟锡(ITO)导电图层的透明玻璃,同时保证导电性和透光性。在其中一块 ITO 玻璃表面上再镀上氢化非晶硅(α - Si:H)光电导层。α - Si:H 在光照和黑暗条件下的电导比可以达到上千倍。在没有强光照射时,α - Si:H 涂层电阻很大,承担了大部分电压,而极板间电场很弱。当有强光照射时,α - Si:H 涂层被照射到的区域电阻骤减,可与另一极板间产生较强电场。光路图案可由投影设备控制,通过改变软件上的图案形状,即可改变最终的电场分布,从而实现基于光诱导介电泳的微纳操作[61]。

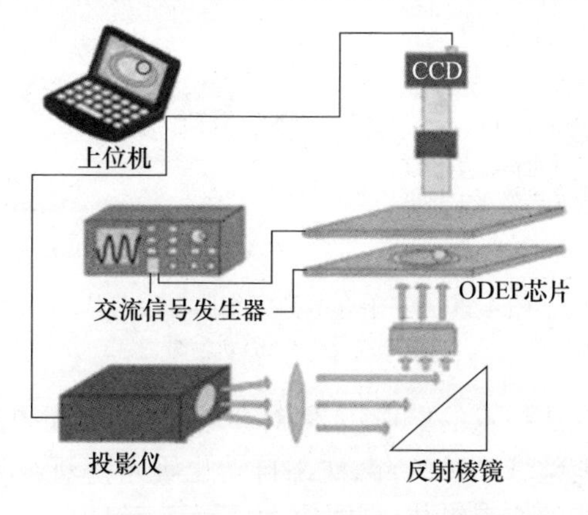

图 4.28　光诱导介电泳系统组成

4.4.4 介电泳生物微纳操作的应用

由于存在交叉频率和正负方向的特性,介电泳在粒子的捕获、移动和释放等操作中具有优势。2006 年,T. P. Hunt 利用光电镊子进行了单个细胞的定位和操作(图 4.29)。该方法采用了两侧附有电极的微量移液管,在尖端附近形成非均匀电场。由于正介电泳作用,细胞会被吸入移液管内,从而实现单个细胞的捕获、电穿孔以及显微注射等操作。由于移液管的隔离,细胞不会直接接触电极,因而受损较小,存活率较高[62]。

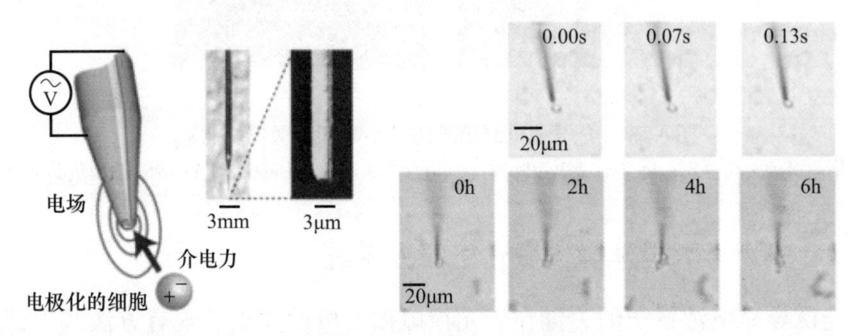

图 4.29 基于介电泳的细胞捕获

介电力是与材料介电和电导特性相关的作用力,在同一交变电场下,不同物体受到的介电力大小不同,甚至反向,因此常用来分离不同的粒子。2005 年,Cho Young - Ho 等制作了一种基于流体动力学和介电泳的连续细胞分离芯片(图 4.30)。分离芯片使用了三个平面电极来形成电场。其中一类细胞受到正介电泳作用,向两端运动并流出,另一类细胞受到负介电泳作用,沿中心线附近运动并流出。该芯片可实现细胞连续分离,且效率和精度较高[63]。

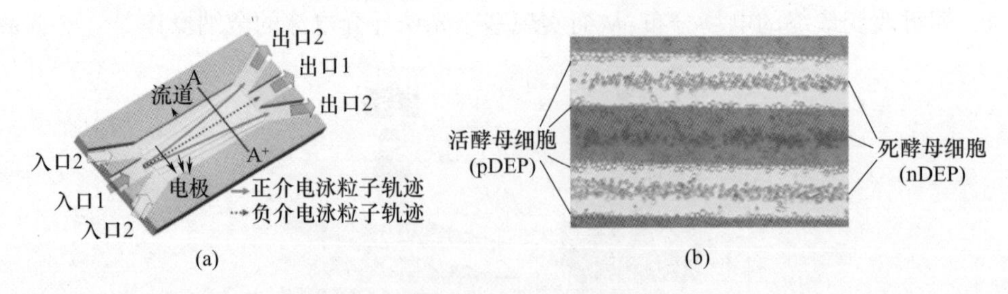

图 4.30 基于介电泳的细胞分离芯片

(a)结构示意图;(b)实物图。

随着光诱导介电泳技术的出现,人们对介电力的运用也更加灵活,逐步将其应用于生物微纳组装领域。2016 年,沈阳自动化研究所刘连庆团队借助光诱导介电泳实现了微结构的快速组装,如图 4.31 所示。该团队利用负介电泳形成推

力，因此光照射的区域如同一堵能量墙，不仅可以用来推动还可以用来包围限制微组装单元的运动。该方法在组装效率上具有极大的优势，适用于各种形状的微结构，具有较好的灵活性[64]。

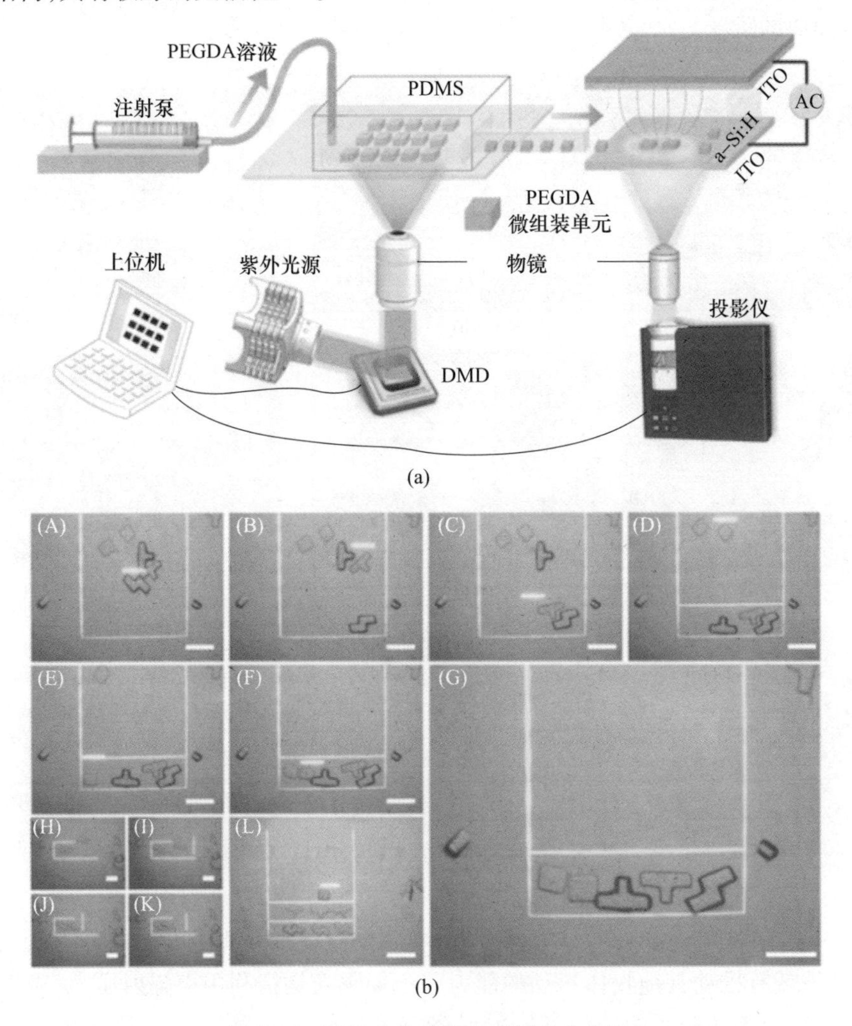

图 4.31　面向生物组装的光诱导介电泳

（a）系统示意图；（b）微组装实验。

即使对于相同的刚度而言，光致介电泳所需的光照强度相比于光镊而言已经下降了多个数量级，然而光电场耦合的刺激对细胞的损伤依然不可忽视。对此，光驱动微操作机器人作为一种无损的操作工具得到了研究人员的青睐。北京理工大学张帅龙教授提出了一种多功能基于光电镊驱动的微机器人，以齿轮形状为基本模式，可以完成众多诸如细胞捕获、运输、储存和释放等微操作任务，如图 4.32 所示。不仅如此,这种齿轮状微机器人还能为 RNA 序列分析和细胞增殖提供空间。仿齿轮状的形貌不仅在微机械装配和微流道控制方面具有很大的潜力,而且更能够提供强大的流体力配合纵向的介电泳力来驱动细胞完成三维空间内的跳跃。

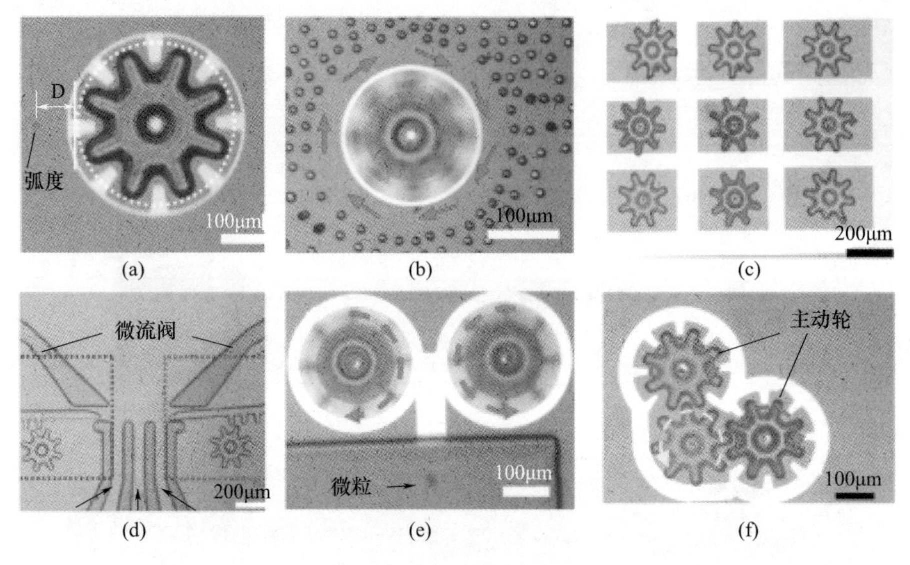

图 4.32　齿轮状微机器人

(a)光电镊驱动原理;(b)齿轮状微机器人旋转产生的微流体;(c)齿轮状微机器人编队;(d)齿轮状微机器人控制微流阀;(e)齿轮状微机器人驱动粒子三维跳跃;(f)微齿轮装配与传动。

4.5　声场驱动微纳操作

声波是由物体振动产生的。声波的本质是能量在介质中的传递。既然是能量,声波就有推动其他物体运动的能力。声场驱动是指利用声辐射压力、声表面波等作用使流体介质中的粒子位置或姿态发生变化的过程[65]。声波作为一种能在流体介质中传递和提供间接作用的形式,与微流道(microchannel)有很好的匹配,因而被广泛应用于片上实验室(lab on a chip)的研究与开发中。

4.5.1　声场驱动原理

由于声场驱动通过流体传递运动状态和能量,因此其满足流体力学的理论体系。根据流体的质量守恒、动量守恒和能量守恒,我们可以得到流体力学的基本方程组:

$$\frac{\partial\rho}{\partial t}+\nabla\cdot(\rho\boldsymbol{u})=0 \tag{4-10}$$

$$\rho\frac{\mathrm{D}\boldsymbol{u}}{\mathrm{D}t}=\rho\boldsymbol{F}+\nabla\cdot\boldsymbol{P} \tag{4-11}$$

$$\rho\frac{\mathrm{D}}{\mathrm{D}t}\left(\boldsymbol{U}+\frac{1}{2}\boldsymbol{u}\cdot\boldsymbol{u}\right)=\rho\boldsymbol{F}\cdot\boldsymbol{u}+\nabla\cdot(\boldsymbol{P}\cdot\boldsymbol{u})+\nabla\cdot(\mathrm{k}\,\nabla T)+\rho q \tag{4-12}$$

上述方程适用于理想不可压缩的流体,各参数具体含义参照 2.3.2 节。声波传递过程中近似绝热,因此小振幅波的状态方程可以表达为

$$p=c_0^2\rho \tag{4-13}$$

式中:p 为压强;ρ 为密度;c_0 称为等熵波速。

由上述方程可推导出小振幅波的波动方程:

$$\frac{1}{c_0^2}\frac{\partial^2 p}{\partial t^2}-\nabla^2 p=0 \tag{4-14}$$

在实际的声表面波的计算中,会涉及二阶非线性量,因此针对不同问题通常进一步会有不同的建模。

4.5.2　声场驱动微纳操作机器人系统

就声场驱动而言,超声波是非常适合微纳操作的声波类型。这是因为水中的波速约为 1500m/s,当声波频率大于 1.5MHz 时,波长小于 1mm,可以满足亚毫米操作的需求。为此要产生精确稳定的高频声波,压电激振是十分适合的声波发生方式。压电激振一般利用的是逆压电效应,即材料两端施加电压后发生变形的特性,如图 4.33 所示,逆压电效应按变形方式主要分为四种:图(a)轴向伸缩变形;图(b)横向伸缩变形;图(c)垂直平面内剪切变形;图(d)平行平面内剪切变形[66]。

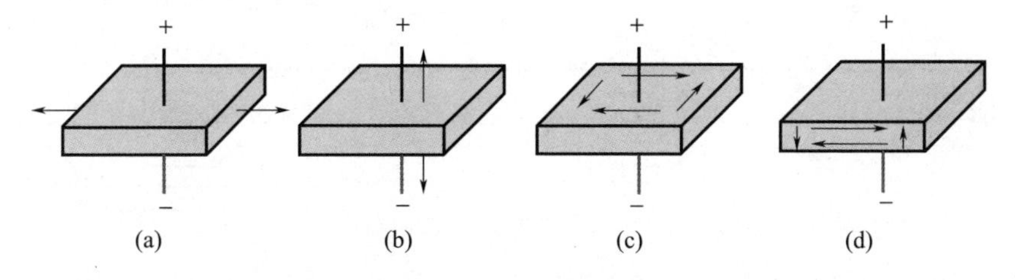

图 4.33　逆压电效应类型

压电激振主要利用的是逆压电材料的伸缩变形。通过材料振动引发流体的振动,从而形成特定频率和波长的声波。除了压电激振器件外,声场驱动微纳操作通常根据不同需求设计不同的微流体芯片,图 4.34 展示了一些微流体芯片[67]。

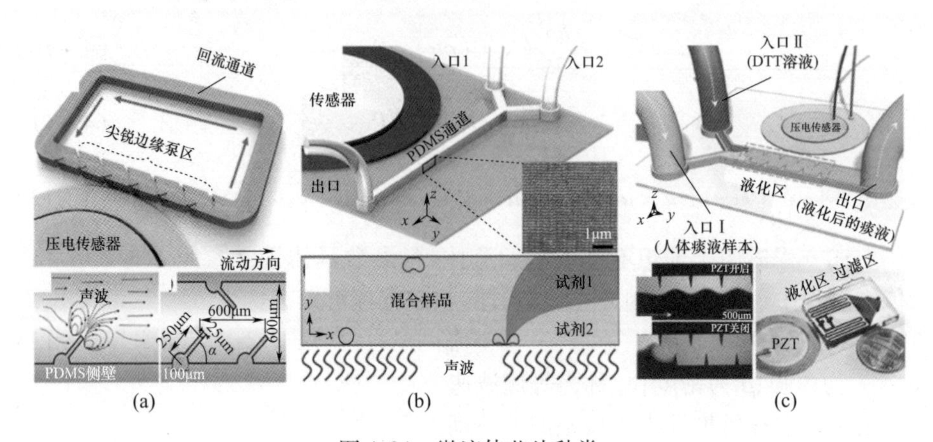

图 4.34 微流体芯片种类

(a)可编程声流体泵;(b)空化流体混合器;(c)人体痰液液化器。

4.5.3 声场驱动生物微纳操作应用

声场驱动可以用于粒子的富集和分离。Thomas Laurell 等设计了面向细胞分离的声驱动微流体芯片。如图 4.35 所示,细胞溶液由入口 a 注入,并通过流道调整其流体位置,无细胞水基溶液由入口 b 注入,其作用是稀释细胞溶液以便于分离。通过位于流道中端设置的超声场的作用,使一种细胞沿中间流动并由出口 1 流出,同时使另一种细胞沿两端流动并由出口 3 流出,而多余液体则由出口 2 流出。该芯片在实验中成功实现了 5μm 和 7μm 两种微小差距的聚苯乙烯微球的分离。随后,该芯片也成功实现了正常红细胞与癌变细胞的分离[68]。

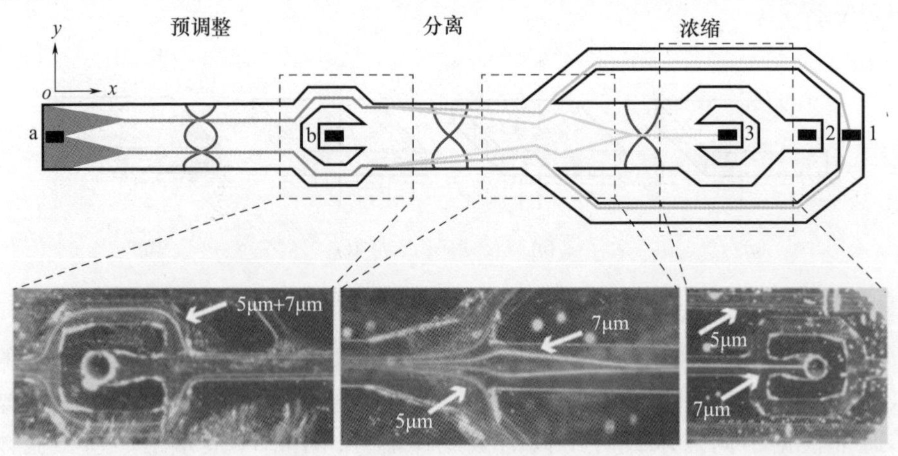

图 4.35 基于声驱动的细胞分离芯片

当介质长度为超声波半波长的整数倍时，就会产生驻波现象。利用驻波分布中的势阱可以实现粒子的捕获。如图 4.36 所示激振器在流体中产生了驻波。当产生的驻波波长周期为 1/2 时，流体中心处形成压力节点，声辐射压力可将物体聚集并将其限制在压力节点处。一般压电激振器和发射器可以用来形成驻波，有时可以仅采用激振器。Bazou 等利用超声捕获对 HepG2 细胞进行了三维悬浮培养（图 4.37），从而验证三维培养模式下，细胞的行为表达与传统二维培养的不同。

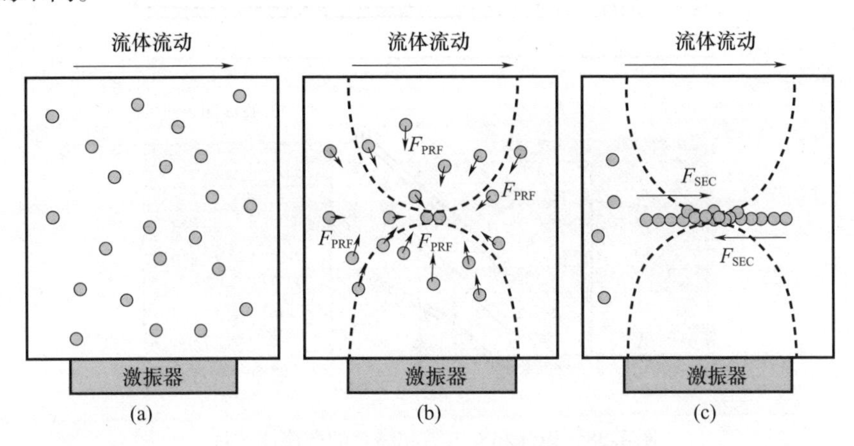

图 4.36　超声驻波的产生与作用

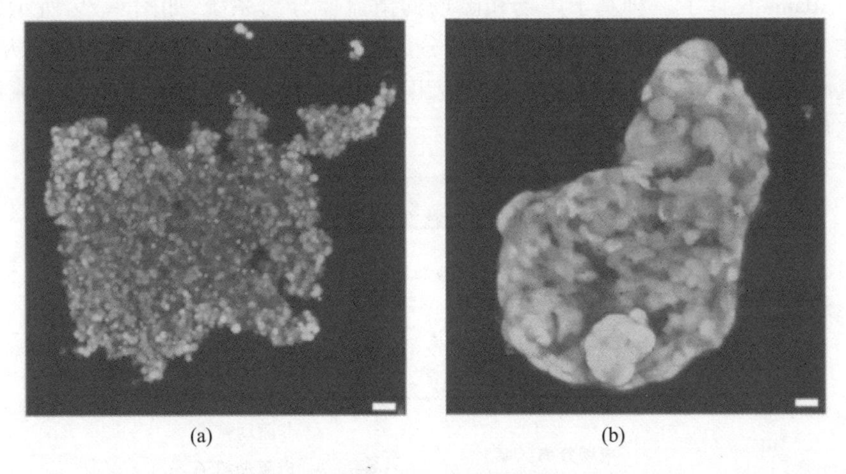

图 4.37　HepG2 细胞三维培养对比

（a）培养前；（b）三维培养后。

此外，声场驱动还可以与其他驱动方式相结合以完成复杂的操作[69]。2006 年，Wiklund 等在微流体芯片中采用了声泳和介电泳相结合的粒子操作方式。如图 4.38 所示，首先利用声驻波使粒子聚集和线性排列，然后通过底部共面电极产生的介电力进行进一步操作。声驻波拥有作用范围较大、速度快、对细胞损伤小等优点,而介电泳的灵活性和定位精度较高,两种方法可以有效地互补[70]。

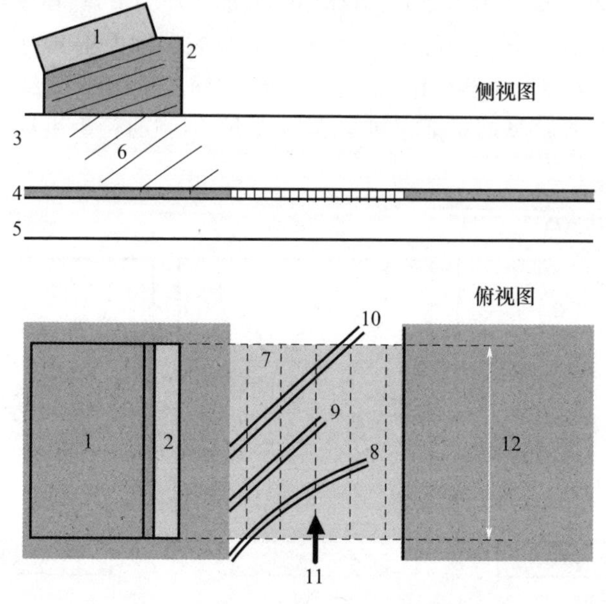

图 4.38　声泳和介电泳相结合的微流体芯片

Adams 设计了一种基于声场和磁场的微流体分离系统,如图 4.39 所示,输入样本先后经过声场和磁场作用后,被分成三个粒子流,受声场影响的粒子从中间流出,受磁场磁影响的粒子从下端流出,而几乎不受影响的粒子从顶端流出。该芯片最快每小时可分离 108 个颗粒。

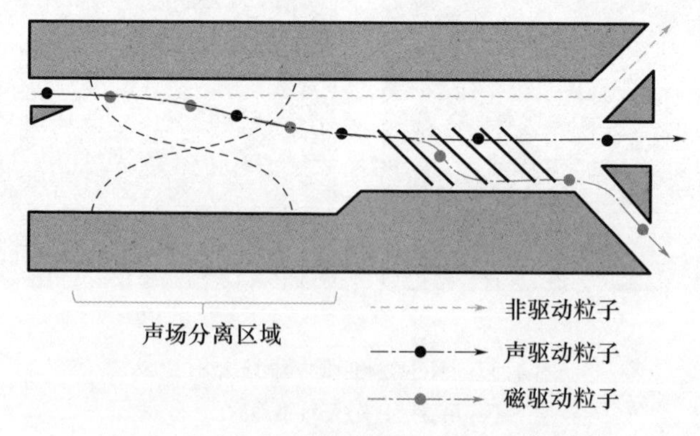

图 4.39　基于声场和磁场的微流体芯片

Thalhammer 等通过使用声学和光学的技术组合来进行各种操作任务。他们在操作空间两端设置了激光源和反射镜,用于形成光镊势阱,如图 4.40 所示。

在上端还设置了压电激振器件，用于产生超声场。由于超声场的作用，粒子被限定在半波长共振节点处，随后利用光镊系统即可实现粒子的光学捕获和移动。该组合方法在效率和作用力等方面有一定的优势。

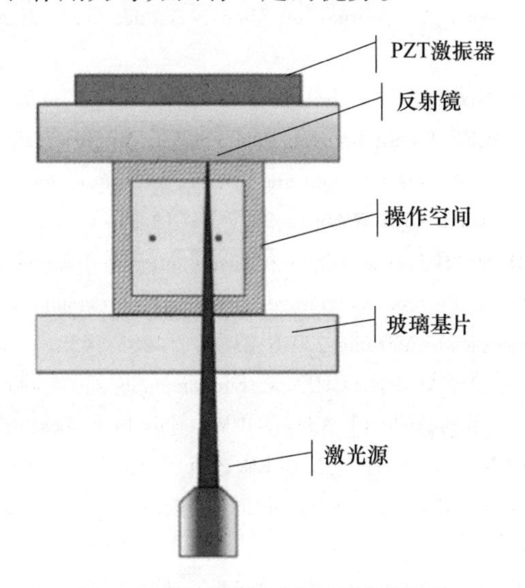

图4.40　声场和光镊的微流体系统

参考文献

[1] SAVIA M, KOIVO H N. Contact micromanipulation - survey of strategies[J]. IEEE/ASME Transactions on Mechatronics, 2009, 14(4): 504 - 514.

[2] CASTILLO J, DIMAKI M, SVENDSEN W E. Manipulation of biological samples using micro and nano techniques[J]. Integrative Biology, 2009, 1(1): 30 - 42.

[3] MENCIASSI A, EISINBERG A, IZZO I, et al. From "macro" to "micro" manipulation: models and experiments[J], Mechatronics, IEEE/ASME Transactions on, 2004, 9(2): 311 - 320.

[4] FEARING R S. Survey of sticking effects for micro parts handling[C]//Proceedings 1995 IEEE/RSJ International Conference on Intelligent Robots and Systems. Human Robot Interaction and Cooperative Robots. IEEE, 1995, 2: 212 - 217.

[5] CHEN B K, ZHANG Y, SUN Y. Active release of microobjects using a MEMS microgripper to overcome adhesion forces[J]. Journal of Microelectromechanical Systems, 2009, 18(3): 652 - 659.

[6] WASON J D, WEN J T, GORMAN J J, et al. Automated multiprobe microassembly using vision feedback[J]. IEEE Transactions on Robotics, 2012, 28(5): 1090 - 1103.

[7] LIU P, NAKAJIMA M, YANG Z, et al. Evaluation of van der Waals forces between the carbon nanotube tip and gold surface under an electron microscope[J]. Proceedings of the Institution

of Mechanical Engineers, Part N: Journal of Nanoengineering and Nanosystems, 2008, 222(2): 33 - 38.

[8] XIE H, RÉGNIER S. Three - dimensional automated micromanipulation using a nanotip gripper with multi - feedback [J]. Journal of Micromechanics and Microengineering, 2009, 19 (7): 075009.

[9] LIU J, SIRAGAM V, GONG Z, et al. Robotic adherent cell injection for characterizing cell - cell communication[J]. IEEE Transactions on Biomedical Engineering, 2014, 62(1): 119 - 125.

[10] YANG S, XU Q. A review on actuation and sensing techniques for MEMS - based microgrippers[J]. Journal of Micro - Bio Robotics, 2017, 13(1): 1 - 14.

[11] XIE H, ZHANG H, SONG J, et al. High - precision automated micromanipulation and adhesive microbonding with cantilevered micropipette probes in the dynamic probing mode[J]. IEEE/ASME Transactions on Mechatronics, 2018, 23(3): 1425 - 1435.

[12] SAHA P, DUANIS - ASSAF T, RECHES M. Fundamentals and Applications of FluidFM Technology in Single - Cell Studies[J]. Advanced Materials Interfaces, 2020, 7(23): 2001115.

[13] GUILLAUME - GENTIL O, REY T, KIEFER P, et al. Single - cell mass spectrometry of metabolites extracted from live cells by fluidic force microscopy[J]. Analytical Chemistry, 2017, 89(9): 5017 - 5023.

[14] SHEN Y, NAKAJIMA M, YANG Z, et al. Design and characterization of nanoknife with buffering beam for in situ single - cell cutting[J]. Nanotechnology, 2011, 22(30): 305701.

[15] SHEN Y, NAKAJIMA M, AHMAD M R, et al. Effect of ambient humidity on the strength of the adhesion force of single yeast cell inside environmental - SEM[J]. Ultramicroscopy, 2011, 111(8): 1176 - 1183.

[16] SAITO S, MIYAZAKI H T, SATO T, et al. Kinematics of mechanical and adhesional micromanipulation under a scanning electron microscope[J]. Journal of Applied Physics, 2002, 92 (9): 5140 - 5149.

[17] DEJEU J, GAUTHIER M, ROUGEOT P, et al. Adhesion forces controlled by chemical self - assembly and ph: Application to robotic microhandling[J]. ACS Applied Materials & Interfaces, 2009, 1(9): 1966 - 1973.

[18] FAN Z, RONG W, WANG L, et al. A single - probe capillary microgripper induced by dropwise condensation and inertial release[J]. Journal of Micromechanics and Microengineering, 2015, 25(11): 115011.

[19] KIM E. TAKEUCHI M. ATOU W, et al. Construction of Hepatic Lobule - like Vascular Network by using magnetic fields [C]. IEEE International Conference on Robotics and Automation. IEEE, 2018: 2688 - 2693.

[20] STEAGER E B, SELMAN Sakar M, KIM D H, et al. Electrokinetic and optical control of bacterial microrobots[J]. Journal of Micromechanics & Microengineering, 2011, 21(3): 035001.

[21] QIU F, NELSON B J. Ma gnetic Helical Micro - and Nanorobots: Toward Their Biomedical Applications[J]. Engineering, 2015, 1(1): 021 - 026.

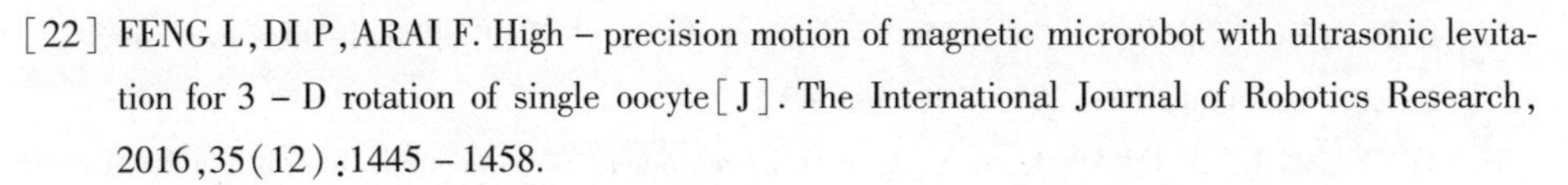

[22] FENG L, DI P, ARAI F. High – precision motion of magnetic microrobot with ultrasonic levitation for 3 – D rotation of single oocyte[J]. The International Journal of Robotics Research, 2016, 35(12): 1445 – 1458.

[23] GAO M, HU C, CHEN Z, et al. Design and fabrication of a magnetic propulsion system for self – propelled capsule endoscope[J]. IEEE Transactions on Biomedical Engineering, 2010, 57 (12): 2891 – 2902.

[24] SON S J, REICHEL J, HE B, et al. Magnetic nanotubes for magnetic – field – assisted bioseparation, biointeraction, and drug delivery[J]. Journal of the American Chemical Society, 2005, 127(20): 7316 – 7.

[25] WANG J, JIAO N, TUNG S, et al. Magnetic microrobot and its application in a microfluidic system[J]. Robotics & Biomimetics, 2014, 1(1): 1 – 8.

[26] SCHUERLE S, ERNI S, FLINK M, et al. Three – dimensional magnetic manipulation of micro – and nanostructures for applications in life sciences[J]. IEEE Transactions on Magnetics, 2013, 49(1): 321 – 330.

[27] ERNI S, SCHÜRLE S, FAKHRAEE A, et al. Comparison, optimization, and limitations of magnetic manipulation systems[J]. Journal of Micro – Bio Robotics, 2013, 8(3): 107 – 120.

[28] HWANG G, DOCKENDORF C, BELL D, et al. 3 – D InGaAs/GaAs helical nanobelts for optoelectronic devices[J]. International Journal of Optomechatronics, 2008, 2(2): 88 – 103.

[29] BELL D J, LEUTENEGGER S, HAMMAR K M, et al. Flagella – like propulsion for microrobots using a nanocoil and a rotating electromagnetic field[C]// IEEE International Conference on Robotics and Automation. IEEE, 2007: 1128 – 1133.

[30] HUANG H W, SAKAR M S, PETRUSKA A J, et al. Soft micromachines with programmable motility and morphology[J]. Nature Communications, 2016, 7: 12263.

[31] ROBBIE K, SIT JC, BRETT MJ. Advanced techniques for glancing angle deposition[J]. J. VAC. SCI. Technol. B, 1998, 16(3): 1115 – 1122.

[32] GHOSH A, FISCHER P. Controlled propulsion of artificial magnetic nanostructured propellers [J]. Nano Letters, 2009, 9(6): 2243 – 2245.

[33] KAWATA S, SUN H B, TANAKA T K, et al. Finer features for functional microdevices – Micromachines can be created with higher resolution using two – photon absorption[J]. Nature, 2001, 412(6848): 697 – 698.

[34] TOTTORI S, ZHANG L, QIU F, et al. Magnetic helical micromachines: fabrication, controlled swimming, and cargo transport[J]. Advanced Materials, 2012, 24(6): 709 – 709.

[35] SUTER M, ZHANG L, SIRINGIL E C, et al. Superparamagnetic microrobots: fabrication by two – photon polymerization and biocompatibility[J]. Biomedical Microdevices, 2013, 15(6): 997 – 1003.

[36] ZEESHAN M A, GRISCH R, PELLICER E, et al. Hybrid helical magnetic microrobots obtained by 3D template – assisted electrodeposition[J]. Small (Weinheim an der Bergstrasse, Germany), 2014, 10(7): 1284 – 1288.

[37] REN Z,HU W,DONG X,et al. Multi – functional soft – bodied jellyfish – like swimming[J]. Nature Communications,2019,10(1):1 – 12.

[38] JUNYANG L,XIAOJIAN L,SUN D,et al. Development of a magnetic microrobot forcarrying and delivering targeted cells[J]. Science Robotics,2018,3(19),eaat8829.

[39] HUANG H W,SAKAR M S,PETRUSKA A J,et al. Soft micromachines with programmablemotility and morphology[J]. Nature Communications,2016,7(1):1 – 10.

[40] WANG J. Electroanalysis and biosensors[J]. Analytical Chemistry,1995,67(12):487 – 492.

[41] BANERJEE A,CHOWDHURY S,GUPTA S K. Optical tweezers:Autonomous robots for the manipulation of biological cells[J]. Robotics & Automation Magazine IEEE,2014,21(3):81 – 88.

[42] 李银妹,龚雷,李迪,等. 光镊技术的研究现况[J]. 中国激光,2015,42(1):1 – 20.

[43] ASHKIN A,DZIEDZIC J M,BJORKHOLM J E,et al. Observation of a single – beam gradient force optical trap for dielectric particles[J]. Optics Letters,1986,11(5):288 – 290.

[44] HU S,SUN D. Automatic transportation of biological cells with a robot – tweezer manipulation system[J]. International Journal of Robotics Research,2011,30(14):1681 – 1694.

[45] MARUYAMA H,FUKUDA T,ARAI F. Laser manipulation and optical adhesion control of functional gel – microtool for on – chip cell manipulation[C]//International Conference on Intelligent Robots and Systems,IEEE,2009:1413 – 1418.

[46] CHOWDHURY S,THAKUR A,SVEC P,et al. Automated manipulation of biological cells using gripper formations controlled by optical tweezers[J]. IEEE Transactions on Automation Science & Engineering,2014,11(2):338 – 347.

[47] HÉNON S,LENORMAND G,RICHERT A,et al. A new determination of the shear modulus of the human erythrocyte membrane using optical tweezers[J]. Biophysical Journal,1999,76(2):1145 – 51.

[48] CHIOU A,BAREIL P B,CHEN Y Q,et al. Calculation of spherical red blood cell deformation in a dual – beam optical stretcher[J]. Optics Express,2007,15(24):16029.

[49] 闫树斌,赵宇,杨德超,等. 基于近场光学理论光镊的研究进展[J]. 红外与激光工程,2015,44(3):1034 – 1041.

[50] 范伟康,许吉英,王佳. 近场光镊技术的研究进展和应用前景[J]. 激光与光电子学进展,2007,44(7):40 – 45.

[51] 豆秀婕,闵长俊,张聿全,等. 表面等离激元光镊技术[J]. 光学学报,2016(10):297 – 318.

[52] PETHIG R. Review Article – dielectrophoresis:status of the theory,technology,and applications[J]. Biomicrofluidics,2010,4(3):39901.

[53] 任玉坤,敖宏瑞,顾建忠等. 面向微系统的介电泳力微纳粒子操控研究[J]. 物理学报,2009,58(11):7869 – 7877.

[54] PETHIG R. Review article – dielectrophoresis:status of the theory,technology,and applications[J]. Biomicrofluidics,2010,4(3):39901.

[55] 杨德超,赵宇,张文栋等. 基于光诱导介电泳原理的粒子操纵研究[J]. 科学技术与工程,2015,15(3):120 – 123.

[56] SCHNELLE T, MÜLLER T, HAGEDORN R, et al. Single micro electrode dielectrophoretic tweezers for manipulation of suspended cells and particles[J]. Biochimica et Biophysica Acta (BBA) - General Subjects, 1999, 1428(1): 99 - 105.

[57] OBLAK J, KRIZAJ D, AMON S, et al. Feasibility study for cell electroporation detection and separation by means of dielectrophoresis[J]. Bioelectrochemistry, 2007, 71(2): 164 - 171.

[58] HUANG Y, WANG X B, TAME J A, et al. Electrokinetic behaviour of colloidal particles in travelling electric fields: studies using yeast cells[J]. Journal of Physics D Applied Physics, 1993, 26(9): 1528.

[59] HO C T, LIN R Z, CHEN R J, et al. Liver - cell patterning lab chip: mimicking the morphology of liver lobule tissue[J]. Lab on a Chip, 2013, 13(18): 3578 - 3587.

[60] CHEN Y S, TUNG C K, DAI T H, et al. Liver - lobule - mimicking patterning via dielectrophoresis and hydrogel photopolymerization[J]. Sensors and Actuators B: Chemical, 2021, 343: 130159.

[61] 闫树斌,杨德超,安盼龙,等. 光电子镊的研究进展[J]. 激光与光电子学进展,2015,52(9):21 - 30.

[62] HUNT T P, WESTERVELT R M. Dielectrophoresis tweezers for single cell manipulation[J]. Biomedical Microdevices, 2006, 8(3): 227.

[63] DOH I, CHO Y H. A continuous cell separation chip using hydrodynamic dielectrophoresis process[J]. Sensors & Actuators A Physical, 2005, 121(1): 59 - 65.

[64] YANG W, YU H, LI G, et al. High - throughput fabrication and modular assembly of 3D heterogeneous microscale tissues[J]. Small, 2016, 13(5).

[65] FRIEND J, YEO L Y. Microscale acoustofluidics: Microfluidics driven via acoustics and ultrasonics[J]. Reviews of Modern Physics, 2011, 83(2): 647 - 704.

[66] 白光磊. 超声行波微流体驱动技术的基础研究[D]. 山东大学,2007.

[67] HUANG P H, NAMA N, MAO Z, et al. A reliable and programmable acoustofluidic pump powered by oscillating sharp - edge structures[J]. Lab on A Chip, 2014, 14(22): 4319 - 4323.

[68] ANTFOLK M, MAGNUSSON C, AUGUSTSSON P, et al. Acoustofluidic, label - free separation and simultaneous concentration of rare tumor cells from white blood cells[J]. Analytical Chemistry, 2015, 87(18): 9322.

[69] GLYNNE - JONES P, HILL M. Acoustofluidics 23: acoustic manipulation combined with other force fields[J]. Lab on A Chip, 2013, 13(6): 1003 - 1010.

[70] WIKLUND M, GÜNTHER C, LEMOR R, et al. Ultrasonic standing wave manipulation technology integrated into a dielectrophoretic chip[J]. Lab on a Chip, 2006, 6(12): 1537 - 1544.

第5章

基于编队控制的多机器人动态重构协同微操作

5.1 跨尺度协同微操作机器人系统

现阶段,复杂微操作任务均由一系列高度协同的操作流程构成,各个流程间的操作灵活性和操作维度存在着较大不确定性。例如:人工组织与器官的机器人化构建是一个复杂的微纳操作与组装过程,包括单细胞取样、单细胞特性分析、多细胞目标性筛选、细胞群二维封装与三维组装等多种操作流程。并且不同操作流程涉及形状、尺寸各异的生物微模块和不确定的操作精度。然而,多数微操作机器人系统仅适配固定尺度下的特定任务场景,其操作维度不可变、操作策略单一。由于目前缺乏面向跨维多任务需求的机器人化生物操作方法,难以满足未来单系统与多操作任务的映射需求[1-4]。为此,本章提出了一种基于编队控制的多机器人动态重构协同微操作方法。

如图5.1所示,跨尺度微纳操作机器人系统通过配备不同定位精度、操作范围的微纳操作器,实现了宏微混合驱动下的多操作器协同,能够有效兼顾微纳尺度操作精度与宏微尺度操作效率。该系统不仅能够完成人体细胞的参数抽取与分析、细胞筛选与分离等生物医学工程中的单细胞分析与操作任务,而且更重要的是能够基于高速显微视觉反馈实现了多机器人自动协同,完成自动化的细胞微结构三维组装,有效降低了组织工程中制造具有内部微结构特性与复杂构型的三维人工组织的操作难度与烦琐程度,为微纳机器人与再生医疗相融合提供了新的思路[5]。

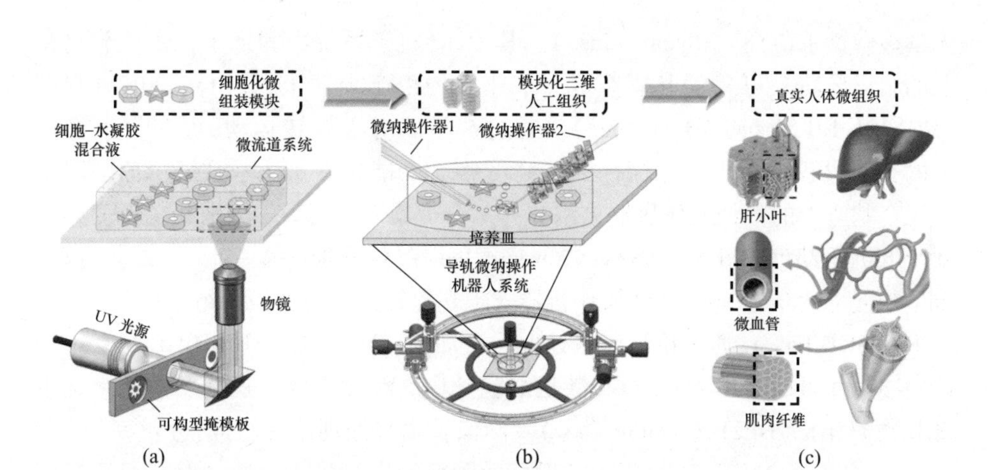

图5.1　面向细胞三维操作与自动化组装的跨尺度微纳操作机器人系统(见彩插)
(a)细胞化微模块片上加工;(b)微纳机器人协同组装;(c)模块化微组织未来应用。

5.1.1　导轨微操作机器人系统设计

基于接触式微操作的三维细胞组装,要求末端探针在与生物目标的交互过程中以特定的姿态实现快速定位,同时在组装过程中频繁地变换末端姿态以提高组装精度与效率,避免因组装时间过长或操作精度不足造成生物目标损伤与失活[6-7]。然而,传统微纳操作机器人系统多为功能单一、基座固定的多操作器系统,无法同时实现宏观尺度下的快速定位与微纳尺度下的高精密操作,且由于运动关节很少配备转动副,难以在有限的显微观测视野内实现末端执行器的操作角度变换,已经不能满足微尺度下日益复杂的生物操作任务需求[8]。为此,作者团队提出了一种基于圆形导轨引导与宏微混合驱动的多机器人协同操作系统。宏观尺度下,通过圆形导轨旋转基座快速灵活的对心运动实现微纳操作机器人的快速定位与操作姿态实时变换;微观尺度下,通过导轨机器人的协同配合实现高精密微组装。通过宏微跨尺度下的混合驱动模式,满足了三维细胞组装对高精度、高速度、高灵活度的多重需求[9-10]。

如图5.2所示,著者团队针对生物微操作高速、高精度的需求构建基于混合驱动的微纳操作导轨机器人系统,该系统由三个子系统组成,即圆形导轨子系统、功能化微操作子系统与显微视觉子系统。其中,直流有刷电机与导轨配合可以实现远距离生物交互中的快速运动与粗定位,高精密步进电机组成的导轨机器人可以实现有限空间内的精细操作[11-12]。所有子系统均集成于倒置的荧光

光学显微镜下(IX83,Olympus ins.)。其中,导轨子系统由固定于显微镜载物台上的圆形导轨及可移动基座组成。基座被约束于导轨上,并由步进电机驱动(DCX12L EB SL 6V,Maxon Inc.)。通过基座的对心旋转运动,可在与生物目标的交互过程中实现末端探针的位姿变换。功能化微操作子系统由分别固定于三个基座上的微纳操作机器人组成。每个机器人均配备三个平移自由度并由微步电机驱动(CONEX - NSA12,Newport Inc.),可分别沿 $X-Y-Z$ 方向运动,定位精度可达0.2 μm。微纳操作机器人末端探针由微量移液管组成(G - 1000,NARISHIGE Inc.),通过拉针仪热处理与微加工(PC - 10,NARISHIGE Inc.),探针尖端尺寸可以达到微米级别,满足细胞操作的精度需求。视觉反馈子系统由CCD数码相机(DP21,Olympus Inc.)及图像采集与处理软件组成,分辨率为200万像素,帧率为25fframe/s,用于实现显微图像的实时采集。通过对视觉反馈信息的处理与分析,微纳操作机器人将能够完成对生物目标的跟踪、定位与运动控制[13-14]。

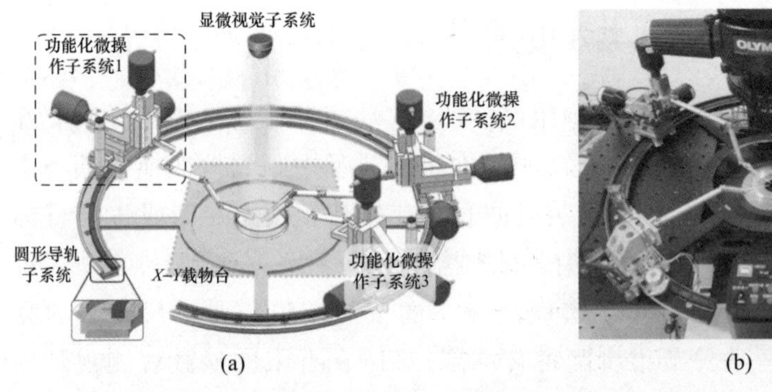

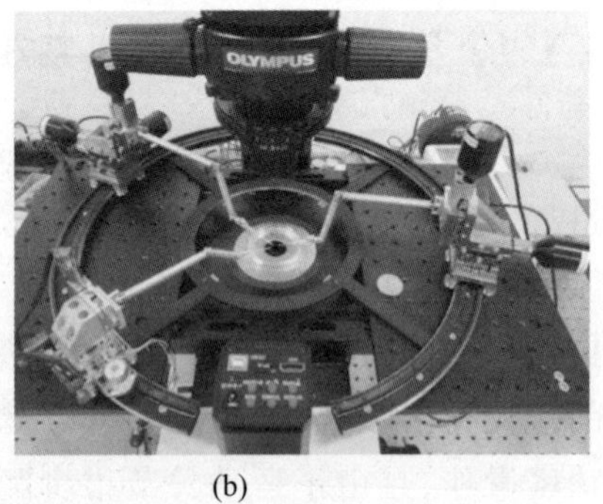

图 5.2　导轨微纳操作机器人系统

为了同时实现三维细胞组装中的快速定位、末端位姿变换及精细操作,本团队提出了一种基于导轨引导的对心运动模式,为机器人系统提供了额外的旋转副,提升了三维组装的灵活性。在操作过程中导轨机器人受导轨约束,末端探针均指向导轨圆心。如图5.3所示,导轨微纳操作机器人系统拥有一个旋转副,使每一个机器人可以沿导轨进行曲线运动,有效避免了传统微纳操作机器人基座固定造成的操作空间有限、末端执行器姿态难以在有限视野内变换的缺点。通过旋转自由度带来的对心运动,能够使末端探针在显微视野范围内实现360°的姿态变换[15]。与传统机器人链式机构相比,该机器人系统配备了三个平移自由度,能够实现纳米尺度下的三维精确定位。通过旋转副与平移副的配合及宏微混合驱动,有效实现了姿态快速变换、大尺度平移与高精度定位下的多探针协同操作。

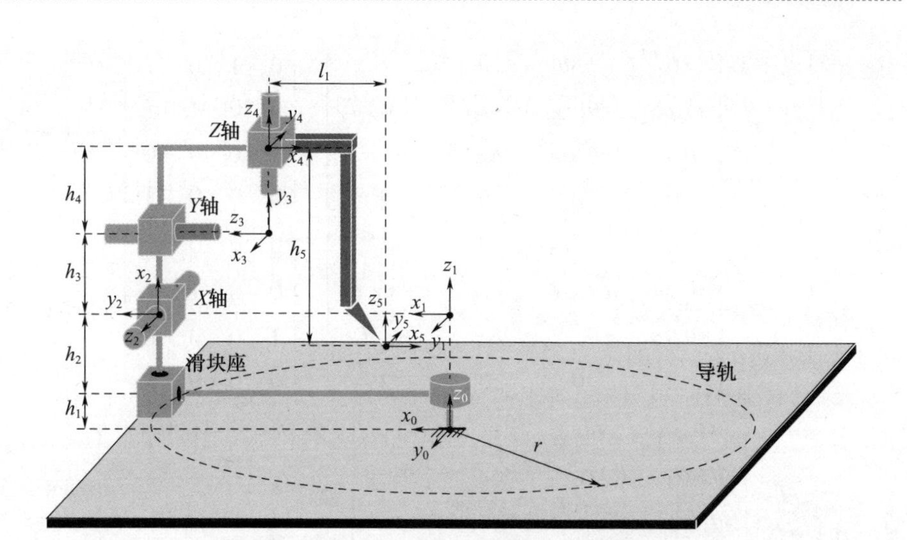

图 5.3　导轨机器人运动学参数与坐标系配

由于导轨微纳操作机器人系统中每个约束于圆形导轨上的机器人均具有一个旋转自由度和三个平移自由度，通过配合即可实现显微视野下的位姿变换。如表 5.1 所示，将每一个约束于导轨上的微纳操作机器人按 D－H 参数法进行运动学分析，以获取其操作空间。其中 i 表示机器人关节编号，a_{i-1} 表示两关节间的连杆长度，α_{i-1} 为连杆转角，d_i 为连杆偏距，θ_i 为关节角。根据 D－H参数法，以 s 和 c 分别表示正弦值与余弦值，可以获得各连杆的变换矩阵如下：

表 5.1　导轨机器人连杆参数表

i	α_{i-1}	a_{i-1}	d_i	θ_i
1	0°	0	h_1+h_2	θ_1
2	-90°	r	d_x	-90°
3	-90°	h_3	d_y	-90°
4	90°	0	d_z	90°
5	0°	l_1	$-h_5$	0

$$
{}_1^0\boldsymbol{T}=\begin{bmatrix} c\theta_1 & -s\theta_1 & 0 & a_0 \\ s\theta_1 c\alpha_0 & c\theta_1 c\alpha_0 & -s\alpha_0 & -s\alpha_0 d_1 \\ s\theta_1 s\alpha_0 & c\theta_1 s\alpha_0 & c\alpha_0 & c\alpha_0 d_1 \\ 0 & 0 & 0 & 1 \end{bmatrix}=\begin{bmatrix} \cos\theta_1 & -\sin\theta_1 & 0 & 0 \\ \sin\theta_1 & \cos\theta_1 & 0 & 0 \\ 0 & 0 & 1 & h_1+h_2 \\ 0 & 0 & 0 & 1 \end{bmatrix} \tag{5-1}
$$

$$ {}_2^1\boldsymbol{T}=\begin{bmatrix} c\theta_2 & -s\theta_2 & 0 & a_1 \\ s\theta_2 c\alpha_1 & c\theta_2 c\alpha_1 & -s\alpha_1 & -s\alpha_1 d_2 \\ s\theta_2 s\alpha_1 & c\theta_2 s\alpha_1 & c\alpha_1 & c\alpha_1 d_2 \\ 0 & 0 & 0 & 1 \end{bmatrix}=\begin{bmatrix} 0 & 1 & 0 & r \\ 0 & 0 & 1 & d_x \\ 1 & 0 & 0 & 0 \\ 0 & 0 & 0 & 1 \end{bmatrix} \tag{5-2} $$

$$ {}_3^2\boldsymbol{T}=\begin{bmatrix} c\theta_3 & -s\theta_3 & 0 & a_2 \\ s\theta_3 c\alpha_2 & c\theta_3 c\alpha_2 & -s\alpha_2 & -s\alpha_2 d_3 \\ s\theta_3 s\alpha_2 & c\theta_3 s\alpha_2 & c\alpha_2 & c\alpha_2 d_3 \\ 0 & 0 & 0 & 1 \end{bmatrix}=\begin{bmatrix} 0 & 1 & 0 & h_3 \\ 0 & 0 & 1 & d_y \\ 1 & 0 & 0 & 0 \\ 0 & 0 & 0 & 1 \end{bmatrix} \tag{5-3} $$

$$ {}_4^3\boldsymbol{T}=\begin{bmatrix} c\theta_4 & -s\theta_4 & 0 & a_3 \\ s\theta_4 c\alpha_3 & c\theta_4 c\alpha_3 & -s\alpha_3 & -s\alpha_3 d_4 \\ s\theta_4 s\alpha_3 & c\theta_4 s\alpha_3 & c\alpha_3 & c\alpha_3 d_4 \\ 0 & 0 & 0 & 1 \end{bmatrix}=\begin{bmatrix} 0 & -1 & 0 & 0 \\ 0 & 0 & 1 & d_z \\ -1 & 0 & 0 & 0 \\ 0 & 0 & 0 & 1 \end{bmatrix} \tag{5-4} $$

$$ {}_5^4\boldsymbol{T}=\begin{bmatrix} c\theta_5 & -s\theta_5 & 0 & a_4 \\ s\theta_5 c\alpha_4 & c\theta_5 c\alpha_4 & -s\alpha_4 & -s\alpha_4 d_5 \\ s\theta_5 s\alpha_4 & c\theta_5 s\alpha_4 & c\alpha_4 & c\alpha_4 d_5 \\ 0 & 0 & 0 & 1 \end{bmatrix}=\begin{bmatrix} 1 & 0 & 0 & l_1 \\ 0 & 1 & 0 & 0 \\ 0 & 0 & 1 & -h_5 \\ 0 & 0 & 0 & 1 \end{bmatrix} \tag{5-5} $$

最后得到五连杆的变换矩阵乘积为

$$ {}_5^0\boldsymbol{T}={}_1^0\boldsymbol{T}{}_2^1\boldsymbol{T}{}_3^2\boldsymbol{T}{}_4^3\boldsymbol{T}{}_5^4\boldsymbol{T}=\begin{bmatrix} -\cos\theta_1 & \sin\theta_1 & 0 & (r+d_y-l_1)\cdot\cos\theta_1-d_x\cdot\sin\theta_1 \\ -\sin\theta_1 & -\cos\theta_1 & 0 & (r+d_y-l_1)\cdot\sin\theta_1+d_x\cdot\sin\theta_1 \\ 0 & 0 & 1 & h_1+h_2+h_3-h_5+d_z \\ 0 & 0 & 0 & 1 \end{bmatrix} \tag{5-6} $$

在生物操作中，当已知目标位置(p_x,p_y,p_z)时，导轨机器人各关节的平移量可由逆运动学直接获得：

$$ \begin{cases} d_x=-p_x\sin\theta_1+p_y\cos\theta_1 & (5-7) \\ d_y=p_y\sin\theta_1+p_x\cos\theta_1+l_1-r & (5-8) \\ d_z=p_z-h_1-h_2-h_3+h_5 & (5-9) \end{cases} $$

式中：θ_1 为操作过程中导轨机器人通过对心运动调整后的最终末端姿态，因姿态调整在三维操作之前完成，即 θ_1 为常量。所以，导轨机器人在操作过程中各关节的运动无耦合。根据导轨机器人所用压电陶瓷驱动单元参数，获得导轨机器人的操作空间。微操作器的宏观运动范围为(0°,330°)，步进电机的行程为10mm。因此得到导轨机器人的三维操作空间如图 5.4 所示。通过导轨机构引导，增加了微纳操作机器人的运动行程，对心运动能够在有限的显微视野内使机器人在趋近生物目标的过程中有效变换末端探针位姿,实现灵活的协同配合。

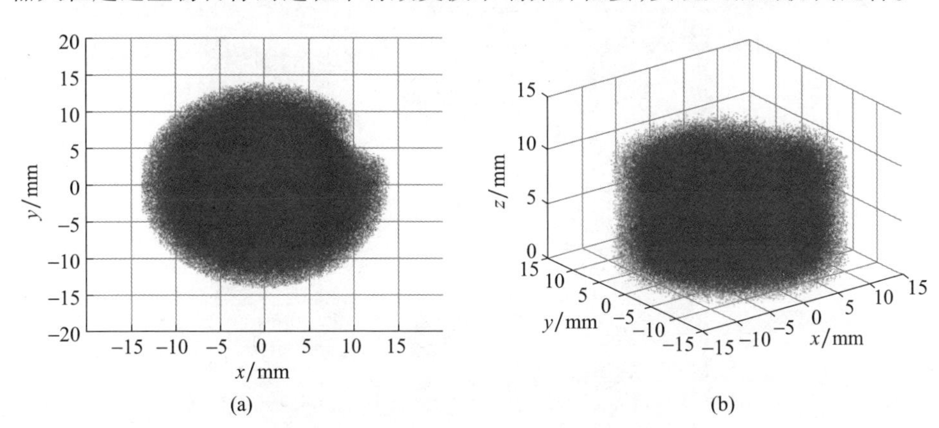

图5.4　导轨微操作机器人工作空间示意图

5.1.2　微纳操作机器人末端执行加工

微纳操作导轨机器人系统的末端操作器由微量移液玻璃管组成。微量移液管作为接触式微操作的典型工具,已经广泛应用于生物医学微操作中[16-17]。微量移液管可以在开放的液体环境中进行生物操作,无须光、电、磁等辅助系统的介入即可完成细胞吸附、细胞注射、细胞切割与去核等微操作,操作相对灵活简单[18-19]。本书中导轨机器人群以微量移液玻璃管作为末端探针,通过玻璃探针间的协同控制实现三维细胞结构的组装。

根据需要,微量移液玻璃管可通过加热、拉伸与等离子溅射等微加工使其尖端精度达到1~100μm级别。本文所使用的微纳操作器由如图5.5所示的竖直型拉针仪(PC-10)微加工获得,使用的玻璃管为实心石英玻璃管,外径为1mm,长度90mm,具体加工过程如图5.6所示。通过调节PC-10的参数,可以加工不同尖端尺寸的微操作器。PC-10的参数主要包括加工模式(STEP1/STEP2)、加热温度(H_1/H_2)及拉力(150g/200g/250g)。

为加工尖端尺寸在20μm左右且外径逐渐均匀增大的玻璃管,应在加工过程中选用STEP2模式进行分段加工,即在加工微操作器过程中拉针仪会分两步拉伸玻璃管,每一步对应不同的加热温度。由于不同温度及拉力对微操作器末端尺寸影响较大,针对不同的微加工参数进行了多组实验,以获得不同参数对玻璃管针尖构型的影响规律。如表5.2所示,1~2组实验采用了不同的第一阶段热处理温度H_2,3~4组实验采用了不同的第二阶段热处理温度H_1,5~7组实验分别在相同热处理温度及不同的拉力下进行。每组实验均使用相同的玻璃管进行20次重复实验,以消除因人为操作产生的加工误差。

图 5.5　竖直型拉针仪(PC－10)

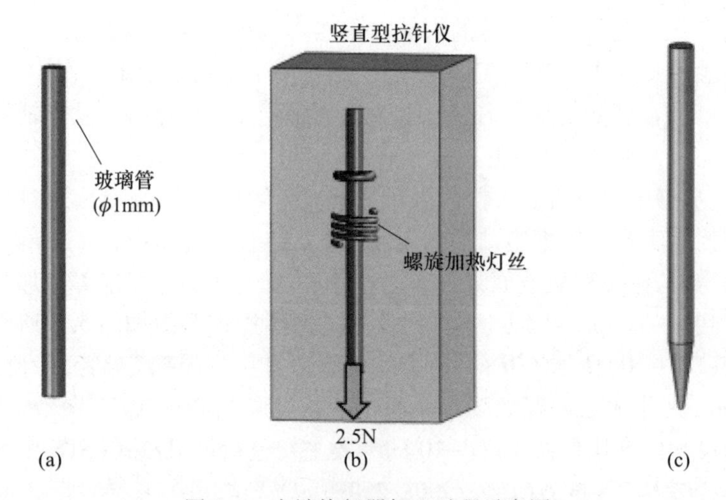

图 5.6　末端执行器加工过程示意图

表 5.2　拉针仪不同参数下微操作器加工实验

实验编号	1	2	3	4	5	6	7
H_1/℃	75	75	75	99	75	75	75
H_2/℃	60	75	60	60	75	75	75
F/g	200	200	200	200	150	200	250

通过测量不同加工参数下的微操作器针尖末端直径,获得了各参数对针尖尺寸的影响规律。由不同加热温度对微操作器尖端尺寸影响可知,如图 5.7 所示,

热处理温度 H_1 与 H_2 均对微操作器末端构型有影响，特别是 H_2 的变化对其尺寸会有剧烈影响。针尖直径随 H_1 温度的升高而增大，随 H_2 温度的升高而减小。

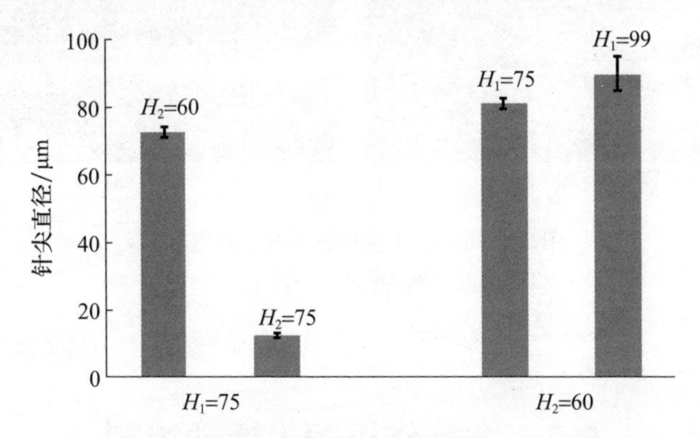

图 5.7　不同加热温度对微操作器尖端直径影响

由图 5.8 可知，针尖直径随拉力 F 的增大而增大。然而，由于拉力较大时玻璃针尖会发生剧烈的形变而断裂，尖端形状将出现不规则突变，影响后续的操作过程。因此，为了使针尖直径达到 20μm 左右的尺寸，可选择的最优加工参数为：$H_1 = 60℃$，$H_2 = 75℃$，$F = 150g$。

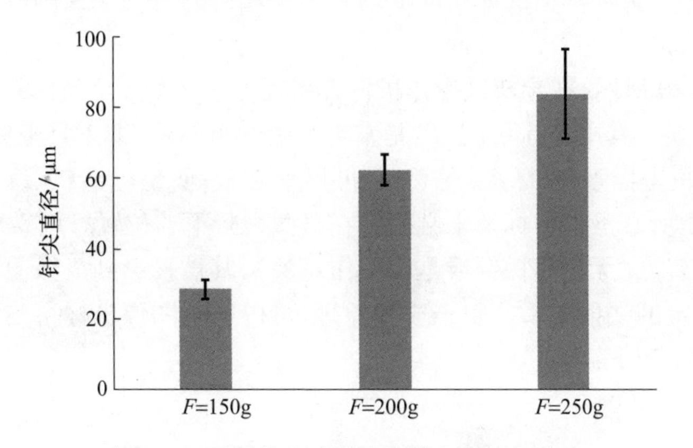

图 5.8　不同拉力对微操作器尖端尺寸影响

由于普通玻璃针在拉针仪拉伸后尖端仍为透明状态，在微操作器间协同配合时容易受背景物体干扰，不利于进行目标跟踪与实现视觉信息反馈。为了排除视觉干扰和便于后期图像处理，并为自动化操作提供精准信息，著者对加工后的微操作器进行了等离子溅射处理，即在探针尖端镀一层金属薄膜，使其变为非透明表面，从而便于显微观测与视觉图像处理。用于电镀的等离子溅射设备为 E－200S ANELVA，通过在玻璃针尖表面分别电镀 Cr 及 Au，可以获得非透明的微操作器，如图 5.9 所示。

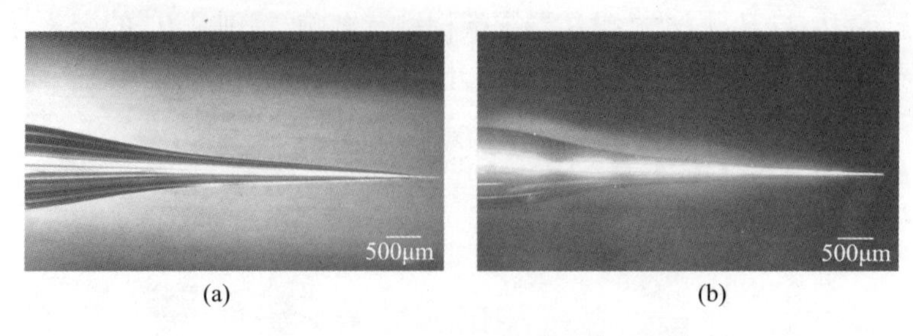

图 5.9　微操作器尖端等离子溅射处理
(a)等离子溅射前;(b)等离子溅射后。

5.2　微操作机器人运动控制

为实现微操作器的自动化运动控制,需要视觉反馈提供探针及被操作对象的位置等信息,过程中涉及图像坐标与运动坐标之间的转换[20-21]。为此,基于微操作导轨机器人系统建立了机器人运动坐标系与图像坐标系之间的位姿信息转换关系,用于实现基于视觉反馈下的末端操作器的自动化控制以完成精密微操作[22-23]。

如图 5.10 所示,在导轨微操作机器人系统上建立了多个坐标系用于后续坐标系间的转换。其中坐标系($\sum T$)是末端针尖的坐标系,即工具坐标系;坐标系($\sum C$)是相机坐标系;坐标系($\sum W$)是世界坐标系;而坐标系($\sum i$)是图像坐标系,用于表示所有操作目标及末端探针在显微视野下的位置。点 M 是操作空间中的一个位置点(无论是探针或是被操作对象),其被投影到成像面并与相机坐标系存在一定的映射关系。基于成像原理,可以得到图像坐标系与世界坐标系间的转换关系如下:

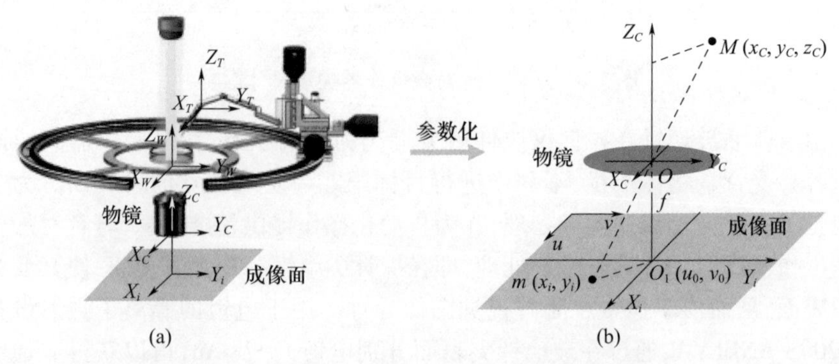

图 5.10　微操作机器人系统坐标系构建情况

$$x_i = {}_w^iT \cdot x_w = \frac{1}{\lambda}{}_c^i\boldsymbol{T}(\boldsymbol{R}x_w + \boldsymbol{P}) \tag{5-10}$$

式中：$x_w \in R^{3\times1}$ 是世界坐标系中的一个位置点的三维坐标；$x_i \in R^{2\times1}$ 是世界坐标系中的空间点映射到图像坐标系中的平面点的坐标；${}_w^iT$ 是世界坐标系到图像坐标系的转化矩阵；$\boldsymbol{R}$ 和 $\boldsymbol{P}$ 是相机坐标系在世界坐标系下的旋转矩阵和平移向量。

根据导轨微操作机器人系统的坐标系定义情况，旋转矩阵 $\boldsymbol{R}$ 可表示为

$$\boldsymbol{R} = \begin{bmatrix} 1 & 0 \\ 0 & 1 \end{bmatrix} \tag{5-11}$$

通过式(5－10)中对图像坐标系与世界坐标系间的转换，将视觉处理图像获取到所需目标点后可转换到世界坐标系中，再利用式(5－11)将目标点转化为微操作机器人各个关节的驱动量以此实现单个微操作器的自动化运动控制。

5.2.1　宏微混合运动控制

基于视觉反馈的运动控制可根据误差定义的维度进行分类。如果误差定义在笛卡儿空间，则称为基于位置的视觉伺服控制；如果误差定义在图像平面，则称为基于图像的视觉伺服控制[24]。

基于位置的视觉伺服控制的反馈信号是在三维任务空间中定义的，通过末端操作器的当前位姿与期望位姿之间的误差进行轨迹规划并计算出各个关节的控制量，驱动机械手最终实现定位功能；而基于图像的视觉伺服控制的反馈信号是在图像平面中定义的，通过当前图像特征与期望特征之间的误差计算出控制量而后转换到末端执行器的运动空间从而驱动机械手最终实现定位功能[25－26]。

对于导轨微操作机器人系统，通过固定的摄像头可实现生物微目标与末端探针的同时观测，因此整体视觉反馈系统采用基于图像的动态 look－and－move 的视觉控制结构。基于图像的视觉伺服控制相较于基于位置的视觉伺服控制，被控量所在的图像空间消除了相机等系统的建模与标定的误差的同时，避免了图像空间和笛卡儿空间之间的多次转换，减少了计算造成的时延问题，可克服相机标定及传感器误差对定位精度造成的影响，具有更好的定位与跟踪效果[27－29]。基于图像的视觉伺服同样存在缺点，即图像特征的速度通过雅克比矩阵转换为运动速度时可能存在奇异点。但由于微操作的整体运动范围较小，选择合适的初始末端位姿即可解决奇异点的问题[30－31]。

由于导轨微操作系统的视觉反馈子系统仅依靠显微镜实现，而显微视觉仅

可获得当前显微视野平面内的二维视觉信息。如图 5.11 所示。为微操作系统的视觉伺服运动控制结构,其中输入为期望的图像特征矢量,$X-Y$ 平面内的旋转及平移运动控制依靠的是当前微目标与末端执行器的位置特征信息,而 Z 轴方向的运动控制则基于离焦测距算法实现对末端探针 Z 轴高度的评估及控制。

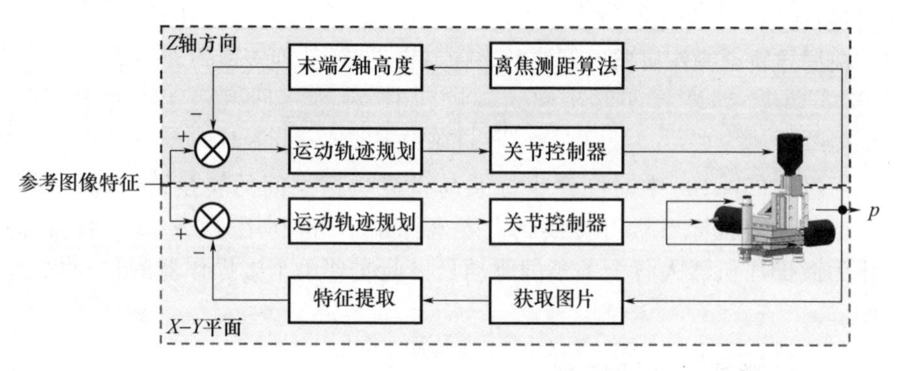

图 5.11　微操作机器人运动控制框架

5.2.2　末端轨迹补偿

考虑到导轨微操作系统机械加工的非理想化及装配中可能存在的误差,显微视野观察下,微操作器的末端执行器在进行大范围宏观对心运动时势必会产生偏差。这种偏差情况会导致视野中针尖虚焦而模糊,最终影响自动化微操作的整体精度[32-33]。其次,在多探针协同操作时,不同位置的探针同时运动会放大各自的运动偏差情况,可能导致微操作过程中双针间距加大而致使生物微模块的丢失或双针间距缩小致使易损生物目标的破碎,影响实验的成功率[34]。因此,通过对微操作器在不同宏观位置下的探针针尖的轨迹进行补偿用以弥补偏差所造成的非必要的实验失败。

而在实际微操作中由于导轨加工切割时在垂直方向存在较大的偏差,造成微操作器在宏观运动过程中 Z 轴方向高度变化过于明显。因此,在实际应用中仅对 Z 轴方向轨迹进行补偿[35]。

如图 5.12 所示,通过多次重复记录不同位置下末端 Z 轴的偏移情况,确定误差偏移曲线,而后通过高次拟合得到补偿曲线,即可在离线环境下实现末端运动轨迹在 Z 轴方向上的补偿。

图 5.13(a)为某次记录的微操作器在导轨不同旋转角位置时末端执行器的针尖的垂直偏差情况。考虑到微操作器宏观运动下,针尖的轨迹偏移量应当是连续变化的,将不同宏观位置下末端探针的轨迹偏移量通过高次三角函数拟合得到补偿曲线(图中蓝线):

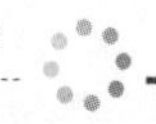

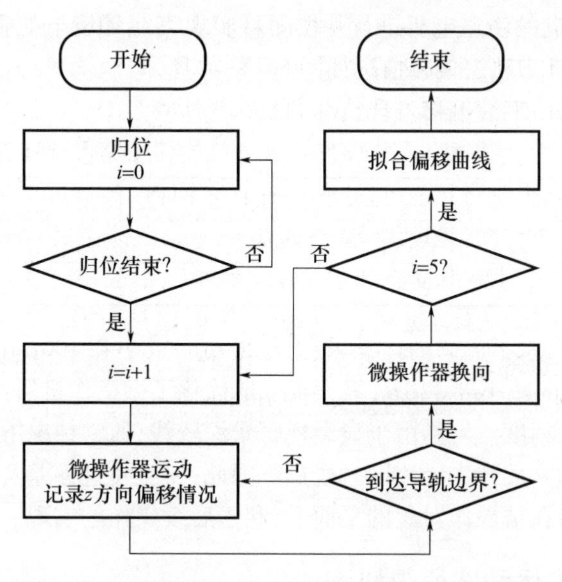

图 5.12　末端执行器 Z 轴方向运动轨迹补偿流程图

$$z_c(\theta) = \sum_{i=1}^{7} a_i \cdot \sin(b_i\theta + c_i) \tag{5-12}$$

式中：a_i、b_i、c_i 为特定值，均由最终拟合曲线所决定。

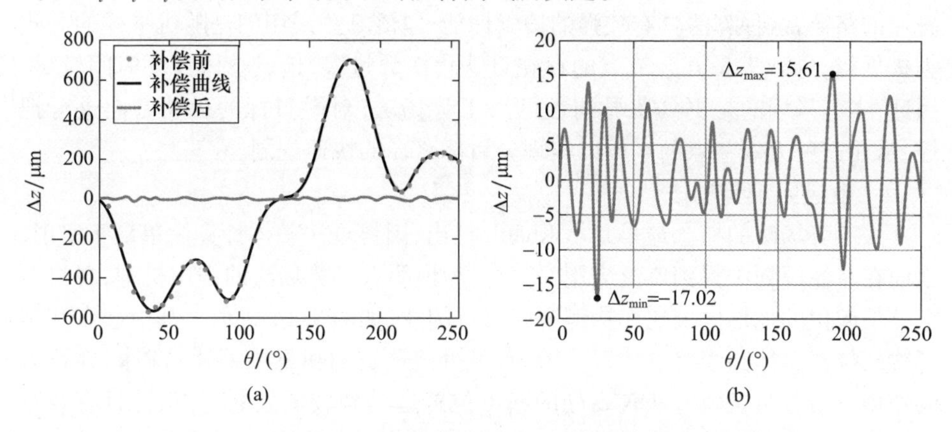

图 5.13　微操作器末端运动偏差情况

(a) 补偿前末端偏差情况；(b) 补偿后末端偏差情况。

微操作过程中，未遭受较大干扰的情况下，导轨微操作系统整体并不会发生一定程度上的宏观位置的偏移，而由于各个方向微运动均解耦，垂直方向的轨迹偏差仅可使用三轴平移台的 Z 轴步进电机进行补偿。因此，在系统初始化过程中仅需多次记录微操作器在不同宏观旋转角下的偏移情况，将与补偿曲线数值相同而符号相反的值作为修正值，将其作为末端探针垂直方向轨迹补偿的输入量,利用 Z 轴方向的步进电机进行补偿即可实现离线环境下的垂直方向轨迹补偿,补偿后末端针尖轨迹偏移情况如图 5.13(b)所示。

轨迹补偿前后末端偏移表现情况如表 5.3 所列。

表 5.3 补偿前后末端轨迹偏差情况

参数	补偿前	补偿后
D_{min}	200μm	100μm
Δf_{max}	1250μm	32μm

轨迹补偿后,水平方向的运动偏差从 200μm 减小到 100μm,垂直方向的运动偏差从 1250μm 减小到 32μm,极大程度地优化了微操作机器人末端执行器的运动性能和运动精度。但是由于显微视野景深较浅,通常情况下,在微操作过程中对操作对象和末端针尖无法同时聚焦。因此,一旦轨迹偏差及补偿完成后,将焦平面始终保持在被操作对象的平面上,利于后续操作的实现。

5.2.3 微模块运动路径规划

在确定被操作对象的起点和终点及当前执行的操作任务后,需为感兴趣区域内的生物微模块规划出一条最优路径。通常情况下,采用快速随机搜索树(RRT)算法[36]对路径点进行快速检索遍历可以得到一条从起始点到终点的无碰撞的路径,这种算法具有较强的搜索性能;但该算法采用的是随机采样的方式去扩展树,导致大量冗余节点的存在且迭代次数过多,造成总体计算时间较长。因此,本节采用的是更具备导向性的人工势场法,对微目标的运动方向进行把控,从而避免无效节点的生成以实现微目标路径的快速规划。

1. 改进人工势场法

人工势场法的概念最早是由 Khatib 提出,因势场法整体计算简单易于实现,因而在路径规划中得到广泛应用[37-38]。为说明人工势场法的作用机理,现将一个高低起伏的地形区域比作构型空间进行阐述,如图 5.14 所示。其中起点和障碍物的位置总体高于终点位置。“水往低处流”,此时机器人好比“球体”在重力的作用下沿着某条轨迹从较高处的起点位置运动到较低处的终点,并且有效避开了较高的障碍物。人工势场法与其类似,在已知起点、终点及障碍位置的情况下,通过建立人工势场函数模仿高低起伏的构型空间下的作用机制。

如图 5.15 所示,假设当前微模块在虚拟人工势场下运动。虚拟人工势场可分为两部分:引力场和斥力场。其中引力场由目标终点产生,它对微模块产生吸引力 $\boldsymbol{F}_a$,吸引着微模块向其方向前行,具有导向作用;而斥力场则是由障碍物(微操作过程中障碍物一般是无须操作的微模块)产生,它对微模块产生排斥力 $\boldsymbol{F}_r$,使其远离障碍物(即非操作对象)同时避免影响其他微模块的位置,具有一定的避障性。

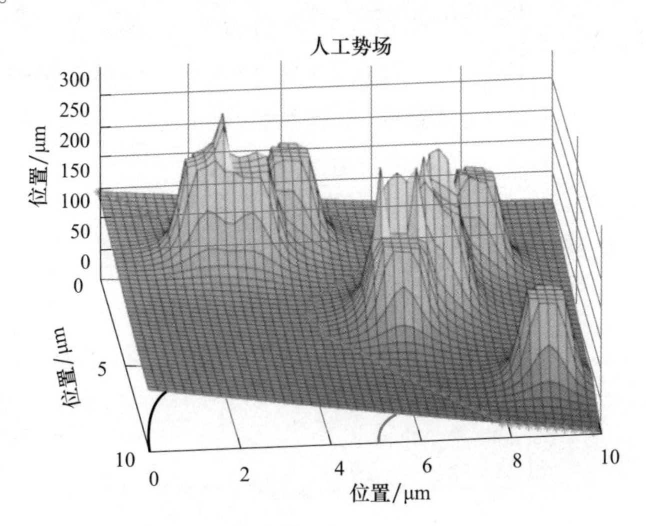

图5.14　球体在重力势场下的运动情况

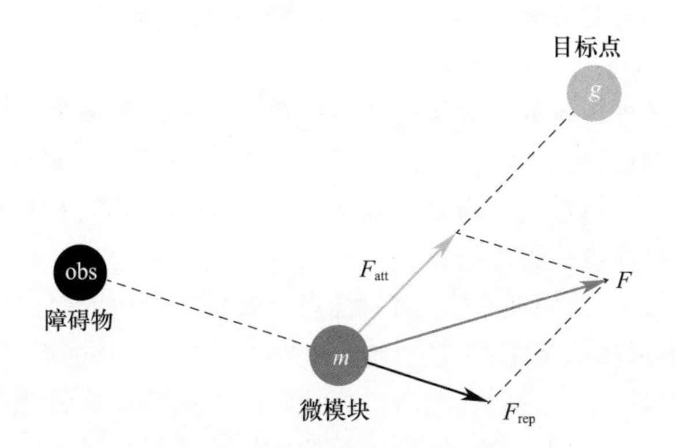

图5.15　微模块在虚拟力场中的受力情况

通常,传统的人工势场法中所采用的引力场函数如下:

$$U_{att}(X)=\frac{1}{2}\cdot K_{att}(X-X_g)^2 \tag{5-13}$$

在该引力场下,目标点对微模块的引力为引力势能的负梯度,即

$$F_{att}(X)=-\nabla U_{att}(X)=-K_{att}(X-X_g) \tag{5-14}$$

式中:K_{att}是增益系数;X 是微模块的当前位置;X_g 是目标点位置;$(X-X_g)$表示微模块的当前位置与目标点位置的距离。

从式(5-14)可以看出,引力的大小与微模块到目标点的距离呈线性关系,且当微模块趋近于目标点位置时引力趋近于0。

传统的斥力场函数 $U_{rep}(X)$表示如下:

$$U_{\text{rep}}(X)=\begin{cases}\dfrac{1}{2}\cdot K_{\text{rep}}\left(\dfrac{1}{|X-X_{\text{obs}}|}-\dfrac{1}{\rho_0}\right)^2, & |X-X_{\text{obs}}|\leqslant\rho_0\\ 0, & |X-X_{\text{obs}}|>\rho_0\end{cases}\tag{5-15}$$

在该斥力场 $U_{\text{rep}}(X)$ 下，障碍物 obs 对微模块 m 的斥力 $F_{\text{rep}}(X)$ 为斥力势能的负梯度，即

$$F_{\text{rep}}(X)=-\nabla U_{\text{rep}}(X)=\begin{cases}K_{\text{rep}}\left(\dfrac{1}{|X-X_{\text{obs}}|}-\dfrac{1}{\rho_0}\right)\dfrac{1}{|X-X_{\text{obs}}|^2}\dfrac{\partial(X-X_{\text{obs}})}{\partial X}, & |X-X_{\text{obs}}|\leqslant\rho_0\\ 0, & |X-X_{\text{obs}}|>\rho_0\end{cases}\tag{5-16}$$

其中

$$\frac{\partial(X-X_{\text{obs}})}{\partial X}=[2(x-x_{\text{obs}}),2(y-y_{\text{obs}})]\tag{5-17}$$

式中：K_{rep}是增益系数；X_{obs}是障碍物的位置；$|X-X_{\text{obs}}|$表示微模块与障碍物间的距离；ρ_0 表示各个障碍物的影响半径。当微模块超出障碍物的影响半径时，障碍物对微模块本身不会产生排斥力。

但是，采用该种传统人工势场函数可能存在以下三种偏离预期的情况：一是当微模块离目标点位置较远时，微模块受到来自目标点产生的引力远大于其他障碍物产生的斥力，可能造成微模块在运动路径中与障碍物（或非操作对象）发生碰撞；二是当目标点位置附近存在障碍物且微模块靠近目标点位置附近时，障碍物对微模块产生的斥力非常大，而目标点对微模块产生的引力相对较小，将出现目标点位置不可达的情况；三是可能存在某个位置点，目标点产生的引力与障碍物产生的斥力是一对平衡力，此时微模块将陷入局部最优解或震荡的情况。

产生上述情况的主要原因是：引力场的作用范围是全局作用，而斥力场的作用范围是局部作用。因此，传统人工势场函数仅可解决局部空间内的避障问题，而由于缺乏全局信息最终极易陷入局部最小值。为解决以上多种可能存在的情况，需要对势场函数进行相应的改进。

为避免微模块距离目标位置过远而产生过大的引力，改进后的引力场函数 $U_{\text{att}}(X)$ 如下：

$$U_{\text{att}}(X)=\begin{cases}\dfrac{1}{2}\cdot K_{\text{att}}|X-X_{\text{g}}|^2, & |X-X_{\text{g}}|\leqslant D\\ D\cdot K_{\text{att}}|X-X_{\text{g}}|-\dfrac{1}{2}\cdot K_{\text{att}}D^2, & |X-X_{\text{g}}|>D\end{cases}\tag{5-18}$$

式中：D 表示一个距离阈值。

改进的引力场与传统引力场相比增加了一个距离范围限定，避免了因微模

块与目标位置距离太远而导致引力过大情况的出现。

则该引力场对应的引力 $F_{att}(X)$ 表示为

$$F_{att}(X) = -\nabla U_{att}(X) = \begin{cases} -K_{att}(X - X_g), & |X - X_g| \leqslant D \\ -\dfrac{D \cdot K_{att}(X - X_g)}{|X - X_g|}, & |X - X_g| > D \end{cases} \tag{5-19}$$

为解决目标点附近存在障碍物时,斥力远大于引力导致微模块不可达目标点位置的情况,对斥力场函数进行相应的改进。改进后斥力场函数 $U_{rep}(X)$ 表示为

$$U_{rep}(X) = \begin{cases} \dfrac{1}{2} \cdot K_{rep}\left(\dfrac{1}{|X - X_{obs}|} - \dfrac{1}{\rho_0}\right)^2 |X - X_g|^n, & |X - X_{obs}| \leqslant \rho_0 \\ 0, & |X - X_{obs}| > \rho_0 \end{cases} \tag{5-20}$$

目标点与微模块间距离的引入使得即使目标位置附近存在障碍物时,随着微模块逐渐靠近目标位置,距离的减小在一定程度上缩小了障碍物对微模块的排斥作用。

则该斥力场对应的斥力 $F_{rep}(X)$ 表示为

$$F_{rep}(X) = -\nabla U_{rep}(X) = \begin{cases} F_{rep1}\boldsymbol{n}_{om} + F_{rep2}\boldsymbol{n}_{mg}, & |X - X_{obs}| \leqslant \rho_0 \\ 0, & |X - X_{obs}| > \rho_0 \end{cases} \tag{5-21}$$

其中

$$F_{rep1} = K_{rep}\left(\frac{1}{|X - X_{obs}|} - \frac{1}{\rho_0}\right)\frac{|X - X_g|^n}{|X - X_{obs}|^2} \tag{5-22}$$

$$F_{rep2} = \frac{n}{2}K_{rep}\left(\frac{1}{|X - X_{obs}|} - \frac{1}{\rho_0}\right)^2 |X - X_g|^{n-1} \tag{5-23}$$

式中:F_{rep1} 和 F_{rep2} 为两个分力的大小,两个分力的方向由 $\boldsymbol{n}_{om}$ 和 $\boldsymbol{n}_{mg}$ 分别确定。其中 $\boldsymbol{n}_{om}$ 表示从障碍物距微目标最近的点指向微模块的单位矢量;$\boldsymbol{n}_{mg}$ 表示从微模块指向目标点的单位矢量。

因此,微模块在操作空间中所受的合势场 $U(X)$ 和合力 $F(X)$ 分别为

$$U(X) = U_{att}(X) + U_{rep}(X) \tag{5-24}$$

$$F(X) = F_{att}(X) + F_{rep}(X) \tag{5-25}$$

2. 仿真实验与分析

为验证基于人工势场法的微模块路径规划的可行性及有效性,本节在二维平面上对改进人工势场法进行了仿真验证。针对微操作中可能出现的情况,设置了不同仿真环境:第一组是无障碍环境;第二组是微模块与目标位置之间存在障碍,但目标位置附近不存在障碍物;第三组是微模块与目标位置之间存在障

碍，且目标位置附近存在障碍物。

如图5.16所示，仿真验证中由于不涉及视觉反馈模块，微模块的起始位置、障碍物的位置及目标点的位置均由人为输入。设置引力场的增益系数K_{att}为10，斥力场的增益系数K_{rep}为2，障碍物的影响距离为障碍物自身特征长度的两倍。通过计算微模块在当前位置下的引力与斥力的大小与方向，确定微模块下一时刻的运动方向并朝该方向运动单位步长$L=5$，而后更新微模块的当前位置并重新计算当前位置下的引力与斥力的大小与方向，以此为一循环单位。最终以微模块与目标点位置间的距离是否小于期望距离作为判断依据，决定程序是否继续。

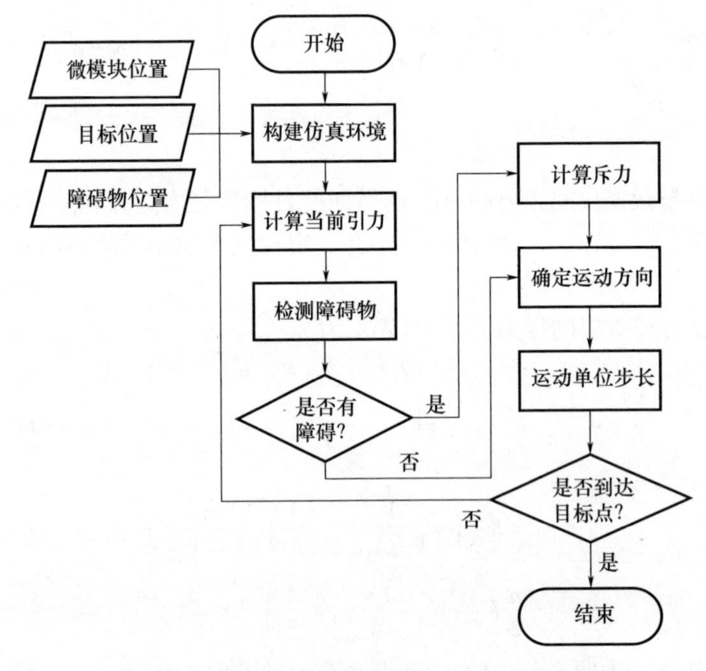

图5.16　基于人工势场法的微模块路径规划流程图

针对微操作中可能出现的情况进行路径规划，其结果如图5.17所示。其中空心方框为微模块的初始位置，五角星表示目标点位置，绿色实心方框表示障碍物，实线表示算法规划出的有效路径。

情况一：当环境内无障碍物时，微模块的运动路径规划结果如图5.17(a)所示。构建仿真环境输入参数如下：微模块起始位置(0,0)、目标点位置(100,100)。如图5.17(a)所示，当没有障碍物时，微模块仅受目标点对微模块产生的引力的影响，所以规划的有效路径是一条直线。

情况二：当环境内存在障碍物但目标点附近不存在障碍物时，微模块的运动路径规划结果如图5.17(b)所示。构建仿真环境输入参数如下：微模块起始位

置(0,0)、目标点位置(100,100)、障碍物位置(20,40)、(30,60)、(40,20)、(70,60)、(80,40),共 5 个障碍物。如图 5.17(b)所示,当微模块的起始位置与目标点位置直线路径周边存在障碍物,且与目标点位置较远时,微模块也并不会出现因引力过大而发生与障碍物间的碰撞,即有效实现无碰撞路径生成,避免微操作过程中对其他无须操作的微模块(被视为障碍物)的位姿产生一定的干扰。

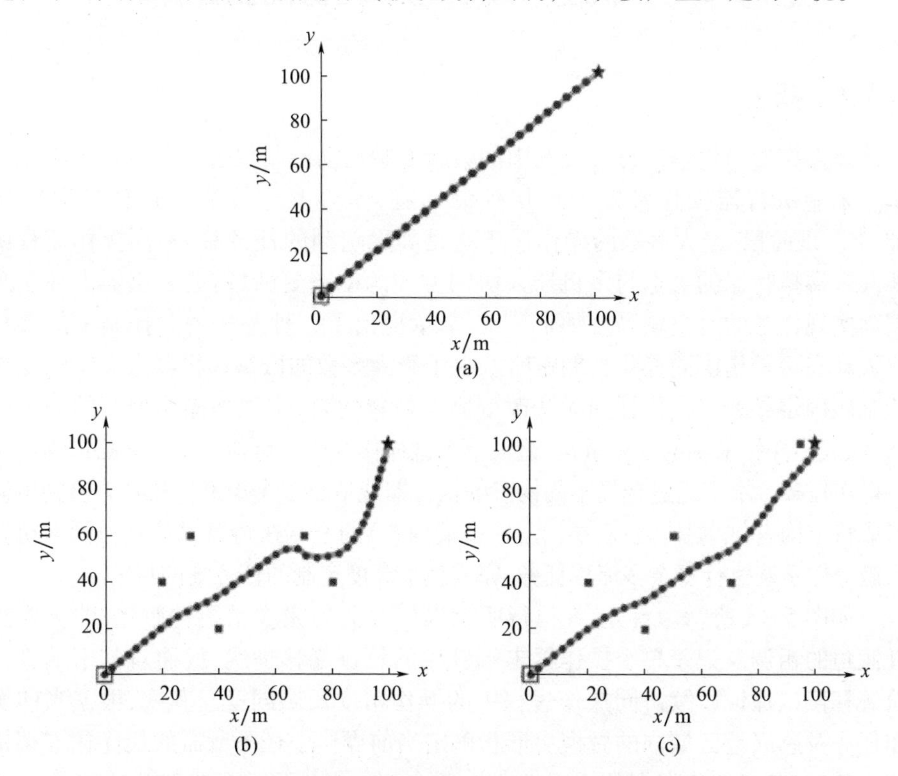

图 5.17　基于人工势场法的微模块运动路径仿真

(a)环境内无障碍物;(b)目标点附近无障碍物;(c)目标点附近有障碍物。

情况三:当环境内存在障碍物且目标点附近存在障碍物时,微模块的运动路径规划结果如图 5.17(c)所示。构建仿真环境输入参数如下:微模块起始位置(0,0)、目标点位置(100,100)、障碍物位置(20,40)、(40,20)、(50,60)、(70,40)、(95,100),共 5 个障碍物。如图 5.17(c)所示,目标点位置附近存在障碍物时,基于改进人工势场算法的路径规划依然可以到达目标点位置。

由此可知,基于改进人工势场算法可有效实现不同操作环境下的微模块运动路径的规划,能在保证精准到达目标点位置的同时做到有效避障。仿真结果验证了该算法的可行性与稳健性。而在实际操作中,由于微模块的移动是依靠末端执行器与微模块间的交互来完成的,因此确定末端探针与微模块间的相对关系后依照规划的运动路径对末端执行器进行对应的运动控制,即可实现对微模块在理想运动路径下的路径跟随。

5.3 多机器人动态可重构协同微操作

5.3.1 概述

单操作器与生物微目标交互中的跨维宏微运动控制仅解决了生物微操作中单个末端执行器操作涉及的底层控制问题,是多操作器协同操作控制的基础[39]。现阶段,绝大多数的操作任务均是高度定制的任务集,不同操作流程中涉及末端执行器的更迭与多机器人协同方式的动态更新,需要多机器人在宏观层面实现任务的时空域高度协同[40]。本章提出了一种基于编队控制下的多机器人动态可重构协同操作控制策略。由于绝大多数的微操作机器人系统的操作器基座固定导致多操作器间无法改变固有位置约束,实现多操作器间的动态编队,完成多探针末端的动态重构,造成单个微操作系统仅可执行单一策略或面向单一操作任务。本章通过选择不同构态的执行器或依靠多个微操作机器人协同编队形成特定构态(单端构态、双端构态或多端构态)的末端执行器以达到协同多机器人微操作系统执行复杂多流程任务,完成整个高度定制的任务集的目的。

如图5.18所示。首先,在执行所有操作之前先完成系统初始化,即完成探针倾角的粗调及记录单个操作器末端针尖的轨迹偏移情况,继而对其末端进行轨迹补偿以保证后续协同操作过程中的操作精度及协同度。其次,根据当前操作任务及感兴趣区域内的微模块形状确定当前操作子任务所需的最优化末端构态。然后,基于多机器间的宏观编队保证多探针末端形成所需特定末端构态以便后续操作任务的执行。最后,当完成复杂任务中的某个子任务时,对多机器人编队及其操作构态完成更迭,保证连续子任务的串联实现,最终依靠多个微操作器的末端动态重构及操作完成一个定制化的复杂多流程任务。

为实现以上目的,协同操作中主要涉及解决以下四个问题:一是如何保证多个微操作器的末端执行器在进行协同操作时其末端探针位姿的一致性,防止夹持过程中目标的倾侧或丢失[41];二是如何确定面向不同尺寸、形状的生物微模块所需的协同微操作机器人的数量、末端操作器的构态及与微模块交互时的最优夹持接触点,确保生物微目标的高效稳定夹持等操作[42];三是在确定当前操作任务所需的末端构态后如何依靠多个微操作器的独立可控的末端探针形成任务所需构态下的末端执行器,以高效、高精密、高灵巧性动作完成特定操作任务[43];四是多个微操作器的末端探针编队形成所需末端构态后如何保证在微模块夹持与转移过程中的多探针运动动作的一致性，防止操作过程中易损黏着生物微目标因夹持过松而掉落或因夹持过紧而破碎，从而影响整体微操作的成功率及效率。

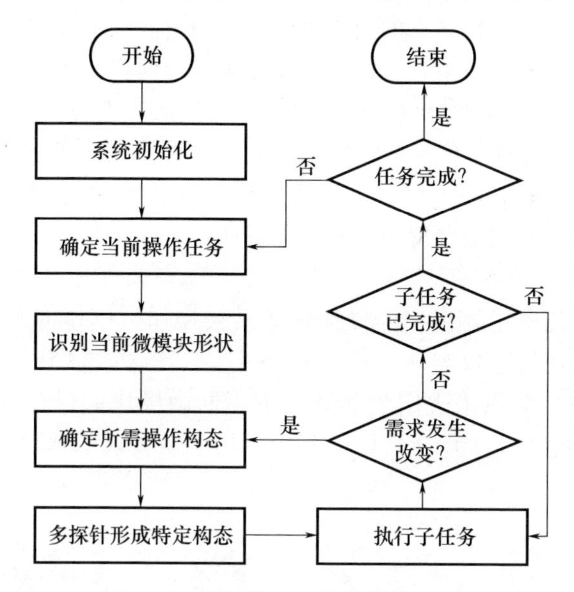

图 5.18　多机器人协同微操作流程图

5.3.2　多探针位姿一致性

本节主要探讨多个探针在协同操作（拾取与转移等操作）时与微模块发生机械交互接触点的位置与多探针的倾角的一致性问题。如图 5.19 所示，在夹取微模块时，多个探针间的错位情况主要可分为位置错位和倾角错位两种，都在一定程度上影响着协同操作的精度与成功率。其中，位置错位主要由探针与微模块交互时的接触点的空间位置决定；而倾角错位则主要由探针间的倾角角度差引起。

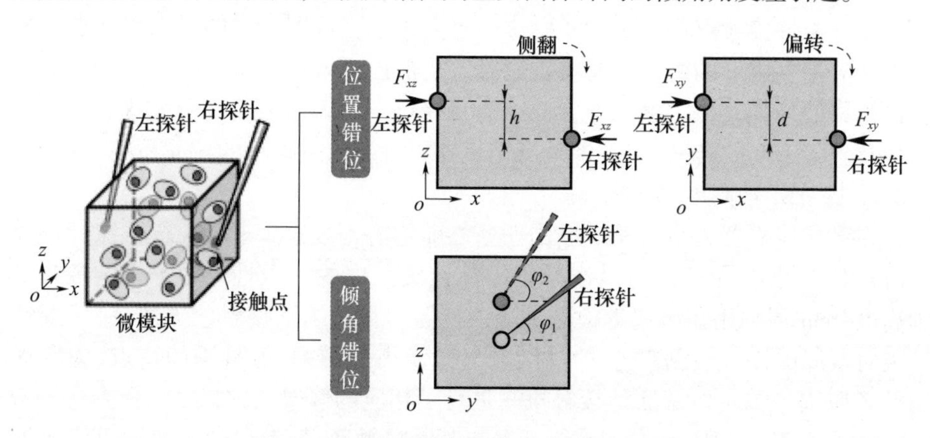

图 5.19　双探针协同操作错位情况示意图

双操作器协同夹取过程中的位置错位主要涉及探针针尖接触点的平面位置及其 Z 轴方向高度的一致性问题。如果双探针针尖的 Z 轴高度不统一且存在一定的高度差 h 或夹取接触点的受力不共线而存在一定的距离差 d 时，由于探针在夹持微模块的过程中始终会在接触点位置对微模块本身产生一个向内的挤压力 F，双探针在协同操作过程中始终会在微模块上产生转动力矩，导致微模块在 xoz 平面上发生侧翻或在 xoy 平面上发生偏转而最终致使微模块夹取失败。在考虑双操作器协同夹取过程中的倾角错位时，探针间存在的倾角角度差 $\Delta\varphi$ 则会在一定程度上影响受夹持微模块的平稳性。

1. 探针平面位置确定

探针的平面位置主要由当前操作任务及被操作微模块的形状及尺寸所决定。在执行微模块的拾取与转移操作任务中，一般通过对不同形状的多边形微模块预设夹持接触点来决定当前环境下不同微模块的最佳接触点位置（探针针尖的目标位置）。生物微操作任务中常用的微模块的最优夹持接触点，如图 5.20 所示。

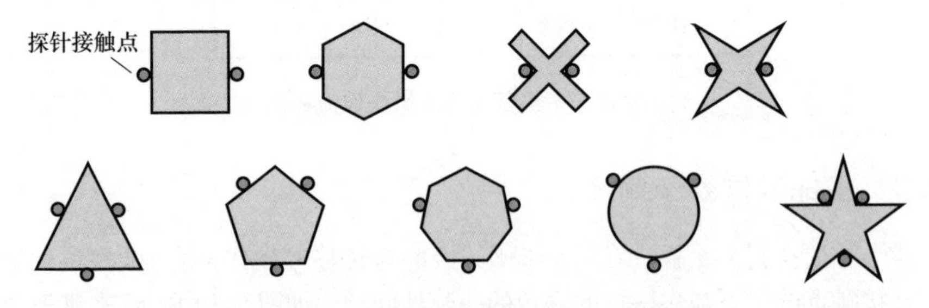

图 5.20　常见的不同形状微模块的最优夹持接触点

在微操作过程中，根据显微视野内被操作模块的形状以及其与预设最优接触点中的微模块匹配程度选择最合适的夹持点，并根据现有微操作机器人的个数将多个夹持接触点作为不同微操作机器人末端执行器针尖的目标移动点。如涉及非对称多边形的微模块时将首先确定当前协同微操作所需的操作器数量并将该模块的最优夹持接触点作为探针的目标点。而后依据前文所提及的运动学分析及坐标系间的转换，实现多微操作机器人对生物微模块的协同精准夹持。

2. 探针 Z 轴高度测定

在微操作机器人执行相应操作任务之前均需完成对其末端执行器探针针尖 Z 轴高度的测定，保证协同操作时多探针针尖高度的一致性。为了确定探针 Z 轴高度，Sun 等利用显微视觉检测末端执行器与目标表面接触的方法，完成探针针尖对基底的接触检测[44]。针对倒置显微镜高分辨率、低景深的特点，为实现探针 Z 轴高度测定对基底的接触检测进行了相应的修改。

如图 5.21(a)所示，在末端执行器与基底接触前，探针以恒定速度垂直向下

接近基底。根据成像原理，探针向下的垂直位移变化量 A_0A_1 将会转化为一个缩小的水平位移变化量 $A'_0A'_1$。如图5.21(b)所示，在 $t=t_2$ 时刻末端探针与基底发生接触。由于末端探针一般是由中空玻璃管拉制而成，具有一定的韧性，在接触建立后末端执行器进一步沿 Z 轴方向向下的短距离垂直运动并不会导致针尖断裂而会造成探针针尖的轻微形变 A_2A_3，相较接触前表现为一个急剧变化的水平位移变化量 $A'_2A'_3$。因此，在末端探针接触基座前到接触建立后，探针针尖的水平位移变化速度会存在一个突变点，该突变点发生时即显示基底对当前探针的 Z 轴方向的高度值[45]，而后可根据基底位置将末端探针 Z 轴高度移动到预设值以确保多探针间 Z 轴高度的一致性。

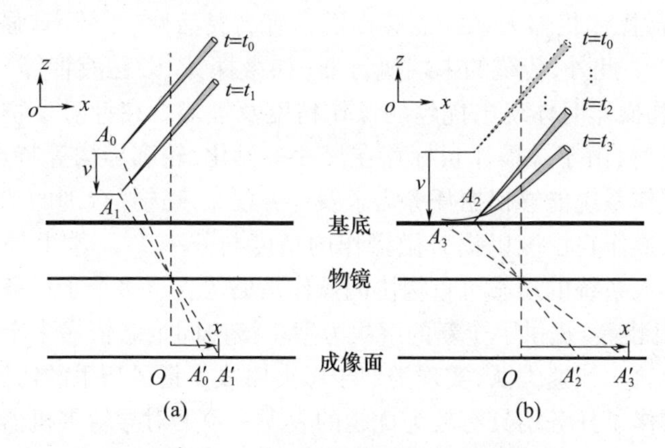

图5.21　基底接触检测分析示意图

(a)接触前探针向下运动情况；(b)接触后探针向下运动情况。

3. 探针倾角测定

在面对不同形状的微模块时，首先确保多探针与微模块的接触点的协调性是成功夹持微模块的第一步；其次还需确保多探针倾角的相似性才可提高夹持成功率。如图5.22所示，在基底接触检测后探针已移至特定高度时，选择两个间隔为已知 Δf 但不低于探针针尖高度的焦平面 f_1 和 f_2。

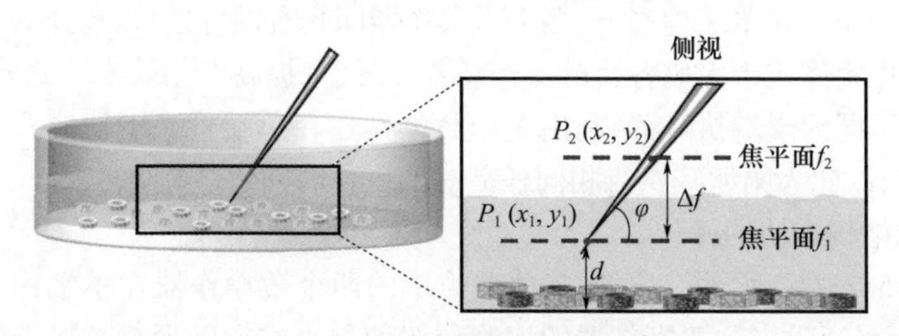

图5.22　探针倾角测定示意图

在不同焦平面下，获得探针轮廓中位线下不同点位的灰度值，将灰度值最低点的位置作为当前探针的聚焦点位置 $P(x,y)$。此时,即可根据记录的两个不同焦平面下的探针的聚焦点位置得到当前探针的倾角 φ,表示如下:

$$\varphi = \arctan2\left(\frac{\Delta f}{\sqrt{\left(\frac{x_1 - x_2}{a_x}\right)^2 + \left(\frac{y_1 - y_2}{a_y}\right)^2}}\right) \tag{5-26}$$

式中:a_x 和 a_y 表示尺度因子,为相机内参。

5.3.3 多构态协同微操作

微操作器末端在与生物微模块交互过程中涉及频繁的尺度变换及末端姿态的变换,需要微操作机器人系统能够提供具有高灵活性、高效率、强适应性的协同操作策略[46]。此外,传统的末端执行器(如微探针、微移液管等)仅在执行简单、机械的生物操作时体现出优越的操作精度及性能。在针对生物微组装等复杂微操作任务时,由于被操作目标存在尺寸多元化、轮廓异构等特点,需要多机器人协同微操作系统能够根据任务需求及任务复杂度选择合理的功能化微操作模块的个数及操作自由度以提升微操作的精度与效率[47]。本书提出的基于导轨多操作机器人系统的动态可重构协同操作策略为含有多个子任务的复杂操作任务(如3D组装等)提供了全新的解决方案。该协同策略依靠多个功能化微操作器在圆形导轨上快速编队,实现类似于微夹钳或多指灵巧手的协同灵巧操作,且针对不同操作子任务均具有较为优越的表现。本书对导轨多机器人协同微操作系统提出了三种协同操作构态,即单端构态协同微操作、双端构态协同微操作和多端构态协同微操作。多个微操作机器人探针末端在处于单端构态、双端构态及多端构态时,随着参与协作的微操作机器人数量的增加,微操作器之间存在互相约束,导致多探针形成的整体式末端执行器的整体灵活性下降,但是总体上增加了操作的多样性。

1. 单端构态协同操作

如图5.23(a)所示,在执行简单并重复的机械化生物微操作时,可选用单端构态协同操作。在单端构态下,多个微操作器间具有同等地位,均作为一个独立控制的操作实体用于完成各自的操作任务,以此来提高操作效率。此外,可通过装配功能不同的末端执行器,利用多个微操作器在单端构态下协同开展微操作"流水线",以此大幅缩减执行相同任务时的操作时间[48-49]。

2. 双端构态协同操作

如图5.23(b)所示,双端构态并非简单的两个微操作器在单端构态下的协同操作,而是通过限制双操作器的宏观位置使其末端探针形成类微夹钳的末端执行器,可稳定执行拾取与释放等操作任务。通常,生物微目标的拾取与转移大多依靠微夹钳来实现,但是大多数微夹钳的整体结构固定不可变且由压电陶瓷

驱动器驱动，导致其可操作对象的尺寸整体范围较小，无法适应多种不同的微目标[50-52]。因此，在针对导轨多机器人微操作系统所提出的双端构态协同操作中，将两个相邻的微操作器锁定，其末端探针被看作一个工作空间可变的微夹钳。在面对尺寸相近的规则生物微目标时，可在保持微操作器宏观位置不变的情况下只进行双针间的微运动来完成相应的拾取与转移操作；而当操作过程中涉及微模块尺寸变化较大时，可通过调整两个操作器间的宏观位置间距来实现对双端构态下的类微夹钳结构的操作空间的粗调，继而利用步进电机驱动下的微运动通过对不同尺寸微模块施加一对向内的机械力来实现对微模块的稳定拾取与高效转移。因此，相较于普通的微夹钳结构，双端构态下的末端协同操作降低了操作多目标的成本。

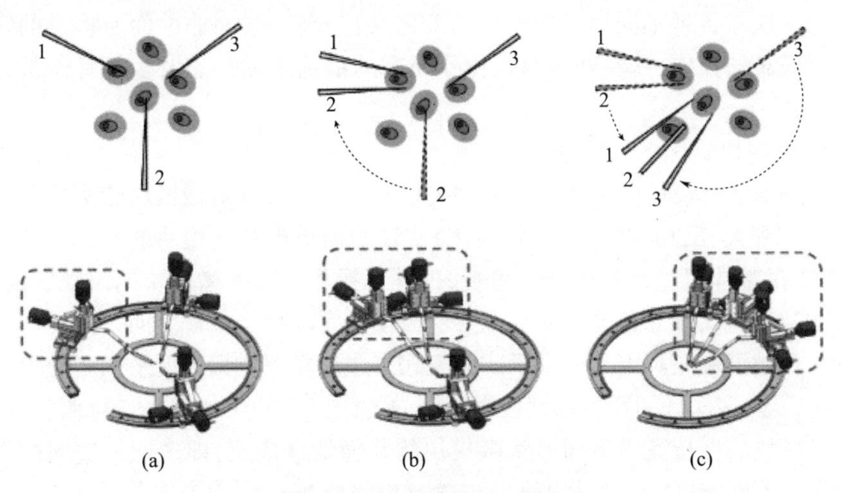

图 5.23　不同构态下的末端探针协同操作示意图
(a)单端构态；(b)双端构态；(c)多端构态。

3. 多端构态协同操作

如图 5.23(c)所示，多端构态协同操作通过将相邻的三个微操作器锁定，将其多根末端探针视为一个整体末端执行器的多端。多端构态协同操作主要针对以下两种情况：一种是针对黏着生物微目标的释放；另一种是针对异构非标准生物微模块的拾取与转移[53-54]。

针对黏着生物微目标的释放，双端构态协同操作虽然已极大程度上提高了末端执行器对操作目标的适配性。但是，由于微尺度下各种表面黏着力开始占据主导地位，在释放操作时常常因生物目标黏着在探针表面而导致释放失败，极大程度上降低了释放成功率[55-56]。在多端构态(如三端构态)下，额外探针的引入增加了末端执行器操作的灵巧性和复杂性。此外，利用中间探针提供额外的高频机械冲击力，使被黏着生物目标成功与末端探针分离，实现黏着微模块的高速、高成功率的释放。为避免易损生物微模块在机械冲击力下发生破损，在执行多端构态下的释放操作时，用于产生额外冲击力的微操作末端应当选择截面积较大的微探针，避免主动释放时因末端针尖过于尖锐而影响生物微目标的后续存活[57]。

在针对异构非标准生物微模块的拾取与转移时，通过多探针的协同配合形成笼式结构，通过增加末端执行器与生物微模块间的接触点，利用多重夹持力来限制微模块的空间位置变化，以此实现尺度较大且轮廓不规则的生物目标的拾取与转移，进而提高多端构态下末端执行器的操作目标适配性。

5.3.4 协同微操作构态确定

为实现对各种不同形状微模块的稳定夹持及转移，而非前面所提及的常见形状微模块的操作，需要确定当前操作所需的最优末端构态及多探针的最优夹持点位置[58]。

1. 微模块最优夹持接触点

如图 5.24 所示，微夹钳依靠末端夹持器的两侧分别对微模块轮廓接触位置施加一对等大、反相、共线的机械力 F_g 实现对简单形状微模块的稳定夹持。但是，微夹钳整体机械结构固定不可变，即其可操作对象的微模块的尺寸、形状单一，无法对形状、尺寸各异的非标准形状微模块完成稳定拾取。而多探针协同操作则是在微模块轮廓定义一个紧凑的笼式多边形实现对微尺度平面多边形零件的运输[59]。多探针间距可依据显微视野内的微模块的尺寸大小进行调整，而探针与微模块的夹持点由不同形状微模块的几何特性决定，即多探针协同操作可完全面向不同维度、不同形状的生物微模块完成精密稳定拾取[60]。因此，需要一种系统的方法来确定针对不同形状多边形微模块时 $N(N\leqslant4)$ 个微操作器的构态及夹持所需的目标接触点。

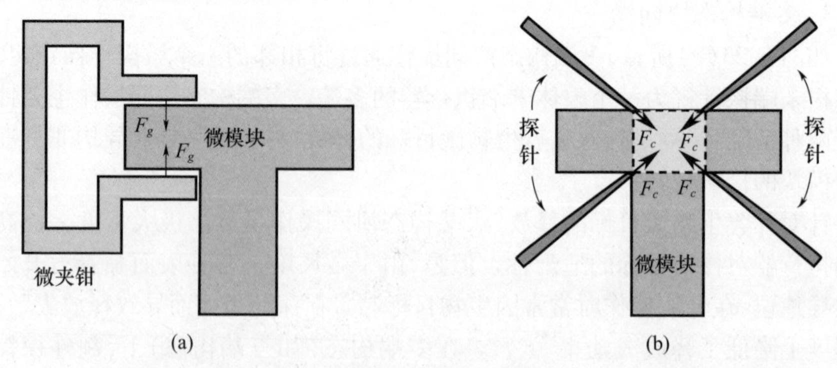

图 5.24 利用等大反向共线的力实现对微模块的夹持

(a)微夹钳取；(b)多探针协同夹取。

首先,根据感兴趣区域内的微模块的几何形状,确定微模块凹角 cc 与凸角 n_{cc} 的位置与数量。假设每个探针在凹角和凸角施加的角平分线方向分别为 n_{cc} 和 n_{ncc},同时定义了一个半径为 γ 的保持力圆。如图 5.25 所示,对具有不同数量凹角、不同轮廓特征的多边形微模块进行各式各样的多探针夹取点的受力分析,确定异形、异构微模块多探针的构态及探针末端与微模块的接触夹持点位置。

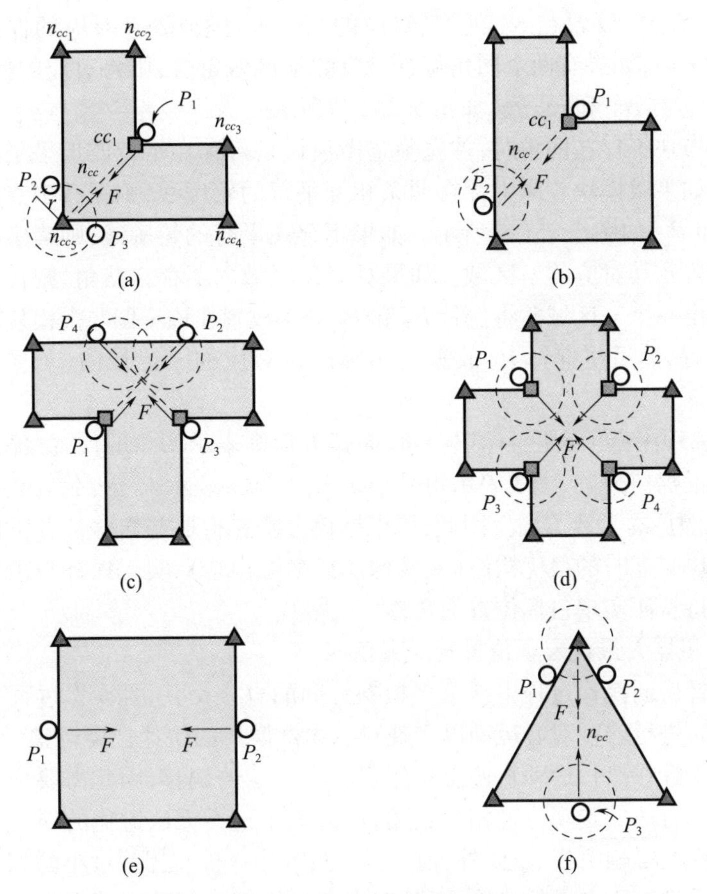

图 5.25　不同数量凹角的多边形微模块的夹取点

(a)凹角数量 =1(保持力圆内有凸角);(b)凹角数量 =1(保持力圆内无凸角);

(c)凹角数量 >1(保持力圆内无凹角);(d)凹角数量 >1(保持力圆内有凹角);

(e)凹角数量 =0(有平行轮廓);(f)凹角数量 =0(无平行轮廓)。

当微模块的凹角存在且仅有一个时,首先将第一根探针 P_1 与模块的夹持点设置在该凹角 cc_1 处,凹角处放置探针能有效对微模块两边轮廓同时施加机械力,其合力方向大致为该凹角的角平分线方向 n_{cc}。而后在 n_{cc} 反向延长线与微模块轮廓相交处插入一个半径为 γ 的保持力圆用于平衡探针 P_1 处对微模块产生的机械力以此达到对该微模块稳定夹持的效果。如果此时存在凸角 n_{cc} 在保持力圆内，则在保持力圆与微模块轮廓的相交点位放置微探针 P_2 和 P_3，如图 5.25(a)所示；如若此时保持力圆内不存在凸角，则将微探针 P_2 放置在微模块与凹角角平分线延长线的交点处，如图 5.25(b)所示。

当微模块的凹角存在且不少于一个时，应先确定各个凹角所在的位置及其对应的半径为 γ 的保持力圆。如果所有凹角对应的 γ 区域内不存在任一个凹角，则将探针 P_1 放置在 cc_1 处，其对应的探针 P_2 则放置在对应的保持力圆内（图 5.25(c)）；如果有两个凹角位置对应的 γ 区域重叠，则将对应的探针 P_1 和 P_2 分别放置在 cc_1 和 cc_2 处（如图 5.25(d)所示）。

当微模块不存在凹角时，首先确定微模块是否存在平行或近乎平行的两条轮廓线。如果微模块轮廓中存在两条相互平行的轮廓线，则在其中点位置放置探针 P_1 和 P_2，如图 5.25(e)所示。如果不存在平行的轮廓线，则确定各个凸角所在的位置及其对应的 γ 区域。如果对应 γ 区域内不存在凸角，则在其中一个凸角处画出一个 γ 区域并将探针 P_1 和 P_2 分别放置在该 γ 圆与微模块边界相交的两个位置，然后将探针 P_3 放置在实际凸角对应的 γ 区域内（如图 5.25(f)所示）。

图 5.25 中三角形用于标识凸角，而正方形则表示凹角的位置，虚线圆表示半径为 γ 的保持力圆，虚线表示角平分线方向，箭头表示末端探针在夹持过程中机械力（合力）的大致方向。因此，可根据该方法在拾取与转移任务下确定多探针与微模块交互时的最优构态（双端构态或多端构态），实现探针与微模块的稳定接触夹持从而实现目标位置的转移。

2. 多机器人最优宏观位置相对夹角

多探针协同操作过程中涉及多根探针间的直接交互，且操作过程中存在多操作器同时进行宏观对心运动以实现对生物微模块的快速位姿调整[61]。然而，每个末端探针在执行运动轨迹补偿后仍存在一定的偏移，因此需要为多个微操作器间选择合适的宏观位置相对夹角，以此减小这类无法避免的误差对多探针协同微操作的影响[62-63]。此外，由于操作过程中微操作器间过小的相对夹角会导致操作中发生不必要的碰撞，而相对夹角过大则会导致末端探针与易损生物微模块交互时刺入模块内造成不必要的损伤而影响后续生物培养的完整性。因此，需要针对不同构态下的多个微操作器确定其间的最优宏观位置相对夹角。

首先，考虑微操作机器人自身的体积，经测量确定两个微操作器间的最小相对夹角应至少不小于 30°时才可避免发生相互碰撞干涉影响操作精度。即在多微操作器协同中的双端构态下，两个微操作机器人间的相对夹角应当保证至少不小于 30°；同理，三端构态下相距较远的两个微操作器间的相对夹角应保证至少不小于 60°，才可避免三个微操作机器人之间的两两碰撞。其次，由于每个微

操作器在运动过程中 Z 轴方向仍存在一定的偏移情况，两个微操作器在不同相对位置下的最大垂直偏移量不同，多操作同步宏观运动时探针间过大的垂直偏差量极有可能造成微模块的丢失。

如图 5.26 所示，为使多针协同过程中多针间的偏移差量最小以保证操作过程中生物微模块的平稳转移或快速位姿变换，分别选择 41°(0.715rad) 和 62°(1.082rad) 作为双端构态和三端构态下多机器人间的相对位置夹角。双端构态下，双操作器同时进行大跨度宏观对心运动，两个末端探针在相对夹角为 41°时运动轨迹的最大垂直偏移量约为 16μm；三端构态下，主要用于拾取的两侧操作器的末端探针在相对夹角为 62°时运动轨迹的最大垂直偏移量约为 18μm。通常情况下，在三维微组装任务中所用的不同尺寸、不同形状的生物微模块的厚度一般在 40μm 以上，在保证足够夹持力的情况下该种程度上的垂直偏移并不会对组装任务产生巨大的影响。

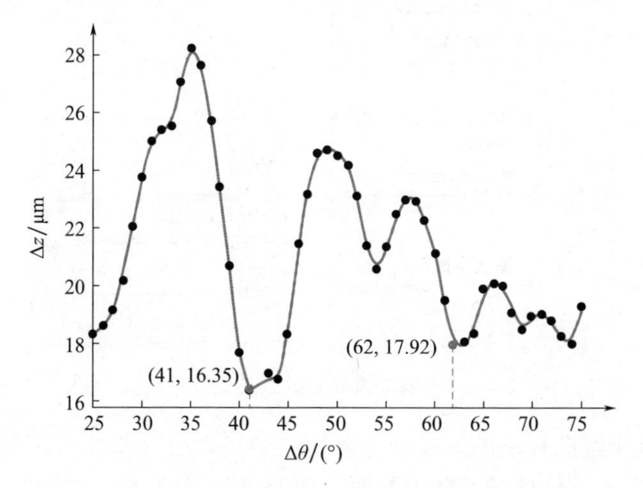

图 5.26　两个微操作器在不同相对角度下的末端轨迹最大垂直偏差情况

5.4　基于编队控制的末端构态重构

机器人编队是多机器人协作的基础，而编队控制是多微操作器末端构态重构的关键，多微操作机器人需满足以下三个基本原则[64]：避免与相邻微操作机器人发生碰撞；同一编队内多个微操作器的运行速度保持一致；同一编队内多个微操作器保持特定的距离。

如图 5.27 所示，为实现面向不同操作任务的多个微操作机器人的末端动态重构，主要分为以下几步。首先，根据操作任务及被操作对象确定当前所需的末端操作构态；其次，依照当前构态确定对应的人工势场并基于人工势场法使多个微操作器到达全局势能最小位置，从而形成特定所需的编队形状（末端构态）；然后，确定当前构态下的领导微操作器、跟随微操作器及其通信关系；最后，基于领导跟随法维持当前编队形状（末端构态），继而执行相应协同微操作。

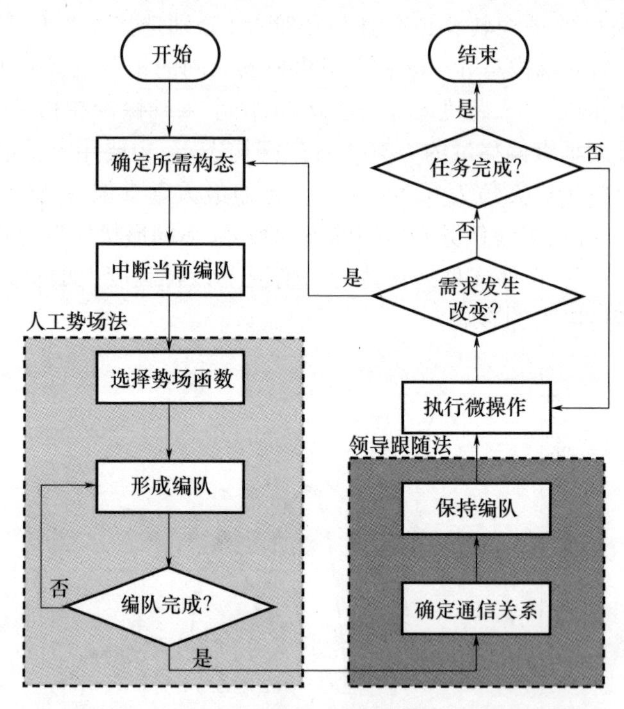

图 5.27　基于编队控制下的末端动态重构流程图

因此，基于编队控制的末端动态重构主要可以分为基于人工势场法的编队形成和基于领导跟随法的编队保持两大部分，该部分将在后面两节中进行阐述。下面首先说明不同构态下的拓扑结构及其邻接矩阵，便于后续的阐述。

5.4.1　不同构态的拓扑结构与邻接矩阵分析

多机器人协同是通过通信图进行相互联系的，通信图表明了各个节点（机器人）之间的信息流。在多机器人协同编队中，关注的点则是多机器人系统在通信网络链接下的行为和相互作用关系，其中通信网络被建模为与系统信息流相对应的无向图，编队中的每个机器人为无向图中的节点[65-66]。下面将对多机器人协同编队中必不可少的图论基本概念进行阐述。

对多机器人系统进行分析时，拓扑图是重要的数学工具之一，它能够表示机器人间的信息交换关系。为方便后续阐述，下面对拓扑图中的相关符号进行说明。一个无向图 $G=\{V,\varepsilon\}$ 由顶点集 V 和边集 ε 两个集合构成。其中顶点集

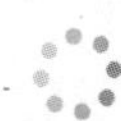

$V=\{n_i,\cdots,n_N\}$ 中的顶点表示同一编队内的微操作机器人，边集 $\varepsilon=\{(n_i,n_j)\in V\times V|\ n_i\sim n_j\}$ 反映了各个微操作器间是否存在通信关系。此外，$\boldsymbol{A}=[a_{ij}]\in R^{m\times m}$ 代表邻接矩阵，其中 a_{ij} 的定义如下：

$$a_{ij}=\begin{cases}1, & (n_i,n_j)\in\varepsilon\\0, & (n_i,n_j)\notin\varepsilon\\0, & i=j\end{cases} \tag{5-27}$$

如图 5.28 所示，用蓝色小圆圈代表导轨上不同数量的微操作机器人，用黄色线段表示各微操作器间的通信关系，而相互通信的多个微操作器将保持特定夹角（或距离）以形成特定的编队使其多探针形成一个用于执行不同操作任务的整体末端执行器。多探针末端构态及多微操作器间的通信关系发生改变时，其拓扑图可直观地显示出具体信息，下面将针对不同构态的拓扑结构进行分析得到对应的邻接矩阵 $\boldsymbol{A}$。

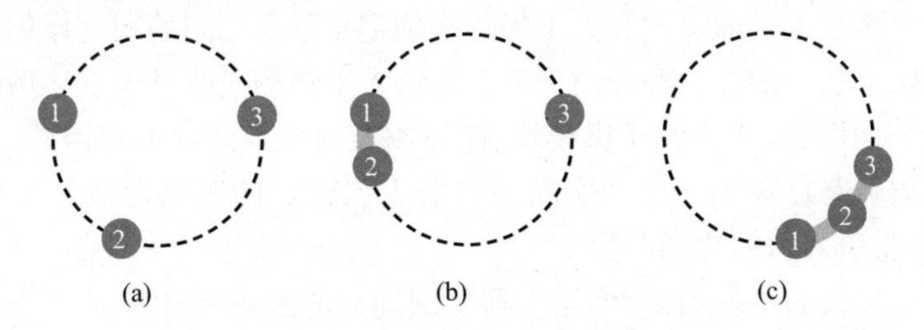

图 5.28　不同构态下的拓扑模型分析
（a）单端构态；（b）双端构态；（c）三端构态。

单端构态下，各个微操作器间仅关注各自的操作任务，不存在相互通信。因此，单端构态下的邻接矩阵 $\boldsymbol{A}_1$ 表示如下：

$$\boldsymbol{A}_1=\begin{bmatrix}0&0&0\\0&0&0\\0&0&0\end{bmatrix} \tag{5-28}$$

双端构态下，选择两个相邻的微操作器使其末端探针形成一个整体的末端执行器从而形成编队。此时，编队内的两个微操作器间存在通信关系，而与其他微操作器并无实质性通信。因此，双端构态下的邻接矩阵 $\boldsymbol{A}_2$ 表示如下：

$$\boldsymbol{A}_2=\begin{bmatrix}0&1&0\\1&0&0\\0&0&0\end{bmatrix} \tag{5-29}$$

多端（N 端）构态下，同一编队内 N 个微操作机器人互相存在着通信，使微操作器间保持特定的夹角（或距离）从而形成一个多端构态的末端执行器。在此以三端构态为例，其邻接矩阵 $\boldsymbol{A}_3$ 表示如下：

$$\boldsymbol{A}_3 = \begin{bmatrix} 0 & 1 & 0 \\ 1 & 0 & 1 \\ 0 & 1 & 0 \end{bmatrix} \tag{5-30}$$

5.4.2 基于人工势场法的多微操作器运动

多机器人的编队控制是从动物群体的行为中受到启发而来的。自然界中的动物群依照自身的需求井然有序地形成各式各样的队形,并在个体之间保持一定的距离,在运动过程中保证不发生碰撞的同时能够快速到达目的点[67]。总的来说,它们的行为满足以下几个规律:个体间的距离太近时,相互排斥;个体间的距离太远时,相互吸引;个体间的距离合适时,相互基本不影响;个体间距离过远时,相互影响较小或不影响。

为了在机器人微操作中模拟类似的群体性行为,学者们进行了大量的研究,其中涉及最多的还是通过定义人工势场来确定机器人之间的相互作用力以实现特定的编队形状。前面已经介绍了基于传统人工势场或改进人工势场的微模块的路径规划问题,其中涉及了微模块、障碍物及目标点之间的势函数,主要用于微模块的避障路径规划。而为实现多机器人以特定的距离形成特定形状的编队,本小节将引入新的势场函数。

由于受导轨的机械约束,微操作器的圆周对心宏观运动势必会造成末端执行器姿态的改变,且宏观位置 θ 与末端执行器的姿态之间存在映射函数。因此,仅需通过控制多个微操作器间的相对距离 Δd(或相对夹角 $\Delta\theta$)以实现特定形状(构态)的编队,从而产生了一个基于相对距离 Δd 的势能函数。

针对导轨微操作机器人系统,这个新的势能函数需具备以下几个特征:为避免多个微操作器之间发生相互碰撞,当微操作器之间的相对距离大于期望距离时,微操作器相互吸引靠近;而当相对距离小于期望距离时,微操作器相互排斥远离;应保证同一编队内的多个微操作器在期望位置处时,既不相互吸引也不相互排斥,其合力为零;势场函数的极小值点必须位于多机器人的期望相对距离,以保证多微操作器达到期望的位置,以此形成特定的构态。

1. 微操作器的运动模型

二维空间中运动的机器人通常用二次积分模型来表示:

$$\ddot{r} = \frac{u}{m} \tag{5-31}$$

因此,单个微操作机器人可以表示为

$$\begin{cases} \dot{r}_i = v_i \\ m_i \dot{v}_i = u_i \end{cases} \tag{5-32}$$

式中：r_i、v_i、m_i、u_i 分别表示第 i 个微操作器的位置、速度、质量和控制输入。

假设微操作器的质量为单位质量且可看作为质点，由于微操作器在导轨上做宏观圆周运动，微操作的运动轨迹为一个半径大小为导轨半径的圆，则第 i 个微操作器的平面位置坐标可在极坐标系下表示为 $\boldsymbol{M}_i(R,\theta_i)$，其中 R 为导轨半径，θ 与第 i 个微操作器在导轨上的宏观位置有关。因此，式(5－32)还可以表示为

$$\begin{cases}\dot{\theta}_i = \omega_i \\ \dot{\omega}_i = u_i\end{cases} \tag{5－33}$$

2. 基于人工势场法的编队控制

为形成所需编队形状（末端构态），通过人工势场法产生多个微操作机器人间的相互吸引力和排斥力以减少微操作器间的速度差异，同时调整它们彼此间距使得全局势能最小，从而使整个微操作机器人系统移动到期望的位置并形成所需的末端构态。

为实现该行为，采用的控制方程如下：

$$u_i = u_i^{\alpha} + u_i^{\beta} + u_i^{\gamma} \tag{5－34}$$

其中

$$u_i^{\alpha} = -\sum_{j=1}^{N} k_{\alpha}\tanh(\omega_i - \omega_j) \tag{5－35}$$

表示速度一致项，该项使编队内各个微操作器的速度趋于一致；

$$u_i^{\beta} = -\sum_{j=1}^{N} \nabla V_{ij}(\theta_i,\theta_j) \tag{5－36}$$

表示编队形成项，该项使编队内微操作器形成期望的编队队形，即微操作器间保持特定的相对夹角；

$$u_i^{\gamma} = -k_{\gamma}\tanh(\theta_a - \theta_g) \tag{5－37}$$

表示目标位置项，该项使整个编队到达目标点位置。

式中：k_{α} 和 k_{γ} 为控制器的调节系数；ω_i 和 θ_i 为第 i 个微操作器的角速度和位置；V_{ij}为人工势场函数；θ_{a} 和 θ_{g} 分别表示各个微操作器的平均位置和整个编队的目标点位置。

由于电机产生的力是有限的，不可能趋近于无穷大，即微操作机器人产生的力是有界的。因此，使用 tanh 函数来约束速度一致项和目标位置项。此外，构造的势能函数在保证其力的有界性的同时，需要满足以下要求：当两个微操作器的相对夹角 θ_{ij}大于期望的夹角 θ_{d} 时，两者之间产生引力；当两个微操作器的相对夹角 θ_{ij}小于期望的夹角 θ_{d} 时，两者之间产生斥力；当两个微操作器的相对夹角 θ_{ij}等于期望的夹角 θ_{d} 时，两者之间不产生力，即保持现有的编队。

因此,构造的势场函数为

$$V_{ij}(\theta_i,\theta_j)=k_\beta \ln[\cosh(|\theta_{ij}|-\theta_d)] \tag{5-38}$$

则

$$u_i^\beta=-\sum_{j=1}^{N}\nabla V_{ij}(\theta_i,\theta_j)=-k_\beta \tanh(|\theta_{ij}|-\theta_d) \tag{5-39}$$

式中:θ_d 为固定值,与微操作器的所需构态相关,在前面已做详细阐述。

当所需构态为双端构态时,$\theta_d=0.715\text{rad}$;当所需构态为三端构态时,$\theta_d=1.082\text{rad}$。

如图 5.29 所示,在 $|\theta_{ij}|\to 0$ 时,势场函数及其势场力均有界,此时编队内的微操作器之间产生相互排斥的作用力,微操作器相互远离;直到 $|\theta_{ij}|$ 增大到期望的夹角 θ_d 时,编队内的微操作器之间不存在相互作用力,微操作器间保持当前距离;当 $|\theta_{ij}|$ 继续增大时,编队内的微操作器之间产生相互吸引的作用力,微操作器相互靠近。

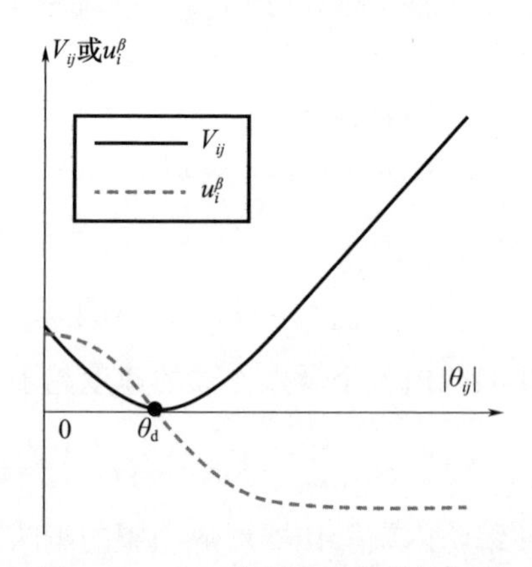

图 5.29　人工势场函数及其势场力

3. 仿真实验与分析

在理论仿真实验中,为验证基于人工势场法的多微操作器编队形成的可行性,本文通过设置不同初始位置下的微操作器,以确定该控制律在不同构态下的收敛性及可靠性。

为验证微操作器能否在人工势场法下实现自主编队行为完成单端构态到双端构态或单端构态到三端构态的转变,需要将不同微操作器的初始位置设置为 $[0,11\pi/6]$ 范围内的随机数,初始速度为 0,并记录不同微操作器在基于人工势场法控制下的角速度和相对夹角的变化情况。

图 5.30 展示了微操作器从单端构态到双端构态的自主切换情况。图(a)和(b)中随机选取的两个微操作器的位置点为 $\theta=[2.5,1.2]$,即初始位置下两个微操作器的相对夹角 $\Delta\theta_0$ 约为 75°。由于当前初始位置下的相对夹角 $\Delta\theta_0$ 远大于期

望夹角 θ_d，微操作器间存在较大的“引力”，因而在运动前期微操作器的整体加速度较大使得两者的相对夹角迅速减小；当两者间的相对夹角 $\Delta\theta$ 逐渐趋近于期望夹角 θ_d 时，“引力”逐渐减小，微操作器的角速度逐渐趋近于 0，此时相对夹角趋近于 41°。在该初始夹角下，操作器从单端构态转变为双端构态的编队完成时间大约为 5s。图(c)和(d)为随机选取的另一组位置点 $\theta=[5.3,1.0]$ 下的双端构态自主编队运动情况。相较于前一组位置点，该组初始相对夹角较大致使初始条件下两个微操作器间的引力明显强于第一组。因此在加速阶段下，两个微操作器的最高角速度可高达 0.4rad/s，明显高于第一组的 0.25rad/s。同样地，随着两个操作器的相对夹角逐渐减小，引力逐渐减小，微操作器的速度逐渐趋近于 0，相对夹角逐渐趋近于期望夹角，最终达到期望编队形状的时间约为 8s。在不同初始相对夹角下，微操作器均能在相对平稳的运动速度下实现特定时间内的单端构态到双端构态的自主切换，从侧面反映了该控制率在单端到双端构态切换下的收敛性。

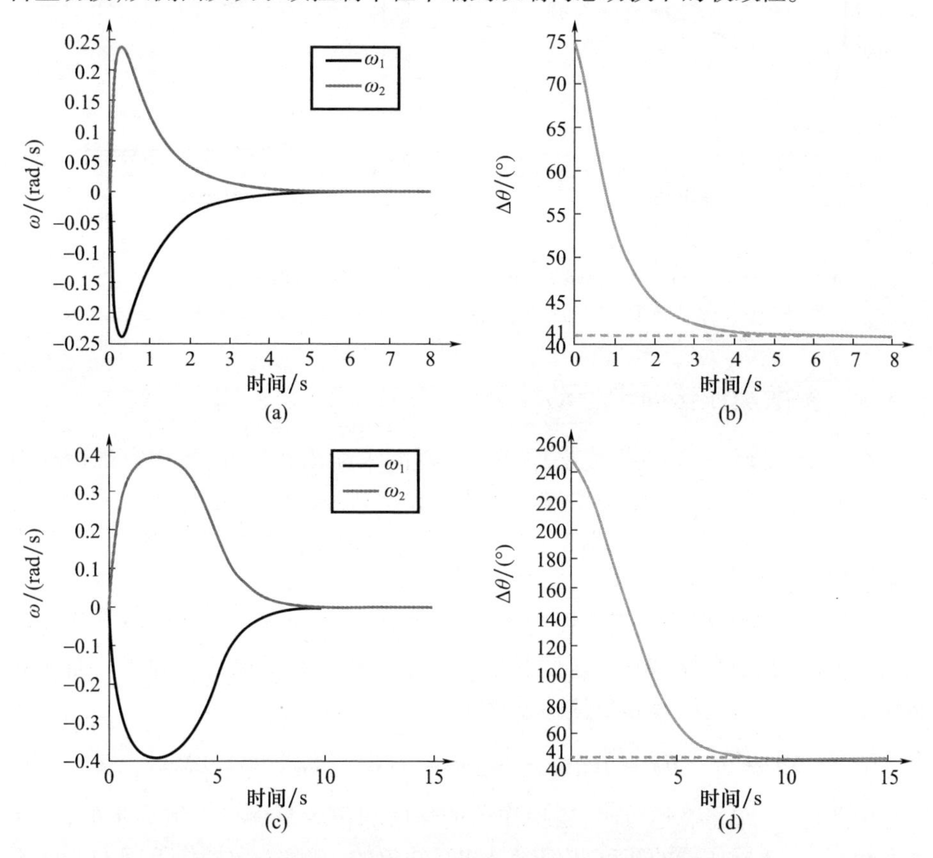

图 5.30　不同初始相对夹角下的双端构态自主编队形成过程

(a) $\Delta\theta_0\approx75°$时，角速度变化情况；(b) $\Delta\theta_0\approx75°$时，相对夹角变化情况；

(c) $\Delta\theta_0\approx250°$时，角速度变化情况；(d) $\Delta\theta_0\approx250°$时，相对夹角变化情况。

如图 5.31 所示,为验证微操作器从单端构态到三端构态的自主切换,随机选取的三个微操作器的位置点为 $\theta=[3.2,2.5,1.5]$,即初始位置下三个微操作器的相对夹角 $\Delta\theta_{12}\approx40°$、$\Delta\theta_{23}\approx57°$和 $\Delta\theta_{13}\approx97°$。三个微操作器依靠人工势场下产生的引力作用均向目标点位置移动并形成三端构态。前期由于相对夹角较大,微操作器均在较大加速度下互相靠拢而使其相对夹角迅速减小;后期角速度逐渐趋近于 0 时微操作器总体形成期望编队队形,初始相对夹角下形成期望的三端构态的时间约为 4s。

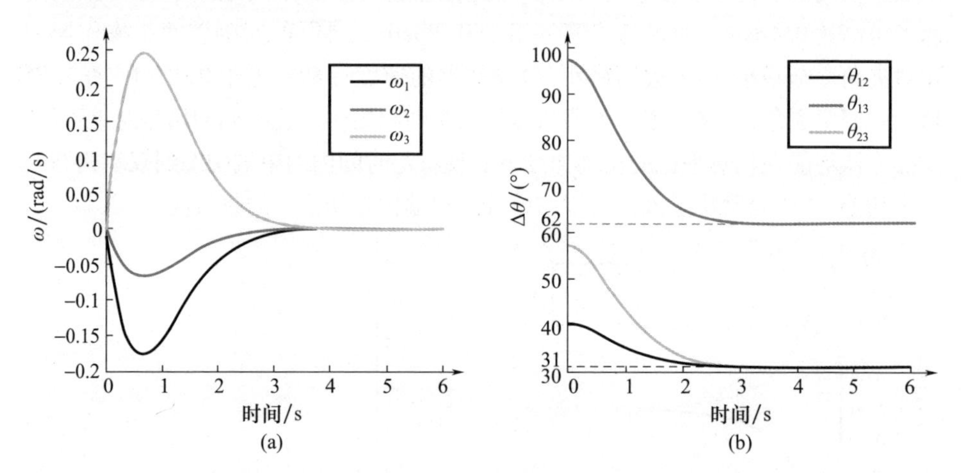

图 5.31　人工势场法下的三端构态自主编队形成过程

(a) $\Delta\theta_0\approx75°$时,角速度变化情况;(b)微操作器的夹角变化情况。

5.4.3　多微操作器同步运动控制

在多个微操作机器人形成操作任务所需的末端构态后,需要在宏观运动中维持当前编队形状,即实现多微操作器的同步运动,而每个微操作机器人的宏观运动仅由单个直流电机驱动实现[68-69]。因此,多微操作器的同步运动仅涉及多电机的同步控制问题。

在导轨微操作机器人系统协同过程中,微操作器的宏观运动仅由直流电机驱动。因此,各个微操作器的速度和位置在稳态和瞬态应保持双同步。而在同步控制系统中,角速度差和角位移差存在以下关系:

$$\Delta\theta=\theta_1-\theta_2=\int\omega_1\mathrm{d}t-\int\omega_2\mathrm{d}t=\int(\omega_1-\omega_2)\mathrm{d}t=\int\Delta\omega\mathrm{d}t \quad (5-40)$$

由此可知,在稳态运行时,微操作器的速度和位置是保持一致同步的;而在动态运行时,微操作器的速度和位置是相互约束的。例如,微操作器间的速度不同步势必会引起其位置的不同步,而位置的不同步则要求微操作器的速度发生改变以达到期望位置。

1. 基于领导跟随法的控制器设计

结合人工势场法可以实现微模块的路径规划及多微操作器编队的形成，本节依然采用基于人工势场法来实现多微操作器的同步运动控制。如图5.32所示，在多个微操作器中，首先选择一个作为“领导者”，其余作为“跟随者”；将形成编队后的微操作器的电机当前位置记录为各自的零位，并将领导者的转角位置作为跟随者的跟随目标。当跟随者的转角位置相较领导者落后（或超前）时，跟随者在引力（或斥力）作用下加速（或减速）从而保证其与领导者转角位置的同步性与一致性；在多微操作器达到稳态运行后，领导者与跟随者间引力与斥力达到平衡，实现预期的同步状态。

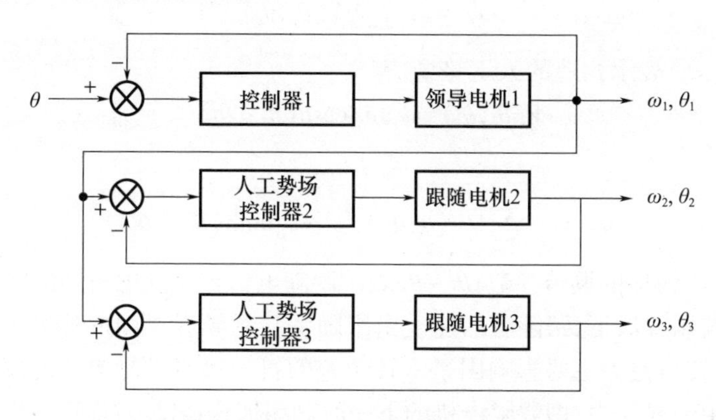

图5.32　基于人工势场法的同步控制框架

为实现该同步行为，我们沿用基于人工势场法形成编队的控制律并进行相应的修改。相较编队形成中的无领导状态，同步运动控制中微操作间存在着一定的领导与跟随关系。如图5.33所示，其中M_0为领导电机，M_1和M_2为跟随电机，箭头表示各电机间的通信方向。在该通信关系下，跟随电机受到领导电机虚拟力，而领导电机不受跟随电机的影响，跟随电机在引导下达到与领导电机的同步状态，从而实现电机运动的同步性和一致性。

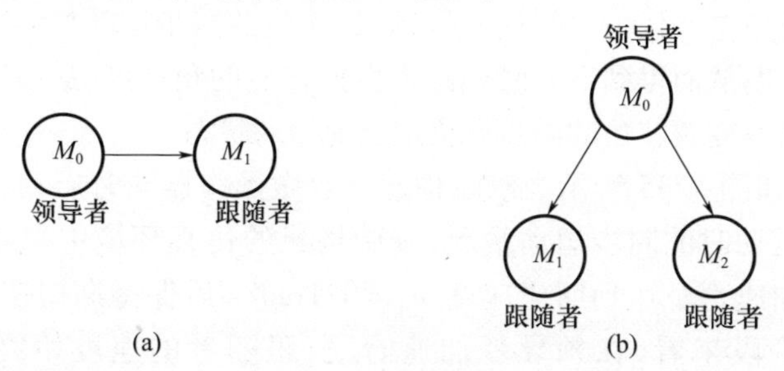

图5.33　人工势场控制下的电机关系图

（a）双端构态下电机的通信关系；（b）三端构态下电机的通信关系。

这里设计的基于人工势场法的同步运功控制器如下：

$$u_f = u_f^{\alpha} + u_f^{\beta} \tag{5-41}$$

式中：u_f^{α} 表示速度一致项，可实现跟随者与领导者角速度的一致性，即

$$u_f^{\alpha} = -\sum_{j=1}^{N} k_{\alpha}\tanh(\omega_f - \omega_l) \tag{5-42}$$

式中：k_{α} 表示该项的调节参数；ω_l 和 ω_f 分别表示领导微操作器与跟随微操作器的角速度。

u_f^{β} 表示转角同步项，可实现跟随者与领导者转角位置的同步性，即

$$u_f^{\beta} = -\sum_{j=1}^{N} \nabla V(\theta_f, \theta_l) \tag{5-43}$$

式中：$V(\theta_f, \theta_l)$ 表示构造的人工势场，有

$$V(\theta_l, \theta_f) = k_{\beta}\ln[\cosh(\theta_f - \theta_l)] \tag{5-44}$$

则

$$u_f^{\beta} = -\sum_{j=1}^{N} \nabla V(\theta_f, \theta_l) = -k_{\beta}\tanh(\theta_f - \theta_l) \tag{5-45}$$

式中：k_{β} 表示该项的调节参数；$\theta_f - \theta_l$ 表示跟随电机与领导电机间的转角差。

在该控制方法下，跟随者的速度由跟随者与领导者之间的速度差及转角差决定，其中转角差为主要影响因素。转角差的符号决定领导电机对跟随电机产生的力为引力或斥力，即跟随电机的下一时刻为加速运动或减速运动，直至跟随微操作器的转角与速度均达到领导微操作器的同步状态后，所有微操作器进入稳态运动。

2. 仿真实验与分析

本小节对前面涉及的基于人工势场法的多微操作器同步运动控制方法进行验证，以确定不同构态下的微操作器的同步性及稳定性是否满足要求。如图 5.34 所示，由于领导微操作器不受其他跟随微操作器的影响，直接输入领导微操作器速度变化曲线，计算各个时刻下的跟随微操作器与领导微操作器之间的速度差及转角差并作为中间计算量，通过构建的同步运动控制律确定跟随微操作器的加速度从而得到下一时刻跟随微操作器的角速度，最后确定各个时刻多微操作器的速度及转角的同步性决定当前运动状态。

情况一：如图 5.35 所示为双端构态下双微操作器同时启动且到达期望速度进入稳态运动时的同步运动情况，其中构建的仿真环境中领导者的速度经过初期线性加速直至达到期望速度 $\omega_d = 0.1\text{rad/s}$ 后保持期望速度匀速运动。从整个运动阶段来看，在领导者加速阶段，跟随者的速度始终落后于领导者，造成领导者与跟随者之间的转角差不断增大；而不断增大的转角差使得跟随者在领导者进入期望速度后仍处于加速运动以实现转角位置的同步；

而后因过高的角速度引发斥力作用,跟随者减速同时收敛至领导者的速度以实现多微操作器的速度一致性。在双端构态下的同步运动中,多微操作器在1s内即达到速度与转角运动的同步状态,且运动过程中在导轨上的最大转角差约为0.23°,对末端执行器的运动同步性和操作一致性几乎无任何影响。

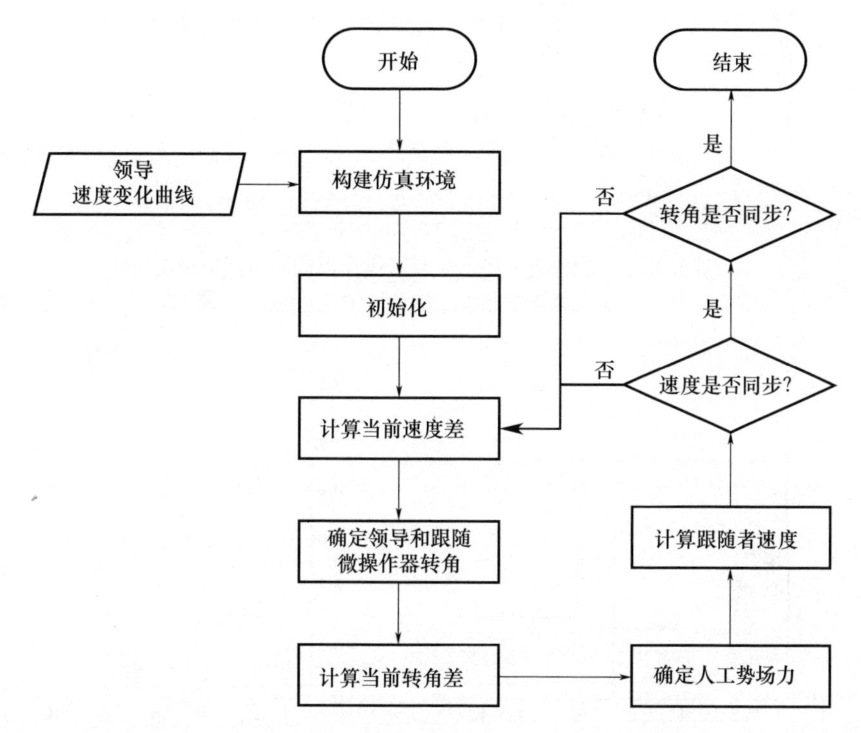

图5.34　基于人工势场法的同步运动控制仿真流程图

情况二:如图5.36所示为双端构态下双微操作器同时启停的多电机同步运动情况,其中领导者初期以加速运动直至期望速度,到中期的匀速运动,再到后期的减速运动直至停止。由于启动时的整体仿真结果与图5.35一致,该仿真结果中我们仅关注领导微操作器减速至停止运动的阶段跟随微操作器的同步运动情况。随着领导者的速度不断减小,跟随者为保持与领导者的速度一致性也做减速运动,而其中不可消除的速度差让跟随者与领导者之间在导轨上的相对夹角不断发生变化;而后为实现转角位置的同步性,领导者对跟随者产生一定的作用力使得跟随电机的速度逐渐趋近零的同时转角差也趋近于0,实现速度与转角位置的同步性与一致性。整个同步运动过程中,最大转角差约为0.21°,且整体跟踪误差能在1s内收敛至0,满足微操作过程中的宏观运动精度要求。

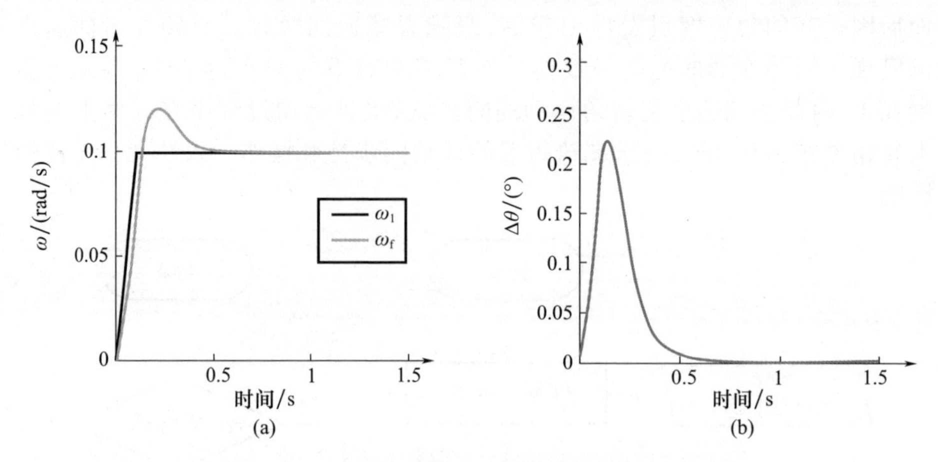

图 5.35　启动并进入稳态时双微操作器的同步运动情况

(a)角速度变化情况;(b)转角差变化情况。

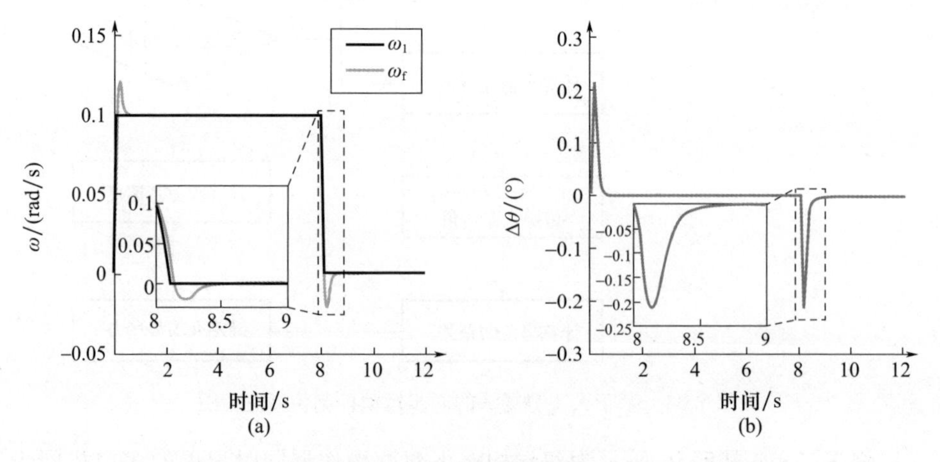

图 5.36　完整启停动作下的双微操作器的同步运动情况

(a)角速度变化情况;(b)转角差变化情况。

从上述的仿真结果来看,双端构态下基于人工势场法的多微操作器同步运动中的最大转角差较小(约为 0.2°)且跟随微操作器与领导微操作器运动收敛至同步状态的整体时间较短(不到 1s)。在导轨的引导作用下,这种程度上的转角误差并不会引发致命性的微操作错误(如夹持过松导致的微模块掉落或过紧造成的微模块破碎等),总体在微操作过程中末端执行器能保持较为良好的运动一致性及同步性。

情况三:由于三端构态下的多微操作器同时启停的同步运动仍然是跟随者与领导者的直接交互,与双端构态下的情况一和情况二类似,在此不做赘述。如图 5.37 所示为仿真多微操作器在稳态运动下受到干扰造成宏观位置上存在一

定的转角误差后多微操作器的运动情况。假设受到干扰前所有微操作器均达到期望速度 $\omega_d = 0.1\text{rad/s}$，而受到干扰后造成了多微操作器间的转角不同步，跟随微操作器与领导微操作器间的初始转角误差为 0.5°和 −1°。由仿真结果可知，初始状态下存在的转角误差势必会引起各个跟随微操作器的速度变化以达到转角的同步性，整个构态中的微操作器在受到干扰后的 2s 内即可达到完全同步状态，而由于微操作器的整体宏观运动速度较慢，在达到同步状态前的调整阶段内并不会造成微操作器间的碰撞或分散。

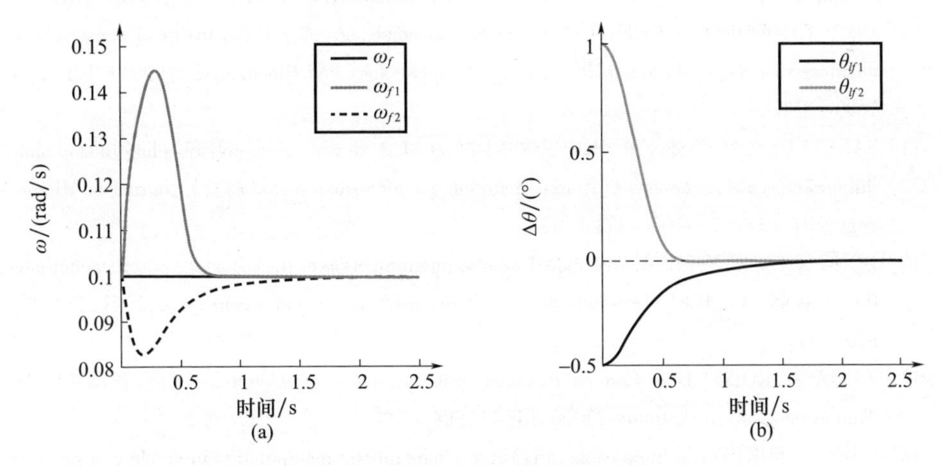

图 5.37　存在初始转角误差时多微操作器的同步运动情况

(a)角速度变化情况；(b)转角差变化情况。

参考文献

[1] MA S, ZHANG X, DANG D, et al. Dynamic characterization of single cells based on temporal cellular mechanical properties[J]. IEEE Transactions on Nano Bioscience, 2021.

[2] KASAI Y, SAKUMA S, ARAI F. Isolation of single motile cells using a high speed picoliter pipette[J]. Microfluidics and Nanofluidics, 2019, 23(2): 1 − 9.

[3] WEN Y, LU H, SHEN Y, et al. Nanorobotic manipulation system for 360° characterization atomic force microscopy[J]. IEEE Transactions on Industrial Electronics, 2020, 67(4): 2916 − 2924.

[4] DONG X, SONG P, WANG X, et al. Robotic prototyping of paper − based field − effect transistors with rolled − up semiconductor microtubes[J]. IEEE/ASME Transactions on Mechatronics, 2021, 26(1): 427 − 436.

[5] WANG H, CUI J, ZHENG Z, et al. Assembly of RGD − modified hydrogel micromodules into permeable three − dimensional hollow microtissues mimicking in vivo tissue structures[J]. ACS Applied Materials & Interfaces, 2017, 9(48): 41669 − 41679.

[6] ZHANG Z, WANG X, LIU J, et al. Robotic micromanipulation: Fundamentals and applications [J]. Annual Review of Control, Robotics, and Autonomous Systems, 2019, 2(1): 181 - 203.

[7] MENCIASSI A, EISINBERG A, IZZO I, et al. From "macro" to "micro" manipulation: Models and experiments[J]. IEEE/ASME Transactions on Mechatronics, 2004, 9(2): 311 - 320.

[8] DAI C, ZHANG Z, LU Y, et al. Robotic manipulation of deformable cells for orientation control [J]. IEEE Transactions on Robotics, 2020, 36(1): 271 - 283.

[9] ZHANG X, LEUNG C, LU Z, et al. Controlled aspiration and positioning of biological cells in a micropipette[J]. IEEE Transactions on Biomedical Engineering, 2012, 59(4): 1032 - 1040.

[10] DU Y, GHODOUSI M, QI H, et al. Sequential assembly of cell - laden hydrogel constructs to engineer vascular - like microchannels[J]. Biotechnology and Bioengineering, 2011, 108(7): 1693 - 1703.

[11] SAKETI P, VON ESSEN M, MIKCZINSKI M, et al. A flexible microrobotic platform for handling microscale specimens of fibrous materials for microscopic studies[J]. Journal of Microscopy, 2012, 248(2): 163 - 171.

[12] DONG X, SONG P, LIU X. Automated robotic microinjection of the nematode worm caenorhabditis elegans[J]. IEEE Transactions on Automation Science and Engineering, 2021, 18(2): 850 - 859.

[13] SAVIA M, KOIVO H N. Contact micromanipulation - survey of strategies[J]. IEEE/ASME Transactions on Mechatronics, 2009, 14(4): 504 - 514.

[14] SHEN Y, FUKUDA T. State of the art: Micro - nanorobotic manipulation in single cell analysis [J]. Robotics and Biomimetics, 2014, 1(1): 21.

[15] WANG H, SHI Q, YUE T, et al. Micro - assembly of a vascular - like micro - channel with railed micro - robot team - coordinated manipulation[J]. International Journal of Advanced Robotic Systems, 2014, 11(7): 115.

[16] LÓPEZ - WALLE B, GAUTHIER M, CHAILLET N. Principle of a submerged freeze gripper for microassembly[J]. IEEE Transactions on Robotics, 2008, 24(4): 897 - 902.

[17] WANG F, LIANG C, TIAN Y, et al. Design of a piezoelectric - actuated microgripper with a three - stage flexure - based amplification[J]. IEEE/ASME Transactions on Mechatronics, 2015, 20(5): 2205 - 2213.

[18] CHEN T, WANG Y, YANG Z, et al. A pzt actuated triple - finger gripper for multi - target micromanipulation[J]. Micromachines, 2017, 8(2): 33.

[19] MA S, ZHANG X, DANG D, et al. Dynamic characterization of single cells based on temporal cellular mechanical properties[J]. IEEE Transactions on Nano Bioscience, 2021.

[20] WEN Y, LU H, SHEN Y, et al. Nanorobotic manipulation system for 360° characterization atomic force microscopy[J]. IEEE Transactions on Industrial Electronics, 2020, 67(4): 2916 - 2924.

[21] HUANG G W, XIAO H M and FU S Y. Paper - based silver - nanowire electronic circuits with outstanding electrical conductivity and extreme bending stability[J]. Nanoscale, 2014, 6(15): 8495 - 8502.

[22] DONG L,ARAI F,FUKUDA T. Destructive constructions of nanostructures with carbon nanotubes through nanorobotic manipulation[J]. IEEE/ASME Transactions on Mechatronics, 2004,9(2):350 - 357.

[23] NAKAJIMA M,ARAI F,FUKUDA T. In situ measurement of young's modulus of carbon nanotubes inside a tem through a hybrid nanorobotic manipulation system[J]. IEEE Transactions on Nanotechnology,2006,5(3):243 - 248.

[24] CHAUMETTE F,HUTCHINSON S. Visual servo control. i. basic approaches[J]. IEEE Robotics and Automation Magazine,2006,13(4):82 - 90.

[25] KASHIWASE Y,IKEDA T,OYA T,et al. Manipulation and soldering of carbon nanotubes using atomic force microscope[J]. Applied Surface Science,2008,254(23):7897 - 7900.

[26] LIU Y,ZHANG Y,XU Q. Design and control of a novel compliant constant force gripper based on buckled fixed - guided beams[J]. IEEE/ASME Transactions on Mechatronics,2017,22(1):476 - 486.

[27] VENKATESAN V, SEYMOUR J, CAPPELLERI D J. Micro - assembly sequence and path planning using sub - assemblies[J]. Journal of Mechanisms and Robotics,2018,10(6).

[28] WASON J D,WEN J T,GORMAN J J,et al. Automated multiprobe microassembly using vision feedback[J]. IEEE Transactions on Robotics,2012,28(5):1090 - 1103.

[29] CHAUMETTE F,HUTCHINSON S. Visual servo control:Basic approaches[J]. IEEE Robotics and Automation Magazine,2006,13(4):82 - 90.

[30] XU Q,LI Y,XI N. Design,fabrication,and visual servo control of an xy parallel micromanipulator with piezo - actuation[J]. IEEE Transactions on Automation Science and Engineering, 2009,6(4):710 - 719.

[31] 董峰,孙立宁,汝长海．基于双目视觉的医疗机器人摆位系统测量方法[J]．光电子．激光,2014,25(05):1027 - 1034.

[32] MENG X,ZHANG H,SONG J,et al. Broad modulus range nanomechanical mapping by magnetic - drive soft probes[J]. Nature Communications,2017,8(1):1944.

[33] XIE H,RÉGNIER S. Development of a flexible robotic system for multiscale applications of micro/ - nanoscale manipulation and assembly[J]. IEEE/ASME Transactions on Mechatronics, 2011,16(2):266 - 276.

[34] ZHAO Q,SUN M,CUI M,et al. Robotic cell rotation based on the minimum rotation force [J]. IEEE Transactions on Automation Science and Engineering,2015,12(4):1504 - 1515.

[35] LIU X,SHI Q,WANG H,et al. Automated fluidic assembly of microvessel - like structures using a multimicromanipulator system[J]. IEEE/ASME Transactions on Mechatronics,2018, 23(2):667 - 678.

[36] JU T,LIU S,YANG J,et al. Apply rrt - based path planning to robotic manipulation of biological cells with optical tweezer[C]//2011 IEEE International Conference on Mechatronics and Automation. 2011:221 - 226.

[37] 于振中,闫继宏,赵杰,等．改进人工势场法的移动机器人路径规划[J]．哈尔滨工业大

学学报,2011,43(1):50 – 55.

[38] KHATIB O. Real – time obstacle avoidance for manipulators and mobile robots[C]//Proceedings. 1985 IEEE International Conference on Robotics and Automation,1985,2:500 – 505.

[39] WANG H,SHI Q,YUE T,et al. Micro – assembly of a vascular – like micro – channel with railed microrobot team – coordinated manipulation[J]. International Journal of Advanced Robotic Systems,2014,11(7):115.

[40] CAPPELLERI D J,FU Z,FATOVIC M. Caging for 2D and 3D micromanipulation[J]. Journal of Micro – Nano Mechatronics,2012,7(4):115 – 129.

[41] RU C,ZHANG Y,SUN Y,et al. Automated four – point probe measurement of nanowires inside a scanning electron microscope[J]. IEEE Transactions on Nanotechnology,2011,10(4):674 – 681.

[42] ZHAO X,CUI M,ZHANG Y,et al. Robotic precisely oocyte blind enucleation method[J]. Applied Sciences,2021,11(4):1850.

[43] LIU S,LI Y F,WANG X W. A novel dual – probe – based micrograsping system allowing dexterous 3 – D orientation adjustment[J]. IEEE Transactions on Automation Science and Engineering,2020,17(4):2048 – 2062.

[44] WANG W,LIU X,SUN Y. Contact detection in microrobotic manipulation[J]. The International Journal of Robotics Research,2016,26(8):821 – 828.

[45] AVCI E,OHARA K,NGUYEN C,et al. High – speed automated manipulation of microobjects using a two – fingered microhand[J]. IEEE Transactions on Industrial Electronics,2015,62(2):1070 – 1079.

[46] SHANG W,REN H,ZHU M,et al. Dual rotating microsphere using robotic feedforward compensation control of cooperative flexible micropipettes[J]. IEEE Transactions on Automation Science and Engineering,2020,17(4):2004 – 2013.

[47] Gauthier M,Régnier S,Rougeot P,et al. Analysis of forces for micromanipulations in dry and liquid media[J]. Journal of Micromechatronics,2006,3(3):389 – 413.

[48] GHAEMI R,TONG J,GUPTA B P,et al. Microfluidic device for microinjection of Caenorhabditis elegans[J]. Micromachines,2020,11(3):295.

[49] ZHANG X,LEUNG C,LU Z,et al. Controlled aspiration and positioning of biological cells in a micropipette[J]. IEEE Transactions on Biomedical Engineering,2012,59(4):1032 – 1040.

[50] LÓPEZ – WALLE B,GAUTHIER M,CHAILLET N. Principle of a submerged freeze gripper for microassembly[J]. IEEE Transactions on Robotics,2008,24(4):897 – 902.

[51] WANG F,LIANG C,TIAN Y,et al. Design of a piezoelectric – actuated microgripper with a three – stage flexure – based amplification[J]. IEEE/ASME Transactions on Mechatronics,2015,20(5):2205 – 2213.

[52] WANG F,LIANG C,TIAN Y,et al. Design and control of a compliant microgripper with a large amplification ratio for high – speed micro manipulation[J]. IEEE/ASME Transactions on Mechatronics,2016,21(3):1262 – 1271.

[53] ZHANG Y, CHEN B K, LIU X, et al. Autonomous robotic pick - and - place of microobjects [J]. IEEE Transactions on Robotics, 2010, 26(1): 200 - 207.

[54] CHEN T, CHEN L, SUN L, et al. Design and fabrication of a four - arm - structure mems gripper[J]. IEEE Transactions on Industrial Electronics, 2009, 56(4): 996 - 1004.

[55] FEARING R S. Survey of sticking effects for micro parts handling[C]//Proceedings 1995 IEEE/RSJ International Conference on Intelligent Robots and Systems. Human Robot Interaction and Cooperative Robots, 1995, 2: 212217.

[56] BÖHRINGER K F, FEARING R S, GOLDBERG K Y. Microassembly[J]. Handbook of Industrial Robotics, 1999: 1045 - 1066.

[57] ROUGEOT P, REGNIER S, CHAILLET N. Forces analysis for micro - manipulation[C]//2005 International Symposium on Computational Intelligence in Robotics and Automation, 2005: 105 - 110.

[58] JU T, LIU S, YANG J, et al. Apply rrt - based path planning to robotic manipulation of biological cells with optical tweezer[C]//2011 IEEE International Conference on Mechatronics and Automation, 2011: 221 - 226.

[59] CAPPELLERI D J, FATOVIC M, FU Z. Caging grasps for micromanipulation and microassembly[C]//2011 IEEE/RSJ International Conference on Intelligent Robots and Systems, 2011: 925 - 930.

[60] BROWN E, RODENBERG N, AMEND J, et al. Universal robotic gripper based on the jamming of granular material[J]. Proceedings of the National Academy of Sciences, 2010, 107(44): 18809 - 18814.

[61] ROUGEOT P, REGNIER S, CHAILLET N. Forces analysis for micro - manipulation[C]//2005 International Symposium on Computational Intelligence in Robotics and Automation, 2005: 105 - 110.

[62] KOSUGE K, HIRATA Y, ASAMA H, et al. Motion control of multiple autonomous mobile robots handling a large object in coordination[C]//Proceedings 1999 IEEE International Conference on Robotics and Automation (Cat. No. 99CH36288C), 1999, 4: 2666 - 2673.

[63] SUGAR T, KUMAR V. Multiple cooperating mobile manipulators[C]//Proceedings 1999 IEEE International Conference on Robotics and Automation (Cat. No. 99CH36288C), 1999, 2: 1538 - 1543.

[64] REYNOLDS C. Flocks, herds, and schools: A distributed behavioral model[J]. ACM SIGGRAPH Computer Graphics, 1987, 21: 25 - 34.

[65] FINK J, HSIEH M A, KUMAR V. Multi - robot manipulation via caging in environments with obstacles[C]//2008 IEEE International Conference on Robotics and Automation, 2008: 1471 - 1476.

[66] 刘青正,段长超,韩震宇,等. 双电机同步运动控制器的设计与实现[J]. 制造业自动化,2020,42(06):103 - 106.

[67] NIAN X, DENG Z. Robust synchronization controller design of a two coupling permanent mag-

net synchronous motors system[J]. Transactions of the Institute of Measurement and Control, 2014,37(8):1026 – 1038.

[68] GAO D C,HE F. Fuzzy coordinated control for multi – motor drive system[J]. Applied Mechanics and Materials,2014,631 – 632:676 – 679.

[69] 牛满岗. 基于人工势场的多电机同步控制及其应用研究[D]. 长沙:湖南工业大学,2015.

第6章

基于光致电沉积的人工微组织组装技术

6.1 概　　述

在组织工程领域,多细胞三维(3D)组织在新药试验中具有广阔的应用前景,也可作为器官或组织再生的活性支架[1-2]。虽然自20世纪50年代以来,许多类型的细胞可从活组织中分离出来并进行组织工程培养,但这些细胞培养通常是在二维(2D)条件下进行的[3-4]。在自然界中,大部分组织都是由重复的功能性多细胞微组织单元整合而成,如肾小管、肌纤维、肝小叶等,这就需要一个3D立体的框架,它不仅要提供结构完整性,还要指导形成组织边界,隔离特定的微环境。在传统的组织构建策略中,自上而下的方法通常使用带有机械刺激、生物因素的细胞涂层和可生物降解的支架来指导细胞或组织的生长[5]。尽管对支架制备和生长因子的研究取得了进展,但自上而下的方法很难模拟生理微结构特征来指导组织形态的发生。因此,研究人员提出了自下而上的方法,设计具有特定结构特征的3D组织作为微模块,它可以组装成更大的组织,在微尺度上实现多细胞的空间分布、通信、连接和相互作用[6]。

为了重现人体细胞的形态和微环境,许多研究都集中在自下而上构建仿生模块化微结构的方法上[7]。目前,细胞包裹或涂层的微纤维、细胞薄膜、细胞集合体和微胶囊是模块化组织工程中最常见的结构。但这些微组织单元大多过于单一、结构简单,无法构建较为复杂的微环境和仿生微结构。在这些模块化组织结构中,微胶囊技术被广泛应用于胰腺、骨骼和肝小叶的微结构中,以开发仿生体外器官模型[8]。海藻酸盐(alginate)多聚赖氨酸(PLL)是目前应用最广泛的生物胶囊材料,它通过在海藻酸水凝胶表面结合PLL提供免疫保护和稳定的膜。然而,由于海藻酸水凝胶机械强度较低和弹性较差,传统的微型胶囊加工技术很难控制海藻酸凝胶的形状,这就限制了成型后微组织的血管化和构成更大空间几何结构的能力[9]。

为了实现组织的形态构造和功能化,应采用可满足可变形状的制作方法,形成具有任意形状的定制化的海藻酸盐-PLL微胶囊。已经有研究使用微流体、电泳和电沉积技术来制造具有预定形状的海藻酸盐微结构。然而,这些方法大多是依靠预先设计好的微流道或微电极来制造结构,在制造过程中不能改变形状[10-11]。因此,实时的形状变化制造技术对于模拟复杂的组织形态具有重要意义。

在模块化组织工程中,一旦创建了模块化的微组织,它们就需要被组装成具有特定微结构的更大的仿生组织。为了实现微组织的空间构造,研究人员开发了如堆叠[12]、生物打印[13]和磁场导向组装[14]等许多技术。此外,这些组装技术可并联运行,因此速度更快,成本更低[15]。双光子光刻作为一种先进的制备水凝胶的方法能够生产精确的三维结构,并已应用于组织工程和药物输送[16]。基于生物打印的微滴技术擅长制造复杂的三维显微结构,如三维肾脏,微滴技术还可以将细胞封装的水凝胶溶液沉积到接收基板上用于各种应用。但是,这些显微结构在打印过程中是固定的,不能重新配置[17]。一旦液滴喷射到错误的位置,在制造过程中是不可逆的。而且还有一些与生物打印相关的其他挑战到目前为止仍然需要被解决,如细胞的高剪切应力和喷嘴堵塞。为了克服这些挑战,引导组装方法已经被开发出来,包括磁性组装、微流体、声学和分子识别[18]。其主要目的是创造复杂的三维组织结构,并应用于组织再生和药物测试。由于具有稳定性好、易于操作等优点,可以将细胞封装在微凝胶的磁性组装技术已经在三维组织工程中得到了应用。细胞首先被嵌入含有磁性纳米粒子的微结构中,磁场随即作用于这些纳米粒子[19]。随后,应用磁场可以移动和组装微观结构。还有一些研究人员则专注于利用微型机器人制造含有磁性纳米颗粒的微模块,以操纵其他生物模块。尽管如此,磁性纳米颗粒的细胞毒性可能会影响组织结构的长期培养[20]。虽然这些技术可以有序地将微组织模块组装成空间几何形状,但大多数的组装策略都引入合成材料来连接和固定三维组织,而引入的人工物质对细胞有害,无法以自然的方式再生组织。在人体内,细胞间的所有连接都是由各种细胞及其分泌物提供的。因此,一种细胞自结合方法通过细胞分泌的细胞外基质(ECM)可以将排列整齐的微结构结合在一起,从而再现仿生微结构和细胞相互作用。

本章提出了一种基于光诱导电沉积(PIED)技术的实时可编程海藻酸盐微胶囊的制备方法,实现了利用细胞自结合技术进行三维组织模块化组装,如图6.1所示。可编程藻酸盐凝胶制备系统由铟锡氧化物(ITO)玻璃和光导酞菁氧钛(TiOPc)层组成,该层可以通过改变光照形状实时改变微结构的形状。此外,由多类型细胞组成的微组织可以模仿人体内环境。将肝细胞植入8齿齿轮内模拟肝小叶,采用数值模拟方法对海藻酸盐微胶囊的形状进行修饰。长时间培养后,用PLL和纤连蛋白(FN)修饰载细胞显微结构,附着成纤维细胞。通过测定白蛋白和尿素的分泌量,确定成纤维细胞与肝细胞的相互作用。在组装方式上,研究人员利用双机械手系统产生流体力来引导成纤维细胞包覆的模块化微组织实现空间内的连续排列和堆叠。为了提高流体装配效率，通过仿真摸索并优化了包括流体速度、操作器间距、操作器摆放角度等在内的装配参数，最终确定了一种既高效，成功率又高的装配参数组合[21-22]。通过培养成纤维细胞和分泌细胞外基质可以将微组织自结合在一起。成纤维细胞还有助于血管形成、构建营养和氧气供应系统，并模拟自然的生理系统。因此，通过对仿生微结构中肝细胞与成纤维细胞的共培养，增强肝细胞的生物功能，使三维组织结构与天然肝小叶相似。在未来，这些模块化组织制造和组装技术可以应用于许多其他重复性的组织建设。

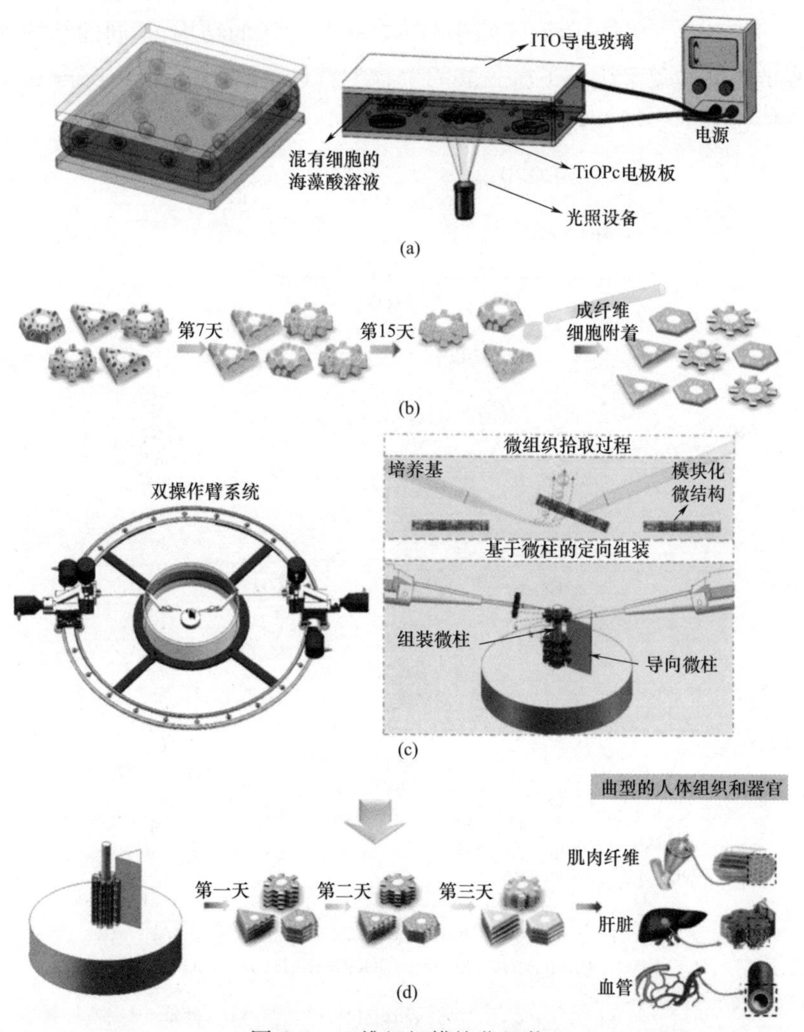

图6.1　三维组织模块化组装

(a)采用光电沉积法制备的含有细胞的微胶囊；(b)长时间培养嵌有细胞微胶囊和成纤维细胞附着过程；(c)由双机械手系统和微柱组成的基于微流体的微组织操作过程；(d)微组织自黏合形成三维多细胞微组织。

6.2 细胞化微胶囊设计与制造

6.2.1 海藻酸水凝胶材料

海藻酸的化学组成十分简单,由β - D - 甘露糖醛酸(简称 M 单元)与α - L - 古罗糖醛酸(简称 G 单元)藉 1,4 - 糖苷键连接[23]。在连接过程中会出现以下三种状况,即单一的 MMM 或 GGG 以及 MGGGMM 的 MG 混合交替物[24-25]。而 G 单元与 M 单元在分子中不同的比率决定了其分子的结构,不同的结构连同其所表现的不同构象又决定了海藻酸的生物学特性,由此显现出海藻酸在表现形式和功能性上的多样性[26],如图 6.2 所示。

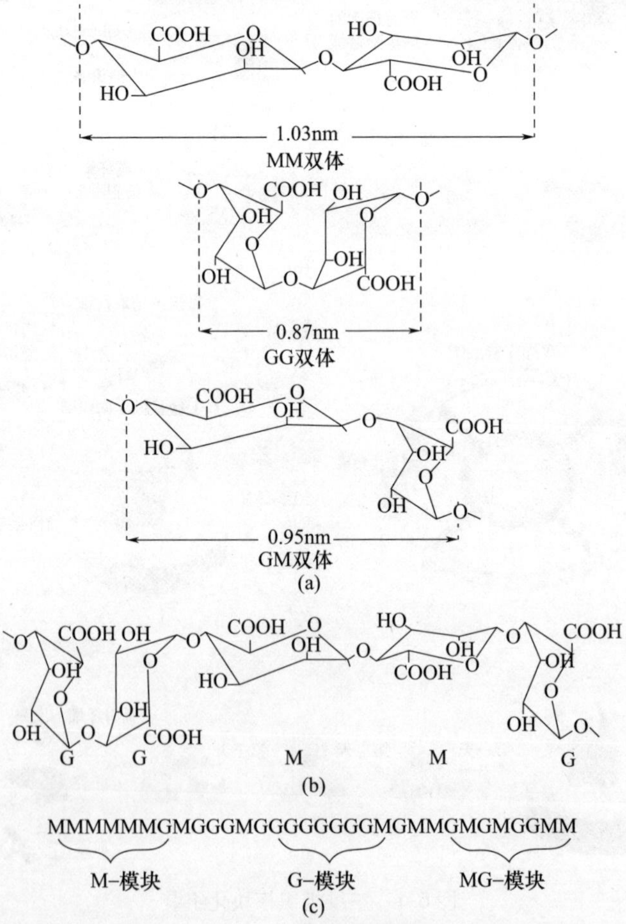

图 6.2 模块链序列

(a)MM GG 和 MG 双体结构的几何图;(b)双体链的构型;(c)M、G 与 MG - 模块。

目前,应用最广泛的微胶囊化方法仍是海藻酸 - 聚氨基酸法[27]。利用该技术,可在海藻酸盐微球的表面构建了一种由聚氨基酸组成的免疫保护和稳定的膜系统,这已经在均相和非均相藻酸盐凝胶上实现了。该系统的优点是通用性强,可以在例如对异基因组织和异种组织的要求不同时[28]方便地调整渗透率。最常用的聚氨基酸有聚 D 型 - 赖氨酸(PDL)、聚乙二醇(PEG)、聚鸟氨酸(PLO)和聚赖氨酸(PLL),以及聚乙二醇和 PLL 的去壳共聚物[29]。它们具有不同的属性,这使它们或多或少适合于某些应用程序。一些研究人员更喜欢 PLO 涂层,因为它可以减少膨胀,增加海藻酸微胶囊的机械强度,从而限制高分子量分子的扩散[30]。另一些人更喜欢聚乙二醇聚合物,以防止潜在的蛋白质吸附在胶囊表面[31]。然而,在经过 30 年的研究之后,关于哪种聚合物最适合构建免疫保护膜仍存在争议。应该指出的是,聚合物正如胶囊的核心材料一样有许多选择,但是只有一种聚合物得到了充分的研究,可以安全应用。在选择足够多的聚氨基酸来降低微胶囊渗透性的研究中,分子如何与硅藻盐结合是其重要的理论基础。多年来,PLL 一直不受研究者的青睐。原因是一些报道中 PLL 膜被描述为具有强烈炎症反应[32]。当对这些报告进行严格审查时,可以得出以下结论,即研究人员没有考虑到将足够的聚赖氨酸结合的要求[33]。未结合的聚赖氨酸具有细胞毒性,会引起免疫反应。为了使聚赖氨酸与膜结合,在钙溶液中形成凝胶后,必须用低钙高钠的缓冲液清洗微球。这一步骤的目的是从微结构表面提取钙,然后钠就会取代钙[34]。钠对海藻酸盐的亲和力低于聚赖氨酸[35]。随后,加入的聚赖氨酸以高度协同的方式与结构中藻酸盐分子结合,与表面的 G - M 分子形成一个坚固的膜[36]。这需要 PLL 与海藻酸盐结合在由海藻酸组成的网络结构里,如图 6.3所示。傅里叶变换红外光谱(FT - IR)可以很容易地跟踪这一过程,它已经成为了解聚氨酸在胶囊表面相互作用不可或缺的工具[37]。聚赖氨酸交联程度不仅决定了膜的力学稳定性和渗透性,也决定了膜的生物相容性。当 PLL 没有被强制进入成型后的结构时,就会导致强烈的炎症反应[38]。

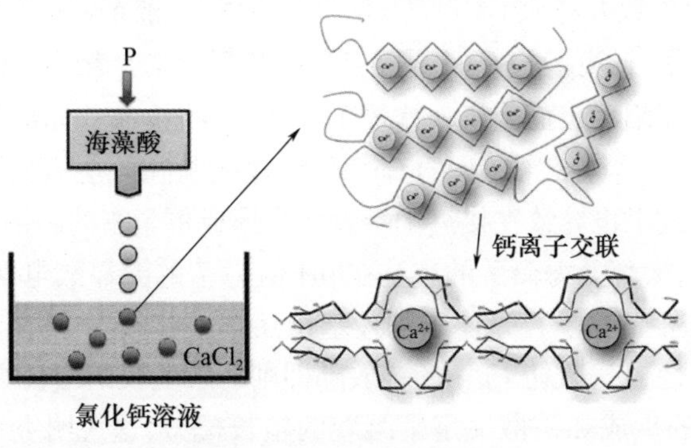

图 6.3　海藻酸凝胶的过程

海藻酸盐从空气液滴发生器滴入 $CaCl_2$ 溶液中,形成“卵”形的非均匀微胶囊,如图 6.3 所示。海藻酸盐聚合物与钙离子在 G - G 和 M - G 基团之间交联形成凝胶[39]。相对于其他使用的氨基酸分子,研究人员仅对 PLL 与海藻酸盐表面结合进行了一定研究,而其他的氨基酸分子如 PLO,还没有被广泛使用[40]。目前,还不清楚海藻酸盐 - 聚氨基酸化合物和其他聚合物是如何结合的,以及它们在何种化学结构下才能提供生物相容性。因此,不可能为这些聚氨基酸推荐一种海藻酸盐,这是最近在海藻酸盐和 PLL 结合中显示的[41]。在一项对一系列藻酸 - 多聚乳糖胶囊的研究中,我们观察到对一种海藻酸 - 聚赖氨酸膜的强烈炎症反应。这是由于 PLL 与海藻酸盐分离,海藻酸盐中的甘露糖醛酸(M) - 古罗糖醛酸(G)基团不足以和 PLL 持久结合[42]造成的。尽管必须面对各种挑战,但海藻酸 - 多聚赖氨酸凝胶的原理已在多种体内和体外实验的组合中得到证明,甚至已进入临床[43]。

6.2.2 海藻酸 - 聚赖氨酸微胶囊的制备

目前,对海藻酸钠凝胶电沉积过程的研究主要集中在钙离子与海藻酸钠的反应驱动凝胶化方面[44]。电流密度决定了 H^+ 离子在电解池中阳极的生成速率,随即 H^+ 与悬浮 $CaCO_3$ 粒子发生离子反应生成了 Ca^{2+},Ca^{2+} 则会和周围的海藻酸根反应生成海藻酸钙水凝胶[45]。因此,较高的电流密度或较长的沉积时间会导致更厚和更大体积的水凝胶生成。如前所述,凝胶的形成是由于氢离子的释放并置换了 Ca^{2+},并使其在电场作用下扩散和电泳迁移[46]。这里是凝胶形状和随时间的体积变化率类似于 H^+ 离子的迁移速率。水凝胶的厚度和体积与时间在开始时呈线性关系,表明电子按照恒定转化率通过阳极到置换 Ca^{2+} 的凝胶化过程中并没有阻力作用[47]。然而,之后沉积的水凝胶相较于开始时需要加以更高的电流和更长的沉积时间,这意味着更少的电子能够通过阳极并置换出用于凝胶的 Ca^{2+}[48]。我们认为造成这一现象的原因有三个。第一,在溶液中氢离子和悬浮 $CaCO_3$ 反应生成并释放 Ca^{2+} 是电化学反应中,扩散条件控制反应的结果。为了产生更大的水凝胶,更多的 Ca^{2+} 需要被提供用于交联。第二,H^+ 与 $CaCO_3$ 颗粒离子反应并吸附在阳极表面附近。水凝胶中 Ca^{2+} 的快速的局部释放诱导高水平的海藻酸交联[49]。这样一来更少的 Ca^{2+} 使海藻酸盐在胶层表面交联形成一层新的水凝胶。这种效果也导致在接近阳极表面会形成更紧密的网格结构和非均匀的交联密度。第三,大部分海藻酸的羧基在 pH 值为 7 的海藻酸电解质中带负电荷。当 Ca^{2+} 与海藻酸上的古罗糖基团上的羧基相互作用形成离子键,其余羧基上的聚合物链也可以消耗 H^+,减缓 Ca^{2+} 的释放随即削弱水凝胶的增长[50]。

因此,Ca^{2+} 的生成和扩散决定了凝胶的生长模型,这说明电荷量大小和沉积时间决定了凝胶的厚度和生长。因为电子的电流密度决定了通量电解水的动机

和时间决定了不同的分子和离子的扩散，H^+、Ca^{2+}和 Alg－COO^-等电荷量 Q 和的海藻酸水凝胶厚度 H 的关系可以表示如下：

$$V=\frac{m}{\rho} \tag{6-1}$$

$$m=C_1Q \tag{6-2}$$

$$V=S\cdot h \tag{6-3}$$

式中：V、m、ρ、S 分别为海藻酸凝胶体积、质量、密度和照明面积；C_1 为质量与电荷关系的常数系数；电荷量可表示为

$$Q=\int I\mathrm{d}t=\int JS\mathrm{d}t=JSt \tag{6-4}$$

式中：I、t、J 分别为电流、光诱导电沉积的时间、施加电流的电流密度。

根据以上各式，凝胶密度、电流密度、时间、厚度之间的关系可以表示为

$$h=\frac{C_1Jt}{\rho} \tag{6-5}$$

海藻酸盐的厚度随时间的变化呈非线性关系，生长速率呈递减趋势。这种现象可以用凝胶过程中的动态非均匀凝胶密度来解释。根据电解反应原理，阳极表面总是会产生H^+，导致生成Ca^{2+}的高密度区域。除此之外，这些Ca^{2+}必须与附近的 Alg－COO^-反应，它会形成一个非均匀交联密度。因此，我们用下式表示电流密度、时间和密度之间的指数关系：

$$\rho=1-C_2\mathrm{e}^{-C_3Jt} \tag{6-6}$$

式中：C_2 和 C_3 为常系数。

将式(6－5)和式(6－6)结合，电流密度、时间、厚度的关系可表示为

$$h=\frac{C_1Jt}{1-C_2\mathrm{e}^{-C_3Jt}} \tag{6-7}$$

为计算式(6－7)中的参数，将实验数据带入方程，拟合出待定系数的值，结果如下：

$$C_1=0.241\quad C_2=0.924\quad C_3=9.19\times10^{-4}$$

引入参数后，胶凝模型最终方程为

$$h=\frac{0.241Jt}{1-0.924\mathrm{e}^{-9.19\times10^{-4}Jt}} \tag{6-8}$$

为验证非线性回归方程的准确性，建立拟合曲线。

通过控制钙离子的释放，形成不同的海藻酸盐凝胶结构，包括微粒子、微珠、纤维和基质。近年来，随着电极表面局部电信号的电化学诱导反应技术迅速发展，阳离子多糖的电诱导凝胶化成为研究热点[51]。这种电沉积方法很有吸引力，因为它允许在时空上由电极和加载的电信号控制原位、可伸缩和局域化的成胶。然而，在这两种情况下，在电沉积过程中，带正电荷的胺基(壳聚糖)和带负电荷的羧酸酯基(藻酸盐)的中和会产生 pH 值偏离中性的情况，从而诱导大分

子链交联和凝胶形成。对于制造海藻酸盐水凝胶中含有的细胞、蛋白质、核酸和其他 pH 值敏感的生物材料,在保持电沉积能力的同时保持温和的 pH 值是必需的。最近,一种基于电沉积的新型可控三维水凝胶构建方法问世,用二维电极构建三维水凝胶以克服传统二维微胶囊构造的缺陷,它在很大程度上提高了凝胶生成的灵活性,因为它摆脱了三维模具,使凝胶变得高度可控[52]。然而,在这种方法中,仍然需要电极图案的预制,这表明它不能完全克服三维模具的问题,即电极图案一旦制成,电极就不能修改。另一种方法基于纸质的凝胶电沉积模具,这种技术可以在商业化纸张的基础上形成三维凝胶。这个过程比之前的更加简单且便宜[53]。然而,在实验过程中仍然很难改变纸型。紫外光诱导电沉积法可以完全摆脱传统模具的模式,从而为凝胶的形成提供更高的灵活性和可控性。然而,紫外线对生物细胞的潜在辐照损伤一直是科学家关注的问题[54]。因此,一种基于可见光诱导电沉积的可控三维藻酸盐水凝胶模式被提出。

可编程海藻酸盐水凝胶制备方法是基于海藻酸凝胶的 PIED 技术,如图 6.4(a)所示。首先,在正常状态下,沉积溶液填充在两个电极之间的空间内,它是由两个 1mm 高的绝缘间隔物提供的,如图 6.4(b)所示。然后,为电极系统提供 $4A/m^2$ 的恒定电流和光照,时间为 40~60s。在这个过程中,水的电解产生了氢离子和氧气($H_2O \rightarrow O_2 + 2H^+ + 4e^-$)。在电解反应中,阳极表面产生 H^+ 离子,导致 pH 值迅速下降,使反应进入沉积过程。在电沉积步骤中,H^+ 与碳酸钙粒子反应并产生 Ca^{2+} 和二氧化碳($2H^+ + CaCO_3 \rightarrow Ca^{2+} + H_2O + CO_2$)。同时,$Ca^{2+}$ 与海藻酸钠反应形成 Ca-alginate 水凝胶($Ca^{2+} + 2Alg-COO^- \rightarrow Alginate-COO^- —Ca^{2+}-COO^- -Alginate$)。电沉积后,在 TiOPc 板上留下海藻酸盐水凝胶微结构。用去离子水洗涤,可收集得到 TiOPc 板表面的三维水凝胶结构。在此基础上,利用海藻酸钙凝胶与多聚赖氨酸反应制备海藻酸钙凝胶合多聚赖氨酸(alginate-PLL)半透膜,它就成了微组织单元的框架。同时,用柠檬酸钠对钙藻酸盐水凝胶的微观结构进行清洗,使其内核溶解形成了中空的 alginate-PLL 胶囊。为了显示微胶囊的不同形状,将直径为 1μm 的红色荧光微球混入海藻酸盐沉积溶液中,可以在荧光显微镜下观察到微胶囊的不同形状及其边界,如图 6.4(d)所示。

PIED 系统的正常状态下没有光照,只对 ITO 玻璃施加电压。当在 TiOPc 板上施加光照后,被照亮的 TiOPc 区域开始导电,导致海藻酸盐溶液中的水被还原为 O_2 和 H^+。在电沉积阶段,H^+ 与 $CaCO_3$ 反应生成 CO_2 和 Ca^{2+},随着电子通过 TiOPc 层和 ITO 玻璃传递,Ca^{2+} 与海藻酸钠反应形成海藻酸钙水凝胶。海藻酸钙水凝胶留在 TiOPc 板上后去除光照。C. 时间(30~150s)与沉积藻酸盐水凝胶的厚度有关,其电流密度在 1~$5A/m^2$ 之间变化。

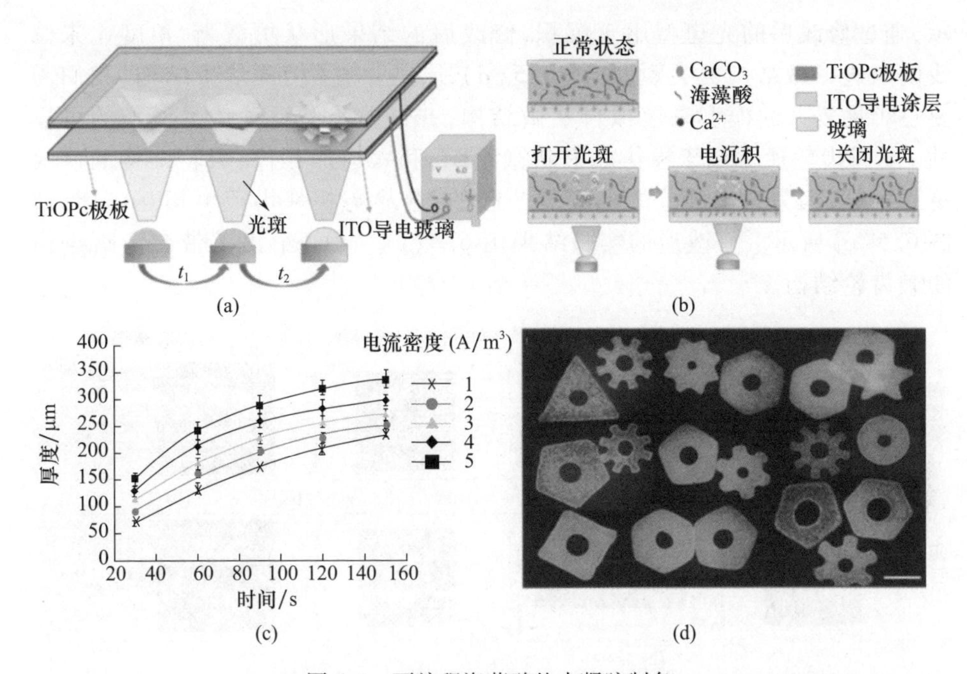

图6.4　可编程海藻酸盐水凝胶制备

(a)不同形状凝胶体系的制备工艺;(b)不同阶段的制备原理;

(c)不用电流密度刺激下微模块厚度随时间的变化情况;(d)制备出的不同形状的微模块。

6.2.3　海藻酸–聚赖氨酸微胶囊结构和形状的优化

在制备海藻酸–多聚赖氨酸凝胶的过程中,电流是推动电化学反应向前发展的驱动力,并成为微胶囊形成的决定因素之一。在光诱导电沉积系统中,电场的形状取决于光的形状。因此,光斑的设计对海藻酸微胶囊的形状控制具有重要意义。在图6.5中,利用COMSOL Multiphysics软件构建了电流密度数值模拟来修改海藻酸盐微胶囊的形状。此外,红色荧光微球(直径1μm)有助于标记可用于现场荧光显微镜分析的微结构的制备。在图6.5(a)中,分别用正六边形光斑测试TiOPc层表面、中心截面和远距表面90μm处的俯视图上电流密度CD的分布。很明显,CD越高,电势线越分散,水凝胶结构就越容易成型在这样的位置上。将实验结果图6.5(b)与计划结果(白色虚线)进行对比,凝胶微观结构形态有明显变形。基于仿真模型,实验结果总是与离电极90μm高平面处、3A/m^{2}时CD值的仿真结构轮廓相匹配。由于微胶囊的高度约为180μm,电场又是发散的,凝胶生长的变形更多取决于离电极90 μm高的仿真模型结果,而此平面刚好在凝胶生长的中间高度。通过CD值的分布分析,对六边形进行修改,如图6.5(c)所示，通过修改后的光斑型用于沉积，修改后的结果形状更清晰，角度比未修改的六边形微结构更尖锐，如图 6.5(d) 所示。为了构建仿生结构，我们需要一个更复杂的模型来模拟自然微结构，并进一步验证该仿真模型的可靠性。8 齿齿轮通常用于模仿放射状微组织，和六边形相比，齿轮结构的修改更加困难，因为锯齿部分的电场是凸起的，容易与相邻齿产生相互作用，如图 6.5(e) 所示。修改后的实验结果图 6.5(f) ~ (h) 给出了带有清晰锯齿的微齿轮结构。

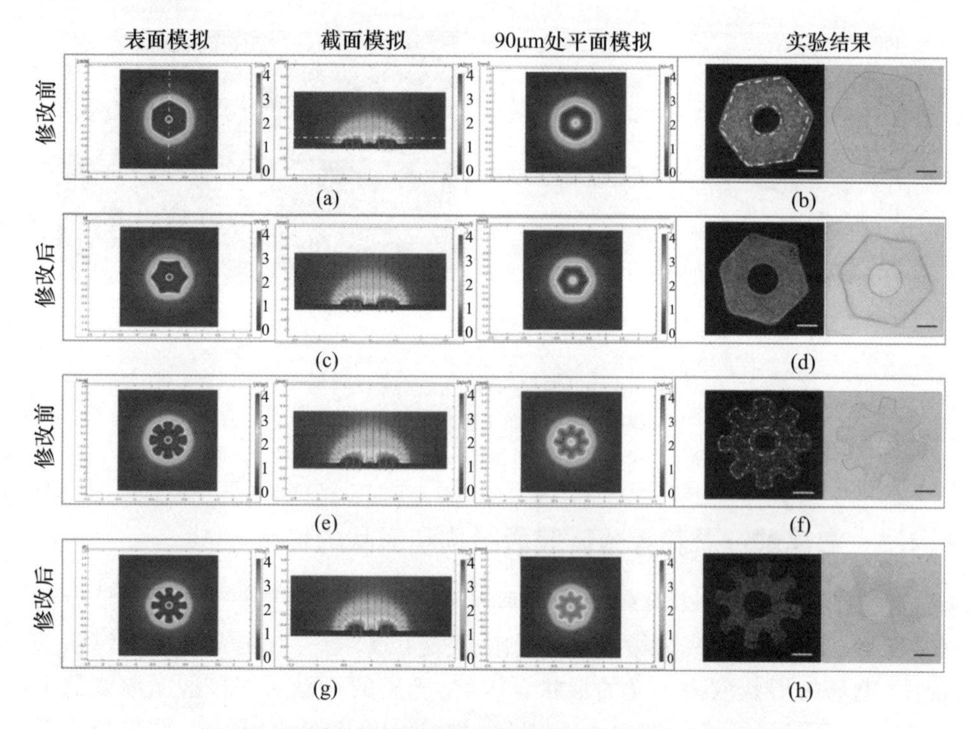

图 6.5　不同形状的海藻酸盐伟模块固化仿真与实验结果

(a) 未修改前的六边形光斑仿真沉积结果；(b) 未修改前光斑的实验结果；
(c) 利用仿真结果进行光斑改型后的仿真沉积结果；(d) 改型后的六边形实验结果；
(e) 未修改前的齿轮光斑仿真结果；(f) 未修改前的齿轮光斑实验结果；
(g) 利用仿真结果进行光斑改型后的齿轮仿真沉积结果；(h) 改型后的齿轮实验结果。

6.2.4　海藻酸－聚赖氨酸微胶囊的肝细胞嵌入式生长

肝脏具有多种生物合成功能和复杂的微结构，由多角形肝小叶和丰富的血管网络组成。这些特征使肝脏成为最适合自下向上构建的器官之一[55]。模块化组织可以形成肝小叶样的微组织，再按比例放大，实现肝的合成功能。天然肝小叶主要由中央静脉和径向肝细胞组成。齿轮结构模拟肝小叶的径向结构，具

有优越的生物学意义[56]。齿轮上有一个中心孔,可以模拟血管化的中心静脉进行传质。

为了生产模块化组织,首先采用之前所述的光电沉积方法制备嵌有细胞的APA微胶囊。在整个制备过程中唯一的区别是将Hepg2肝细胞混合到沉淀溶液中。如图6.6所示,在经过长时间培养后,细胞充满APA微胶囊。图6.6(a)显示了改性微结构的活/死测试中的荧光图像。培养1天后未见明显死亡细胞,培养15天后可见微胶囊被快速增殖细胞填充,这个过程由imageJ软件进行分析。很明显看到细胞填充过程的速率在前3天还相对较慢,然后在5~15天的时候速率由52%快速上升至94%,细胞的存活率也有一个快速的增长,在前3天,这是一种定量细胞增殖的基础,在5~15天的时间里,细胞存活率保持在90%以上,这也是这段时间内细胞填充率高且稳定的原因。与改进后的微结构相比,未改进的结构由于封装的细胞较多,在前5天填充率较高。由于未经修饰的微结构赋予了细胞更厚更大的内部生存空间,在这种空间中HepG2细胞倾向于以密集的方式聚集生长,而不是均匀地填充这些微结构。这就是未改性的组织在5天后填充率相对较低的原因。此外,在最初的9天内,细胞的存活率在改良前后的微结构中基本相同。如图6.6(d)所示,培养11天后出现问题,在未改进过的微结构的中心环状部分(白色虚线之间的区域)出现越来越多的死亡细胞,导致细胞存活率从96%下降到89%。从图6.6中可以看到,红色荧光是模糊的(甚至很难看到),因为大部分的死亡细胞处于微观结构的中心,发射光被外部的活细胞遮蔽,并不能到达死细胞处并发出荧光。这种现象是由于经过长时间的培养,微结构内的细胞群密度增大,传质不良。因此,未改性微结构的环状部分较改性微结构更宽、更厚,所以在环状部分中心极易发生坏死,是传质最糟糕的部位。这种现象在此前的研究中得到广泛的共识,坏死极易发生在结构直径大于150μm的部分。

HepG2细胞在第1、3、5、7、9、11、13、15天分别增殖并逐渐充满了修饰过的微孔。细胞存活率检测采用活/死染色法。细胞播种率为5×10^7细胞/毫升。虚线标出了齿轮的微孔(刻度条250um)。不同微孔的填充面积代表了在第1、3、5、7、9、11、13、15天和第0天(加工完成后)测得的整个微孔的单元荧光面积。在第1、3、5、7、9、11、13、15天通过活/死实验对不同微孔细胞的存活率进行了评估,在制造后(第0天),用imageJ分析每张图像中的红色(死细胞)和绿色(活细胞)荧光区域。每组细胞活力代表整个荧光区域的绿色区域。图6.6(a)的光学图像分别显示在第11、13、15天,HepG2细胞在修饰和未修饰的微球中增殖和充盈情况。荧光图像显示活细胞(绿色)和死细胞(红色)分别在第11、13、15天被活细胞/死细胞染色。虚线勾勒出大多数死亡细胞的面积(刻度栏300 μm)。

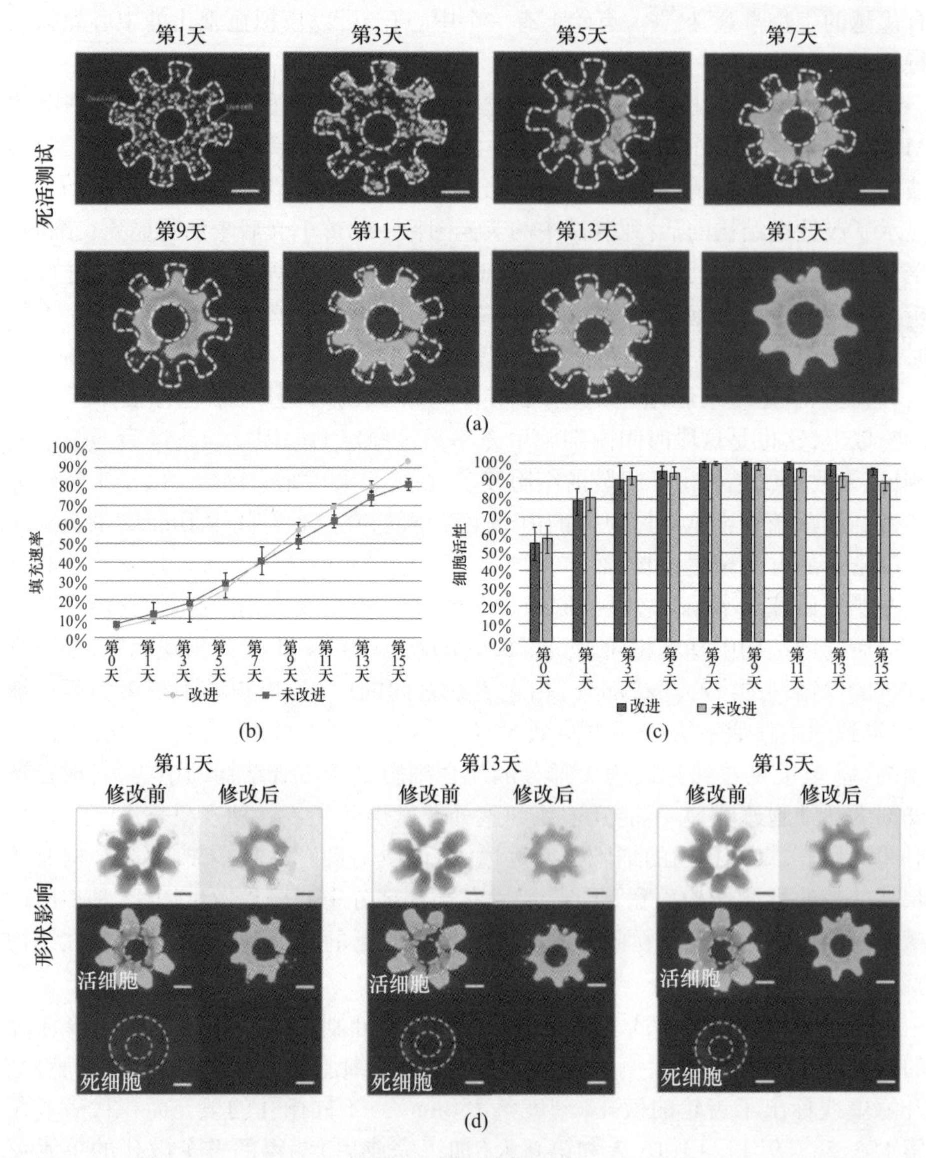

图 6.6　荧光图像显示

6.3　表面处理及共培养

为了模拟自然的 3D 微结构,对微结构表面进行了修饰,将 NIH/3T3 成纤维细胞涂层作为生物胶涂于微结构表面从而进行进一步组装[57-58]。这种以细胞黏附

力为基础的组装方法提供了一种更自然的方式来模仿天然人体组织,它的特点是损伤小,细胞间相互作用丰富[59]。所有的微模块都是通过PIED成型的,并进行了形状修饰。经过15天的培养后,细胞充分充满微结构并使其具有了相对足够的机械强度来进行对齐和装配过程。荧光观察时,封装的肝细胞用CFDA-SE(绿色)染色,成纤维细胞用Dil(红色)染色。在表面修饰过程中,选择充满细胞的微结构,并采用PLL和纤连蛋白(FN)对其进行处理。因为PLL很容易与藻酸盐表面的甘露糖醛酸和古罗糖醛酸(M-G)基团结合形成一个坚固的膜,所以可用0.05%的PLL作为表面处理和作为FN结合的媒介。为了优化建立的PLL涂层,我们通过在PLL上结合纤连蛋白为细胞提供附着位点来增强细胞附着和增殖的能力。除此之外,我们还采用以下四种不同比例的PLL和FN对成纤维细胞形态进行优化:无处理、0.05%(w/v)PLL、0.05%(w/v)PLL+0.02%(w/v)FN和(4)0.05%(w/v)PLL+0.05%(w/v)FN。在所有实验中细胞接种率均为1×10^7细胞/mL。

PLL在成纤维细胞附着过程中起着重要的作用,比较组(2)和组(1)可以明显看出,如果使用PLL,成纤维细胞很容易黏附在微模块上,因为带负电荷的细胞膜很容易与带正电荷的PLL膜形成非特异性静电相互作用。由于未包裹成纤维细胞,HepG2细胞很容易长出微结构形成很多细胞团从而导致中心细胞坏死并破坏微结构形状。在未应用FN的情况下,如图6.7所示,成纤维细胞种子经过两天的培养后,由于成纤维细胞不能均匀地覆盖整个微结构所以HepG2通常会形成结构外细胞团,从而限制HepG2细胞的生物功能。在组(3)和组(4)中,细胞增殖和附着率明显高于组(2),且无细胞团块,这表明不仅建立了成纤维细胞-成纤维细胞的相互作用,也建立了肝细胞-成纤维细胞的相互作用。如图6.7(b1)所示,双组分修饰表面的成纤维细胞与丝状伪足支抗一起扩散,改变了成纤维细胞的形状和大小。这一现象在图6.7(b2)中更加明显,大多数成纤维细胞趋向于扩散,与修饰的表面有更多的接触区域,使得细胞变薄,细胞核可见。随着ECM的分泌和细胞的增殖,成纤维细胞以空间排列扩散,形成三维细胞网络。小齿轮的大部分区域被ECM和成纤维细胞网络覆盖,甚至在齿间隙也被覆盖,细胞和细胞基质的微观结构变得更加复杂,此时没有清晰的单个成纤维细胞可以被看见,如图6.7(b3)所示。

经过酶联免疫法测试了HepG2细胞的白蛋白和尿素的分泌情况,如图6.8所示,在单个整体的测试中经过FN处理过的微组织的白蛋白和尿素分泌量均在接种成纤维细胞后的第3天大幅高于未经FN处理过的微组织。而当我们用单细胞的分泌量进行对比时这种差异变得更加显著起来,在第3天时经过FN处理的两组白蛋白分泌量是无处理的近3倍,尿素分泌量是无处理的近4倍。单是只有PLL处理的微组织在单细胞的白蛋白分泌量也是无处理的近2倍,尿素分泌量是无处理的近3倍。结果显示了成纤维细胞在肝细胞的分泌功能中起到了非常大的作用。而且在无处理的微组织中白蛋白和尿素的分泌都是逐步下降的,而在有辅助的成纤维细胞的作用下,两者的分泌都是持续上升的。其中单PLL处理的微结构则经历了先上升后下降的过程。这可能主要由于:①成纤维细胞量低无法影响HepG2细胞的整体活性;②未完全键合的PLL有一定细胞毒性会对成纤维细胞和HepG2细胞的成活率,从而影响细胞之间的连接和相互作用;③FN分子上有适于细胞相互连接和作用的位点区域,细胞在FN的作用下能以一个更好的方式延展和生长从而刺激了细胞的代谢与蛋白的分泌。

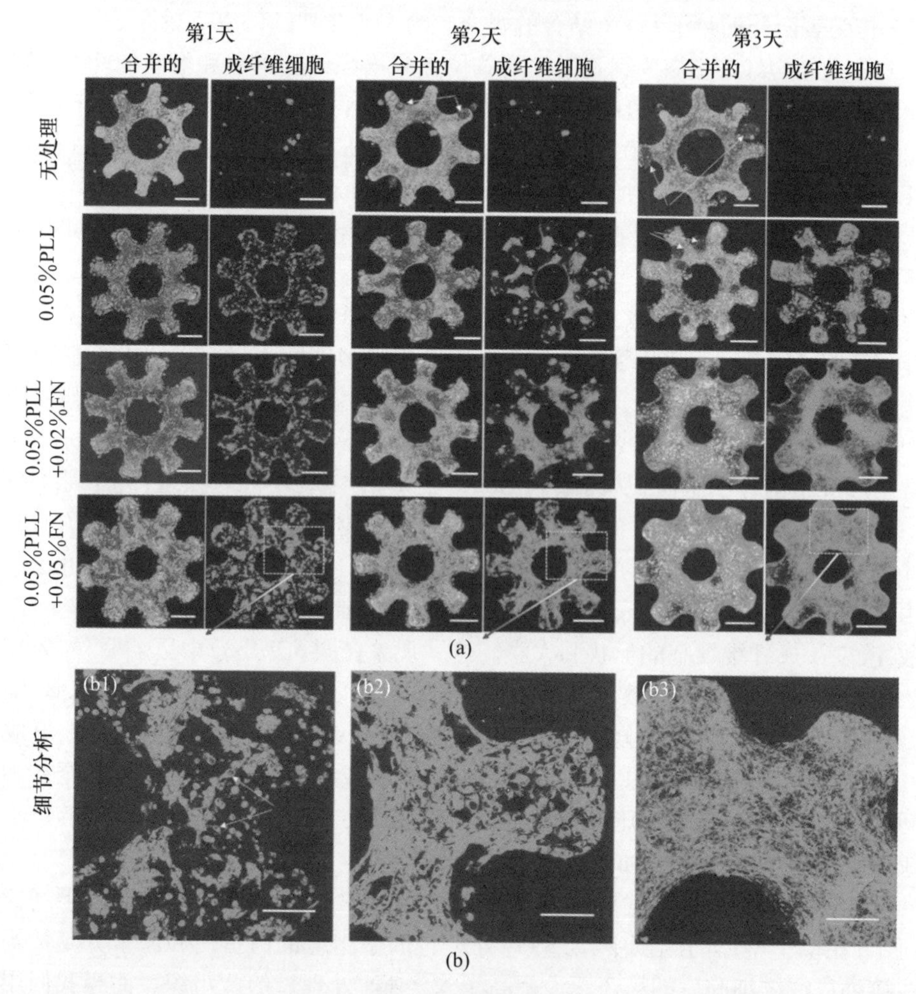

图6.7 成纤维细胞培养(见彩插)

(a)共聚焦显微镜扫描荧光图像显示位于核心肝细胞(绿色)和位于表面成纤维细胞(红色)处理不同比率的组件(无处理,0.05%(w/v)PLL,0.05%(w/v)PLL加0.02%(w/v)FN和0.05%(w/v)PLL加0.05%(w/v)FN)在合并后的图像和成纤细胞图像;(b)第1、2、3天0.05%(w/v)PLL和0.05%(w/v)FN处理后微结构表面的详细表征(标尺:100μm)。

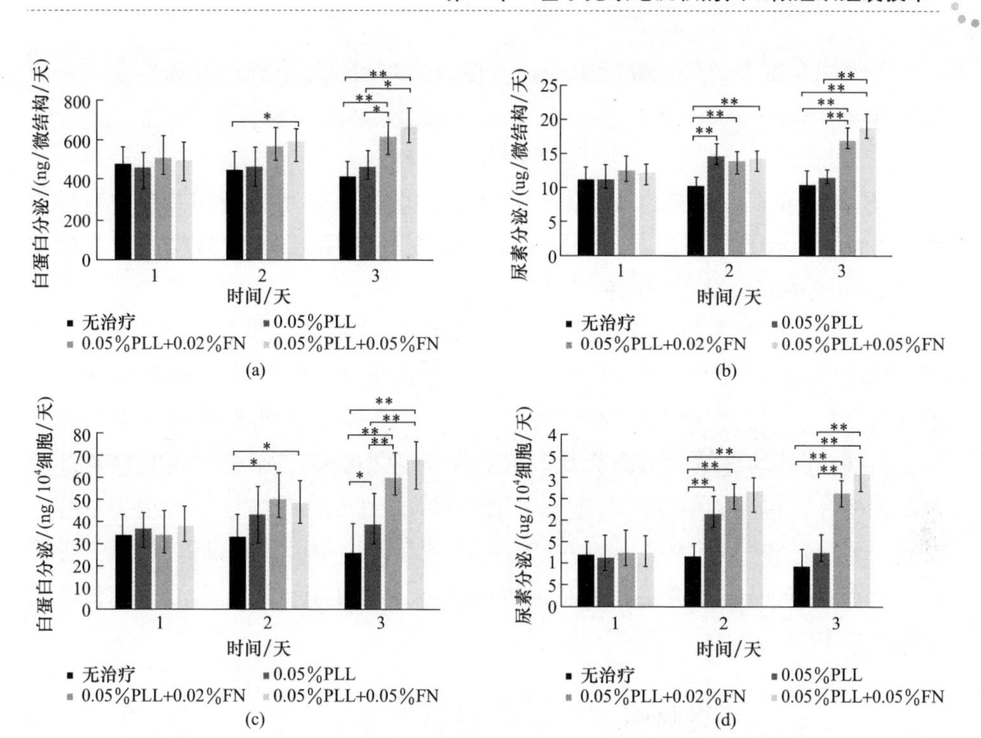

图6.8　经过不同表面处理后微组织的白蛋白和尿素分泌情况

6.4　微组织的组装和自黏合

6.4.1　微模块组装的过程仿真和组装参数优化

为了提高模块化微组织的组装效率和人工仿生组织构建的成功率,需要提前建立三维流体组装模型找到影响组装效率和组装成功率的流体力参数。首先,对处在组装过程中的模块化微组织进行受力分析,组装过程的原理如图6.9所示。

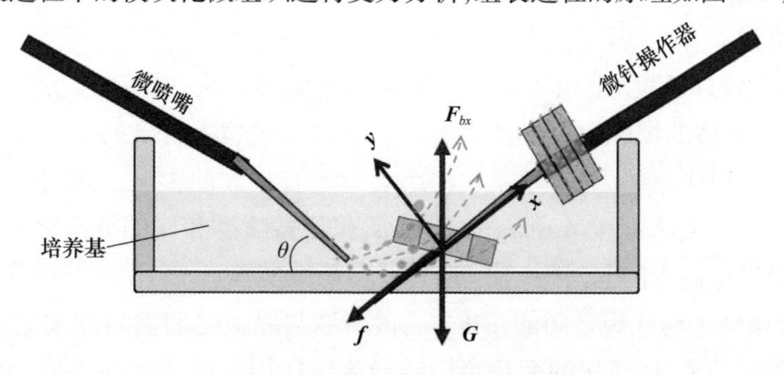

图6.9　模块化微组织组装原理图

微组织在重力、浮力、黏滞阻力和摩擦力的共同作用下在微针操作器上保持静止,则

$$\boldsymbol{F}=\boldsymbol{f}+\boldsymbol{G}(x)+\boldsymbol{F}_{bx} \tag{6-9}$$

式中:$\boldsymbol{F}$ 表示微喷嘴射出的微流体推力;$\boldsymbol{f}$ 表示微模块与微针操作器接触时的静摩擦力;$\boldsymbol{F}_{bx}$ 表示微模块在周围液体环境中所受到的浮力;$\boldsymbol{G}$ 为微模块自身的重力;θ 为微喷嘴和底部平板间的夹角。

为了探究组装参数和组装效率之间的关系,我们选用流体仿真软件 COMSOL Multiphysics 5.5(COMSOL Burlington,USA)建立了流体力组装微模块的二维仿真模型。我们假设将微喷嘴固定在左端,用于喷射微流体;微模块组织被放置在右端,底部的缝隙表示微模块与底板间的微小缝隙。微模块可在微流体的抬升和微针操作器的引导下在竖直平面内移动;由于微针操作器在组装过程中仅起到了稳定和引导微模块运动的作用,因此在模型中可省略设置;整个方形区域充满了液体,以此模拟实际组装过程的生物流体环境。简化后的二维仿真模型如图 6.10 所示。

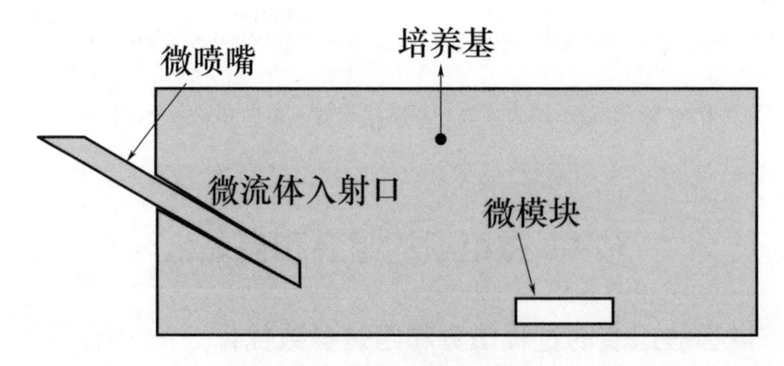

图 6.10　微模块组装仿真模型

通过分析,我们确定了影响微模块组装效率的三个因素:微流体的速度 v,微喷嘴和底部平板的夹角 θ 及微喷嘴和微针操作器之间的间距 d。组装参数的调整策略如下。

(1)微流体速度 v。由于微流体组装过程大多数是在雷诺数小于 1 的环境中完成的,流体的惯性力可以忽略不计。因此由微喷嘴射出的微流体流速决定了施加在微模块上的力,对微模块的组装效率有很大的影响。我们仅改变微流体的流速为 0.3μm/s、0.6μm/s、0.9μm/s,保持微喷嘴和底部平面之间的角度 θ 和两个微操作器之间的间距 d 不变,以进行后续实验。

(2)微喷嘴与底板之间的角度 θ。微喷嘴与底板之间的角度决定了射出的微流体的运动轨迹,轨迹的变化会影响微流体作用于微模块的效果。我们设置

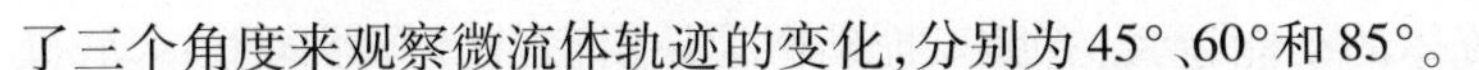

了三个角度来观察微流体轨迹的变化，分别为45°、60°和85°。

(3)微操作器之间的距离 d。由于在微流体组装过程中黏性力占主导而惯性力可以忽略不计，则微流体从喷嘴射出后在到达微模块之前存在能量损失。因此，微喷嘴和微针操作器之间的距离越近，施加在微模块上的流体力就越大。将微喷嘴和微模块之间的距离 d 设置为18mm、14mm和10mm。

我们分别对组装过程的三种参数进行对照仿真实验。图6.11(a)表示微流体随入射速度变化的运动轨迹仿真云图，此时微喷嘴与底板间的夹角为45°，微喷嘴与微模块的间距为14mm。当微流体的入射速度为0.3μm/s时，微流体轨迹在还未到达微模块时就已经发生偏转，这说明微流体的入射速度较小，导致其无法抬升微模块并穿到微针操作器上；当入射速度为0.6μm/s时，微流体发生偏转的位置离微模块更近了一些，但仍未与微模块发生接触。当入射速度增加到0.9μm/s时，微流体刚好与微模块产生接触，此时的微流体速度可视作组装微模块所需的最小流体速度。图6.11(b)表示微流体随微喷嘴倾斜角度变化的运动轨迹仿真云图，此时微流体的流速为0.6μm/s，微喷嘴与微模块的间距为14mm。当微喷嘴与底板的夹角为45°时，大部分微流体从微模块的上方流过，仅有很少部分从微模块底部流过。这说明微喷嘴与底板的夹角较小，没有完全利用到微流体产生的推力作用。当微喷嘴与底板之间的夹角为60°时，从微喷嘴喷出的微流体会先触及底面，后贴着底面流向微模块，并在微模块边缘被分隔成了两部分，较多的微流体从微模块的底部流过，有助于抬升和推动其沿着微针操作器向上移动。继续增加微喷嘴与底板间的夹角到85°，可以很明显地看到微流体的轨迹没有正常地到达微模块，这说明微喷嘴的摆放角度过于陡峭，无法推动微模块完成组装。图6.11(c)表示微流体随微喷嘴和微模块间距变化的运动轨迹仿真云图，此时保持微流体的流速为0.6μm/s，微喷嘴和底板之间的夹角为45°。当微喷嘴和微模块的间距为18mm时，微流体未与微模块接触；当间距为14mm时，大部分微流体从微模块上方流过，导致微模块缺乏足够的推力；继续缩短间距为10mm时，微流体可以从微模块的底部穿过并推动其穿在微针操作器上。

图6.12(a)～(c)分别表示微流体在三种组装参数变化下的运动轨迹图，图6.12(d)～(f)分别表示微流体在三种参数变化下的速度变化曲线图。从微流体的运动轨迹分布来看，当微流体的入射速度越高且微喷嘴和与微模块的间距越近时，微流体能够更容易地推动微模块；适当地加大微喷嘴的角度也有利于微流体进入到微模块与底部的缝隙中，实现微流体对微模块的“抬升”作用。从微流体的速度变化曲线来看，当微喷嘴与微模块的间距越近时，微流体的速度越

高，说明此时微流体的动能越大，有助于推动微模块沿微针操作器向上移动；微喷嘴和微模块的间距越小也使得微流体的沿程损失相对降低。此外，微流体的初始速度越高也使其具备更大的动能，在没有其他外部干扰的情况下，施加在微模块上的推力也会越大。综上所述，通过建立模块化微组织组装过程的仿真模型，我们找到了影响组装效率和组装成功率的三个关键参数，即微流体的速度 v，微喷嘴和底部平板的夹角 θ 和微喷嘴与微针操作器的间距 d，以及参数变化对组装过程产生的影响规律。

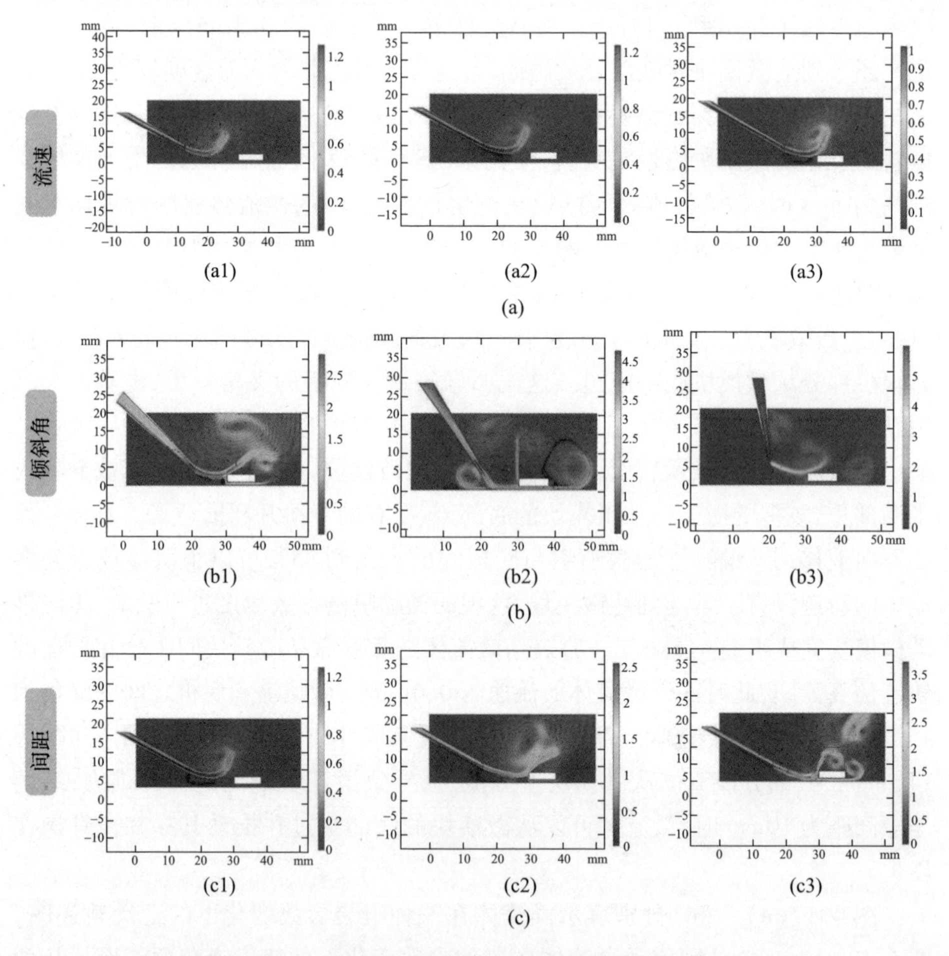

图 6.11　微流体组装仿真

(a)微流体随入射流速变化的运动轨迹变化仿真云图，(a1)～(a3)表示入射流速分别为 0.3μm/s、0.6μm/s 和 0.9μm/s；(b)微流体随微喷嘴倾斜角度变化的运动轨迹变化仿真云图，(b1)～(b3)分别表示微喷嘴倾斜角度为 45°、60° 和 85°；(c)微流体随微喷嘴与微模块间距变化的运动轨迹变化仿真云图，(c1)～(c3)分别表示间距为 18mm、14mm 和 10mm。

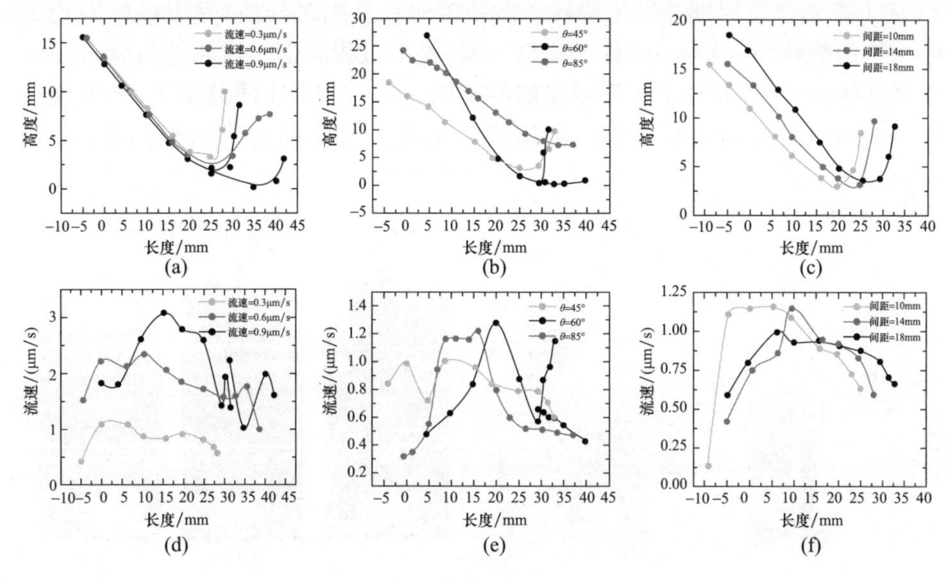

图 6.12　微流体组装曲线图

(a)~(c)分别表示在不同的流速、角度和间距下的微流体运动轨迹变化曲线；
(d)~(f)分别表示在不同的流速、角度和间距下的微流体运动速度变化曲线。

6.4.2　微组织的构建和自黏合

经过表面改性和成纤维细胞附着等工艺、通过微柱导向装配和基于 ECM 分泌的自黏合技术可将含有细胞的微胶囊组装成 3D 微组织。模拟人体组织的基本要素不仅包括人体组织的物理特征，还包括人体组织的生物成分。其中将成纤维细胞作为一种间质细胞与肝细胞进行结合，用于改善生物功能，补充生物成分的多样性。

微组织的组装分为两步，即射流拾取和微柱导向对准，如图 6.13 所示。首先，在培养皿中采集填充满的细胞微结构，放置在光学显微镜平台上，完成后，双操作臂系统能基于视觉反馈系统进行微组织的自动拾取。通过移动目标平台和机械手，摄像机获取微观结构的位置和距离信息，引导机械手向微结构的中心孔方向运动。在选定了特定的微结构之后，将微操作器的尖端移动到组织的中心孔部分，同时，微管也移到了微观结构的一侧。机械手向下移动直到触碰到培养皿的底部。然后，用注射泵将微管中的培养基喷射向选定的微观结构，流体产生的推力 F_d 可将微观结构推入操作臂上的末端微针上。提起微结构后，微量移液管转移向微针移动防止微结构因重力 G 下滑。接下来，两个微操作器向微柱移动见图 6.13 并倾斜微针使微结构缓慢滑落至微柱上，微量移液管向齿轮结构喷射培养基，这样能利用流体力产生一个转矩 M_d 和一个向下的力

F_d 向下推动微型组件并发生旋转。微结构通过导引微柱后,导引微柱阻止了微结构的旋转,并沿导引微柱的底部下降,整个过程类似于齿轮的齿合。通过重复这些步骤,在微柱上装配了足够的微结构后,在 ECM 的分泌下,包覆成纤维细胞的微结构黏附在相邻的微结构上组成大尺度的仿生组织,如图 6.13 所示。

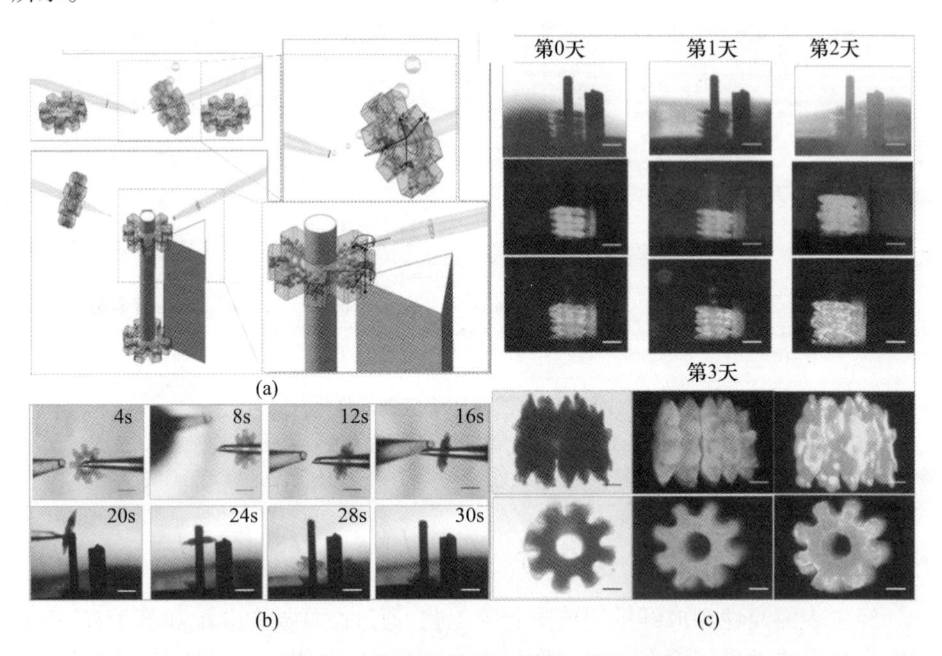

图 6.13　微组织组装与培养(见彩插)

(a)微柱拾取和微柱导向装配的原理;(b)微球拾取和微柱导向装配的实时过程(标尺:500 μm);(c)细胞自黏合过程在第 1、2、3 和 0 天(装配完成后)进行表征,标尺:250 μm(第 3 天),500 μm(第 0 天、第 1 天、第 2 天)。

6.5 小　结

该光诱导电沉积系统可实时生成 400 ~ 2000 μm 范围内各种形状的藻酸盐微结构。这种技术为我们提供了一种比传统电沉积更灵活的方法来制造任何细胞密度高的微单元,并通过微单元构建的块来实现更大的组织或器官的几何形状。通过数字仿真,建立了海藻酸盐凝胶化模型(确定了水凝胶厚度与电流密度和时间的关系),模型结果与实验结果吻合较好。与以往的凝胶化模型相比,该指数凝胶化模型格式更简单、精度更高、应用范围更广。这种凝胶模型也为我们对微结构的尺寸设计和形状修改提供了理论证明,使我们建立了一种形状模

拟方法来精确修改微结构的形状,这具有重要的生物学意义。据我们所知,这是第一次将电场模拟应用于预测 PIED 的结果。因此,这些技术和理论为利用可见光进行精确光刻提供了一种新方法,这在组织工程和药物研究中具有很大潜力。

在各种器官中,肝脏具有多种生物合成功能和复杂的微结构,由多角形肝小叶和丰富的血管网络组成。这些特征使肝脏成为最适合自下向上构建的器官之一[60]。模块化组织可以形成肝小叶样的微组织,再按比例放大,实现肝的合成功能。天然肝小叶主要由中央静脉和径向肝细胞组成[61]。在之前的研究中,常会出现齿轮状中心结构坏死的情况,这是由于中心结构处的细胞簇密度过大,导致细胞间没有足够的空间进行营养成分交换,最终导致细胞失活[62]。为了避免这一现象,我们重新设计了由 8 个齿组成的齿轮状微结构,并保证齿轮微结构的中心孔直径小于 150um。我们还比较了修改前后微结构与细胞共培养的细胞活性情况,与未优化的微结构相比,优化后微结构表面的细胞在 15 天内的培养过程中没有出现坏死的情况,且在培养 11 天后,细胞的白蛋白和尿素分泌情况良好,具备较好的生物功能。

在表面修饰中,由于带负电荷的细胞膜很容易与带正电荷的 PLL 膜形成非特异性静电相互作用,如果使用 PLL,纤维母细胞很容易黏附在微孔上。这里应用 FN 提高细胞的生物相容性,使细胞扩散、增殖和相互作用。成纤维细胞作为一种支持细胞类型,可以增强肝细胞的分泌功能[63]。成纤维细胞层还具有阻止细胞过度生长和维持微结构的机械功能,而微结构是维持细胞长期功能所必需的[64]。然而,相对于聚乙二醇(PEG)、聚乙烯醇(PVA)和 GELMA 等传统的水凝胶支架,形成微球的 APA 微胶囊和胞核具有更低的机械强度和脆性。因此,需要一种更安全的操作和装配方法来控制这种细胞聚集而不造成任何损害[65]。微流体和微柱可以很好地控制这种不接触的软组织,防止机械损伤[66]。这是首次将成纤维细胞 ECM 分泌物作为生物凝胶,将载满细胞的微结构自黏合在一起,提供了一种固定微单元和建立空间几何形状的新方法。

参考文献

[1] LANGER R,VACANTI J P. Tissue engineering[J]. Science,2000,260(5110):920 – 926.

[2] HILLSLEY M V,FRANGOS J A. Review:Bone tissue engineering:The role of interstitial fluid flow[J]. Biotechnology & Bioengineering,1994,43(7):573 – 581.

[3] MARTIN P. Wound Healing—Aiming for Perfect Skin Regeneration[J]. Science,1997,276

(5309):75 - 81.

[4] BELLO Y M, FALABELLA A F, EAGLSTEIN W H. Tissue - engineered skin[J]. American Journal of Clinical Dermatology, 2001, 2(5):305 - 313.

[5] ZIMMERMANN W H, MELNYCHENKO I, WASMEIER G, et al. Engineered heart tissue grafts improve systolic and diastolic function in infarcted rat hearts[J]. Nature Medicine, 2006, 12(4):452 - 458.

[6] CAPLAN A I, ELYADERANI M, MOCHIZUKI Y, et al. Principles of cartilage repair and regeneration[J]. Clin Orthop Relat Res, 1997, 342(342):254 - 269.

[7] LI Y, CHEN P, WANG Y, et al. Rapid Assembly of heterogeneous 3D cell microenvironments in a microgel array[J]. Advanced Materials, 2016, 28(18):3543 - 3548.

[8] KAEHR B, SHEAR J B. Multiphoton fabrication of chemically responsive protein hydrogels for microactuation[J]. Proceedings of the National Academy of Sciences of the United States of America, 2008, 105(26):8850 - 8854.

[9] XING J, LIU J, ZHANG T, et al. A water soluble initiator prepared through host - guest chemical interaction for microfabrication of 3D hydrogels via two - photon polymerization[J]. Journal of Materials Chemistry B, 2014, 2(27):4318 - 4323.

[10] XING J, LIU L, SONG X, et al. 3D hydrogels with high resolution fabricated by two - photon polymerization with sensitive water soluble initiators[J]. Journal of Materials Chemistry B, 2015, 3(43):8486 - 8491.

[11] XING J F, ZHENG M L, DUAN X M. Two - photon polymerization microfabrication of hydrogels: an advanced 3D printing technology for tissue engineering and drug delivery[J]. Chemical Society Reviews, 2015, 44(15):5031 - 5039.

[12] XU T, ZHAO W, ZHU J M, et al. Complex heterogeneous tissue constructs containing multiple cell types prepared by inkjet printing technology[J]. Biomaterials, 2013, 34(1):130 - 139.

[13] SULLIVAN D C, MIRMALEK - SANI S H, DEEGAN D B, et al. Decellularization methods of porcine kidneys for whole organ engineering using a high - throughput system[J]. Biomaterials, 2012, 33(31):7756 - 7764.

[14] XU F, WU C A, RENGARAJAN V, et al. Three - dimensional magnetic assembly of microscale hydrogels[J]. Advanced Materials, 2011, 23(37):4254 - 4260.

[15] ERB R M, SON H S, SAMANTA B, et al. Magnetic assembly of colloidal superstructures with multipole symmetry[M]// Nature. 2009.

[16] TASOGLU S, DILLER E, GUVEN S, et al. Untethered micro - robotic coding of three - dimensional material composition[J]. Nature Communications, 2014, 5(1):1 - 9.

[17] VANHERBERGHEN B, MANNEBERG O, CHRISTAKOU A, et al. Ultrasound - controlled cell aggregation in a multi - well chip[J]. Lab on A Chip, 2010, 10(20):2727 - 2732.

[18] SHI J, AHMED D, MAO X, et al. Acoustic tweezers: patterning cells and microparticles using Standing Surface Acoustic Waves (SSAW)[J]. Lab on a Chip, 2009, 9(20):2890 - 2895.

[19] DENDUKURI D, DOYLE P S. The synthesis and assembly of polymeric microparticles using

microfluidics[J]. Advanced Materials,2010,21(41):4071 – 4086.

[20] LUO R C,CHEN C H. Structured microgels through microfluidic assembly and their biomedical applications[J]. Soft,2012,1(1):1 – 23.

[21] CHUNG,S. ,PARK,W. ,SHIN,S. et al. Guided and fluidic self – assembly of microstructures using railed microfluidic channels. Nature Mater[J]. 2008,7,581 – 587.

[22] CUI J,WANG H P,TOSHIO F,et al. Permeable hollow 3D tissue – like constructs engineered by on – chip hydrodynamic – driven assembly of multicellular hierarchical micromodules[J]. Acta Biomaterialia,2020,113,328 – 338.

[23] 顾其胜,朱彬．海藻酸盐基生物医用材料[J]．中国组织工程研究,2007,11(26):5194 – 5198.

[24] RAHMATI N F,TEHRANI M M,DANESHVAR K,et al. Influence of selected gums and pregelatinized corn starch on reduced fat mayonnaise:Modeling of properties by central composite design[J]. Food Biophysics,2015,10(1):39 – 50.

[25] CHENG Y,LUO X,BETZ J,et al. Mechanism of anodic electrodeposition of calcium alginate [J]. Soft Matter,2011,7(12):5677 – 5684.

[26] KAWAI T,AKIRA S. The role of pattern – recognition receptors in innate immunity:update on Toll – like receptors[J]. Nature Immunology,2010,11(5):373 – 384.

[27] FRANZ S,RAMMELT S,SCHARNWEBER D,et al. Immune responses to implants – A review of the implications for the design of immunomodulatory biomaterials[J]. Biomaterials,2011,32(28):6692 – 6709.

[28] CALAFIORE R,BASTA G. Clinical application of microencapsulated islets:actual prospectives on progress and challenges[J]. Advanced Drug Delivery Reviews,2014,67 – 68(1):84 – 92.

[29] PONCE S,ORIVE G,HERNÁNDEZ R,et al. Chemistry and the biological response against immunoisolating alginate polycation capsules of different composition[J]. Biomaterials ,2006,27,4831 – 4839.

[30] SPASOJEVIC M,BHUJBAL S,PAREDES G,et al. Considerations in binding diblock copolymers on hydrophilic alginate beads for providing an immunoprotective membrane[J]. Journal of Biomedical Materials Research Part A,2014,102(6):1887 – 1896.

[31] STRAND B L,RYAN T L,IN'T V P,et al. Poly – L – Lysine induces fibrosis on alginate microcapsules via the induction of cytokines[J]. Cell Transplantation,2001,10(3):263 – 275.

[32] ORIVE G,et al. Biocompatibility of alginate – polysine microcapsules for cell therapy[J]. Biomaterials,2006,27(20):3691 – 3700.

[33] JUSTE S,LESSARD M,HENLEY N,et al. Effect of poly – L – lysine coating on macrophage activation by alginate – based microcapsules:Assessment using a new in vitro, method[J]. Journal of Biomedical Materials Research Part A,2010,72 (4):389 – 398.

[34] HOOGMOED C G V,BUSSCHER H J,VOS P D. Fourier transform infrared spectroscopy studies of alginate – PLL capsules with varying compositions[J]. Journal of Biomedical Materials

Research Part A,2003,67 (1):172 - 178.

[35] DE V P,SPASOJEVIC M,DE HAAN B J,et al. The association between in vivo physicochemical changes and inflammatory responses against alginate based microcapsules[J]. Biomaterials,2012,33(22):5552 - 5559.

[36] DE HAAN B J,FAAS M M,HAMEL A F,et al. Experimental approaches for transplantation of islets in the absence of immune suppression[J]. in Trends in Diabetes Research,2006:131 - 162.

[37] CALAFIORE R. Alginate microcapsules for pancreatic islet cell graft immunoprotection:struggle and progress towards the final cure for type 1 diabetes mellitus[J]. Expert Opin Biol Ther,2003,3(2):201 - 205.

[38] CALAFIORE R,BASTA G,LUCA G,et al. Microencapsulated pancreatic islet allografts into nonimmunosuppressed patients with type I diabetes:first two cases[J]. Diabetes Care,2006,29(1):137 - 138.

[39] SUSAN K. T,JULIE D,STEFANIA P,et al. Physicochemical model of alginate - polysine microcapsules defined at the micrometric/nanometric scale using ATR - FTIR,XPS,and ToF - SIMS [J]. Biomaterials,2005,26(34):6950 - 6961.

[40] 陈代杰,罗敏玉. 生物高分子(第6卷)[M]. 北京:化学工业出版社,2004:194 - 217.

[41] DONATI I,HOLTAN S,et al. New hypothesis on the role of alternating sequences in calcium - alginate gels[J]. Biomacromolecules,2005,6(2):1031 - 1040.

[42] SAKAI S,ONO T,IJIMA H,et al. In vitro and in vivo evaluation of alginate/sol - gel synthesized aminopropyl - silicate/alginate membrane for bioartificial pancreas[J]. Biomaterials,2002,23(21):4177 - 4183.

[43] LUCA G,NASTRUZZI C,CALVITTI M,BECCHETTI E,et al. Accelerated functional maturation of isolated neonatal porcine cell clusters:In vitro and in vivo results in NOD mice[J]. Cell Transplantation,2005,14(5):249 - 261.

[44] LEE K Y ,MOONEY D J . Alginate:Properties and biomedical applications[J]. Progress in Polymer Science,2012,37(1):106 - 126.

[45] GRIFFITHS P R. The Handbook of infrared and raman characteristic frequencies of organic molecules[M]. Academic Press,1991.

[46] IVLEVA N P,WAGNER M,HORN H,et al. In situ surface - enhanced raman scattering analysis of biofilm[J]. Analytical Chemistry,2008,80(22):8538.

[47] HIMMELSBACH D S,AKIN D E. Near - infrared fourier - transform raman spectroscopy of flax (Linum usitatissimum L.) stems[J]. Journal of Agricultural & Food Chemistry,1998,46(3):991 - 998.

[48] SCHENZEL K,FISCHER S. NIR FT Raman spectroscopy - a rapid analytical tool for detecting the transformation of cellulose polymorphs[J]. Cellulose,2001,8(1):49 - 57.

[49] CAMPOS - VALLETTE M M,CHANDÍA N P,CLAVIJO E,et al. Characterization of sodium alginate and its block fractions by surface - enhanced Raman spectroscopy[J]. Journal of Ra-

man Spectroscopy,2010,41(7):758 – 763.

[50] PIELESZ A,BAK M K. Raman spectroscopy and WAXS method as a tool for analysing ion – exchange properties of alginate hydrogels[J]. International Journal of Biological Macromolecules,2008,43(5):438 – 443.

[51] BETZ J F,CHENG Y,TSAO C Y,et al. Optically clear alginate hydrogels for spatially controlled cell entrapment and culture at microfluidic electrode surfaces[J]. Lab on a Chip, 2013,13(10):1854 – 1858.

[52] OZAWA F,INO K,ARAI T,et al. Alginate gel microwell arrays using electrodeposition for three – dimensional cell culture[J]. Lab on a Chip,2013,13(15):3128 – 3135.

[53] WAN W,DAI G,ZHANG L,et al. Paper – based electrodeposition chip for 3D alginate hydrogel formation[J]. Micromachines,2015,6(10):1546 – 1559.

[54] JAVVAJI V,BARADWAJ A G,PAYNE G F,et al. Light – activated ionic gelation of common biopolymers[J]. Langmuir the Acs Journal of Surfaces & Colloids,2011,27(20): 12591 – 12596.

[55] CHENG Y,LUO X,BETZ J,et al. Mechanism of anodic electrodeposition of calcium alginate [J]. Soft Matter,2011,7(12):5677 – 5684.

[56] CHENG Y,LUO X,BETZ J,et al. In situ quantitative visualization and characterization of chitosan electrodeposition with paired sidewall electrodes[J]. Soft Matter,2010,6(14): 3177 – 3183.

[57] HUANG C P,LU J,SEON H,et al. Engineering microscale cellular niches for three – dimensional multicellular co – cultures[J]. Lab on a Chip,2009,9(12):1740 – 1748.

[58] MORIMOTO Y,HSIAO A Y,TAKEUCHI S. Point – ,line – ,and plane – shaped cellular constructs for 3D tissue assembly[J]. Advanced Drug Delivery Reviews,2015,95:29 – 39.

[59] CHU H K,HUAN Z,MILLS J K,et al. Three – dimensional cell manipulation and patterning using dielectrophoresis via a multi – layer scaffold structure[J]. Lab on a Chip,2015,15(3): 920 – 930.

[60] CHIOU P Y,OHTA A T,WU M C. Massively parallel manipulation of single cells and microparticles using optical images[J]. Nature,2005,436(7049):370 – 372.

[61] HUANG S H,HSUEH H J,JIANG Y L. Light – addressable electrodeposition of cell – encapsulated alginate hydrogels for a cellular microarray using a digital micromirror device[J]. Biomicrofluidics,2011,5(3):034109.

[62] LIU N,LIANG W,LIU L,et al. Extracellular – controlled breast cancer cell formation and growth using non – UV patterned hydrogels via optically – induced electrokinetics[J]. Lab on a Chip,2014,14(7):1367 – 1376.

[63] CANAPLE L,REHOR A,HUNKELER D. Improving cell encapsulation through size control [J]. Journal of Biomaterials Science Polymer Edition,2002,13(7):783 – 796.

[64] JALAN R,SEN S,WILLIAMS R. Prospects for extracorporeal liver support[J]. Gut,2004,53 (6):890 – 898.

[65] LIN R Z, CHU W C, CHIANG C C, et al. Magnetic reconstruction of three - dimensional tissues from multicellular spheroids[J]. Tissue Eng Part C Methods, 2008, 14(3):197 - 205.

[66] BROWN M A, WALLACE C S, ANGELOS M, et al. Characterization of umbilical cord blood - derived late outgrowth endothelial progenitor cells exposed to laminar shear stress[J]. 2009, 15(11):3575 - 3587.

第7章

基于流体动力学交互的人工微组织组装与功能评估

体外构建人体器官组织的三维模型,并在结构和功能上保留真实组织的特性,有望作为活体替代模型用于生物和临床医学研究[1-2]。特别是人工肝脏组织的体外构建,对药理学和病理学研究具有重要意义[3]。众所周知,肝脏是人体内以代谢功能为主的内脏器官,对于来自体内和体外的许多非营养物质如药物、毒素以及体内的某些代谢产物,具有生物转化功能,能够通过新陈代谢将它们分解并排出体外,因此人们常将其誉为“解毒器官”。肝病也是一种高发病。我国,目前有各类肝病患者逾1亿例,其中病情凶险的末期肝病患者约800万例,病死率高达80%以上。虽然肝移植可以有效治疗末期肝病,但一直受困于供体短缺、费用昂贵等因素。另外,新型药物的开发一直以来依赖动物模型做药物实验,从而导致了较高的失败率。而药物肝毒性测试是新型药物的开发的重要参考指标。因此,近年来国内外积极研发基于人工肝组织的生物人工肝模型,以期用于药物筛选和再生医疗领域[4-5]。

常见的人工肝组织构建模式,如图7.1所示,主要有聚球培养,凝胶包埋培养,基于微流道的片上肝细胞培养[6],以及去细胞肝脏支架等[7]。国外已有采用肝细胞形成细胞球,或采用水凝胶包埋形成微结构成功实现了肝细胞的体外培养案例[8-9]。为了提高肝细胞在体外的活性和功能,也有人采用肝细胞和内皮细胞或成纤维细胞等非实质细胞共培养的模式进行体外的肝组织培养[10]。目前,这些培养模式存在共性缺陷,即只是实现了肝细胞在二维或简单三维环境下生长,并没有从仿生学角度出发,考虑真实肝组织的复杂外形结构及代谢必需的内部血管网络,而这种缺失使得肝细胞在体外丧失细胞极性,从而导致细胞活力无法与在体肝细胞相比较,并使肝细胞生物合成及解毒功能下降,进而导致目前人工肝组织模型对药物测试效果的不稳定,无法开展大规模的临床应用[11]。

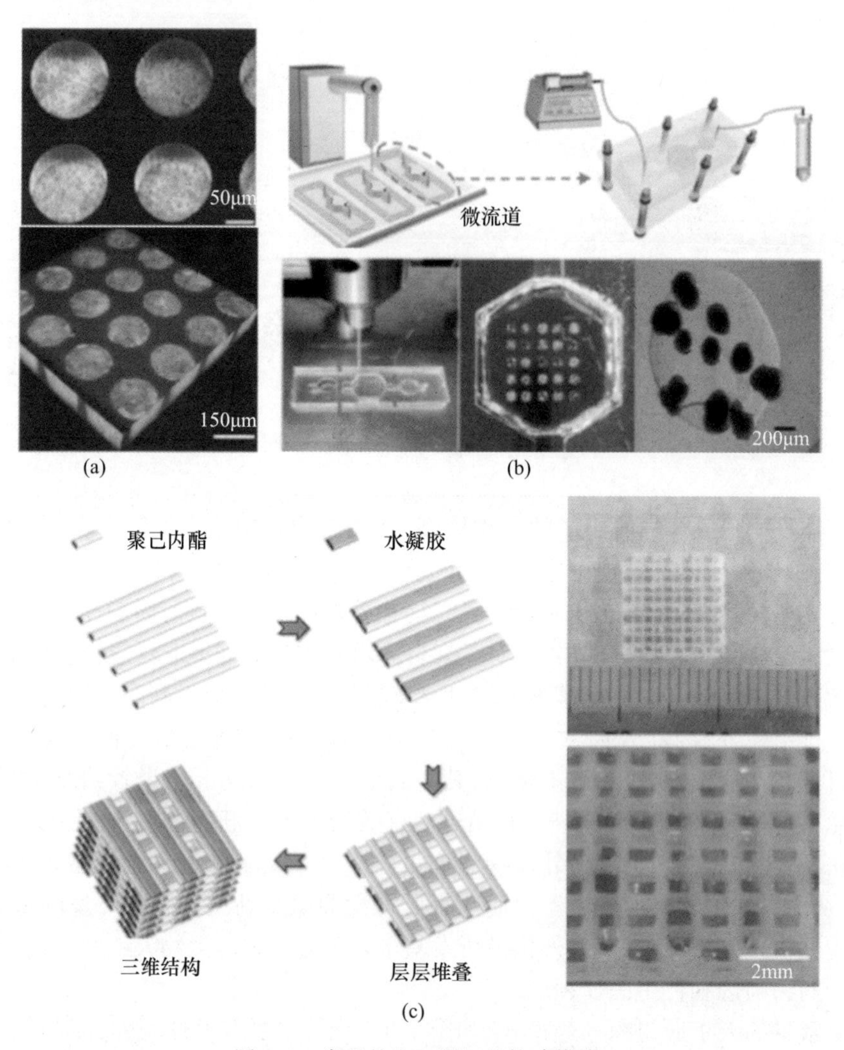

图 7.1　常见的人工肝组织构建模式

(a)凝胶包埋肝细胞;(b)基于微流道的肝模型;(c)生物打印构建三维生物支架。

对于肝脏来说,肝小叶作为肝组织结构和功能的基本单位,结构上呈六角棱柱体,直径约 1mm,厚度约 2mm,中心贯穿一条中央静脉,如图 7.2 所示。肝细胞以中央静脉为中轴呈放射状排列,形成肝小叶的复杂立体结构[12]。因此,按照“自下而上”的人工组织构建方法,在体外构建肝组织的仿生结构。首先通过微加工技术将肝细胞构造成模拟肝小叶结构的薄片微单元;然后将这些微组装单元以与真实组织相同的规律进行重复性轴向组装,以形成具有真实组织轮廓的人工肝组织。

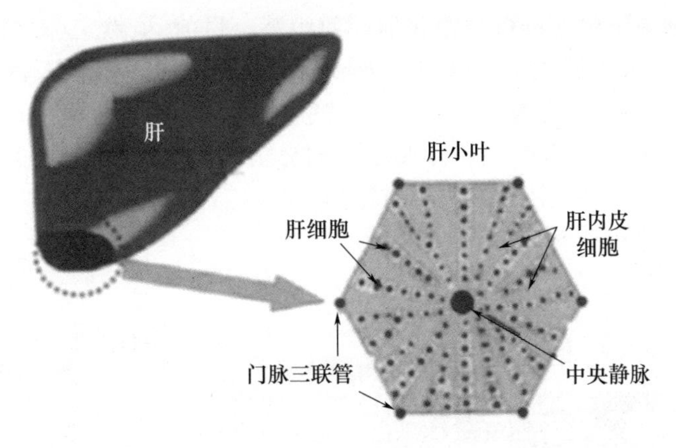

图7.2　肝与肝小叶

目前,对薄片状物体有效的操作方法可以分为非接触式操作和接触式操作两大类。非接触式操作例如介电泳、磁场力和光场力等因可以实现微尺度精确控制,被越来越多地应用于人工微组织构建中。国内中国科学院沈阳自动化研究所的刘连庆教授团队对基于介电泳的操作进行了深入研究。他们利用介电泳开创性地实现了片状细胞微单元的“拼图”组装,如图7.3(a)所示[13]。但是,该组装仅限于平面拼装,无法进行空间三维构建。此外,介电泳的作用力弱,操作对象尺寸有限。基于磁场力的组装方法是将磁性纳米粒子混入细胞聚合微单元中,以外部磁力引导微单元进行移动、拼装。磁性纳米粒子生物性能良好,还可直接用于细胞的悬浮培养[14]。国内清华大学杜亚楠教授课题组利用磁控系统成功对细胞化凝胶单元进行了非接触式三维定向组装[15]。这种基于磁场引导微单元分层组装的方式,为三维微组织构建提供了新的思路。然而,磁场控制精度、灵活度都不高,无法实现肝组织相对复杂的空间组装要求。基于光场力的操作方法利用高度汇聚的激光形成光阱,以捕获微米尺度的目标[16]。然而,大多数的场力依赖于复杂且庞大的外部电路和设备,却只能提供二维力,并且对操作对象的尺寸、形状等有严格的限制,因此很难用于组装具有复杂形状的三维组织。

基于微型机械臂的接触式微机械操作,能够灵活地在三维开放空间对细胞群或包裹细胞的微单元进行精确的拾取、组装[17-20]。但是,对于调整和排列处理具有特殊形状的微单元的姿态位置,微机械操作不能批量进行,只能独立地判断其姿态位置再设计操作路径。且不说微纳尺度的操作过程复杂、耗时,微观粒子的相互作用也会干扰微调整。为减少微观黏附力的干扰和保持细胞活性,微单元的组装过程必须要在培养液环境中完成,而末端执行器的移动对液体产生的紊流扰动也会影响微单元组装结构的稳定。仿生肝组织要进一步形成一定细胞规模,必须对微单元进行规模化地高效组装。目前,虽然宏/微结合的驱动模式为这一高效组装提供了支持,但仍缺乏针对肝组织构建的宏/微运动控制策略。日本名古屋大学在最新的研究中尝试通过微移液管对仿肝小叶微单元进行“自下而上”的空间组装[21],但组装结果明显不理想。所以,寻求新的驱动机理和组装模式,成为完成仿生肝组织组装的突破口。

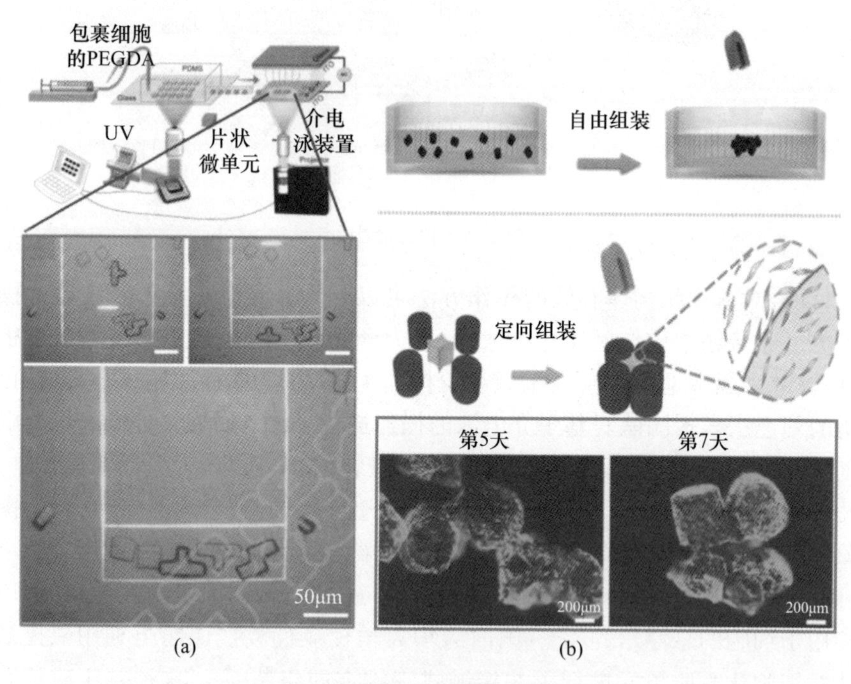

图 7.3　非接触式三维组装操作方法
(a)介电泳操作;(b)磁力定向操作。

基于液体环境的流体力的组装操作也在组织工程领域有所应用,主要搭载微流控芯片对微单元进行流道内的组装。日本名古屋大学的岳涛博士设计了一种独特的微流道,通过控制流体将圆环状的微单元在流道内逐个轴向排列起来形成微圆管[22],如图 7.4 所示。然而,这种方法只适用于外形轮廓为圆形的微单元。对于有棱角结构的微单元,轴向排列后的每个微单元姿态不尽相同,这种操作无法校准这些微单元的姿态以形成具有规则外形轮廓的整体。

综合考虑微机械操作和流体操作的优势,以及三维组装具有复杂外形的微单元的需求,一种基于流体动力学交互的体外人工组织的三维构建方法被提出,用于制作仿肝小叶结构和功能的人工三维微组织。这种方法主要分为以下三个步骤。

(1)采用生物兼容性水凝胶,包裹肝细胞和成纤维细胞,制作仿肝小叶形状的二维薄片微单元。

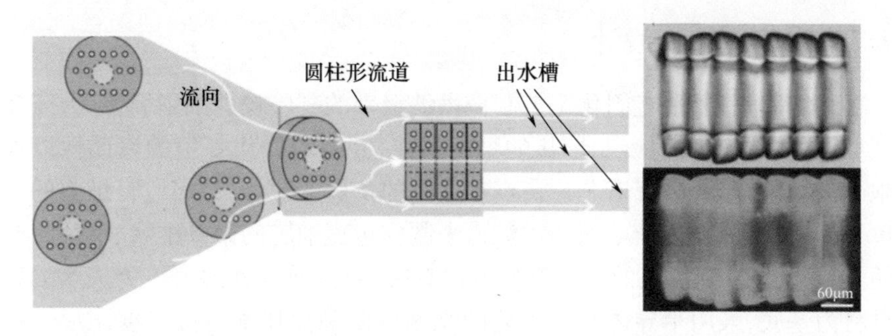

图7.4　基于微流道的仿血管结构三维组装

(2)利用微机械操作系统,结合微流体力的作用,将仿肝小叶形状的二维薄片微单元轴向集合、组装成三维柱状结构。

(3)基于亲－疏水的流体动力学交互原理,对收集的仿肝小叶微单元进行统一、同步的姿态校准,并通过紫外曝光交联,将它们固定在一起成为具有规则轮廓外形及中央仿血管通道的微型仿肝小叶三维组织。

下面将详细介绍基于流体动力学交互的人工微型仿肝小叶组织的三维构建过程,并对该仿肝小叶微组织的体外细胞活性和肝功能进行评估。

7.1　薄片状仿肝小叶微单元结构制作

控制细胞和微环境的相互作用对于生成模拟体内组织的结构,以及引导细胞分化和形成组织是非常重要的[23]。因此从工程角度来说,支架或者组织模板应该具有内部空隙网络和明确外部结构,使其成为细胞增殖和形成组织的支撑结构。快速成形技术作为快速的固体自由成形的制造技术,在先进组织工程支架的制造中起着重要的作用[24-26]。光固化技术是快速成形技术的一种,在制作微纳尺度的模块时具有其他技术无法比拟的高精度和高分辨率的优势。

光固化工艺要求使用光敏性的液体配方,能够在光照作用下固化。而通过将细胞封装在预制结构中,细胞密度比散布在支架表面更高。此外,细胞的分布可能会得到更好的控制[27-29]。光固化工艺可以用于微接触打印、微流控制版等技术方法中。微接触打印可以直接打印出包裹细胞的二维或三维微结构,但该方法的精度受硬件系统限制,并且打印过程不可逆,不灵活[30-32]。微流控制版能在微流道芯片内制作封装细胞的薄片状微结构,微结构的形状由曝光光束的形状决定[33-34]。因此,采用微流控光刻技术制作模拟肝小叶形状的微单元,并将肝细胞封装其中,以构建三维仿肝小叶是非常适合的。

7.1.1 微流道芯片设计

在组织工程领域,光固化工艺制作微纳级别的凝胶包裹细胞微单元,需要在微观尺度下能够实现对凝胶形状的精准操控,并要求操作环境的密闭性以保证细胞不被细菌感染,微流道芯片正具备这样的条件[35-36]。根据包裹细胞的凝胶微单元的需求,可以设计不同的微流道来制作包裹细胞的微纤维状、薄片状或块状的微单元[37]。微流道的加工制作方法有很多,目前常见的也较为成熟的是以硅材料为基底,采用半导体加工工艺的光刻以及刻蚀技术将微尺度图形转移到基底上,从而制作微流道芯片[38-39]。对于制作薄片仿肝小叶微单元的微流道芯片,仅需要一个厚度适当的微流道空间,以及一个输入口与一个输出口。如图 7.5 所示。

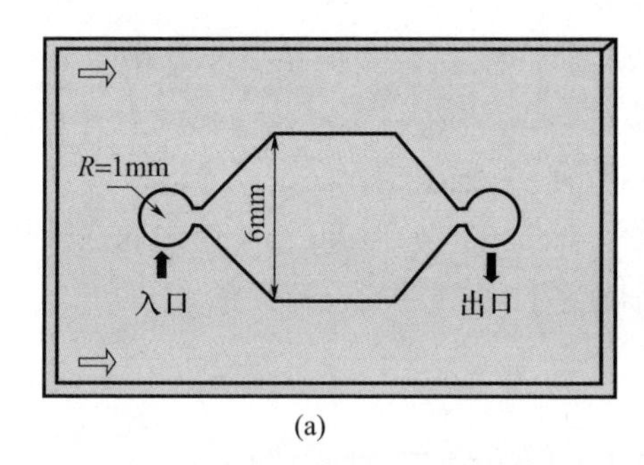

(a)

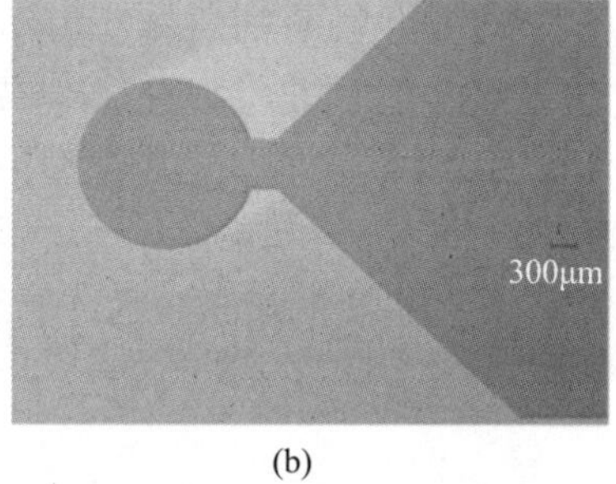

(b)

图 7.5　面向二维细胞化微模块加工的微流道设计

制作薄片状仿肝小叶微单元所使用的微流道芯片加工方法如图 7.6 所示。第一步是制作基底模。①将 SU-8 光刻胶通过匀胶机均匀地旋涂于硅片表面,形成与所需微流道高度相同的厚度。②通过紫外光透过掩膜板对硅片进行曝光处理,光刻胶的特殊区域,即掩膜板上与设计的微流道相同的区域将被照射。SU-8 是一种反胶,因此只有微流道区域被曝光并固化,其他区域则被掩膜板的非透明区域保护。③曝光后的硅片被放置于显影液中,未被曝光的部分将被清除。④硅片上由光刻胶构成的剩余部分即为可供后续复制成微流道芯片的原模。微流道的高度将由该原模的厚度决定。

第二步是浇铸微流道芯片。聚二甲基硅氧烷(PDMS)是一种常见的有机材料,由于具有价格低廉、加工简单、透光性好等特点成为微流道芯片中最常用的材料。采用 PDMS 制作微流道芯片的加工过程如下:①PDMS 与硬化剂以 10∶1 比例混合并搅拌均匀,静置排出因搅拌产生的气泡;②将排气后的 PDMS 浇灌到之前制作的硅基底原模上并放入烤箱加热固化,当 PDMS 固化以后,微流道形状就由原模复制到 PDMS 中;③为了实现微流道中液体的流通,成型的 PDMS 微流

道需要在预设的输入/输出位置刺穿扎孔。在 PDMS 微流道制作完成后,还需要将其与载玻片贴合才算是完整的微流道芯片。为了避免有机玻璃片的亲水性导致流道中的水凝胶微模块黏附于玻璃片上,玻璃片需要旋涂 PDMS 以改变表面疏水特性,同时也实现了 PDMS 与载玻片的可逆黏合。通过 PDMS 与载玻片的黏合,微流道被封闭成完整的芯片。通过对输入口液体的控制,能够实现对微流道中凝胶与微结构的精确操作。

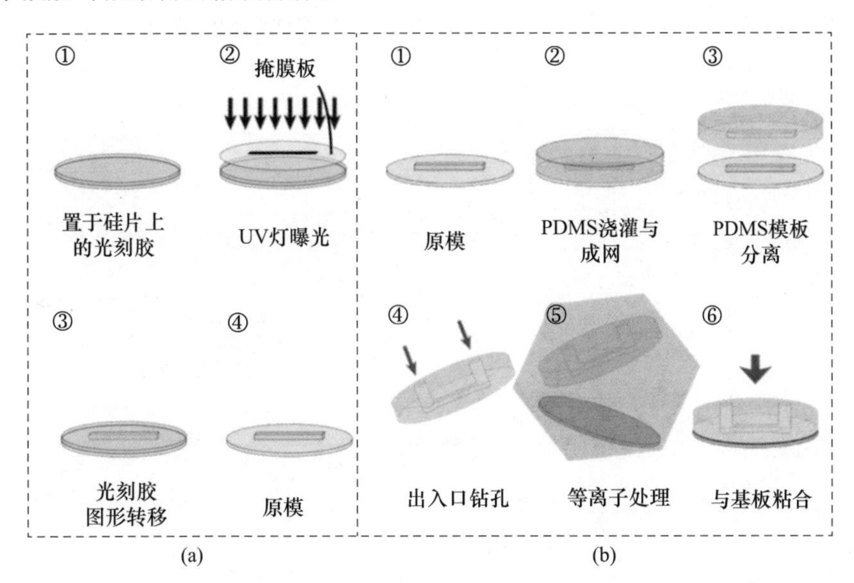

图 7.6 微流道芯片加工方法

(a)微流道基底模制作;(b)微流道芯片浇铸。

7.1.2 水凝胶选择

在体内,一种名为细胞外基质(Extracellular Matrix,ECM)的物质对细胞的存活不可或缺,它为细胞提供机械支持和生理信号以支持细胞增殖和调节细胞行为。在组织工程和再生医学中,人们用生物材料代替 ECM 制作人工支架进行体外的细胞组织化培养[40-42]。基于 ECM 的生物材料多种多样,其中水凝胶类物质由于具有良好的吸水性、黏弹性、与人体组织相近的力学性能以及良好的生物兼容性,近年来广泛地应用于组织工程领域[43-46]。水凝胶是由分散在水介质中的聚合物链通过物理和化学交联形成的[47-48],如图 7.7 所示。水凝胶作为组织工程支架,能够起到细胞载体的作用,多孔的组织结构允许营养物质的交换与代谢产物的排出,同时也能提供力学支持作用[49]。水凝胶按来源主要分为天然材料和人工合成材料。天然材料如明胶、胶原、壳聚糖等,具有与人体组织相同或相近的化学成分。例如,胶原是哺乳动物组织 ECM 的主要蛋白质,占哺乳动物蛋白质总量的25%[50-51]。但是,天然的水凝胶材料由于非共价键交联,机械稳定性较差。人工合成材料包括聚氧化乙烯(PEO)、聚乙二醇(PEG)及其衍生物等,具有生物兼容性,通过化学交联可以形成机械性能稳定的结构[52-53]。其中,聚乙二醇二丙烯酸酯(PEGDA)是用丙烯酸酯取代PEG末端的羟基形成的,在光引发剂(Photo Initiator,PI)作用下能够交联成具有亲水性、生物兼容性以及结构可控等优点的多空隙的三维聚合物网络,是近年来生物化学、制药等研究领域的热点,在组织工程支架及药物载体等生物医学领域具有一定的应用前景[54-55]。

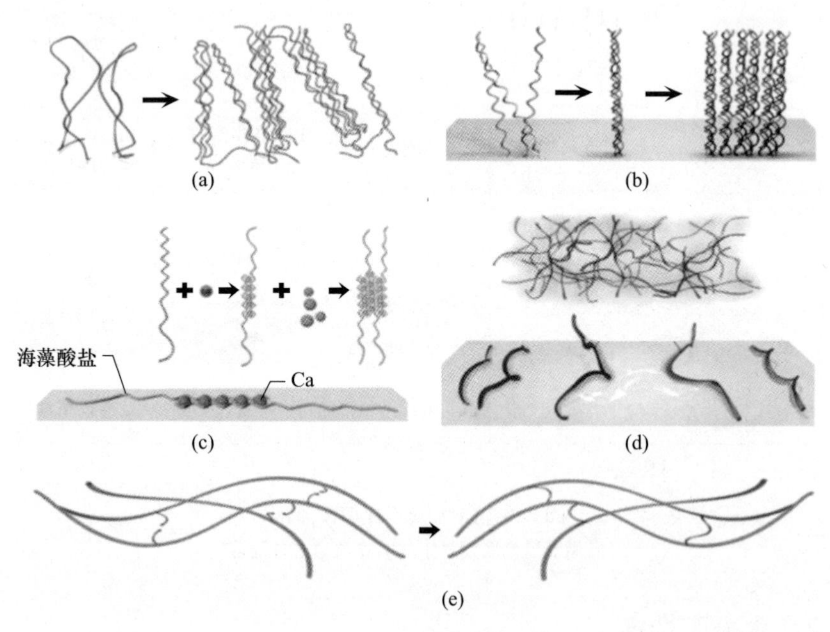

图7.7 水凝胶的交联反应
(a)热诱导交联;(b)自组装;(c)离子交联;(d)静电作用;(e)化学交联。

PEGDA的分子量影响着PEGDA的细胞兼容性。以常用的几种PEGDA分子量700Da、3400Da和5000Da为例,分子量越高,细胞兼容性越好,即细胞在PEGDA水凝胶中的存活率越高。但分子量越高的PEGDA,固化成形后的机械稳定性越差,不利于三维结构的制作。另外,PEGDA对细胞的黏附性较差[56]。细胞虽可以与PEGDA共存,却无法贴附在PEGDA表面生长,这是由于PEGDA分子链末端缺乏吸附蛋白的分子。但是,通过在PEGDA末端修饰RGD等多肽链,可以有效提高PEGDA对细胞的黏附性,同时又不影响PEGDA本身的机械特性[57]。韩国Vincent Chan等对此已进行了验证[58]。他们采用老鼠成纤维细胞NIH/3T3,以普通的和RGD修饰过的分子量700Da、3400Da和5000Da的

PEGDA 为载体，进行细胞培养实验，发现细胞在 RGD 修饰过的 PEGDA 中表现出更高的存活率。而且 PEGDA 分子量越高，细胞兼容性越好，即细胞在 PEGDA 水凝胶中的存活率越高（图 7.8）。但是，分子量越高的 PEGDA，固化成形后的机械稳定性越差，不利于三维结构的制作。在图 7.8 中可以看出，分子量为 3400Da 的 PEGDA 水凝胶在细胞长期培养中对维持细胞的活性具有明显的优势。因此，为了实现细胞培养的仿肝小叶微组织，并使其在体外长期培养中维持较高的细胞活性和功能，应采用分子量 3400Da 的 RGD－PEGDA 水凝胶。

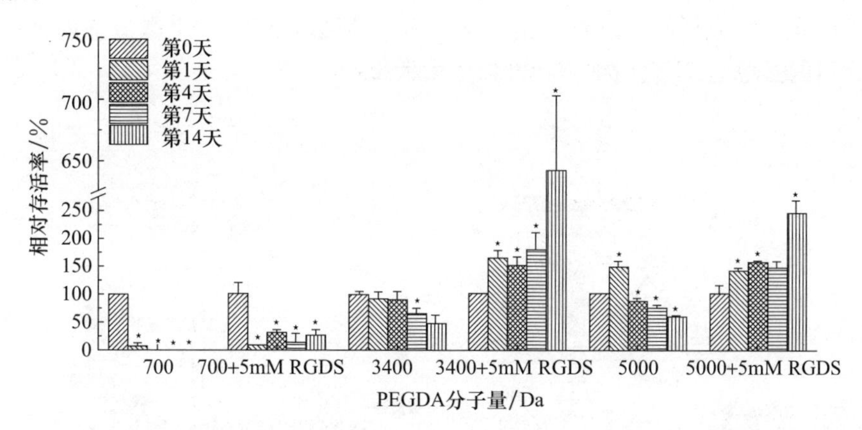

图 7.8　PEGDA 分子量对成纤维细胞 NIH/3T3 活性的影响

7.1.3　仿肝小叶微单元制作

仿肝小叶二维微单元加工系统主要由倒置荧光光学显微镜、微流道芯片及紫外曝光系统组成，如图 7.9（a）所示。微流道芯片搭载在显微镜载物台上实现 $x-y$ 轴方向的移动控制。紫外曝光系统采用汞灯为紫外（Ultra Violet，UV）曝光提供光源，通过调节能量值可以调节曝光强度。在汞灯上加装电动光闸可以控制曝光的时间。设计带有需求图形的掩膜板遮挡在汞灯前，可以形成带有微单元图形的紫外光束[59]。为了模拟肝小叶近似六边形的外形轮廓，这里设计了六边形的掩膜图案。紫外光穿过电动光闸的控制，以特定的能量和时长透过掩膜板的图案区域进入显微镜光路，通过镜组反射即可到达物镜。通过物镜将由紫外光构成的掩膜板图形聚集缩小投射到微流道芯片，即可实现微流道芯片中光交联树脂的交联反应，形成微组装所需的二维六边形微单元。由于光交联反应程度与紫外光提供的能量成正比，可以通过直接控制汞灯能量值或控制光闸曝光时间来调节照射于微流道芯片上的时间。

制作六边形微单元所需的水凝胶预聚物溶液成分为：PEGDA（RGD 修饰）、PI 及细胞培养基。先将肝细胞 HepG2 和成纤维细胞 NIH/3T3 混合配置成细胞密度为 1×10^7 个/ml 的细胞悬浮液。将等量的水凝胶溶液与细胞悬浮液混合，充分打散以使细胞均匀地悬浮在最终溶液中，而后将最终溶液注入微流道中。溶液充满微流道后，细胞也均匀地分布于流道中。通过预先设定好的曝光程序，紫外曝光 3 秒后，流道中的溶液就可以固化出一个六边形结构的微单元，同时曝光区域的细胞也被固化在该结构中，如图 7.9(b) 所示。通过 x 或 y 轴方向移动显微镜载物台改变显微镜物镜对应的流道区域，就可以曝光出新的细胞化六边形微单元。因为制作一个微单元的时间很短，所以可以在一个微流道内批量制作大量的微单元，不会对细胞活性造成太大影响。

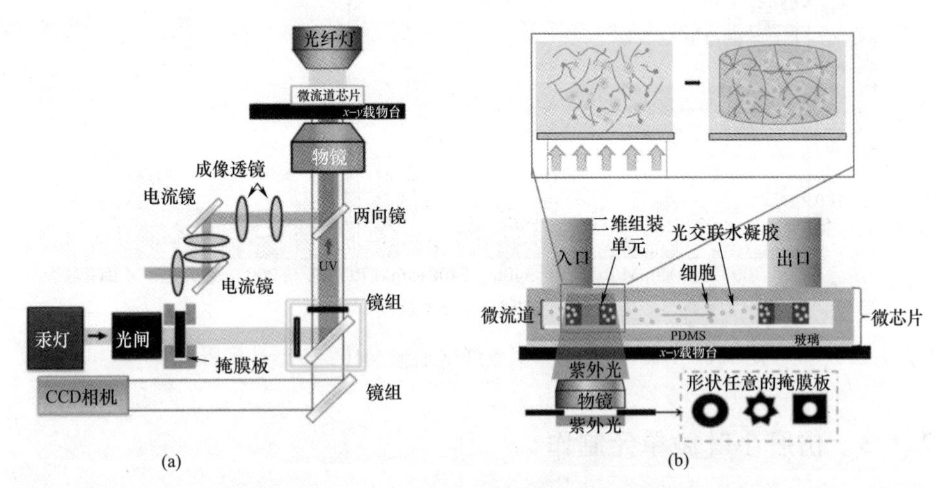

图 7.9　仿肝小叶的二维细胞化微单元加工

(a)基于光固化原理的加工系统；(b)微流道中光交联反应。

为了收集六边形微单元进行后续三维组装，在制作完成所需微单元数量后，需要将微流道拆开，将其中的微单元模块用细胞培养液冲洗至培养皿中，并立刻放入培养箱进行培养，以尽快恢复细胞的活性并促进细胞在六边形微单元中增殖。

7.2　六边形微单元的体外培养

7.2.1　PEGDA 光固化对细胞活性的影响

研究得知，光引发剂的毒性随着浓度和曝光时间的增加而增加。PI 浓度太小导致紫外曝光时间的增长,会造成极高的细胞死亡率。因此,需调整 PI 2959 的浓度和紫外曝光时间,并分析其对细胞活性的影响,以获得最佳的体外微组织制作条件[60]。配置含五种不同浓度的 PI(0、0.2%、0.5%、0.8% 和 1%(w/v))的 PEGDA - 细胞水凝胶溶液,并以四种不同的紫外曝光时间(5s、20s、40s 和 60s)对其进行光交联实验,然后进行细胞活性测试,获得如图 7.10(a)所示的结果。0.8% 以下的 PI 浓度,均能使细胞保持较高的活性,且 0.2% PI 对细胞毒性最小。而实际上,5s 的紫外曝光时间无法完全固化含 0.2% PI 的预聚物并形成结构,因此选择 0.5% PI 配合 5s 紫外曝光时间进行 PEGDA 水凝胶光交联实验比较合适。

在预聚物溶液中,PEGDA 水凝胶的浓度会极大地影响被封装细胞的活性,因此对不同浓度的 PEGDA 对细胞的影响进行了评估。配置了 PEGDA(RGD 修饰)浓度分别为 15%、25% 和 35%(w/v)的水凝胶预聚液,与同样的细胞悬浮液混合,制作细胞化六边形微单元结构,并将这些结构置于培养箱中进行了长期培养。用显微镜监测三种 PEGDA 浓度的微单元在培养 3 天、7 天以及 11 天时细胞的生长情况,如图 7.10(b)所示。由图可以看出,三组中细胞均生长状况良好,逐渐在长期培养中在微单元内延展,并填充微单元结构。其中,在 35% PEGDA 浓度的微单元中,细胞的延展速度最快,延展性最好,并在第 11 天时已经填充满整个六边形结构(图 7.10(a))。

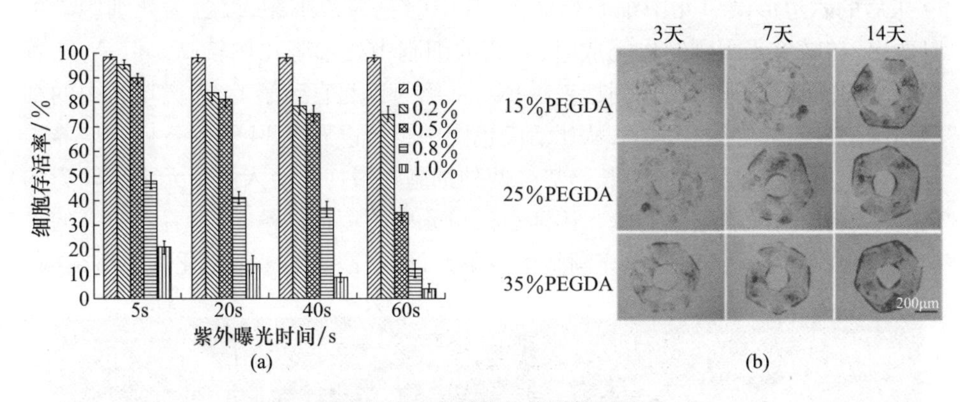

图 7.10　光固化细胞活性测试

(a)紫外曝光时间对 PEGDA 中细胞活性的影响;(b)PEGDA 浓度对细胞延展性影响。

然而,35% 浓度的微单元中细胞的存活率并非最高。从图 7.11(b)中可以看到,虽然经 RGD 修饰后的 PEGDA 水凝胶使细胞存活率大大提高,但随着 PEGDA 浓度增加,会降低细胞的存活率。综合上面对细胞生长速度的评估,最终选定 PEGDA 浓度为 25% 的水凝胶预聚物溶液来制作仿肝小叶的细胞化六边形微单元。

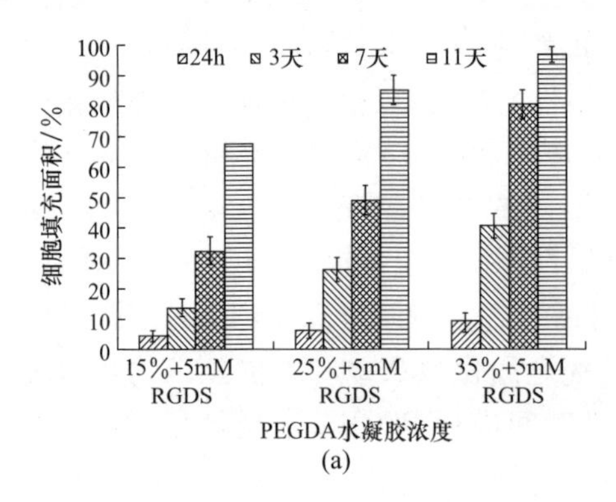

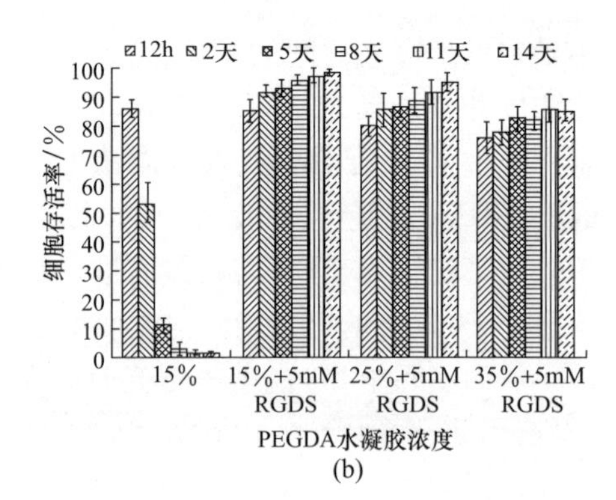

图 7.11 PEGDA 浓度对细胞活性影响

(a)PEGDA 水凝胶浓度对细胞延展性的影响;(b)PEGDA 水凝胶浓度对细胞活性的影响。

7.2.2 六边形微单元的多细胞共培养

先以 25% PEGDA(RGD 修饰)浓度的水凝胶预聚液与肝细胞 HepG2 和成纤维细胞 NIH/3T3 进行混合,再用光固化快速成形技术制作成封装多细胞的薄片状六边形微单元,作为组装仿肝小叶三维微组织的基础构件。将这些微单元置于细胞培养基中,放入恒温 37℃,5% CO_2 浓度的细胞培养箱中进行长达 14 天的体外培养,并观测细胞在微单元中的生长情况。图 7.12 给出了培养第 0、1、3、5、7、9、11 和 14 天后的六边形微单元中细胞死活图,其中绿色为活细胞,红色为死细胞。可以看出,在微单元刚刚制作完成时,封装的细胞中死细胞比例较高。但是,随着培养时间的延长,死细胞比例越来越小。从第 3 天起直到第 14 天微单元中的细胞均维持极高的细胞存活率,从死活染色图中也可以看到 14 天的长期共培养中细胞在六边形微单元中的生长趋势。两种细胞在最初封装入微单元中呈较为均匀的零散分布,随着培养的深入逐渐在微单元中均衡地增殖,并沿着六边形的轮廓延展,在第 14 天的时候填充满整个微单元,形成饱满的多细胞化六边形结构。

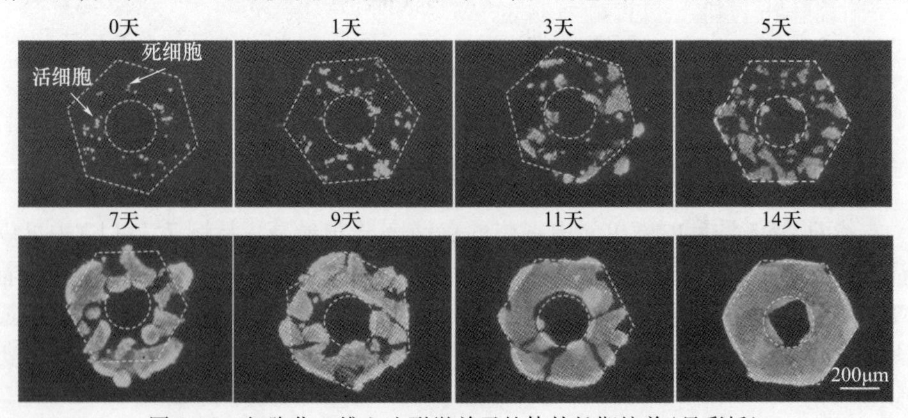

图 7.12 细胞化二维六边形微单元的体外长期培养(见彩插)

7.3　基于局部微流体力的六边形微单元的三维微组装

7.3.1　三维拾取操作

基于局部微流体力的微型机器人操作系统可顺序完成三维结构的组装(图7.13),该微型机器人操作系统由圆形导轨子系统、双机械臂操作子系统和视觉反馈子系统三部分组成,并全部集成在倒置荧光光学显微镜上。其中,圆形导轨子系统固定于显微镜载物台上,上置两个可移动基座,由步进电机(model NAS12 New Focus Inc.)驱动。基座被约束于圆形导轨上,通过电机驱动可以实现对心旋转运动。双机械臂分别固定于两个基座上,主机械臂末端搭载一个玻璃棒,副机械臂末端搭载一个玻璃管。玻璃棒和玻璃管的一端均由拉针仪(PC－10 NARISHIGE Inc.)经热处理和微加工形成直径约10μm的尖端,便于操作微单元。玻璃管未拉伸的一端通过硅胶软管连接一个安装于泵上的注射器,用于操作时注入气体产生流体力。视觉反馈子系统由CCD数码相机(DP21 Olympus Inc.)及图像采集和处理软件组成,用于实时采集显微图像,并通过处理分析实现对目标的跟踪和定位。

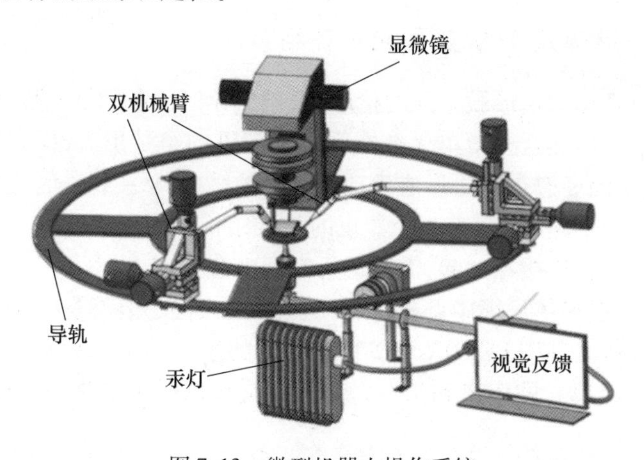

图7.13　微型机器人操作系统

六边形微单元的三维组装拾取过程如图7.14(a)所示。在拾取六边形微单元时。首先,将装有微单元和细胞培养基的培养皿放置于导轨中央,通过视觉反馈选中一个微单元,将主操作臂移动到微单元中空的圆心中,尽量使主操作臂尖端贴近培养皿底部以锁定微单元。然后将副操作臂移动到微单元外侧底部。然

后,注射泵通过副操作臂向培养皿中注射微气泡,在培养液中产生局部微流,如图 7.14(b)所示。受微流的流体力影响,微单元原地旋转并沿着主操作臂被向上推起完成一个微单元的拾取。该操作过程简单,用时短,且非接触式操作避免了对微单元结构的损伤。重复这种非接触的微机器人操作,可以拾取任意数量的微单元组成三维结构。通过控制拾取微单元的数量,就可以很容易地调整装配的三维结构的尺寸。

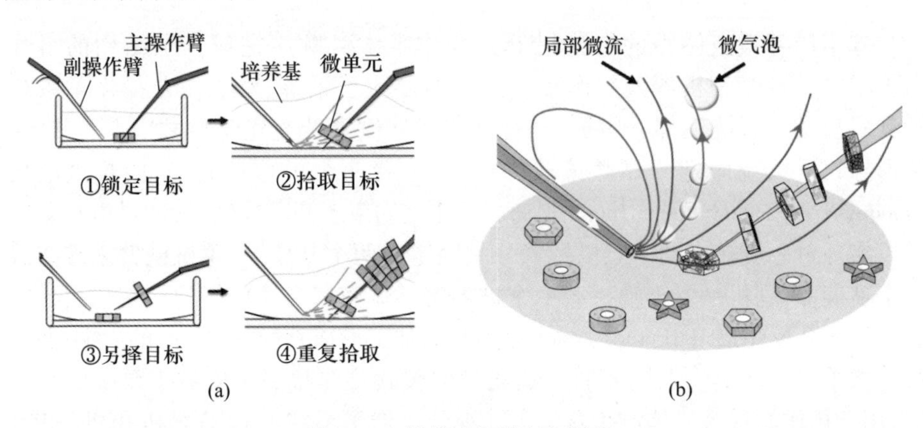

图 7.14　微单元组装(见彩插)

(a)六边形微单元的拾取过程;(b)局部微流实现微单元的非接触式拾取。

7.3.2　基于流体动力学交互的对齐组装

在完成细胞化六边形微单元的拾取后,微单元以零散的、任意的姿态轴向串于主操作臂上。虽然这些微单元在空间上呈三维的组装形态,但它们之间没有任何连接,散乱的姿态也无法形成模拟肝小叶的结构,从主操作臂上释放后仍是“一盘散沙”,因而不能被视为一个真正的三维结构。为了将这些六边形微单元以整齐的姿态组合连接在一起,需要进行空间整合操作。

一般来说,在液体环境中调整每一个微结构的特定姿态是一个烦琐且耗时的过程。这里可以利用 PEGDA 与矿物油之间的亲水 - 疏水相互作用产生的表面张力来调整微单元的姿态和位置,实现快速、精确的批量化姿态校准,提高姿态校准效率。

收集于主操作臂上的每个微单元都需要进行绕操作臂的旋转和径向移动以排列整齐,形成规则的三维轮廓。通过主操作臂和副操作臂的配合,将收集的六边形微单元从细胞培养液中取出,并浸入矿物油中备用。由于 PEGDA 是亲水性的,矿物油是疏水性的,在水 - 油两相的交互中产生了疏水效应。疏水效应是物质的疏水基团彼此靠近聚集以避开水的过程,在使疏水基相互靠拢的同时,亲水物也相互集中从而更大程度地结构化。因此,浸于矿物油中的微单元会自动地

趋于集中以使其在矿物油中暴露的面积最小化。这种自动调节包括绕主操作臂的旋转使各微单元的六边形外形轮廓和中心圆孔轮廓均相互对齐,以及沿主操作臂轴向压缩微单元使其紧密贴合在一起。在亲－疏水相互作用下,所有的六边形微单元都自动对准成统一的姿态贴合在一起,形成规则的外部轮廓,同时也使中心圆孔对齐形成贯通的内腔,如图 7.15(a)所示。值得一提的是,自动校准操作可在微单元被浸入到矿物油中时瞬时完成,这样的高效率保证了微单元中细胞的活性。

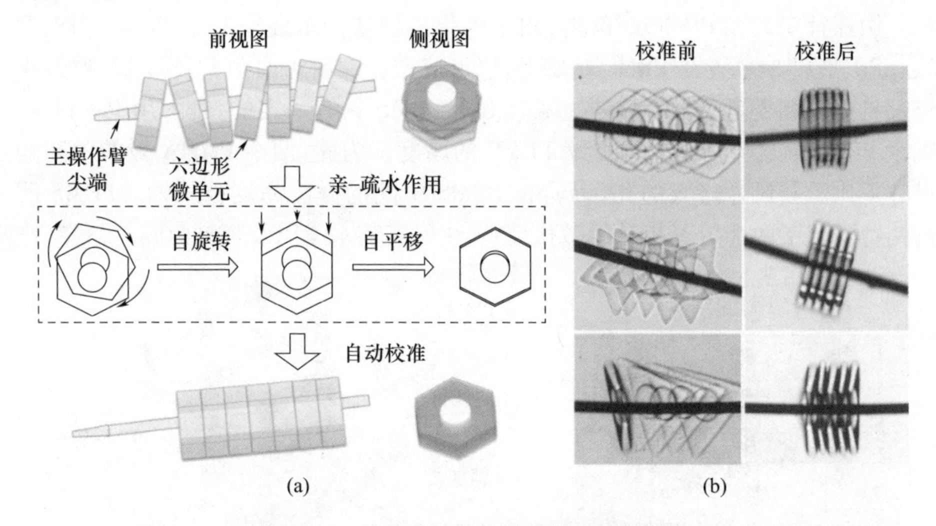

图 7.15　流体力辅助的微模块自对准操作

(a)亲水－疏水相互作用校准微单元姿态;(b)任意轮廓的薄片状微单元的对齐组装。

自动对准后的微单元虽紧密贴合在一起,但并无有效的连接。为了将它们绑定在一起形成一个整体,在自动姿态校准前先将微单元浸入不含细胞的 PEGDA 水凝胶预聚液中,使其表面包裹一层预聚液,再放入矿物油中进行姿态校准。将校准后的微单元进行大约 5s 的紫外曝光,紫外曝光会触发包裹在微单元表面的预聚液进行光交联反应,从而将紧密贴合的微单元连接在一起,形成一个整体结构。经过绑定后的三维微结构封装了肝细胞和成纤维细胞,同时具有六边形外轮廓和中央内腔,成功模拟了肝小叶近六边形状的三维结构。

基于流体动力学交互的三维组装操作不仅能组装六边形微单元,也可以组装其他具有任意轮廓的薄片微单元。图 7.15(b)给出了六边形、五角星以及三角形微单元进行三维组装和自动姿态校准后的结果图。可以看到这些微单元均可以被组装成具有规则形状的三维结构,并在脱离操作臂后仍保持完整的形状和结构。

7.4 基于脉冲微环流的六边形微单元的三维微组装

7.4.1 三维堆叠策略

基于脉冲微环流的三维微组装片上系统(PHA chip)如图7.16所示,其包括PDMS凹槽、PDMS基底、两个水囊、一个微针、两个PMMA夹板以及配套螺钉螺母。微探针安装在PDMS凹槽内,用于收集微模块。水囊安装于PDMS凹槽两端。PDMS凹槽放置在PDMS基底上,以形成微腔。使用两个PMMA板,通过螺钉螺母固定和夹紧PDMS外围边缘。由于PDMS具有一定的弹性,用PMMA板夹紧PDMS时会不可避免地压缩PDMS的厚度。为此,两个PMMA板的中间均设计了比微腔尺寸略大的孔,以防止PDMS中间的微腔高度被压缩。PDMS凹槽两边预留了两个位置相对的微孔,用于注射安装水囊以及密封微腔。

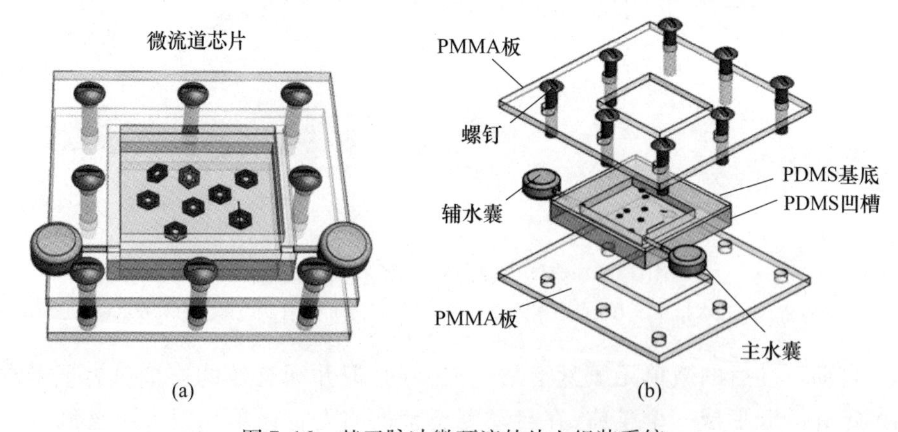

图7.16 基于脉冲微环流的片上组装系统

基于脉冲微环流的微单元组装过程如图7.17所示。首先组装PHA chip,通过PDMS微腔的预留孔注入微单元和PBS溶液,再将水囊插入预留孔并密封微腔。将PHA chip垂直放置,使微单元沉降在微腔底部。然后设置连杆机构以一定的频率重复按压主水囊。当按下主水囊,微腔中的液体向着远离主水囊出水口的位置流动。由于微腔内空间限制,液体沿着微腔内壁向上,形成自底向上的微流。当松开主水囊,液体向主水囊出水口流动,又形成自上向下的微流。连续按压使两段微流连接,就形成环形微流。在微环流的驱动下,PHA chip底部的微单元先向着远离主水囊出水口的位置移动,并随着环流逐渐向上。上升过程中流体力减小,微单元逐渐停止上升,然后随着水流向下、向着主水囊出水口的方向运动。最终微单元在微腔内形成一个近似环形的运动轨迹。在下降过程中,当微单元的中心微孔穿

过微针时，就被收集在微针上。如此重复按压主水囊，通过规律的微环流运动与微单元柔性交互作用，就可以将微腔中的微单元一层一层依次堆叠组装在微针上。

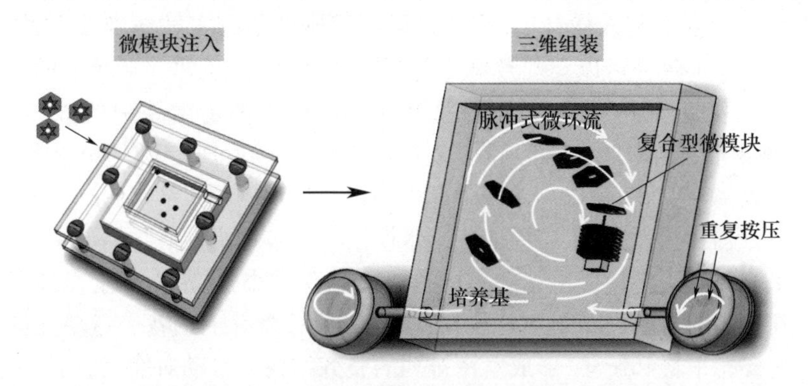

图 7.17　基于脉冲微环流的微单元堆叠示意图

每次按压主水囊，微腔中产生的微环流方向是一致的。微针所在的区域形成的微流方向始终是自上而下的。因此，微单元一旦套入微针，就不会被之后产生的微环流吹落，有效地保障了组装效率。不过，微单元的堆叠过程是可控可逆的。套在微针上的微单元可以通过流体力交互作用被释放，而无须拆卸装置。辅水囊虽然主要用作平衡微腔内部压强，但由于其位置与主水囊相对，因此通过按压辅水囊可以产生与按压主水囊方向相反的微环流。按压辅水囊产生的微环流首先以远离辅水囊出口的方向向上运动，在到达顶峰后自上向下向其出口方向运动。此微环流的方向在微针所在区域呈自下而上的运动方向。堆叠在微针上的微单元之间彼此独立，并没有物理交联或连接，因此微单元会随着微环流向上运动，脱离微针。如图 7.18 所示，随着一次一次按压辅水囊，组装在微针上的微单元可以依次从微针释放。

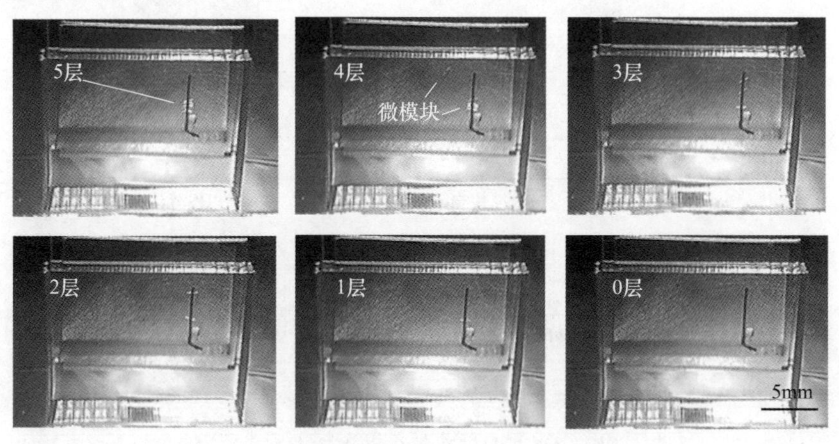

图 7.18　组装微单元的释放过程(见彩插)

7.4.2 片上自动对齐组装

当微单元依次套入微针后,依然是以不规则的姿态零散地堆叠在微针上。而通过亲－疏水效应可以实现微单元姿态的自动调整和对准。微单元的自动对准操作无须拆卸PHA装置。如图7.19所示,首先抽走微腔中的液体,注入PEGDA预聚液,使微单元表面黏附PEGDA预聚液;然后抽走PEGDA预聚液,加入PBS冲洗微腔,PBS可以冲走微单元中心微孔残留的预聚液,防止其交联后堵塞微通道;最后向微腔注入矿物油。亲水性微单元被疏水性矿物油包裹后,由于亲－疏水交互作用将使微单元的表面自由能趋于最小化,从而驱动微单元运动并使其在油中的暴露面积最小化。在此驱动力下,微针上的各个微单元同时进行自动的姿态平移和旋转,形成紧密排列的整齐结构。自动对准完成后,采用紫外光对微单元照射10s。微单元表面的PEGDA会产生光交联反应,使得微单元连接在一起,形成一个完整的具有中心微通道的三维结构。三维微结构组装完成后,可以拆下PMMA板将三维结构从微针上释放,放入培养皿进行后续培养实验。相比于微机械臂操作微单元进行自动对准的策略,微单元在PHA微腔中的自动对准过程中受到的接触式操作力很小。在微机械臂操作的转移模式中,微探针对微单元产生径向作用力。在PHA微腔内,微单元在三维组装过程中只受到微流体产生的力,堆叠在微针上的微结构主要受到自身重力和表面张力作用。再加上微腔厚度的限制,微针对微单元的径向作用力很小。通过亲水性、疏水性液体的注入和表面张力作用,微单元就可以实现姿态的同步、自动对准,维持了微单元的结构保真度。

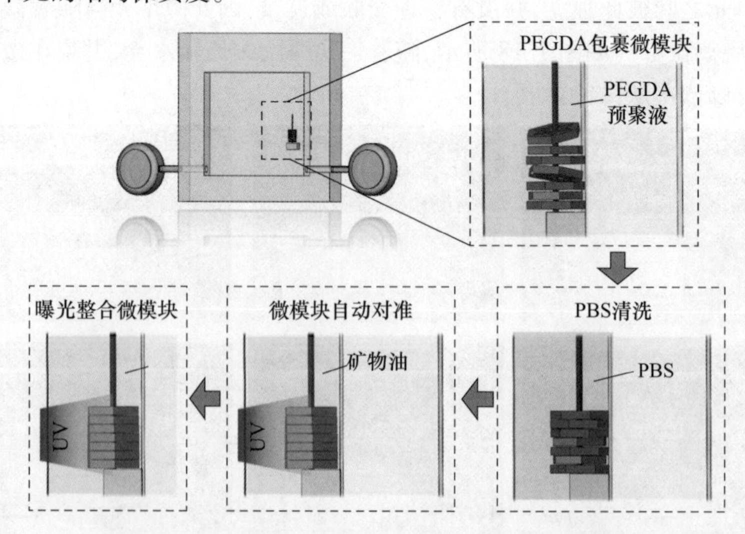

图7.19 微单元的自动对齐和整合过程(见彩插)

7.5　仿肝小叶三维微组织的体外培养

7.5.1　仿肝小叶三维微组织的细胞活性评估

本节将组装好的仿肝小叶三维结构置于细胞培养箱中进行了长期的培养，以评估细胞在三维结构中的活性和功能以及组装方法的可行性。图 7.20(a)所示为培养 7 天后的仿肝小叶三维微组织。可以看到，该三维组织表面已经覆盖满细胞，说明细胞在该三维结构中进行了大量贴壁增殖。局部放大图显示了细胞在组成三维结构的薄片状微单元之间的贴壁延展。组成三维结构的层与层之间虽然一开始是依赖于 PEGDA 水凝胶预聚液的光固化才连接在一起，但在经过一定时间的培养后，封装的细胞会突破薄片微单元层之间的分隔，延展或迁移至相邻的微单元中。这一现象不仅有助于增强该三维微组织的稳定性，更说明了仿肝小叶三维组织中存在活跃的细胞－细胞交互作用。

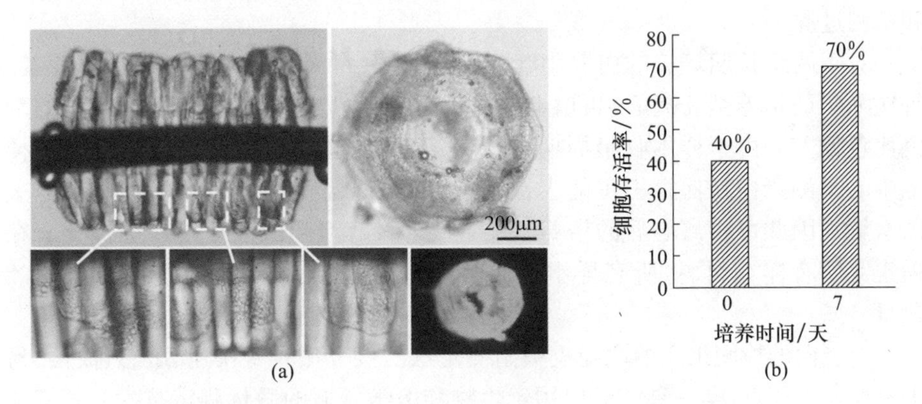

图 7.20　仿肝小叶三维微组织的体外长期培养(见彩插)

(a)培养 7 天后微组织中细胞的增殖、延展情况；(b)微组织细胞存活率检测。

图 7.20(b)给出了仿肝小叶三维微组织培养前和培养 7 天后细胞的存活率。由图可看出，六边形微单元在进行三维组装操作后，其封装的细胞会受到影响，造成一定比例的死亡。但经过 7 天的培养，活细胞数量迅速增长，死细胞的比例大大下降，说明此三维微环境适合细胞的体外培养。

7.5.2　仿肝小叶三维微组织的肝功能评估

虽然实验构建的仿肝小叶三维微组织在长期共培养中展现出很高的细胞存活率，但这对于模拟人体真实肝组织是远远不够的。能够实现肝的特定代谢功能，如蛋白分泌、尿素合成等，才是人工仿肝小叶三维组织最必需、最重要的功能。

HepG2细胞属于人体肝癌细胞，其所含的生物转化代谢酶与人正常肝实质细胞具有同源性。虽然HepG2是一种肿瘤细胞，但它的分化程度较高，并且保留了较完整的生物转化代谢酶。人类原代肝实质细胞经分离后，只能经历有限的几次分裂，且内含代谢酶很快失去活性。而在HepG2传代过程中代谢酶活性稳定，因此常被用作建立体外培养的仿肝组织模型。

由于真实肝组织中包含肝实质细胞和非实质细胞，而有研究证实不同类型细胞的体外共培养有助于细胞体外存活和功能表达[61-63]。因此采用了HepG2和NIH/3T3共培养的模式，制作封装两种细胞的仿肝小叶三维微组织，实现多种类型细胞的体外交互作用。为评估HepG2在仿肝小叶三维微组织中的肝功能，以及验证共培养模式对HepG2肝功能的促进作用，分别制作了仅封装HepG2的仿肝小叶三维微组织和封装有HepG2和NIH/3T3的仿肝小叶三维微组织，将两组微组织分别放入细胞培养箱进行为期7天的培养，并对两组微组织在培养过程中分泌的白蛋白和合成的尿素进行了检测。下面详细介绍样本采集和检测过程。

对于两组长期培养的仿肝小叶三维微组织，每天采集并更新一次培养基。每次采集的培养基需离心、再取上清液进行保存，以防固体影响后期检测的颜色比色偏差。由于样本收集周期过长（7天），在这期间前期采集的培养基样本中的待测蛋白在保存中可能会被水解，而超低温冷冻保存可以有效预防蛋白水解。因此可将离心后的培养基样本放入-80℃超低温冰箱冷冻保存。在采集完所有样本后，将所有样本一起解冻，分别检测样本中白蛋白和尿素的含量。

白蛋白的检测采用酶联免疫吸附测定法。该方法具有快速、敏感、简便、易于标准化等优点，是一种广泛应用于生物和医学领域的微量测定技术。其基本原理是：样本中的抗原或抗体与吸附在固相载体表面的酶标记抗体或抗原发生特异性结合。滴加酶底物溶液后，底物可在酶作用下使其所含的供氢体由无色还原型变成有色氧化型。根据颜色深浅即可判断样本中有无对应的抗原或抗体以及定量分析。尿素检测采用尿素酶偶联酶法直接检测。原理是：利用尿素酶催化样本中的尿素产生氨和二氧化碳，氨在谷氨酸脱氢酶的作用下与α-酮戊二酸及还原型辅酶Ⅰ（NADH）产生反应，生成谷氨酸和NAD^+。NADH在340nm波长有吸收峰，其吸光度下降的比例与待测样本中尿素的含量成正比。目前，市场上有多种针对人体白蛋白和尿素的检测试剂盒，里面包含实验所需的试剂和孔板。

按照白蛋白酶联免疫反应试剂盒或尿素酶偶联酶反应的操作要求或对样本

进行处理,得到样本中白蛋白和尿素的含量如图7.21所示。图7.21(a)为只封装HepG2的仿肝小叶三维单培养微组织和封装HepG2和NIH/3T3的仿肝小叶三维共培养微组织在7天培养中分别分泌的白蛋白。由图可以看到,白蛋白量随着培养天数的增多逐渐增加,这是因为封装在微组织中的细胞在培养过程中大量增殖。在此期间,共培养微组织的白蛋白分泌量始终高于单培养微组织。图7.21(b)为单培养微组织和共培养微组织在7天培养中每天合成的尿素量。可以看出,两组合成的尿素量变化趋势一致,最初3天的合成量呈明显增长,之后保持相对稳定。不过同样的,单培养微组织的尿素合成量始终明显低于共培养微组织的尿素合成量。这样的测试结果说明在体外培养条件下,相比于HepG2单一种类细胞的培养,HepG2与NIH/3T3共培养能有效提高HepG2体外分泌白蛋白和合成尿素的功能。因此也证明,HepG2和NIH/3T3体外共培养的仿肝小叶三维微组织具有分泌白蛋白和合成尿素的肝功能,而且比单培养HepG2的仿肝小叶三维微组织在肝功能表达方面更具优势。

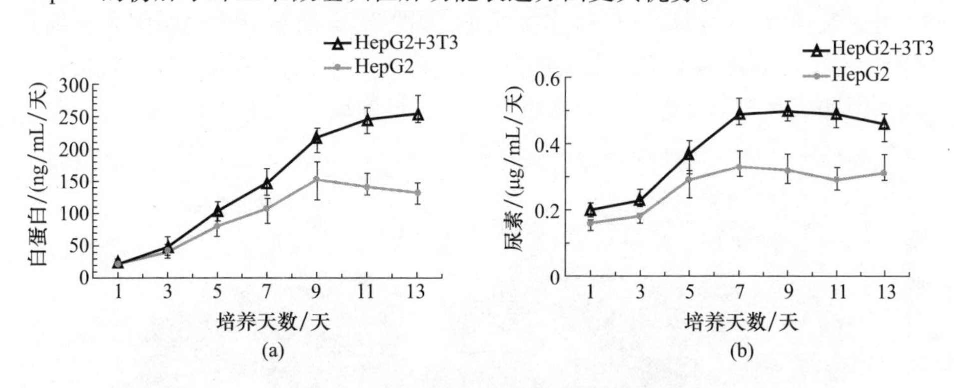

图7.21　仅封装HepG2细胞与封装HepG2和NIH/3T3细胞的仿肝小叶三维微组织的肝功能测试对比

(a)白蛋白分泌测试;(b)尿素合成测试。

7.5.3　微单元的阵列化扩展

仿肝小叶微单元模拟了单个肝小叶的结构。肝小叶是肝脏的基本组成单元,需将多个复合型三维微组织阵列化、集群化组装,以形成仿肝组织的三维组织[64]。基于复合型三维微组织的六边形轮廓和中心微管道,设计了具有六边形凹槽的微柱阵列。微柱阵列的六边形凹槽底座采用PDMS制备。用SU-8光刻胶在硅片上加工六边形阵列,将PDMS浇铸在硅片上进行加热固化,就得到了六边形凹槽基底。选择直径0.2mm的微针作为微柱安装在PDMS基底上。复合型三维微组织可以依靠微针整齐地装载于微柱阵列上,如图7.22所示。

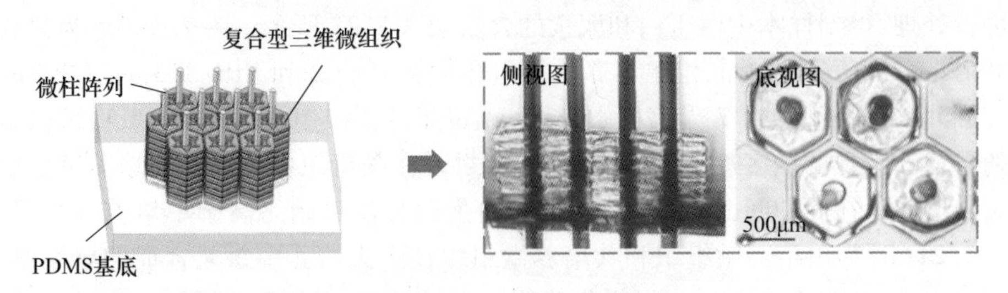

图 7.22　仿肝小叶三维微组织阵列化组装

虽然阵列化后的各微组织结构之间存在一定间隙,但复合型三维微组织的外层结构 GelMA 具有可生物降解性,有利于相邻结构间的细胞相互作用和组织化。为了测试微柱阵列上微组织能否进行一体化,将两个三维微组织放置于微柱阵列相邻的位置上进行培养。经过 7 天后观察发现,两个微组织上的细胞均产生明显增殖,并且在间隙之间填充了细胞。将这两个微组织同步从微柱上释放,可以看到两个微组织仍保持连接状态,如图 7.23 所示。这表明细胞 - 细胞之间的连接能够将两个微组织连接在一起,形成一个整体结构。虽然只是初步实验,但此实验为类肝小叶三维微组织的扩大培养提供了可行性思路。

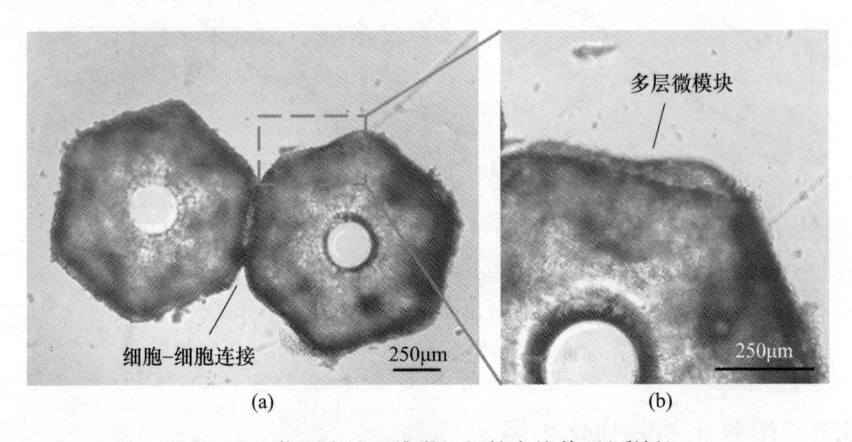

图 7.23　仿肝小叶三维微组织扩大培养(见彩插)

采用基于流体动力学交互的微机械操作方法,将以 PEGDA 水凝胶为支撑材料制作的仿肝小叶六边形微单元,组装成具有肝小叶结构的人工三维微组织,实现了仿肝小叶人工三维共培养微组织的体外构建。基于流体动力学交互的微机械操作方法,避免了传统机械操作对细胞化微单元的接触伤害,能够以简单、快速、高效的非接触式操作三维组装微单元。而亲 - 疏水交互作用可以对微单元姿态进行快速、批量化校准,从而使三维微组织具有模拟肝小叶形状的外形轮廓和中心管腔。仿肝小叶的人工三维微组织通过封装 HepG2 和 NIH/3T3 细胞,在

体外的长期共培养中能够维持较高的细胞活性和肝功能。此结果证明了基于流体动力学交互的微机械操作方法对于构建体外仿肝小叶人工三维组织的可行性。未来期望优化此方法以构建更加复杂的仿肝小叶三维微组织,使其能真正应用于药物筛选和再生医疗等领域的研究。

参考文献

[1] VACANTI C A. The history of tissue engineering[J]. Journal of Cellular and Molecular Medicine,2006,10(3):569 - 576.

[2] 胡江,陶祖莱. 组织工程研究进展[J]. 生物医学工程学杂志,2000,17(1):763 - 766.

[3] ORTEGA - PRIETO AM, SKELTON JK, WAI SN, et al. 3D microfluidic liver cultures as a physiological preclinical tool for hepatitis B virus infection[J]. Nature Communications,2018,9(1):1 - 15.

[4] 高义萌,孙露露,惠利健. 生物人工肝研究进展[J]. 生命科学,2016,28:915 - 920.

[5] TAKEBE T,SEKINE K,ENOMURA M,et al. Vascularized and functional human liver from an iPSC - derived organ bud transplant[J]. Nature,2013,499:481 - 484.

[6] BANAEIYAN A A,THEOBALD J,PAUKŠTYTE J,et al. Design and fabrication of a scalable liver - lobule - on - a - chip microphysiological platform[J]. Biofabrication,2017,9(1):015014.

[7] STRAIN A J,NEUBERGER J M. A bioartificial liver - State of the art[J]. Science,2002,295:1005 - 1009.

[8] LV G,ZHAO A,et al. Bioartificial liver system based on choanoid fluidized bed bioreactor improve the survival time of fulminant hepatic failure pigs[J]. Biotechnology and Bioengineering,2011,108:2229 - 2236.

[9] BHISE N S,MANOHARAN V,MASSA S,et al. A liver - on - a - chip platform with bioprinted hepatic spheroids[J]. Biofabrication,2016,8(1):014101.

[10] GALLEGOPEREZ D,HIGUITACASTRO N,SHARMA S,et al. High throughput assembly of spatially controlled 3D cell clusters on a micro/nanoplatform[J]. Lab on a Chip,2010,10(6):775 - 782.

[11] SHI X L,GAO Y,YAN Y,et al. Improved survival of porcine acute liver failure by a bioartificial liver device implanted with induced human functional hepatocytes[J]. Cell Research,2016,26:206 - 216.

[12] GODOY P,HEWITT N J,ALBRECHT U,et al. Recent advances in 2D and 3D in vitro systems using primary hepatocytes,alternative hepatocyte sources and non - parenchymal liver cells and their use in investigating mechanisms of hepatotoxicity,cell signaling and ADME[J]. Archives of Toxicology,2013,87(8):1315 - 1530.

[13] YANG W G,YU H B,LI G X,et al. High - throughput fabrication and modular assembly of 3D heterogeneous microscale tissues[J]. Small,2016,13:1602769.

[14] SOUZA G R, MOLINA J R, RAPHAEL R M, et al. Three - dimensional tissue culture based on magnetic cell levitation[J]. Nature Nanotechnology, 2010, 5: 291 - 296.

[15] LIU W, LI Y, FENG S, et al. Magnetically controllable 3D microtissues based on magnetic microcryogels[J]. Lab on a Chip, 2014, 14(15): 2614 - 2625.

[16] SINCLAIR G, JORDAN P, COURTIAL J, et al. Assembly of 3 - dimensional structures using programmable holographic optical tweezers[J]. Optics Express, 2004, 12(22): 5475 - 5480.

[17] LIXIN D, ARAI F, FUKUDA T. Destructive constructions of nanostructures with carbon nanotubes through nanoroboticmanipulation [J]. Mechatronics, IEEE/ASME Transactions on, 2004, 9: 350 - 357.

[18] 邹志青，赵建龙. 纳米技术和生物传感器[J]. 传感器世界, 2004(12): 6 - 11.

[19] NAKAJIMA M, ARAI F, FUKUDA T. In situ measurement of young's modulus of carbon nanotubes inside a TEM through a hybrid nanorobotic manipulation system[J]. Nanotechnology, IEEE Transactions on, 2006, 5: 243 - 248.

[20] 缪煜清，刘仲明. 纳米技术在生物传感器中的应用[J]. 传感器技术, 2002, 21(11): 61 - 64.

[21] LIU Z, TAKEUCHI M, NAKAJIMA M, et al. Three - dimensional hepatic lobule - like tissue constructs using cell - microcapsule technology[J]. Acta Biomaterialia, 2017, 50: 178 - 187.

[22] YUE T, NAKAJIMA M, TAKEUCHI M, et al. On - chip self - assembly of cell embedded microstructures to vascular - like microtubes[J]. Lab on a Chip, 2014, 14(6): 1151 - 1161.

[23] GRIFFITH L, NAUGHTON G, et al. Tissue Engineering - Current Challenges and Expanding Opportunities[J]. Science, 2002.

[24] XU, W. et al. (2007) Rapid prototyping of three - dimensional cell/gelatin/fibrinogen constructs for medical regeneration[J]. Journal of Bioactive and Compatible Polymers, 2007, 22(4): 363 - 377.

[25] TSANG V L, BHATIA S N. Fabrication of three - dimensional tissues[C]// Tissue Engineering II. Springer Berlin Heidelberg, 2005: 189 - 205.

[26] PELTOLA S M, MELCHELS F P, GRIJPMA D W, et al. A review of rapid prototyping techniques for tissue engineering purposes[J]. Annals of Medicine, 2008, 40(4): 268 - 280.

[27] CULVER J C, HOFFMANN J C, POCHÉ R A, et al. Three - dimensional biomimetic patterning in hydrogels to guide cellular organization[J]. Advanced Materials, 2012, 24(17): 2344 - 2348.

[28] ANNABI N, TSANG K, MITHIEUX S M, et al. Highly elastic micropatterned hydrogel for engineering functional cardiac tissue[J]. Advanced Functional Materials, 2013, 23(39): 4949 - 4958.

[29] LIU T V, CHEN A A, CHO L M, et al. Fabrication of 3D hepatic tissues by additive photopatterning of cellular hydrogels[J]. Faseb Journal Official Publication of the Federation of American Societies for Experimental Biology, 2007, 21(3): 790 - 801.

[30] XU T, JIN J, GREGORY C, et al. Inkjet printing of viable mammalian cells[J]. Biomaterials, 2005, 26(1): 93 - 99.

[31] NOROTTE C, MARGA F, NIKLASON L, et al. Scaffold – free vascular tissue engineering using bioprinting[J]. Biomaterials, 2009, 30(30): 5910 – 5917.

[32] BOLAND T, XU T, DAMON B, et al. Application of inkjet printing to tissue engineering[J]. Biotechnology Journal, 2010, 1(9): 910 – 917.

[33] BURDICK JA, KHADEMHOSSEINI A, LANGER R. Fabrication of gradient hydrogels using a microfluidics/photopolymerization process[J]. Langmuir, 2004, 20: 5153 – 5156.

[34] BUCHANAN C F, VOIGT E E, SZOT C S, et al. Three – Dimensional microfluidic collagen hydrogels for investigating flow – mediated tumor – endothelial signaling and vascular organization[J]. Tissue Engineering Part C Methods, 2014, 20(1): 64 – 75.

[35] CHEN S Y C, HUNG P J, LEE P J. Microfluidic array for three – dimensional perfusion culture of human mammary epithelial cells[J]. Biomedical Microdevices, 2011, 13(4): 753 – 758.

[36] MONTANEZ – SAURI S I, SUNG K E, PUCCINELLI J P, et al. Automation of three – dimensional cell culture in arrayed microfluidic devices[J]. JALA: Journal of the Association for Laboratory Automation, 2011, 16(3): 171 – 185.

[37] HUANG C P, LU J, SEON H, et al. Engineering microscale cellular niches for three – dimensional multicellular co – cultures[J]. Lab on a Chip, 2009, 9(12): 1740 – 1748.

[38] HSU Y H, MOYA M L, HUGHES C C W, et al. A microfluidic platform for generating large – scale nearly identical human microphysiological vascularized tissue arrays[J]. Lab on a Chip, 2013, 13(15): 2990 – 2998.

[39] TOH Y C, LIM T C, TAI D, et al. A microfluidic 3D hepatocyte chip for drug toxicity testing [J]. Lab on a Chip, 2009, 9(14): 2026 – 2035.

[40] HOLLISTER S J. Porous scaffold design for tissue engineering[J]. Nature Materials, 2005, 4 (7): 518 – 524.

[41] CHOI N W, CABODI M, HELD B, et al. Microfluidic scaffolds for tissue engineering[J]. Nature Materials, 2007, 6(11): 908 – 915.

[42] KHETANI S R, BHATIA S N. Microscale culture of human liver cells for drug development [J]. Nature Biotechnology, 2008, 26(1): 120 – 126.

[43] GEEVER L M, MÍNGUEZ C M, DEVINE D M, et al. The synthesis, swelling behaviour and rheological properties of chemically crosslinked thermosensitive copolymers based on N – isopropylacrylamide[J]. Journal of Materials Science, 2007, 42(12): 4136 – 4148.

[44] HUANG X, ZHANG Y, DONAHUE H J, et al. Porous thermoresponsive – co – biodegradable hydrogels as tissue – engineering scaffolds for 3 – dimensional in vitro culture of chondrocytes [J]. Tissue Engineering Part A, 2007, 13(11): 2645 – 2652.

[45] SLAUGHTER B V, KHURSHID S S, FISHER O Z, et al. Hydrogels in regenerative medicine [J]. Advanced Materials, 2010, 21(32 – 33): 3307 – 3329.

[46] DRURY J L, MOONEY D J. Hydrogels for tissue engineering: scaffold design variables and applications[J]. Biomaterials, 2003, 24(24): 4337 – 4351.

[47] HOFFMAN A S. Hydrogels for biomedical applications[J]. Advanced Drug Delivery Reviews,

2012,64(1):18 – 23.

[48] SELIKTAR D. Designing cell – compatible hydrogels for biomedical applications[J]. Science, 2012,336(6085):1124 – 1128.

[49] SWEENEY H L. Matrix elasticity directs stem cell lineage specification[J]. Cell,2006,126(4):677 – 689.

[50] O'LEARY L E R,FALLAS J A,BAKOTA E L,et al. Multi – hierarchical self – assembly of a collagen mimetic peptide from triple helix to nanofibre and hydrogel[J]. Nature Chemistry, 2011,3(10):821 – 828.

[51] PIEZ K A,MILLER A. The structure of collagen fibrils[J]. Journal of Supramolecular Structure,1974,2(2):121 – 160.

[52] PARK J S,WOO D G,SUN B K,et al. In vitro and in vivo test of PEG/PCL – based hydrogel scaffold for cell delivery application[J]. Journal of Controlled Release,2007,124(1):51 – 59.

[53] UNDERHILL G H,CHEN A A,ALBRECHT D R,et al. Assessment of hepatocellular function within PEG hydrogels[J]. Biomaterials,2007,28(2):256 – 270.

[54] NEMIR S,HAYENGA H N,WEST J L. PEGDA hydrogels with patterned elasticity:Novel tools for the study of cell response to substrate rigidity[J]. Biotechnology & Bioengineering,2010, 105(4):636 – 644.

[55] DURST C A,CUCHIARA M P,MANSFIELD E G,et al. Flexural characterization of cell encapsulated PEGDA hydrogels with applications for tissue engineered heart valves[J]. Acta Biomaterialia,2011,7(6):2467 – 2476.

[56] MILLER J S,SHEN C J,LEGANT W R,et al. Bioactive hydrogels made from step – growth derived PEG – peptide macromers[J]. Biomaterials,2010,31(13):3736 – 3743.

[57] MOON J J,SAIK J E,POCHE R A,et al. Biomimetic hydrogels with pro – angiogenic properties[J]. Biomaterials,2010,31(14):3840 – 3847.

[58] CHAN V,ZORLUTUNA P,JEONG J H,et al. Three – dimensional photopatterning of hydrogels using stereolithography for long – term cell encapsulation[J]. Lab on A Chip,2010,10(16):2062 – 2070.

[59] BURDICK J A ,ANSETH K S. Photoencapsulation of osteoblasts in injectable RGD – modified PEG hydrogels for bone tissue engineering[J]. Biomaterials,2002,23(22):4315 – 4323.

[60] INGAVLE G C ,GEHRKE S H ,DETAMORE M S. The bioactivity of agarose – PEGDA interpenetrating network hydrogels with covalently immobilized RGD peptides and physically entrapped aggrecan[J]. Biomaterials,2014,35(11):3558 – 3570.

[61] HEISENBERG C P,SOLNICAKREZEL L. Back and forth between cell fate specification and movement during vertebrate gastrulation[J]. Current Opinion in Genetics & Development, 2008,18(4):311 – 316.

[62] OHNO M, MOTOJIMA K, OKANO T, et al. Maturation of the extracellular matrix and cell adhesion molecules in layered Co – cultures of HepG2 and endothelial cells[J]. Journal of Biochemistry,2009,145(5):591 – 597.

[63] SLACK J M. Conrad hal waddington:the last renaissance biologist? [J]. Nature Reviews Genetics,2002,3(11):889 - 895.

[64] CHEN S Y C,HUNG P J,LEE P J. Microfluidic array for three - dimensional perfusion culture of human mammary epithelial cells[J]. Biomedical Microdevices,2011,13(4):753 - 758.

第8章

基于磁场驱动的可生物兼容微机器人的体内操作与应用

8.1 概　　述

微纳科学技术的发展,特别是在医学和生物技术等领域的不断创新,引起了人们极大的兴趣与关注。在微纳科学技术领域,创造可以进入生物体内部细胞、组织和器官等封闭狭小空间的微型机器人,并操纵其本体自由移动或与微纳尺度目标实体进行交互是非常具有挑战性和现实意义的。因为驱动微机器人在生物体内进行各种操作与传统手术和放射治疗等方式相比,其侵入性和伤害性会小很多,这会大大简化疾病诊断和检测过程,并降低患者感染和出现并发症、副作用的风险,缩短恢复时间等[1-4]。除此之外,微机器人还广泛应用于其他基于实验室的生物医学应用,如遗传和组织工程、成像和生物流体特性研究等[5-7]。然而,由于微机器人的尺寸通常较小,从几微米到几毫米不等,要想控制如此微小的目标在人体内的血管、肠道、肝脏等器官内灵活地移动并进一步完成靶向药物投递、精准手术治疗、体内检测等任务是十分困难的。此外,受限于微机器人的体积,现有的技术无法在微机器人体内集成电源电路或驱动装置等维持微机器人长时间的工作。因此,需要外部场源提供动力驱动微机器人在封闭、狭窄等未知环境中实现可控的移动和精准的操作。迄今为止,已发展的微机器人的驱动方式有光场驱动,超声波驱动,磁场驱动和化学反应驱动等方式。其中,以外部磁场为驱动源的驱动方式由于其驱动的高效率及稳定性受到广泛的关注,是很有发展前景的。

8.2　磁驱动微机器人控制系统

磁场驱动相对于其他驱动方式具有稳定性强、驱动效率高等特点。低强度和低频率的外部磁场对包括人体在内的生物组织来说通常是无害的。并且磁场可以不受阻碍的在液体环境中传播,因此可以深入组织或人体而不被吸收,从而实现远程控制微机器人的目的[8]。目前,以外部磁场为驱动源的驱动系统有永磁体磁驱动系统、电磁线圈磁驱动系统和电磁铁磁驱动系统等。

8.2.1　永磁体磁驱动系统

以永磁体为核心的磁控系统在布局上具有较高的紧凑性,此种系统可以在没有电源和外部冷却系统等附加装置的情况下产生高强度的磁场强度和磁场梯度,并且可以通过改变永磁铁的位姿对微机器人施加动态磁力和磁扭矩以实现其平移和旋转运动[9-11]。图 8.1 所示为 Abbott 等[1]通过使用耦合到机器人机械手的单个永磁体,开发了一种内窥镜磁控系统用于控制磁性微胶囊式机器人在体内流体环境中实现精准导航[1-2]。类似的,Donlin 等[3]将单个永磁体集成到了一个可实现六自由度运动控制的机器人平台上,通过控制机器人平台在三维空间内的自由运动以驱动微机器人实现在猪结肠内的三维运动。然而,单个永磁体构成的磁控系统在控制磁性纳米颗粒进行药物递送等医疗应用方面存在局限。磁体与颗粒间的强吸引作用会造成磁性纳米颗粒黏附或聚团,影响纳米颗粒的运动控制。单永磁体控制系统还受限于其空间尺寸和操作遮挡等问题,尽管已有多自由度的机械手作为辅助设备解决了部分操作空间受限的问题,但仍存在操作奇点和机械振动等问题,影响其系统控制的精度和灵活性。如图 8.1(b)所示,是一种基于电机驱动的双永磁体控制系统,该系统结合了多自由度操作臂可在三维空间内任意移动的优点,并在操作臂的末端加装了由电机驱动的双永磁体制动器。这一方法扩大了控制范围和控制方式,也提高了控制灵活性和准确性,特别是在控制磁性纳米颗粒在人工耳蜗内传感定位和协同操作时展现了较强的优势。

尽管如此,由永磁体组成的磁控系统还是存在着一些问题,如能量输出形式较为单一,以磁场梯度为主;若输出磁力矩需要系统整体大范围的移动和旋转,系统响应性不够高;永磁体的磁场输出不够线性,导致微机器人的控制精度不高等[12-13]。因此,需要设计一种磁控系统输出的磁场可以轻松地在磁性物体上施加力和扭矩,而无须在物体和外部磁场之间进行任何机械连接。

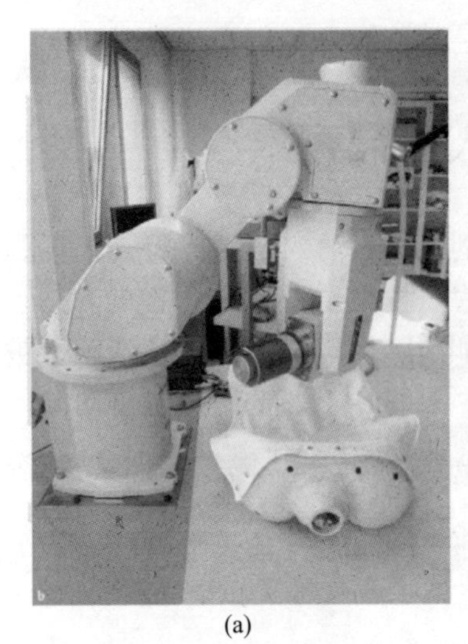

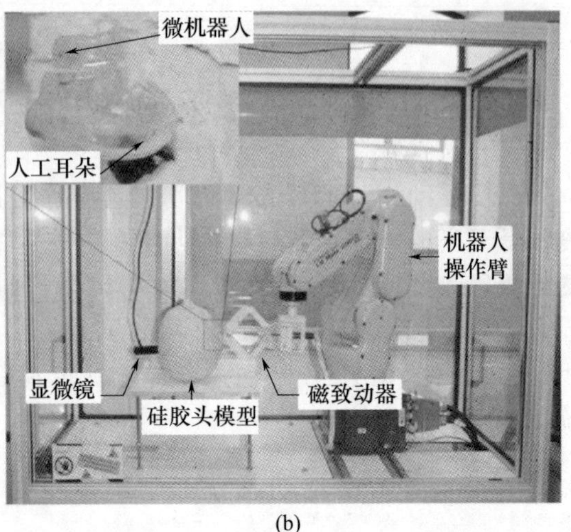

(a) (b)

图 8.1 机械臂式永磁铁磁场驱动系统

（在操作臂前端布置有自行设计的联动机构用以控制微机器人执行人工耳蜗内操作）

（a）基于操作臂的永磁体驱动系统；（b）基于操作臂的双永磁体联动驱动系统。

8.2.2 电磁线圈磁驱动系统

由成对电磁线圈组成的磁控系统具有磁场强度和形式动态可调，磁场空间分布均匀，磁场响应快速等优点，为实现在封闭狭窄空间内的微机器人运动导航和微机器人操作控制提供了有力支撑[4-5,14]。构成电磁控制系统的电磁线圈通常有4~8个，最常见的为亥姆霍兹线圈控制系统[6-7,15-16]，如图8.2所示。该磁控系统是典型的三轴亥姆霍兹线圈，该系统可以在任意平面和空间内产生高度均匀的磁场。通过合理地调整每一个线圈输入电流的大小，可以形成多种形式的磁场，如旋转场，振荡场，梯度场和锥型场等[17-19]。亥姆霍兹线圈容易产生旋转磁场对微机器人施加扭矩，与麦克斯韦线圈结合使用又可以对微机器人施加磁力。图8.2为一个包含了亥姆霍兹线圈和麦克斯韦线圈（一个亥姆霍兹线圈和一个同轴组装的麦克斯韦线圈）的磁控系统，在这个系统中，亥姆霍兹线圈产生均匀的磁场用于控制和稳定微机器人，而麦克斯韦线圈产生均匀的磁场梯度力用于驱动微机器人在二维平面内实现自由移动[20]。类似地，Jeong等集成了两对相互正交的亥姆霍兹线圈和麦克斯韦线圈，以控制微机器人实现三维空间内的运动，如图8.2所示[21]。在这个系统中，内部的电磁线圈是静止的，外部的电磁线圈可以沿着竖直轴旋转。外部旋转的电磁线圈可提供旋转力矩，但受限于线圈旋转的速度和惯性等因素，其旋转频率还有待提高。Yu等将一个三轴亥姆霍兹线圈与两个麦克斯韦线圈组合在一起，如图8.2所示[22]。一个固定的麦克斯韦线圈沿 z 轴纵向布置，位于亥姆霍兹线圈的外侧；另一个旋转的麦克

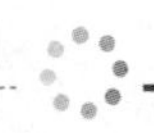

斯韦线圈沿着 z 轴旋转。该系统可以产生高频旋转磁场和有限频率的磁场梯度。

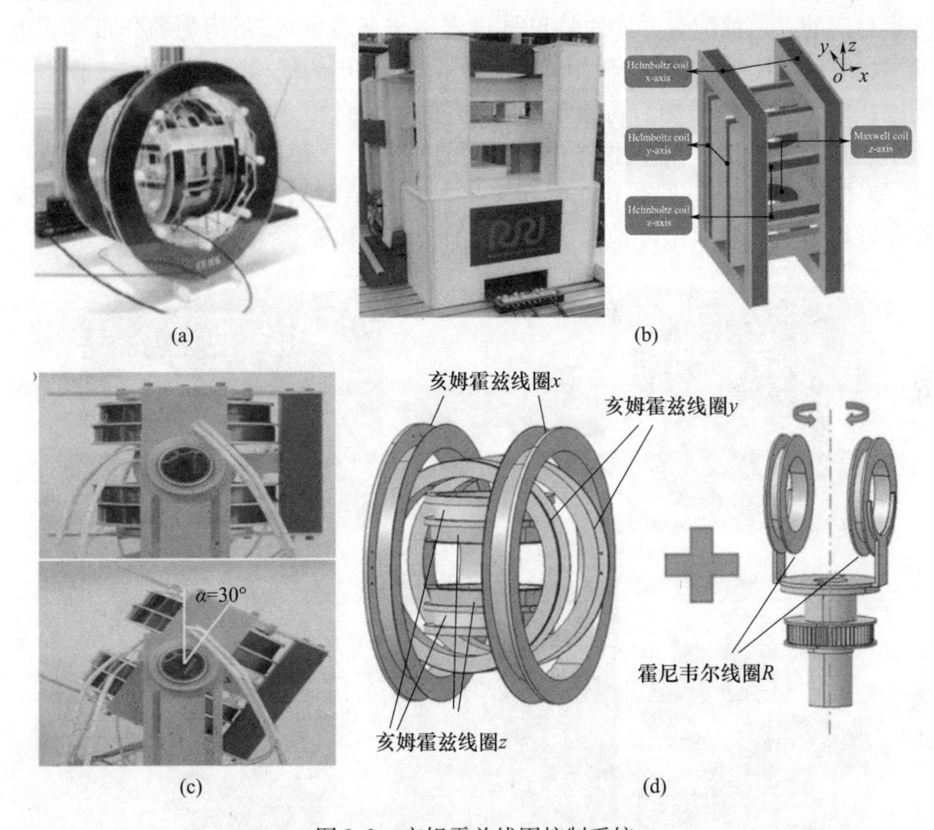

图 8.2　亥姆霍兹线圈控制系统

(a)三轴圆形亥姆霍兹线圈;(b)三轴方形亥姆霍兹线圈;
(c)使用一个静止的亥姆霍兹线圈和一个旋转的亥姆霍兹线圈的磁驱动系统;
(d)由一个三轴亥姆霍兹线圈和两个霍尼韦尔线圈组成的磁驱动系统。

8.2.3　电磁铁磁驱动系统

另一类磁驱动系统是由在三维空间内的多个电磁铁组成的控制系统。与具有成对线圈的磁控系统相比不同的是,基于电磁铁的分部式驱动系统通常在电磁线圈中心有一根软磁铁芯以增强磁场和场梯度,并且系统随外部电流的变化可以很快地调整或退磁[23-26]。

OctoMag 是第一个具有分布式阵列配置的典型电磁铁磁驱动系统,可实现五自由度的无线操作。它由 8 个相同的电磁铁组成,如图 8.3(a)所示[27]。下部四个电磁铁在同一平面,互相间隔 90°;上部四个电磁铁相对下部电磁铁错开 45°布置。这样布置的好处在于可在整个工作空间中具有足够的力控制能力。

随后,MiniMag 是由 OctoMag 重新设计而来,其参数的选择目的是高紧凑性,如图 8.3(b)所示[28]。上述系统中的电磁铁布置在中心平面的一侧,其工作空间是半封闭的。这种配置方式的特点是很容易与环境集成,不均匀的分布形式也便于成像和与其他设备结合使用。另一种策略是将电磁铁均匀地排列在工作空间周围,以使得生成的磁场和场梯度具有更好的各向同性,典型的系统如图 8.3(c)所示。其上、下两组电磁铁位于中心平面的两侧[29]。每个集合有四个正交电磁铁,偏转角度为 45°。图 8.3(d)显示了另一个具有类似配置的系统,但两组的偏转角度均为 60°,最大限度地提高电磁铁的分离性和独立性[30]。

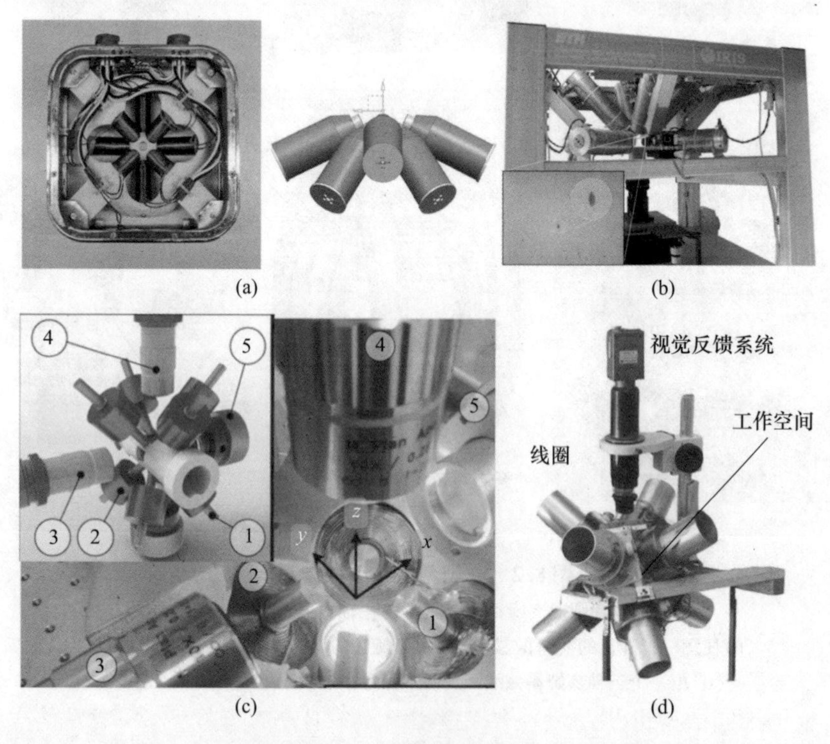

图 8.3　电磁铁控制系统

(a)OctoMag 八极电磁铁驱动示意图,下半部分集成有图像采集设备;
(b)MiniMag 电磁铁驱动系统模型及电磁铁空间布置示意图;
(c)八极电磁铁驱动系统与双显微观测设备;(d)四轴电磁铁驱动系统与视觉辅助设备。
①电磁线圈;②电磁线圈;③侧视摄像头;④正置摄像头;⑤光源。

8.2.4　八极电磁铁驱动系统

鉴于上述三种磁驱动系统各自所展现的特点,需设计一种可在三维空间内输出均匀磁场并可动态调节磁场强度和频率,且集成观测系统等外部辅助设备

的磁驱动系统。该系统应具备体积小、驱动力强、控制灵活等特点，以便更好地与靶向送药、显微操作和无损侵入式治疗等生物医学应用相结合[31-35]。图8.4所示为一套自主设计的八极电磁铁磁驱动系统。

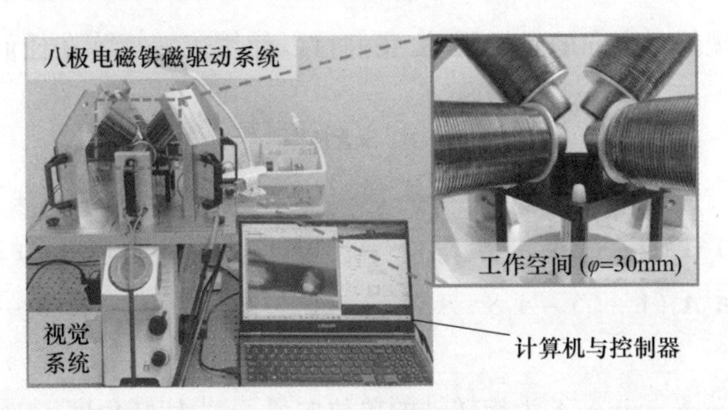

图8.4　可用于人工肠道药物递送或人工血管血栓清除的八极电磁铁磁驱动系统

该磁控系统由8个电磁铁组成，4个水平配置，4个倾斜配置。水平配置的4个电磁铁彼此之间的夹角为90°；倾斜配置的电磁铁与水平面的夹角为45°。所有8个线圈都朝向中心并占据一个半球空间。每个线圈直径为1.8mm，线圈长度以及内外半径分别为80mm、15mm和27mm。为了减少磁场损失并集中磁通量，磁芯向前延伸形成一个直径为30mm的球形工作空间，系统能够在工作空间的中心产生30mT的磁场强度和1.6T/m的磁场梯度。该系统无须外加散热设备，可以连续工作120min以上。在结构支撑方面，八极电磁铁线圈分别固定于8个可拆卸支架上，二者之间采用型材支撑，并用角钢固定以防止结构变形。支架则安装在同一块水平底板上。在该系统的正下方还集成了倒置显微镜系统(x71, Olympus Inc.)和CCD相机(DP21, Olympus Inc.)，用以实时检测微机器人的运动状态，并通过处理分析实现对微机器人的定位和运动控制。

根据不同微型机器人的结构特点和所执行任务的复杂要求，通常使用三种类型的磁场：旋转磁场，振荡磁场和磁场梯度。在工作空间的任何给定点，磁场可以表示为8个线圈的贡献之和：

$$\boldsymbol{B}(P) = \sum_{e=1}^{8} \boldsymbol{B}_e(P) = \sum_{e=1}^{8} \widetilde{\boldsymbol{B}}_e(P) i_e \tag{8-1}$$

则场的线性组合可表示为

$$\boldsymbol{D} = [\boldsymbol{n}_1 \quad \cdots \quad \boldsymbol{n}_8] \tag{8-2}$$

式中：$\|\widetilde{\boldsymbol{B}}_e(P)\|$是单位电流产生的磁通密度矢量的二元范数；$\boldsymbol{n}_e$ $(e = 1, 2, \cdots, 8)$是相应线圈的单位方向矢量；$\boldsymbol{D}$是电磁操作系统的空间姿态矩阵。

当旋转磁场施加在微机器人本体上时，磁场扭矩可由下式计算：

$$T = \begin{bmatrix} T_{x(P)} \\ T_{y(P)} \\ T_{z(P)} \end{bmatrix} = M \times B \tag{8-3}$$

为了实现任意方向的磁场驱动,我们可以使用旋转矩阵在任何时刻实时计算磁场,则

$$B_N = RB_o \tag{8-4}$$

$$R = \begin{bmatrix} C + A_x^2(1-C) & A_xA_y(1-C) - A_zS & A_xA_z(1-C) - A_yS \\ A_xA_y(1-C) - A_zS & C + A_y^2(1-C) & A_yA_z(1-C) - A_xS \\ A_xA_z(1-C) - A_yS & A_yA_z(1-C) - A_xS & C + A_z^2(1-C) \end{bmatrix} \tag{8-5}$$

式中:$C = \cos\varphi$;$S = \sin\varphi$;A 为旋转轴的单位向量;φ 为旋转角度。

每个线圈的电流可由下式计算为

$$I = (\|\widetilde{B}_e(P)\|R)^{\dagger}B = \frac{1}{\|\widetilde{B}_e(P)\|}R^T(R \times R^T)^{-1}B \tag{8-6}$$

8.3 磁驱动微机器人结构设计与制备方法

对于处在流体环境中的微型机器人来说,影响其推进机制最重要的因素是雷诺数(Re)的大小,雷诺数被定义为微机器人运动惯性力与周围黏性阻力的比值,其定义式为

$$Re = \frac{UL\rho}{\mu} \tag{8-7}$$

式中:U 和 L 表示微机器人的运动速度和结构特征长度;μ 和 ρ 分别表示流体的黏度和密度。

通常来说,微机器人的特征尺寸在微米级别,其雷诺数远小于1。这就导致了微机器人运动时所受的黏性阻力远大于其运动的惯性力,要想实现在流体中的推进,则必须做时间不可逆性或非对称性运动以避免出现其前进分量被后退分量抵消的情况[36]。因此,如何设计并制造微机器人以适应外界物理力对自身运动的影响对于微机器人的移动和操作是至关重要的[37-38]。

8.3.1 仿鞭毛菌磁性微机器人

现有微机器人的结构大多数受到了微生物的启发,第一种螺旋微机器人的灵感源自于鞭毛细菌的运动[39-40]。该人工鞭毛微机器人包含一个刚性小球作

为头部，后面连接有刚性螺旋体的尾巴，如图8.5(a)所示[41]。该机器人螺旋形尾巴的直径约为2.8μm，长度可达30~100μm左右。刚性螺旋微机器人的优点是，无须改变驱动系统的输入强度即可实现在密闭空间中的稳定推进。当外部磁场方向改变时，微机器人也可以轻松地转向。该螺旋微机器人的制造方法基于自卷曲成型技术，依靠材料内在可控的应力应变卷曲成所需的三维螺旋结构。通过调整卷曲变形量即可改变螺旋角、螺距、螺旋直径等动力学参数。图8.5(b)所示为采用掠射角沉积法(Glancing Angle Deposition，GLAD)制造的更小尺寸的螺旋微机器人[42]。该方法是直接将准备好的螺旋体结构放在旋转平台上进行磁性材料的高温蒸镀。在螺旋体表面均匀地镀一层磁性材料薄膜，如铁、钴、镍等，即可完成其本体的磁化。以上两种方法都可实现批量化的微机器人制备，且制备好的微机器人都有较好的结构均匀性和磁化均匀性。随着微纳加工技术的发展，双光子光刻技术(Two - Photon Polymerization，TPP)也越来越广泛地被使用在微机器人的制备过程中。该技术是利用高精度激光在聚合物中快速曝光使其固化，从而形成任意形状的三维结构，如图8.5(c)所示[43]。在这种微尺度快速成型技术基础上，更多有特点的微结构可以添加到以螺旋形为基础的结构中，如探针、抓手、钻头等。此外，该技术还大大缩短了制造时间，几小时内就可以制造成千上万个微机器人结构。

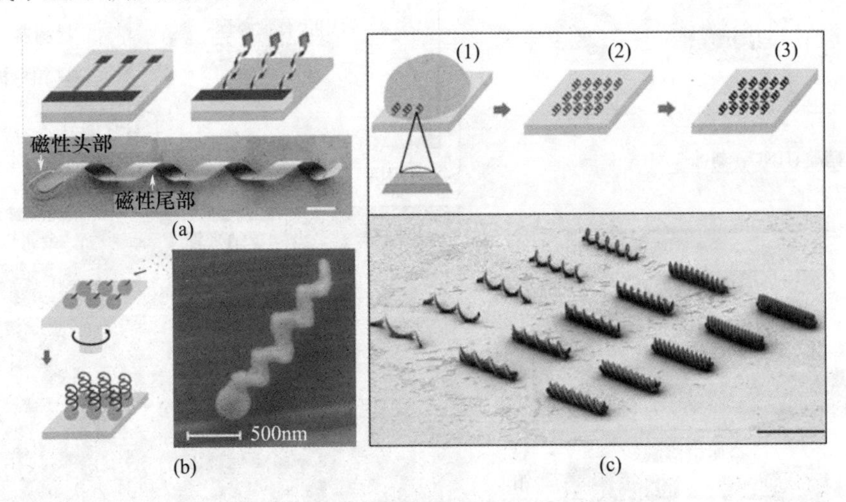

图8.5　螺旋机器人种类

(a)人工鞭毛微机器人的自卷曲制备方法，双层或三层薄膜与方形金属镍片共沉积，以受控方式卷曲成螺旋状；(b)掠射角沉积制备的螺旋微机器人；(c)三维立体光刻技术制备微机器人。

柔性或软体磁性微机器人的制备通常采用电沉积的方法，其允许金属或聚合物等材料合成为任意形状的三维结构[44-45]。该方法无须昂贵的仪器和苛刻的实验条件,就可以实现比例缩放或扩大的跨尺度微机器人制造[46]。电沉积法通常包含膜模板辅助电沉积、基于其他模板的电沉积或化学沉积以及双极电极沉积等。膜模板辅助电沉积利用膜上的孔来合成所需的微纳米管,如图 8.6(a)所示。这些微纳米管由聚合物、金属、半导体和碳等不同材料组成[47-48]。膜上的每个孔都像一个反应容器,通过灌注不同的颗粒合成所需的微机器人整体。由于膜可以加工出高密度的孔洞,因此该方法可以实现大批量微机器人的制备。Schuerle 等将可自组装的微管和生物螺旋结构作为模板,利用电化学沉积方法制备磁性管状微机器人和螺旋形微马达机器人[49],如图 8.6(b)所示。双极电化学沉积法是利用两极之间产生的电位差使中间导电聚合物发生聚合反应的过程。通过双极电沉积合成的一端带有 Pt 的碳微管被证明能够在 H_2O_2 中发生化学反应产生大量气泡,从而实现自推进能力;而另一端则沉积有 Ni,能够在外部磁场的操纵下实现精确导航[50-51],如图 8.6(c)所示。

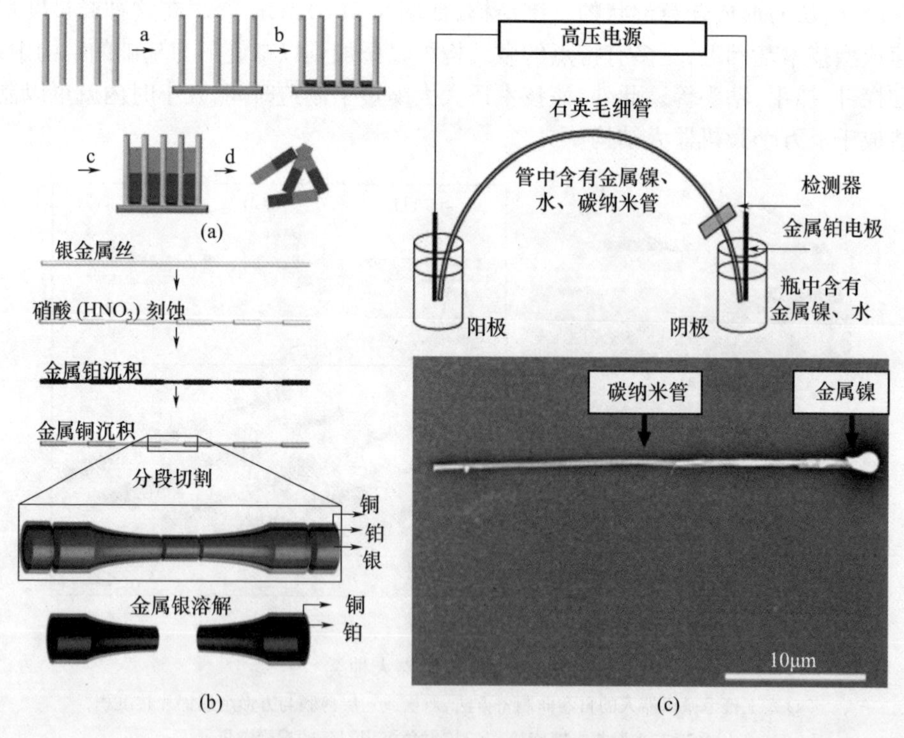

图 8.6　电沉积制备法制备微机器人

(a)以薄膜为模板通过电沉积制备的纳米金属线机器人;

(b)以银线为模板通过分层沉积金属制备的微管机器人;

(c)双电极沉积制备的可自驱动的磁导航微机器人。

8.3.2 环境自适应形变磁性微机器人

海藻酸环境自适应磁性微机器人可通过对离子环境的感知发生自适应形变,与体内环境进行交互,是很有发展前景的微机器人技术[52]。海藻酸的化学结构式和电沉积反应方程式如图8.7所示,海藻酸主要由甘露糖醛酸(G)和古罗糖醛酸(M)这两个基团组成。在发生离子反应的过程中甘露糖醛酸上的羧酸根(COO^-)会包裹住高价阳离子并形成类似鸡蛋-盒子的结构。而生成的海藻酸水凝胶结构则主要由电极的形状和电极产生空间电场的强度分布所决定。在正常状态下,两板之间的空间被沉积溶液填满。通过在FTO板的两侧施加恒定的电流,电解产生H^+和氧。在电解反应过程中,阳极表面产生的H^+导致pH值迅速下降,引发了沉积过程的反应。在电沉积过程中,H^+与$CaCO_3$粒子反应生成CO_2和Ca^{2+},再与海藻酸钠反应形成海藻酸钙水凝胶,如图8.7所示。在常规电沉积中,均匀的电场导致均匀的凝胶网络密度,然而由于微电极上的边缘效应,微电极产生了非均匀电场,导致凝胶网络密度不均匀。电沉积过程结束后,用n-2-羟乙基哌嗪-n-2-乙烷磺酸缓冲液(HEPES缓冲液)清洗并收集残留在电极上的藻酸盐水凝胶微结构。将这些海藻酸盐微观结构浸入$CaCl_2$溶液中,可通过与Ca^{2+}的交联反应使溶胶-凝胶结构收缩变形。而泵入的柠檬酸钠溶液,则可取代Ca^{2+}使凝胶结构膨胀恢复。在此过程中,空间凝胶交联网络差异越大,变形程度越高,使得海藻酸盐在离子模拟膨胀收缩条件下的微观结构具有自卷曲和自折叠能力。

具体的加工工艺如下:采用1%(w/v)海藻酸钠和0.25%、0.5%或0.75%(w/v)碳酸钙颗粒的沉积溶液制备海藻酸钠单层膜。在电沉积前将1%、3%或5%(w/v)MNPs、2%(w/v)荧光纳米颗粒和细胞混合在沉积溶液中。MNPs最大负载能力不超过7%(w/v)。首先,将2mL的沉积液放置在两电极之间的阳极表面如图8.8所示;然后,在电极的两侧施加3~5V的直流电压,持续1~10s。电沉积后,用HEPES缓冲液在10cm的培养皿中清洗FTO板3min,直到海藻酸钙水凝胶微结构完全脱离板。当海藻酸盐微结构完全脱离后,将它们转移到另一个含有HEPES缓冲液的培养皿中。通过缓慢注入1.1%(w/v)$CaCl_2$溶液和1.1%(w/v)柠檬酸钠溶液的方法,使微结构发生收缩和膨胀。

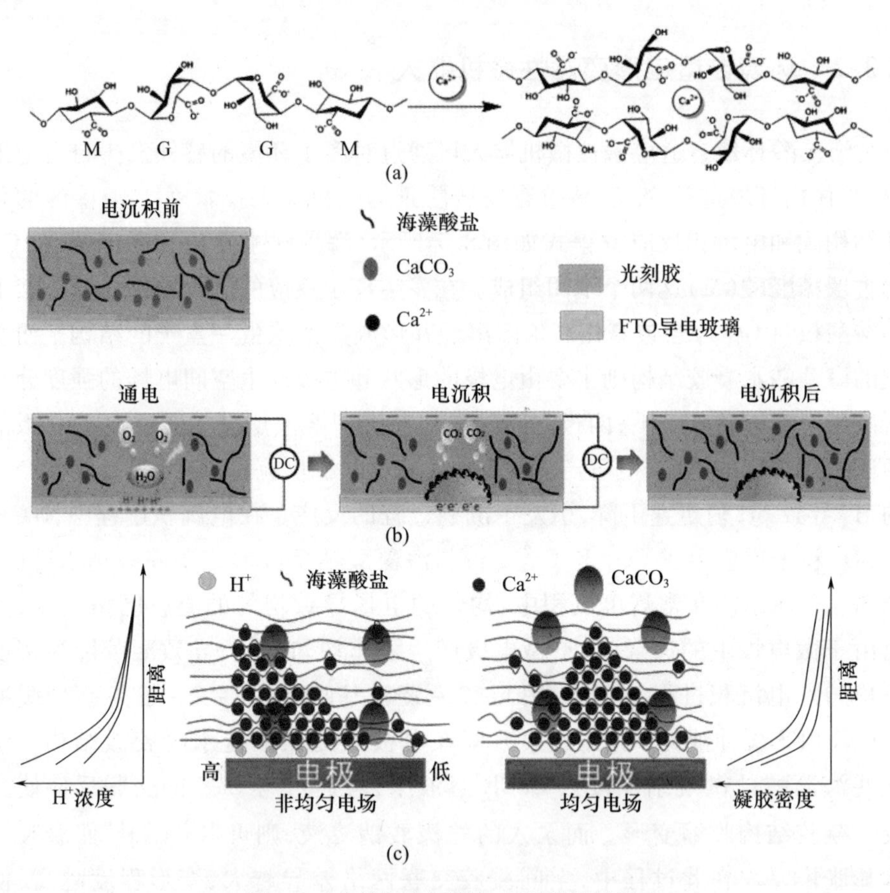

图 8.7　非均匀电沉积加工原理及过程

(a)海藻酸电沉积化学反应原理;(b)电沉积过程示意图;(c)均匀电沉积和非均匀电沉积的原理区别。

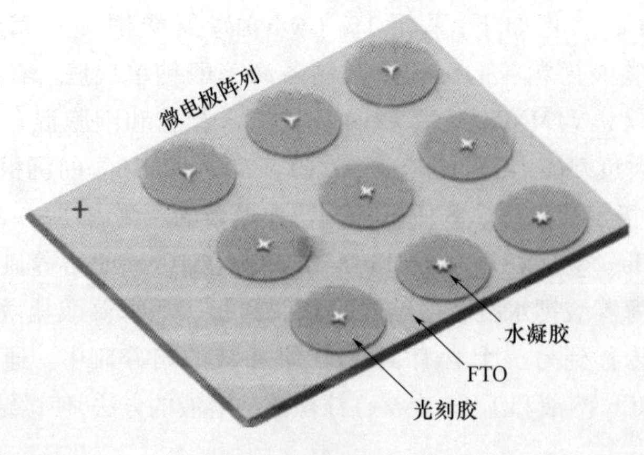

图 8.8　微电极组成示意图

通过微电极的设计和电流密度的控制,可以产生不均匀的电场,图 8.9 显示了带有六角星、四角星和三角星图案的静态低频电场。图案尖端有较高的电流密度,这导致电沉积过程中局部交联程度较高。因此,相对的两对针尖之间的水凝胶密度差异最大。非均匀的海藻酸盐水凝胶网络会随着 pH 值或离子强度的变化而发生收缩和膨胀变形。

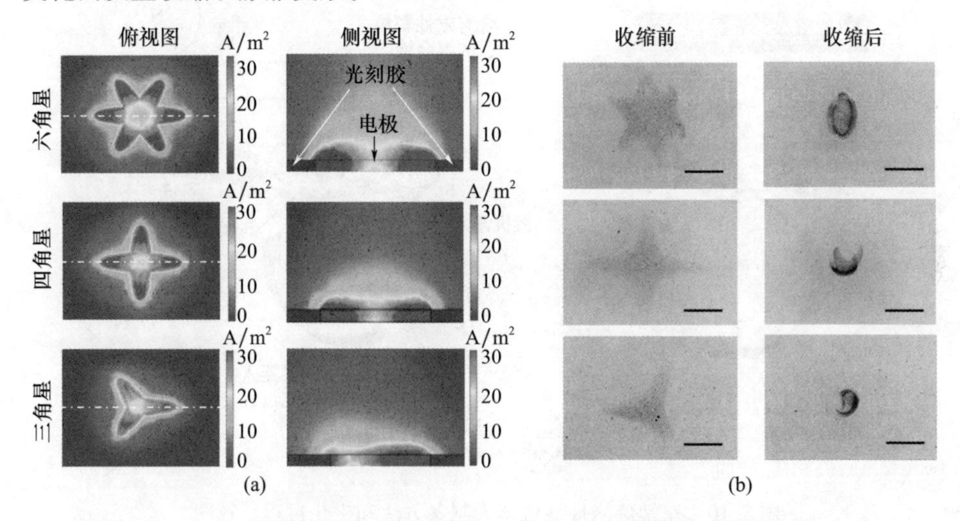

图 8.9　六角星、四角星和三角星海藻酸水凝胶微结构的电流密度模拟和变形（比例尺:500μm)(见彩插)

通过嵌入磁性纳米颗粒(MNP)的方法使机器人能够通过外部磁场进行驱动控制,并探索了主动推进和被动推进两种策略,为微机器人实现了磁场下的可控运动和导航。微机器人的主动模式和被动模式针对各自的应用被设计成完全不同的目的。

8.3.3　表面凹坑修饰的双螺旋磁性微机器人

图 8.10 所示为一种双螺旋钻头式微型机器人,该双螺旋微机器人由生物兼容材料 GelMA(Gelatin Methacryloyl,甲基丙烯酸酐化明胶)和 HAMA(Hyaluronic acid Methacryloyl,透明质酸酐化明胶)混合后经双光子光刻技术制备(Nanoscribe,Photonic Professional GT)而成。HAMA 的加入可以提高混合液在光交联时的交联密度和稳定性,以增强固化后的结构强度。双光子光刻是一种超高精度三维光固化技术,具有高曝光能量和高精度固化等优点,最大曝光能量可达 50mW,精度可达 150nm。在配置光刻预聚液时需选取 70%(w/v)GelMA 和 30%(w/v)HAMA,再加入 5%(w/v)苯基 - 2,4,6 - 三甲基苯甲酰亚磷酸盐(LAP)作为光引发剂,充分振荡后密封避光保存在 4℃冰箱内待用。随后,在双光子光刻机中设定曝光能量和曝光时间为 38mW 和 1.5×10^4 μm/s,30 分钟即可

得到1200个双螺旋微机器人。为了使微机器人具有磁性且能够在外部磁场的驱动下快速稳定的运动和实现精准操作,需将固化后的微机器人浸泡在混有磁性纳米颗粒的溶液中使得悬浮的颗粒牢牢的黏附在微机器人的表面。

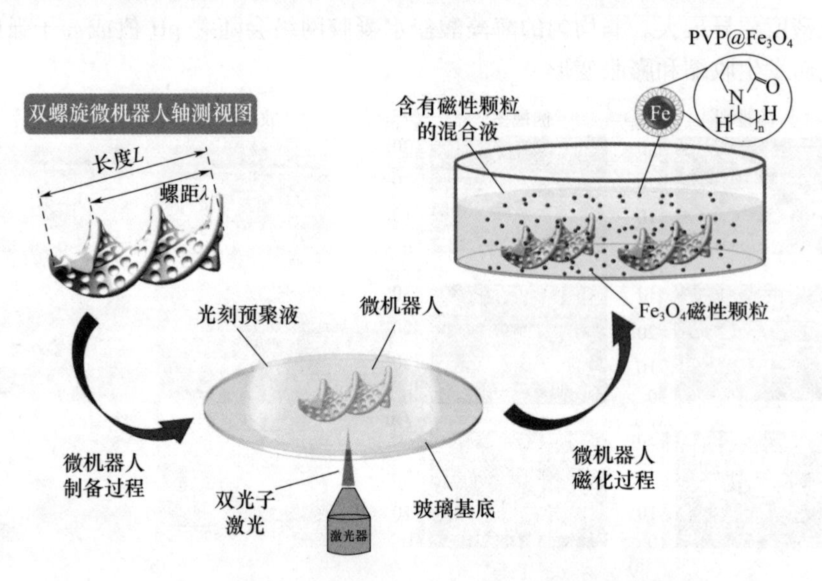

图8.10 双螺旋磁性微机器人制备方法和磁化过程示意图

该双螺旋微机器人基于其自身独特的“钻头式”设计,能够在15mT的磁场驱动下在三维空间内快速灵活地,实现钻孔功能。为今后在血栓清除,体内手术治疗等生物医学应用方面提供了新的思路。除此之外,该微机器人表面还设计有多个凹坑,目的是增大微机器人的表面积,使得其在低雷诺数环境中具有更低的运动阻力并提高其最大运动速度,从而增强自身的运动性能。

8.4 磁驱动微机器人运动控制方法与策略

8.4.1 磁驱动原理

磁驱动的基本原理是在磁化的微机器人本体上施加磁力或扭矩。一个磁化的微机器人在磁场中会受到扭矩$\boldsymbol{T}$(N·m)作用使其自身的磁化轴方向与外部磁场方向保持一致,则

$$\boldsymbol{T}_{\mathrm{m}} = V\boldsymbol{M} \times \boldsymbol{B} \tag{8-8}$$

式中:V是磁性微机器人的体积,$\boldsymbol{M}$为磁矩,$\boldsymbol{B}$为磁场强度。

微机器人受到的磁力$\boldsymbol{F}(N)$与自身体积有关,则

$$\boldsymbol{F}_{\mathrm{m}} = V(\boldsymbol{M} \nabla)\boldsymbol{B} \tag{8-9}$$

微机器人可以由永磁体组成，也可由顺磁或超顺磁等软磁材料组成并在外部磁场的作用下获得磁性。因此，$\boldsymbol{M}$ 取决于磁性材料的常数（永磁材料）或函数（软磁材料）。

当微机器人处在均匀磁场中时，只会受到磁力矩的作用而不会受到磁力作用，但当微机器人的磁化方向与磁场方向共线时，作用在微机器人身上的磁力矩也会消失，微机器人会保持静止不动。有两种方式能够持续地驱动微机器人，一是使磁场经历时空变换生成磁场梯度，产生磁场力拉或推动微机器人；二是使磁场经历时空变换，如旋转，移动，振荡或开关的状态，可以驱动有着不同运动原理设计的微机器人。

8.4.2　磁场梯度驱动方法

磁场梯度能够对微机器人施加力的作用，使微机器人在强场源作用下沿着正向或反向磁场梯度运动。磁场梯度可以驱动任意一种磁性微机器人沿梯度方向运动，而不必与磁场方向重合。最典型的驱动案例是球形和杆形微机器人的运动，如图8.11(a)所示。椭球体微机器人在低雷诺数液体环境中的运动接近于最小阻力运动，因此被研究应用于眼科手术中，如图8.11 (b)所示[53-54]。然而，磁场梯度驱动方法存在一些缺陷。微机器人在梯度力的驱动下会出现相互吸引而黏连的情况。尽管在某些应用中可以利用这一现象进行微机器人群体性操控，但无法将黏连的微机器人再次分开，给后续驱动和控制造成影响。

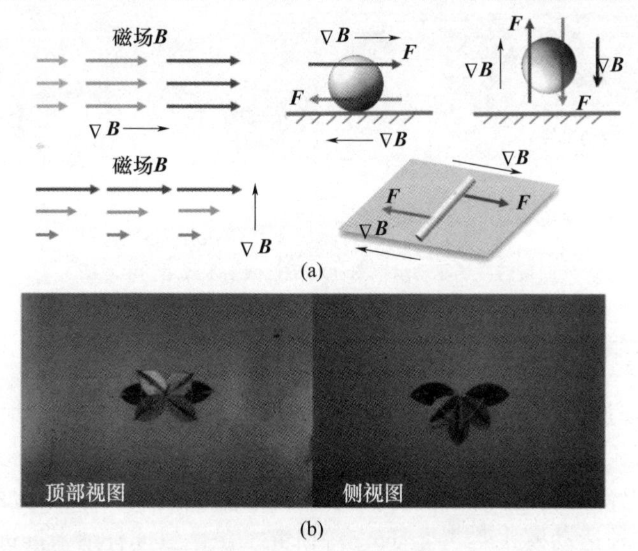

图8.11　梯度场驱动微机器人

(a)磁场梯度驱动示意图；(b)椭球体磁性微机器人运动示意图。

8.4.3 旋转磁场驱动方法

磁场向量在垂直于旋转轴的平面内连续旋转形成了旋转磁场[55-57]。最常见的模型是螺旋形微机器人,其绕螺旋轴旋转并在与旋转平面垂直的方向上推进[41],如图8.12(a)所示。螺旋微机器人借助自身和液体环境的相互作用将自身的旋转运动转化为平移运动,其运动效率和自身结构的直径、螺距、螺旋角等参数有直接关系。磁化后的球形结构是一种更为简单的微机器人模型,其在旋转磁场的驱动下,借助于表面摩擦力的作用可以实现沿任意方向的滚动运动[58]。镍纳米线型微机器人可以利用自身运动时所受到流体阻力不平衡的特点实现推进运动,且不与表面直接接触[59]。因此,该类型的微机器人也可以沿着垂直面对抗重力向上推进,如图8.12(b)所示。

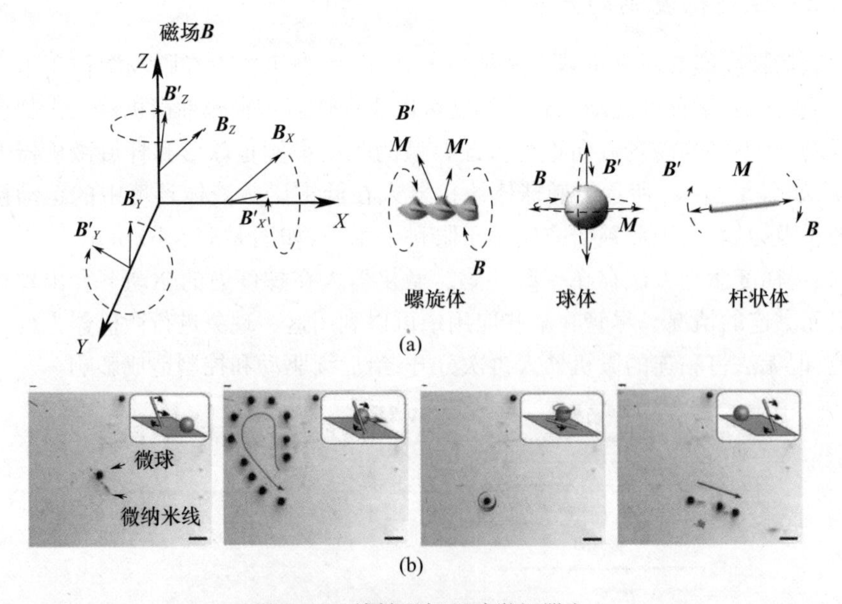

图8.12 旋转磁场驱动微机器人

(a)旋转磁场驱动示意图;(b)磁性微纳米线运动示意图。

8.4.4 振荡磁场驱动方法

振荡磁场是通过磁场在某时间段内场向量在平面内往复摆动而产生的,如图8.13所示。在振荡磁场的驱动下,具有灵活本体结构的微机器人,通常是关节部分或尾巴部分,在振荡磁场的影响下产生弯曲、压缩或舒张等变形以实现推进、摆动等多种运动模式[60-61]。Jang等研究了磁性三连杆纳米推进微机器人的运动,该运动是在x轴和y轴上通过叠加两个正弦磁场产生的振荡磁场而产生

的起伏运动，如图 8.13 所示[62]。Sitti 等提出了一种水母仿生微机器人，该机器人在振荡磁场的驱动下可以灵活地上下摆动垂臂，通过垂臂的波动实现自身在空间内的运动。此外，垂臂还可以被当作抓手对目标进行抓取和释放[63]，如图 8.13 所示。此外，振荡磁场还比较适用于磁性颗粒集群式微机器人的驱动。在振荡磁场的驱动下，磁性颗粒间会产生相互作用以形成带状的微群体，通过调整振荡磁场的强度、振荡频率和分配比例，磁性纳米微群可以表现出搬运、包围、推拉等操作行为，从而弥补个体微机器人操作的不足，如图 8.13 所示[64]。

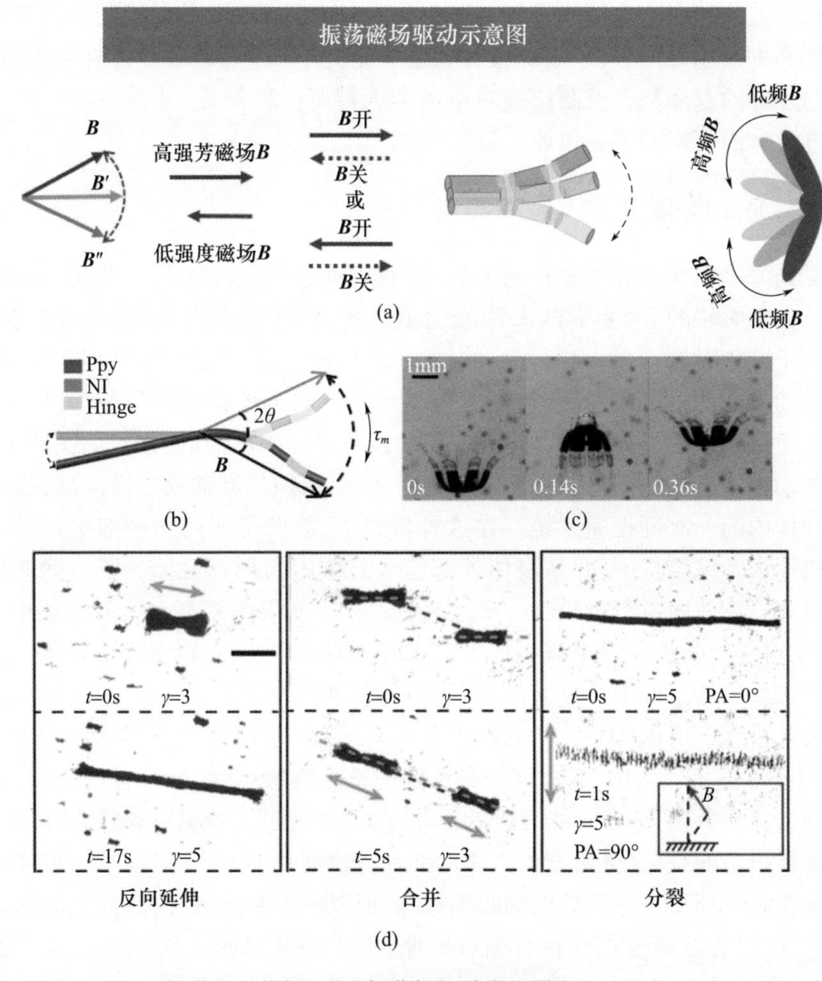

图 8.13　振荡场驱动微机器人

(a)振荡磁场驱动示意图；(b)振荡磁场驱动的三连杆机器人；(c)振荡磁场驱动的仿生水母机器人；(d)振荡磁场驱动的磁性纳米颗粒。

8.5 环境自适应形变微机器人的应用

前面介绍的海藻酸微机器人通过非均匀电沉积,将非均匀的水凝胶网络嵌入海藻酸盐微机器人中,形成了环境感应自适应的形变结构,使其可以在离子刺激下收缩或膨胀,从而获得环境适应性的自释放或自捕获运动能力。然而根据体内环境感应进行自适应形变的内环控制具有其局限性,体内环境复杂多变,仅靠微机器人的环境感应结构进行自形变并不能达到准确有效的控制效果并完成精准的药物投递等任务,还需要通过电磁系统从外部进行外环的体外调控,通过内环与外环的双环联合控制增强对微机器人控制的稳健性,使微机器人可以进行精准的体内药物投递等作业[65]。

8.5.1 海藻酸微机器人运动控制

受到海星的变形和捕食行为的启发,我们通过嵌入磁性纳米颗粒(MNPs),将这个完全柔软的、可变形的海藻酸盐单层膜,视作为微观末端执行器,在 pH 值或离子变化时进行抓 - 释行为,如图 8.14 所示。此外,本节还探索了主动推进和被动推进两种策略,为微机器人提供磁场下的可控运动和导航。微机器人的主动模式和被动模式针对各自的应用被设计成完全不同的目的,如图 8.14 所示。被动模式的目的是将微机器人作为搭便车者,通过其捕获磁性微球,形成从体外到体内的一次性投递系统。在这种模式下,需携带的药物或细胞预先封装在微机器人本体结构中,并从身体外部运送到体内的局部目标位置。也就是说这种模式只在体内进行运输和一次性释放过程。如果需要更大更多数量的药物或细胞,可以同时进行多个微机器人的交付任务。如图 8.14 所示,主动模式的目的是将微机器人作为往复运动的端执行器,通过可逆形状变形实现重复抓取和释放并进执行采样任务。在这种模式下,整个过程都是在体内完成的,将 MNP 封装在微机器人中,通过外控磁场实现长距离的运输。到达目的地后释放所有微机器人手指,通过手指自由的形状变形,执行可重复抓取和释放样品的任务。需要强调的是,在微机器人工作的两种运输模式中,由于主动模式只经历微机器人在肠道环境下进行抓取的收缩过程,所以不存在肿胀、溶解甚至泄漏的风险。另外,尽管被动模式存在收缩和膨胀,但由于微机器人体内没有加入镍粒子,并且微机器人以搭便车的方式抓取磁性微球,因此不存在潜在的泄露风险。因此,微机器人的两种运动模式的设计都是安全可靠的,并且不会对人体产生毒副作用。

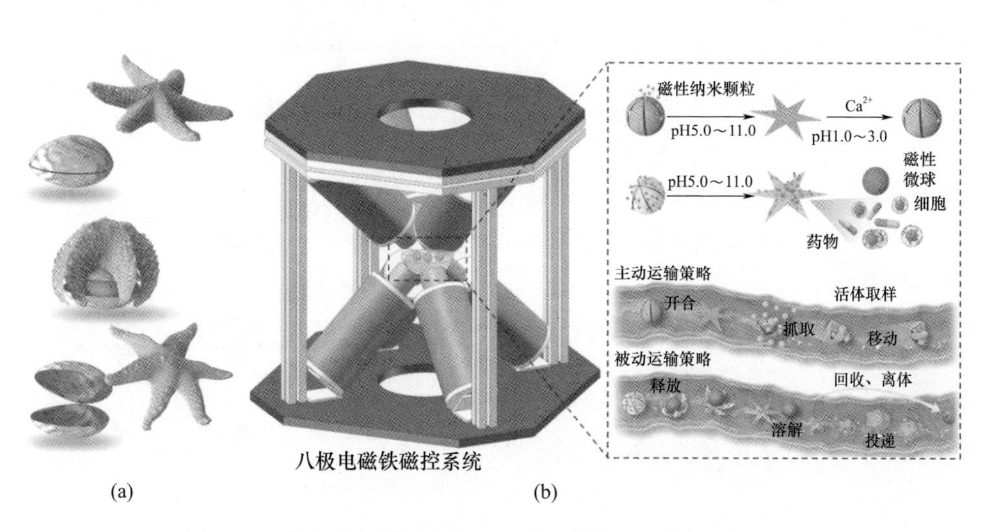

图 8.14 微机器人磁控系统及运动控制策略示意图(见彩插)
(a)海星捕食贝类示意图;(b)主动运输策略和被动运输策略示意图。

8.5.2 主动运输方法设计

为了实现捕获目标和采样任务,在微机器人中封装了 MNP,并用旋转磁场为微机器人提供驱动力。采用八极电磁系统实现携载有 MNP 的微机器人在旋转场下的运动控制,八极电磁系统可以产生频率和大小不同的旋转磁场,水平充磁后即可利用微机器人的滚动控制其速度和方向。图 8.15(a)表示微机器人在旋转场下的受力情况,其中 $\boldsymbol{v}$ 代表位移速度,$\boldsymbol{H}$ 表示磁场的强度, $\boldsymbol{m}$ 表示微机器人的磁化方向,$\boldsymbol{f}$ 代表摩擦力,ω 显示了微球的旋转速度以及倾角 θ 表示磁场方向与微机器人磁化方向的夹角。如图 8.15 所示,在 pH 值为 7 到 1 的情况下,微机器人在携载有磁性纳米颗粒后仍可实现自变形。微机器人的运动速率受 MNP 浓度和电流频率的影响,如图 8.15 所示。在频率为 1 ~ 7Hz 时,微机器人旋转与外加旋转场同步,微机器人速度随外加旋转场频率增加几乎呈线性增加。在达到 7Hz 的最大速度后,随着磁场频率的进一步增加,速度降低,因为可用的磁转矩不再足以使微机器人与施加的磁场保持同步。此外,在旋转场中,微机器人的运动速率与机器人体内 MNPs 浓度呈正相关。图 8.15 显示了当 MNP 浓度为 3% (w/v)时,在 5Hz 的旋转磁场驱动下,可以对微机器人进行有效的运动控制。

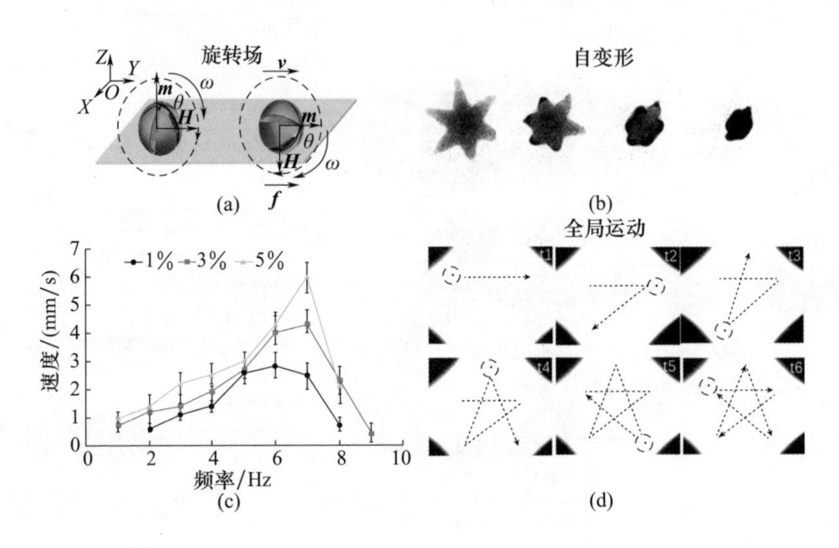

图 8.15　旋转下的微机器人控制策略

(a)微机器人在旋转场中的受力分析;(b)携载有磁性纳米粒子的微机器人自变形过程;(c)在不同磁场频率和磁性纳米粒子浓度的条件下微机器人的运动速度分布;(d)微机器人在磁场控制下的运动过程。

由于微机器人制造时的不规则性,因此在磁控操作中存在偏航的现象(最大 ±3mm)。需要通过运动控制理论和灵活变化的磁场来减小偏航。这种不精确的运动轨迹不是由长距离运动引起的,而是由于收缩后形状不规则的微机器人并不稳定的速度导致的。由于形状不均匀,无法准确预测微机器人滚动速度随旋转磁场变化而发生的动态变化,所以很难制定一种固定的控制方案来适应所有微机器人并完全保证速度的稳定。目前,最大偏航量在 3mm 左右,其运动精度基本满足微机器人在全局运动中的要求。到达目标区域后,通过对微机器人施加受不规则形状影响较小的梯度磁场,可以进一步调整微机器人的位置,以提供精确的局部运动。

采用旋转场实现长距离的运输,具有输入电流少的优点,而采用梯度场方便维持微机器人在局部环境下的姿态。从图 8.16 可以看出,微机器人在梯度场作用下的受力情况。如图 8.16 所示,微机器人速度一般与 MNPs 浓度和磁场梯度成正比。在如图 8.16 所示的体外实验中,梯度磁场可以驱动微机器人到达指定位置来抓取细胞团,将细胞运输到目标区域后,受到 pH 值变化的影响,释放细胞并与细胞分离。在未来的应用中,临床珍稀细胞应该通过微机器人提供必要的生物和机械辅助来维持细胞的投递效果。

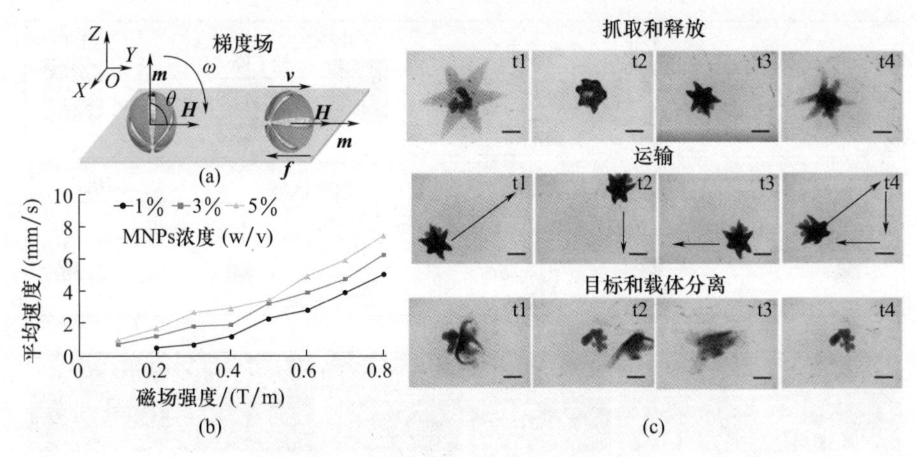

图 8.16　梯度场下的微机器人控制策略

(a)微机器人在梯度场中的受力分析;(b)在不同磁场强度和磁性纳米粒子浓度的条件下微机器人的运动速度分布;(c)微机器人抓取细胞团以及运输和分离过程。

8.5.3　被动运输方法设计

生物医学微机器人的目标是以高精度到达目标区域,并在不产生不良生理影响的情况下完成一系列任务。被动运输提供了一种比主动运输更安全的药物或细胞运输方式。为了实现被动运输,首先,使用磁操纵系统将 PEGDA 磁微球放置在微机器人上,如图 8.17 所示。然后,泵入 1%(w/v)的 $CaCl_2$ 溶液,使微机器人结构收缩并抓住磁性微球,这样微机器人和磁性微球就形成了紧密的整体,接着在磁场的控制下完成从装载区域到目标区域的运输。最后,使用 1%(w/v)的柠檬酸钠溶液刺激微机器人,使其发生自释放和分离,并通过磁控系统将磁性微球从出口移出。尽管释放磁性微球后微机器人会完全溶解,但携载的货物可以投递和富集到目标区域,这在精确给药方面有着很大的应用前景。图 8.17 展示了微机器人投递过程中的抓取、释放和溶解过程。微机器人的所有运动过程和轨迹如图 8.17 中白色箭头所示。

被动运输实验中的磁控系统是由一个三自由度磁操纵系统产生的梯度磁场控制的,磁性微球和海藻酸微机器人都浸泡在装有缓冲溶液的培养皿中。运动过程是由一个侧视显微镜监控的。如图 8.18(a)所示,在培养皿中,用三条黑线将活动区域划分为四个部分:入口、装载区、目标区和出口。每条线之间的距离为 3mm。在机械手的滑块下垂直安装一排磁盘磁铁(最大磁场强度 =0.2T,直径 =3mm),该磁铁在轴线距离上的磁场强度如图 8.18(b)所示。通过滑轮和丝杠驱动,滑块使磁铁沿着 x 轴和 z 轴方向移动,定位分辨率分别为 0.01mm 和 0.004mm。载物台可以沿 y 轴方向移动,分辨率为 0.01mm。为防止微机器人因液体流动而漂移,钙离子和钠离子的泵入速度均为 500μL/min。

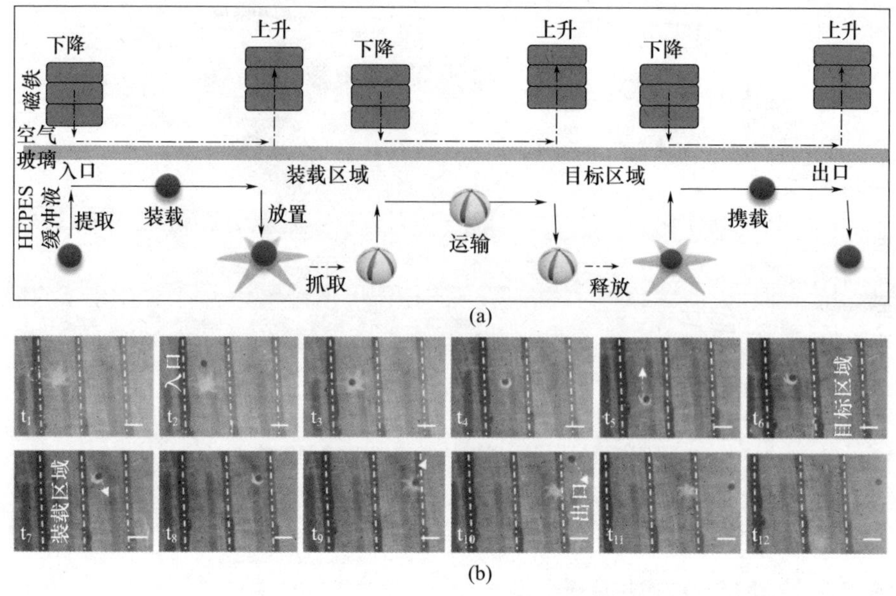

图 8.17　磁控微机器人的被动运输过程

(a)微机器人运动过程的示意图;(b)微机器人体外投递过程实验图。

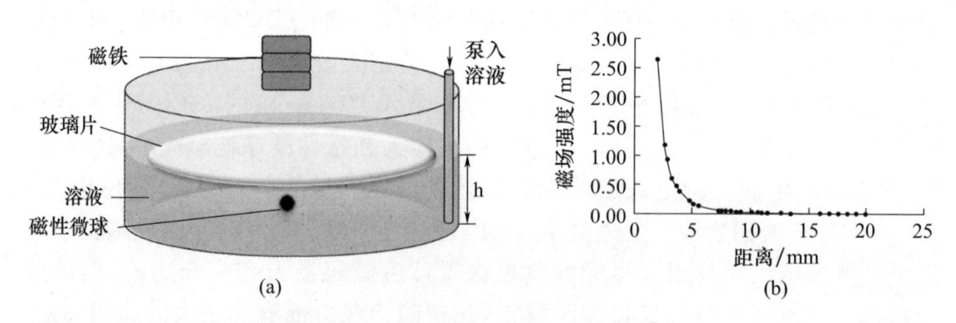

图 8.18　放射状三维微组织组装过程

整个过程中的微机器人形变都是通过泵入离子溶液进行调控的。如图 8.19(a)所示,在装载区域中泵入钙离子溶液,使微机器人结构发生收缩,自动包裹磁性微球。在整个运输过程始终保持较高的钙离子浓度,使微机器人保持收缩的状态,直到到达目标区域。当微机器人到达目标区域后,泵入钠离子溶液使微机器人发生膨胀并释放磁性微球。与此同时,通过磁控系统将磁性微球从出口出移出。继续泵入钠离子溶液,海藻酸微机器人会发生溶解并最终消失,而其携载的药物或细胞将会留在目标区域中完成投递任务。由于海藻酸盐的生物兼容性较好,因此在溶解的过程中不会产生任何会对人体造成不良反应的化学产物,所以被动运输很好地避免了磁性纳米颗粒在人体投递过程中造成的不良反应。图 8.19(b)展示了体外微机器人的被动投递过程。在微机器人与磁性

微球分离后，微机器人可以自行溶解并释放携载的货物，完成精确投递任务。

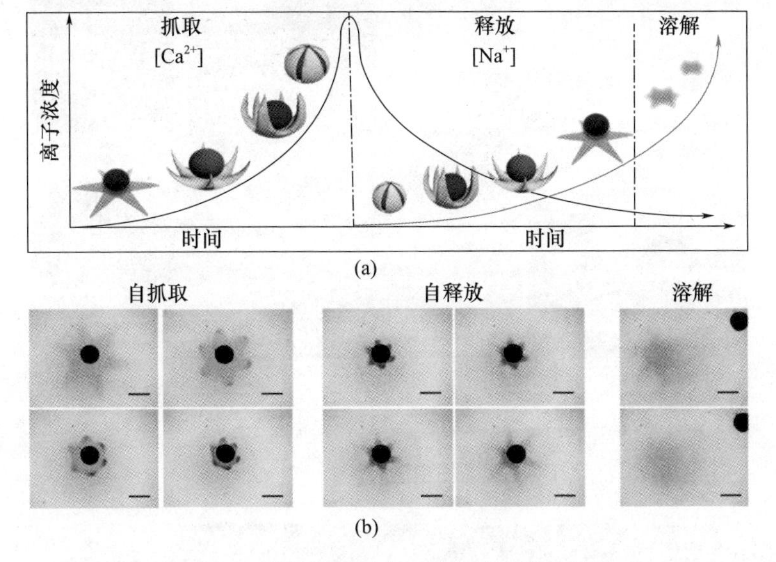

图 8.19 微机器人受离子响应的自形变过程

(a)微机器人在被动投递过程中受离子控制的示意图；(b)微机器人自形变过程的实验结果图。

8.5.4 微机器人间接在体运动

为验证微机器人在体内作业的可行性，本文进行了微机器人的间接在体运动实验。在实验中，我们使用的 SD 大鼠(雄性，体重约 250g)购自中国北京麦地斯维公司。所有的手术和实验程序都经过了北京理工大学机构动物护理和使用委员会的批准。小鼠在环境温度((23 ± 1)℃)和湿度((50 ± 5)%)下被安置在 12/12h 的光/暗循环中，所有实验在光循环期间进行，并且食物和水都是随机获得的。

如图 8.20 所示，微机器人在大鼠肠道中进行体外生物操作。肠子是从一只 SD 大鼠身上提取出来的，然后浸入人工胃液中。将带有荧光珠的微机器人注射到肠内，并使用动脉夹密封肠的两端。

如图 8.21 所示，体内成像图显示微机器人最初位于肠的左端。在磁场作用下，使微机器人沿肠道中段移动，在靠近微机器人部位注入人工肠液。在此刺激下，微机器人在 10min 内发生转化和自动张开，在此期间，微机器人的荧光信号高于收缩状态下的荧光信号。20min 后，在微机器人附近注入 $CaCl_2$ 溶液，使其能够自变形并转换回原来的结构。最后微机器人被移动到了肠道的右侧。这些结果证实了微机器人在生理环境下可以进行长距离运动和形状转化。在体内应用中，通过进行禁食空腹、离子溶液摄入等常见操作，使用 90mmol/L $CaCl_2$ 溶液完全可以安全的维持微机器人的稳定性。

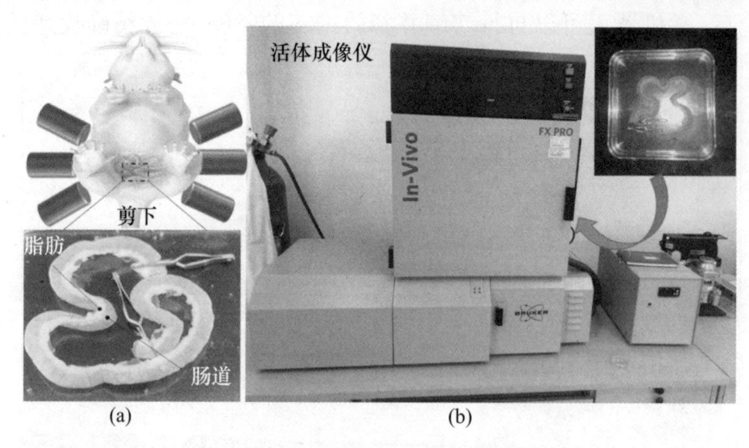

图 8.20　复合型三维微组织灌流实验

(a)灌流模型;(b)罗丹明灌流实验。

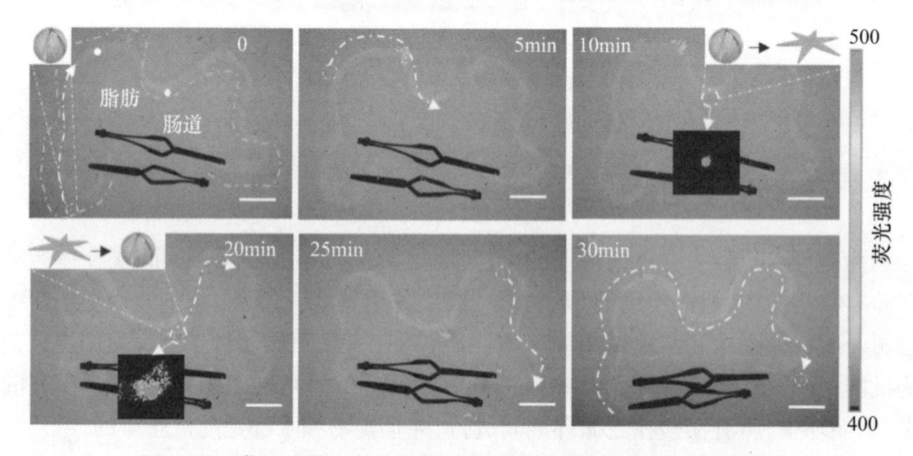

图 8.21　灌流培养和静态培养下三维微组织的白蛋白分泌情况

8.6　表面凹坑修饰的双螺旋微钻机器人的应用

前面所描述的表面凹坑修饰的水凝胶磁性双螺旋结构不仅能够在外部磁场的驱动下实现在高黏度液体环境中的螺旋推进和原地往复摆动,而且表面凹坑修饰过的微机器人可以降低其推进时的运动阻力,提高其运动的最大速度,从而达到提升运动性能的目的。因此,需要对光滑表面的双螺旋结构和凹坑修饰过的双螺旋结构进行运动性能对比;还需要验证表面凹坑修饰的微机器人具有能够在高黏度液体环境中自由移动和完成特定操作的能力。

8.6.1　微机器人运动仿真建模

由于尺度效应的存在,微机器人在低雷诺数环境中运动受到表面力的作用远大于体积力作用,因此微机器人表面物理化学性质的改变会很大程度上影响微机器人运动的阻力和运动性能[66-67]。受高尔夫球飞行时其表面凹坑可以降低运动阻力这一现象的启发,通过对双螺旋微机器人表面进行凹坑处理来分析不同大小和数量的凹坑修饰对微机器人运动阻力变化的影响。为了更好地对比,设计了光滑表面双螺旋微机器人和表面凹坑修饰双螺旋微机器人的数值模拟对照试验。四种不同凹坑表面积占比的双螺旋微机器人如图8.22所示,第一种为光滑表面的微机器人;第二种微机器人表面上的凹坑为单排布置,直径为2μm,深度为3μm,凹坑表面积占比为5.7%,其他有凹坑的微机器人在中心圆柱上的凹坑尺寸和排列方式均保持一致,直径为6μm,深度为3μm;第三种微机器人表面上的凹坑为单排布置,直径为6μm,深度为3μm,凹坑表面积占比为15.3%;第四种微机器人表面上的凹坑为双排布置,直径为4μm,深度为3μm,凹坑表面积占比为19.6%。

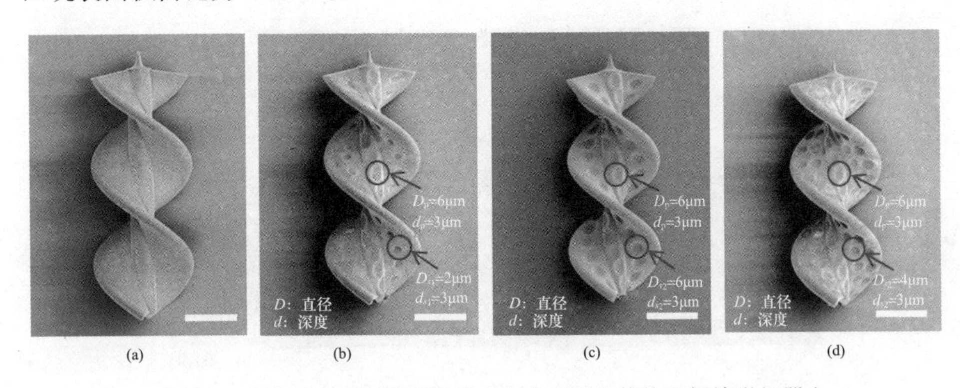

图8.22　光滑表面双螺旋微机器人与表面凹坑修饰双螺旋微机器人

由于流体流动的阻力与流速直接相关,因此本节使用ANSYS Fluent构建了一个计算流体动力学(CFD)仿真模型,以计算流过带凹坑和不带凹坑微机器人的流体的速度,以揭示阻力的变化。在模拟中,还考虑了四种微机器人在三种流体黏度环境中(去离子水、0.3%(w/v)甲基纤维素溶液和0.6%(w/v)甲基纤维素溶液,黏度分别为1mPa·s、8.9mPa·s和22.3mPa·s)的运动性能,以便更接近于真实生物体内的流体环境,数值模拟结果如图8.23所示。在图8.23(a)~图8.23(c)中,每条曲线表示通过微机器人表面的归一化流体流速。在水中,红色曲线具有最大流速,对应于凹坑表面积占比为19.6%的微机器人(Ⅳ型)。深蓝色曲线具有最小流速,对应于没有凹坑的微机器人(Ⅰ型,凹坑表面积占比为

0)。浅蓝色和黄色曲线表示第二种微机器人(Ⅱ型,凹坑表面积占比为5.7%)和第三种微机器人(Ⅲ型,凹坑表面积占比为15.3%)周围的流速。结果表明,归一化流速随着凹坑表面积比的增加而增加。也就是说,当微机器人在流体中推进时,表面特性会影响微钻头上的阻力。具有较高表面粗糙度的微钻头受到的流体阻力的影响较低。四个微机器人的速度云图如图8.23(d)所示。我们还可以看到速度场颜色的明显差异,第四种微机器人的颜色比其他颜色更深。而四个微钻头上的阻力从高到低的顺序是Ⅰ型、Ⅱ型、Ⅲ型和Ⅳ型。

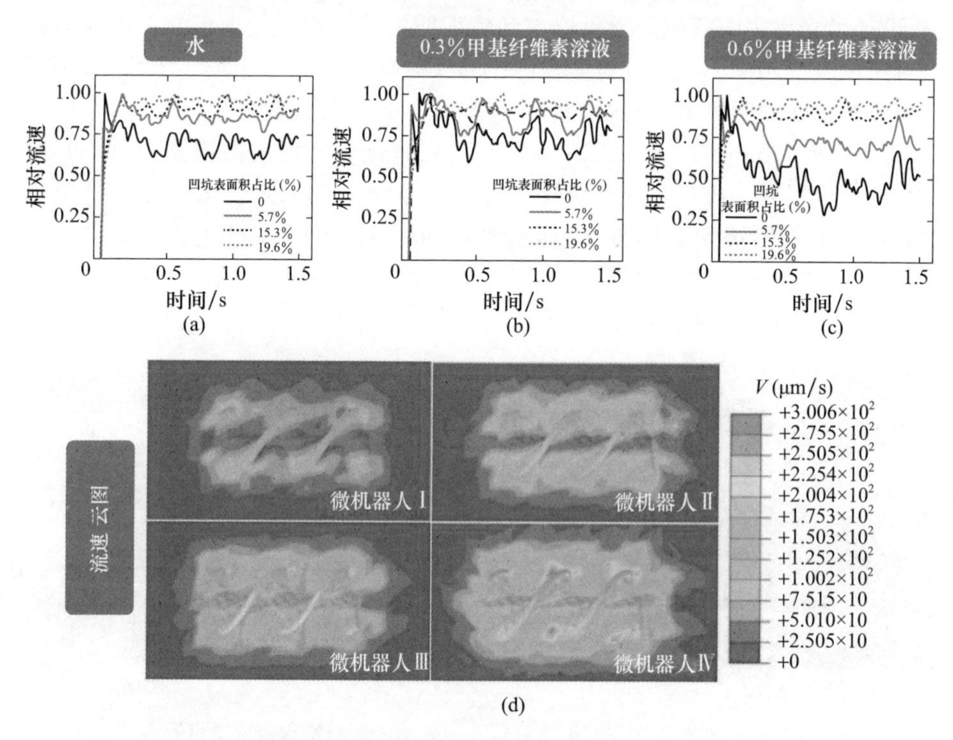

图8.23 四种双螺旋微机器人在不同黏度流体环境中的运动阻力数值模拟结果

8.6.2 微机器人运动性能测试

通过实验测试四种微机器人(Ⅰ~Ⅳ型)在水中的最大移动速度和移动距离可以验证表面凹坑修饰的微机器人具有更好的运动性能。四种微机器人在几何外形和磁化方向上均保持一致,仅有凹坑表面积占比不同。如图8.24(a)所示,四个微机器人在10mT的磁场强度下被旋转频率 ω_1 驱动。当旋转频率从0迅速增加到 ω_1 时,四个微机器人开始移动并稳定地前进。旋转频率9Hz不超过Ⅰ型微机器人的失步频率,四个微机器人可以以相同的平移速度同步前进。当磁场的旋转频率增加时,Ⅰ型微机器人出现失步状态(在10Hz时)并

且其平移速度降低,如图8.24(b)所示。其他三个微机器人以更高且相等的速度向前旋进,微机器人的旋转频率与磁场的旋转频率保持同步。当旋转频率增加到 $\omega_2=14.1\text{Hz}$ 以上时,Ⅰ型和Ⅱ型微机器人出现失步状态并逐渐停止,如图8.24(c)所示。这是因为当前磁场的旋转频率远高于微机器人的失步频率。类似地,Ⅲ型和Ⅳ型微机器人以更高且相等的速度向前旋进,并与磁场的当前旋转频率 ω_3 同步。当磁场旋转频率增加到超过 $\omega_2=14.6\text{Hz}$ 时,Ⅲ型微机器人失步。只有Ⅳ型微机器人继续向前游动,Ⅰ～Ⅲ型微机器人被抛在后面,如图8.24(d)所示。Ⅳ型微机器人以更高的平移速度游动,直到达到其失步频率 ω_4(15.5Hz)。图8.24(e)是在变频磁场中四个微机器人的运动状态变化示意图。

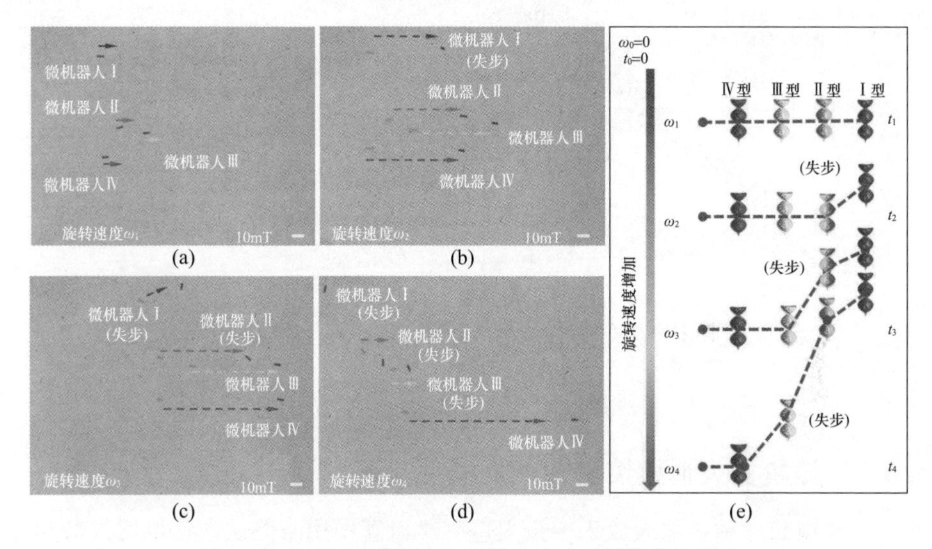

图8.24　四种不同凹坑表面积占比的双螺旋微机器人
在水中的运动速度对比实验(见彩插)

图8.25显示了四种类型微机器人在10mT磁场强度驱动下的运动曲线图,横坐标为微机器人的旋转频率,纵坐标为微机器人的移动速度。从图8.25(a)～图8.25(c)可以看出,四种微机器人的平移速度随磁场的旋转频率线性增加,并且每种微机器人的平移速度在其失步频率处达到最大值。当磁场的旋转频率增加并超过微机器人的失步频率时,其平移速度降低并逐渐降至0。值得注意的是,所有类型的微机器人的平移速度与旋转速度的比值在达到失步频率之前几乎相同。只有在不同黏度流体中(0.3% w/v MC,0.6% w/v MC),各类型微机器人的失步频率会发生变化。在图8.25(d)中,失步频率表现出对微机器人凹坑表面积占比的非线性关系。

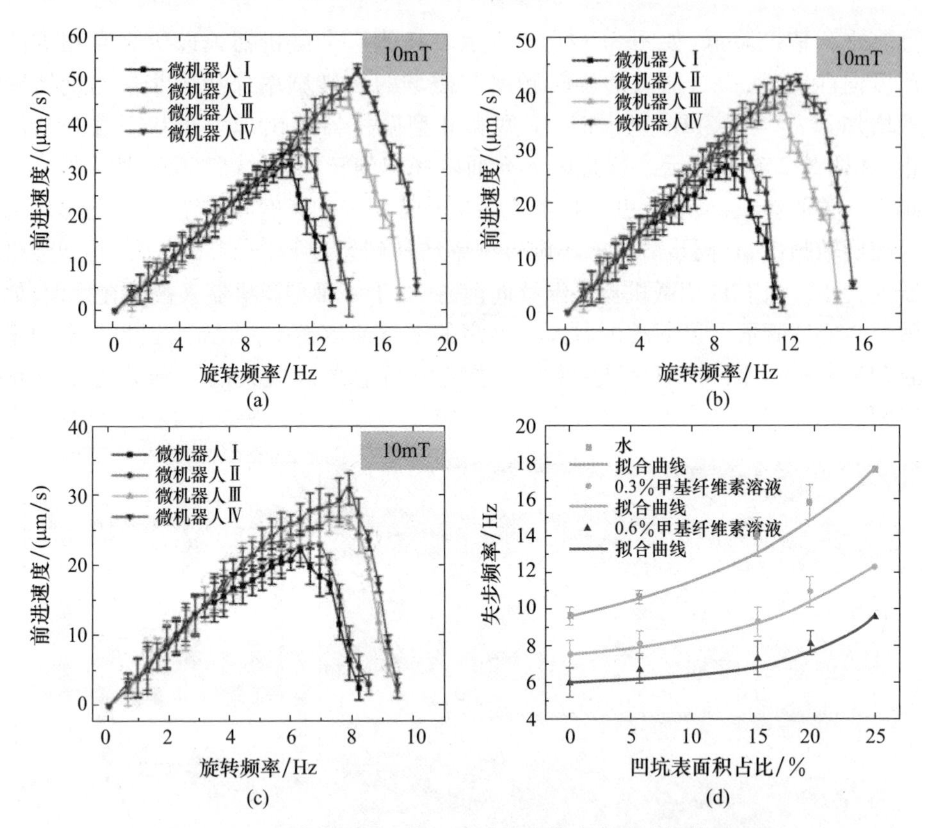

图 8.25　四种微机器人在三种黏度流体中的游动性能对比

8.6.3　微机器人血栓清除功能的模型验证

将双螺旋微钻机器人放入一个人造三维血管中用来测试微钻机器人的运动性能,并验证其在狭窄通道中穿透黏性块状障碍的能力,图 8.26(a)为血栓穿透示意图。在人工血管中填充 0.3% (w/v)的甲基纤维素(Methyl cellulose)溶液,以模拟真实血液黏度;在人工血管的中部位置添加混合了 12% (w/v) GelMA 溶液的全血(绵羊血)用来模拟血栓凝块,该区域(区域 B)的管道直径窄于其他位置且深度也更深。实验开始时,首先将微钻机器人放置在人造血管的一端(区域 A),外部施加 10mT 和 12Hz 的旋转磁场驱动微钻机器人沿着规划好的路径向血栓区域推进,如图 8.26(c)所示。当微钻接近凝块时,血栓凝块的高黏度会降低微钻的旋转速度,为了微钻在随后的钻孔过程中保持稳定旋转,适当地降低磁场的旋转频率以防微钻失步(step - out)或卡住,如图 8.26(d)所示,此时的旋转频率为 9Hz。微钻从点 1 移动到点 2 的过程中,在其身体周围形成强烈的漩涡,颗粒或小黏性块从其身体周围排出,因此出现了一条颜色较浅的通道,如图 8.26(e)所示。在此过程中,微钻头受到一个小黏性块的干扰导致姿态出现较大振动。为了

使微钻摆脱凝块的拖拽,可以采用交替切换磁场模式的控制方法以驱动微钻在旋转运动和振荡运动之间快速切换。经过一段时间的尝试之后,微钻可以逐渐摆脱凝块并继续沿原来的方向推进,如图 8.26(f)所示。为了使微钻钻动的血栓凝块尽早地分散在周围液体中,驱动微钻在中间区域反复穿越多次,直到血栓凝块区域的颜色变浅,颜色的明显变化如图 8.26(g)所示。这意味着凝块被微钻的钻孔运动穿透,凝块逐渐地被分散成更容易溶解在液体中的小块。最后,调整磁场旋转频率为 12Hz 驱动微钻从人造血管的另一端快速离开,如图 8.26(h)所示。图 8.26(b)说明了微钻在凝块穿透过程中钻孔时的三维轨迹。该实验不仅证明了微机器人在高黏度液体环境中的移动能力,而且还体现了可操控的生物操作能力。微机器人可以借助自身结构特点在血管中展现钻孔能力和抗黏性干扰的能力,为未来在体内血栓清除、体内靶向治疗等领域的应用提供了可能。

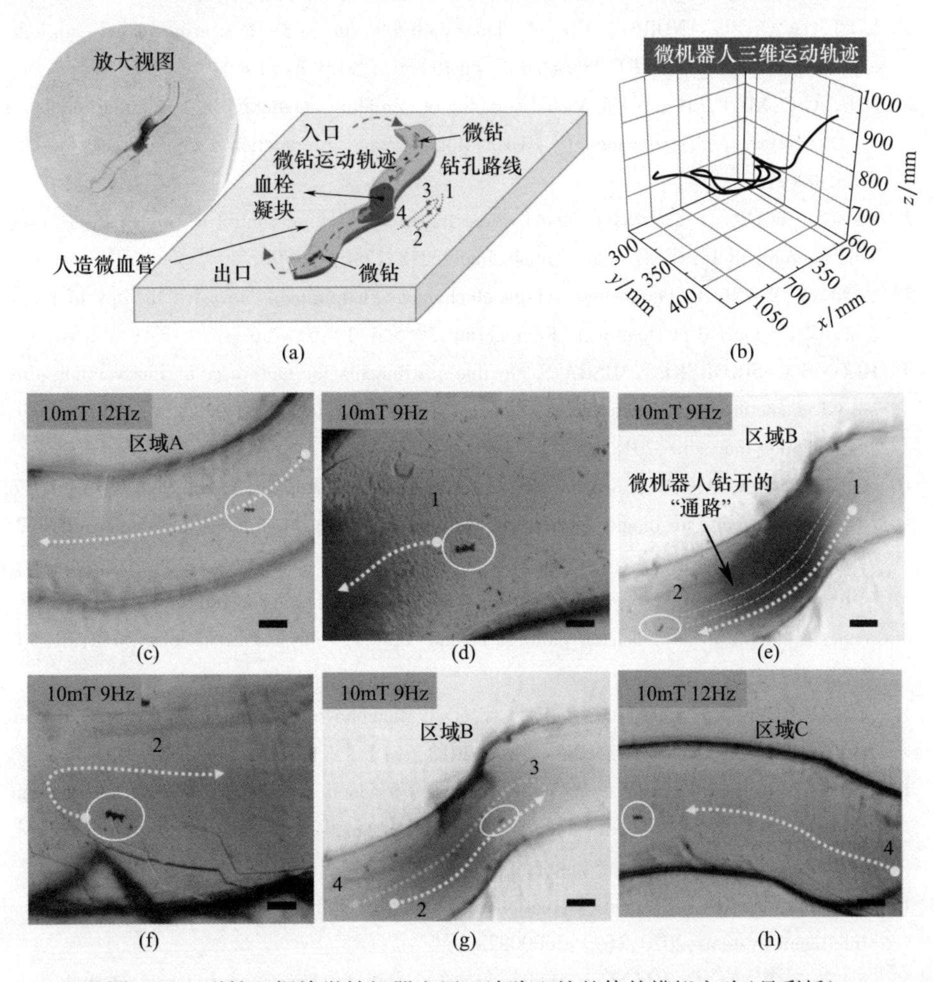

图 8.26　磁性双螺旋微钻机器人用于清除血栓的体外模拟实验(见彩插)

参考文献

[1] AMOKRANE W, BELHARET K, SOUISSI M, et al. Macro – micromanipulation platform for inner ear drug delivery[J]. Robotics and Autonomous Systems, 2018, 107: 10 – 19.

[2] MAHONEY A W, ABBOTT J J. 5 – dof manipulation of an untethered magnetic device in fluid using a single permanent magnet[J]. Proceedings Robotics Science and Systems, 2014, 1 – 19.

[3] DONLIN R, Robotic versus manual in magnetic steering of an endoscopic capsule [J]. Endoscopy, 2009, 18(42): 148 – 152.

[4] MAHONEY A W, SARRAZIN J C, BAMBERG E, et al. Velocity control with gravity compensation for magnetic helical microswimmers[J]. Advance Robotics, 2011, 25: 1007 – 1028.

[5] XU T, HWANG G, ANDREFF N, et al. Planar path following of 3 – D steering scaled – up helical microswimmers[J]. IEEE Transactions on Robotics, 2015, 31(1): 117 – 127.

[6] HUANG C, XU T, LIU J, et al. Visual servoing of miniature magnetic film swimming robots for 3 – D arbitrary path following[J]. IEEE Robotics and Automation Letters, 2019, 4(4): 4185 – 4191.

[7] YANG L, WANG Q, ZHANG L. Model – free trajectory tracking control of two – particle magnetic microrobot[J]. IEEE Trans. Nanotechnol, 2018, 17: 697 – 700.

[8] YANG Y, WANG H. Perspectives of nanotechnology in minimally invasive therapy of breast cancer. [J]. Journal of Healthcare Engineering, 2015, 4(1): 67 – 86.

[9] HEUNIS C, SIKORSKI J, MISRA S. Flexible instruments for endovascular interventions: Improved magnetic steering, actuation, and image – guided surgical instruments[J]. IEEE robotics & automation magazine, 2018, 25(3): 71 – 82.

[10] CIUTI G, VALDASTRI P, MENCIASSI A, et al. Robotic magnetic steering and locomotion of capsule endoscope for diagnostic and surgical endoluminal procedures[J]. Robotica, 2010, 28(2): 199 – 207.

[11] VALDASTRI P, CIUTI G, VERBENI A, et al. Magnetic air capsule robotic system: proof of concept of a novel approach for painless colonoscopy[J]. Surgical Endoscopy, 2012, 26(5): 1238 – 1246.

[12] TOGNARELLI S, CASTELLI V, CIUTI G, et al. Magnetic propulsion and ultrasound tracking of endovascular devices[J]. J Robot Surg, 2012, 6(1): 5 – 12.

[13] PITTIGLIO G, BARDUCCI L, MARTIN J W, et al. Magnetic Levitation for Soft – tethered capsule colonoscopy actuated with a single permanent magnet: A dynamic control approach[J]. IEEE Robotics & Automation Letters, 2019, 4(2): 1224 – 1231.

[14] YANG Z, ZHANG L. Magnetic actuation systems for miniature robots: a review[J]. Advanced Intelligent Systems, 2020, 2(9): 2000082.

[15] YANG L, WANG Q, ZHANG L. Model – free trajectory tracking control of two – particle mag-

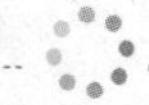

netic microrobot[J]. IEEE Transactions on Nanotechnology,2018,17(4):697 – 700.

[16] HWANG J,KIM J Y,CHOI H. A review of magnetic actuation systems and magnetically actuated guidewire – and catheter – based microrobots for vascular interventions[J]. Intelligent Service Robotics,2020,13(1):1 – 14.

[17] BYUN D,CHOI J,CHA K,et al. Swimming microrobot actuated by two pairs of Helmholtz coils system[J]. Mechatronics,2011(21):357 – 364.

[18] KIM S H,ISHIYAMA K. Magnetic robot and manipulation for active – locomotion with targeted drug release[J]. IEEE/ASME Transactions on Mechatronics,2013,19(5):1651 – 1659.

[19] JEONG S,CHOI H,CHA K,et al. Enhanced locomotive and drilling microrobot using precessional and gradient magnetic field[J]. Sensors and Actuators A:Physical,2011,171(2):429 – 435.

[20] ABBOTT J J,NAGY Z,BEYELER F,et al. Robotics in the small,part I:Microbotics[J]. IEEE Robotics & Automation Magazine,2007,14(2):92 – 103.

[21] JEONG S,CHOI H,CHOI J,et al. Novel Electromagnetic Actuation(EMA)method for 3 – dimensional locomotion of intravascular microrobot[J]. Sensors and Actuators A:Physical,2010,157(1):118 – 125.

[22] YU C,KIM J,CHOI H,et al. Novel electromagnetic actuation system for three – dimensional locomotion and drilling of intravascular microrobot[J]. Sensors and Actuators A:Physical,2010,161:297 – 304.

[23] KIM D I,LEE H,KWON S H,et al. Magnetic nano – particles retrievable biodegradable hydrogel microrobot[J]. Sensors and Actuators B:Chemical,2019,289(6):65 – 77.

[24] SCHUERLE S,ERNI S,FLINK M,et al. Three – dimensional magnetic manipulation of micro and nanostructures for applications in life sciences[J]. IEEE Transactions on Magnetics,2013,49(1):321 – 330.

[25] SCHUERLE S,SOLEIMANY A P,YEH T,et al. Synthetic and living micropropellers for convection – enhanced nanoparticle transport[J]. Science Advances,2019,5(4):eaav4803.

[26] ALI J,CHEANG U K,MARTINDALE J D,et al. Bacteria – inspired nanorobots with flagellar polymorphic transformations and bundling[J]. Scientific Reports,2017,7(1):1 – 10.

[27] KUMMER M P,ABBOTT J J,KRATOCHVIL B E,et al. OctoMag:An electromagnetic system for 5 – DOF wireless micromanipulation[J],IEEE Trans. Robot,2010,26(6):1006 – 1017.

[28] KRATOCHVIL B E,KUMMER M P,ERNI S,et al. MiniMag:A hemispherical electromagnetic system for 5 – DOF wireless micromanipulation[J]. Experimental Robotic,2014:317 – 329.

[29] KHALIL I S M,MAGDANZ V,SANCHEZ S,et al. Three – dimensional closed – loop control of self – propelled microjets[J]. Appl. Phys. Lett,2013,103:172404.

[30] DILLER E,SITTI M. Three – dimensional closed – loop control of self – propelled microjets[J]. Adv. Funct. Mater,2014,24:4397 – 4404.

[31] SIKORSKI J,HEUNIS C M,FRANCO F,et al. The ARMM system:An optimized mobile elec-

tromagnetic coil for non – linear actuation of flexible surgical instruments[J]. IEEE transactions on magnetics,2019,55(9):1 –9.

[32] YANG L,DU X,YU E,et al. Deltamag:An electromagnetic manipulation system with parallel mobile coils[C]//2019 International Conference on Robotics and Automation(ICRA),IEEE, 2019:9814 –9820.

[33] ONGARO F,PANE S,SCHEGGI S,et al. Design of an electromagnetic setup for independent three – dimensional control of pairs of identical and nonidentical microrobots[J]. IEEE Transactions on Robotics,2019,35(1):174 –183.

[34] PETRUSKA A J,BRINK J B,ABBOTT J J. First demonstration of a modular and reconfigurable magnetic – manipulation system[C]//2015 IEEE International Conference on Robotics and Automation(ICRA). IEEE,2015:149 –155.

[35] LI D,NIU F,LI J,et al. Gradient – enhanced electromagnetic actuation system with a new core shape design for microrobot manipulation[J]. IEEE Transactions on Industrial Electronics, 2019,67(6):4700 –4710.

[36] PEYER K E,ZHANG L,NELSON B J. Bio – inspired magnetic swimming microrobots for biomedical applications[J]. Naonoscale,2013,5:1259 –1272.

[37] SITTI M. Physical intelligence as a new paradigm[J]. Extreme Mech Lett,2021,46:101340.

[38] SHEN Z,CHEN F,ZHU X,et al. Stimuli – responsive functional materials for soft robotics[J]. J Mater Chem B,2020,8:8972 –8991.

[39] RUS D,TOLLEY M T. Design,fabrication and control of soft robots[J]. Nature,2015,521: 467 –475.

[40]王田苗,郝雨飞,杨兴帮,等. 软体机器人:结构、驱动、传感与控制[J]. 机械工程学报, 2017,53:1 –13.

[41] ZHANG L,ABBOTT J J,DONG L X,et al. Artificial bacterial flagella:Fabrication and magnetic control[J]. Applied Physics Letters,2009,94:064107 –064110.

[42] GHOSH A,FISHER P. Controlled propulsion of artificial magnetic nanostructured propellers [J]. Nano Letters,2009,9(6):2243 –2245.

[43] PETERS C,ERGENEMAN O,GARCIA P D W,et al. Superparamagnetic twist – type actuators with shape independent magnetic properties and surface functionalization for advanced biomedical applications[J]. Adv. Func. Mater,2014,24(33):5269 –5276.

[44] GU G Y,ZHU J,ZHU L M,et al. A survey on dielectric elastomer actuators for soft robots [J]. Bioinspir Biomim,2017,12:011003.

[45] HA J,CHOI S M,SHIN B,et al. Hygroresponsive coiling of seed awns and soft actuators [J]. Extreme Mechanics Letters,2020,38:100746.

[46] WANG H,PUMERA M. Fabrication of Micro/Nanoscale Motors[J]. Chem,Rev,2015,115 (16):8704 –8735.

[47] MARTIN C R. Membrane – Based Synthesis of Nanomaterials[J]. Chem. Mater,1996,(8): 1739 –1746.

[48] AL - MAWLAWI D, LIU C Z, MOSKOVITS M. Nanowires formed in anodic oxide nanotemplates[J]. Journal of Materials Research, 1994, 9(4): 1014 - 1018.

[49] MANESH K M, CARDONA M, YUAN R, et al. Template - assisted fabrication of salt - independent catalytic tubular microengines[J]. ACS Nano, 2010, 4: 1799 - 1804.

[50] FATTAH Z, LOGET G, LAPEYRE V, et al. Straightforward single - step generation of microswimmers by bipolar electrochemistry[J]. Electrochimica ACTA, 2011, 56(28): 10562 - 10566.

[51] LOGET G, LARCADE G, LAPEYRE V, et al. Single point electrodeposition of Nickel for the dissymmetric decoration of carbon tubes[J]. Electrochimica ACTA, 2010, 55: 8116 - 8120.

[52] ZHENG Z, WANG H, DONG L, et al. Ionic shape - morphing microrobotic end - effectors for environmentally adaptive targeting, releasing, and sampling[J]. Nature Communications, 2021, 12(1): 1 - 12.

[53] ABBOTT J J, ERGENEMAN O, KUMMER M P, et al. Modeling magnetic torque and force for controlled manipulation of soft - magnetic bodies[J]. IEEE Transactions on Robotics, 2007, 23: 1247 - 1252.

[54] BERGELES C, KRATOCHVIL B E, NELSON B J. Visually servoing magnetic intraocular microdevices[J]. IEEE Transactions on Robotics, 2012, 28: 798 - 809.

[55] BELARDI J, SCHORR N, PRUCKER O, et al. Artificial cilia: Generation of magnetic actuators in microfluidic systems[J]. Advanced Functional Materials, 2011, 21(17): 3314 - 3320.

[56] KHADERI S N, CRAUS C B, HUSSONG J, et al. Magnetically - actuated artificial cilia for microfluidic propulsion[J]. Lab Chip, 2011, 11: 2002 - 2010.

[57] HUSSONG J, SCHORR N, BELARDI J, et al. Experimental investigation of the flow induced by artificial cilia[J]. Lab Chip, 2011, 11: 2017 - 2022.

[58] ZHANG L, PETIT T, YANG L, et al. Controlled propulsion and cargo transport of rotating Nickel nanowires near a patterned solid surface[J]. ACS Nano, 2010, 4(10): 6228 - 6234.

[59] PETIT T, ZHANG L, PEYER K E, et al. Selective trapping and manipulation of microscale objects using mobile microvortices[J]. Nano Lett, 2012, 12(1), 156 - 160.

[60] GUO S X, PAN Q X, KHAMESEE M B. Development of a novel type of microrobot for biomedical application[J]. Microsystem Technologies, 2008, 14: 307 - 314.

[61] DREYFUS R, BAUDRY J, ROPER M L, et al. Microscopic artificial swimmers[J]. Nature, 2005, 437: 862 - 865.

[62] JANG B, GUTMAN E, STUCKI N, et al. Undulatory locomotion of magnetic multilink nanoswimmers[J]. Nano Letters, 2015, 15(7): 4829 - 4833.

[63] REN Z Y, HU W Q, SITTI M, et al. Multi - functional soft - bodied jellyfish - like swimming[J]. Nature Communications, 2019, 10: 2703 - 2714.

[64] XIE H, SUN M M, FAN X J, et al. Reconfigurable magnetic microrobot swarm: Multimode transformation, locomotion, and manipulation[J]. Science Robotics, 2019, 4(28): 1 - 14.

[65] XIAO H, LU W, LE X, et al. A multi - responsive hydrogel with a triple shape memory effect based on reversible switches[J]. Chemical Communications, 2016, 52(90): 13292 - 13295.

[66] JEON S, KIM S, HA S, et al. Magnetically actuated microrobots as a platform for stem cell transplantation[J]. Science Robotics, 2019, 4(30): eaav4317.

[67] WANG X, HU C, SCHURZ L, et al. Surface – chemistry – mediated control of individual magnetic helical microswimmers in a swarm[J]. ACS Nano, 2018, 12(6): 6210 – 6217.

第9章

基于磁引导的人工微组织组装技术

9.1 基于磁引导的微组织组装的发展现状

由于基于磁力的操作具有非接触式、作用力强、对操作目标损伤小等优点，因此该操作方式已经被广泛应用在细胞科学中，包括细胞筛选[1-2]、细胞特性测试[3-4]、细胞组装[5-7]等。磁力操作的原理是通过永磁铁或电磁，控制一个可以响应磁场力或力矩的磁性物质，并且进一步将这种磁性物质作为末端执行器，完成各种针对细胞的操作任务。如图9.1(a)所示，一种表面涂有镍(Ni)层的微机械臂可以通过MEMS工艺加工而成。由于镍层的存在，机械臂可以作为一种磁性材料被外部磁力驱动，而且由于其外形微小，可以被放置在微流道中。通过外部磁铁可以实现机械臂准确的位置控制，从而完成微机械臂尖端在流道内的准确定位。如图9.1(b)所示，通过一对微机械臂的协同控制，可以操作细胞完成复杂的二维组装。同时，基于压电陶瓷产生的高频流道振动，可以显著地改善微机械臂与流道表面的摩擦，从而使微机械臂更好地响应外部磁铁的控制[6]。

除了通过在表面生长镍层的方法，在聚合物中包裹铁粉(NdFeB powder)微粒的方式，也被用于具有磁性的末端执行器的制作。聚合物可以通过MEMS工艺中的光刻技术相对容易地被加工成各种功能性的形状，从而完成不同的操作任务。如图9.2(a)所示，一种箭头形状的磁性PDMS末端执行器被放置在锥形流道中。图9.2(b)显示通过将磁粉磁化后，箭头状末端执行器可以被流道两端的电磁尖端控制，这样通过控制两电磁尖端通电顺序，箭头可以在流道内进行左右偏移，从而完成对微粒流动方向的控制[8]。另外，通过将磁粉与SU-8光刻胶混合，可以利用软光刻法合成如图9.2(c)的方形的磁性微执行器，这种微执行器在磁场的作用下能发生规则的移动,如图 9.2(d)所示。由于这种机器人输出作用力强,且尺寸与细胞相当,这种磁性执行器可以在将来在细胞组装领域进一步被使用[9-12]。

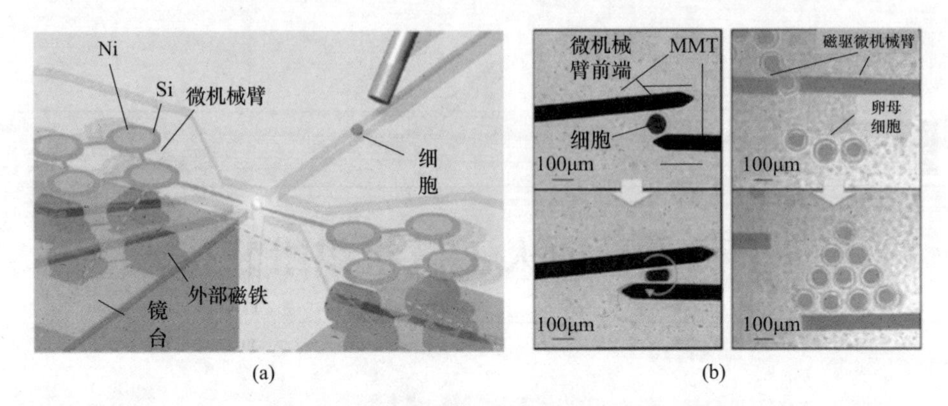

图 9.1　基于磁控模式的微机械臂协同操控系统

(a)原理图;(b)细胞组装。

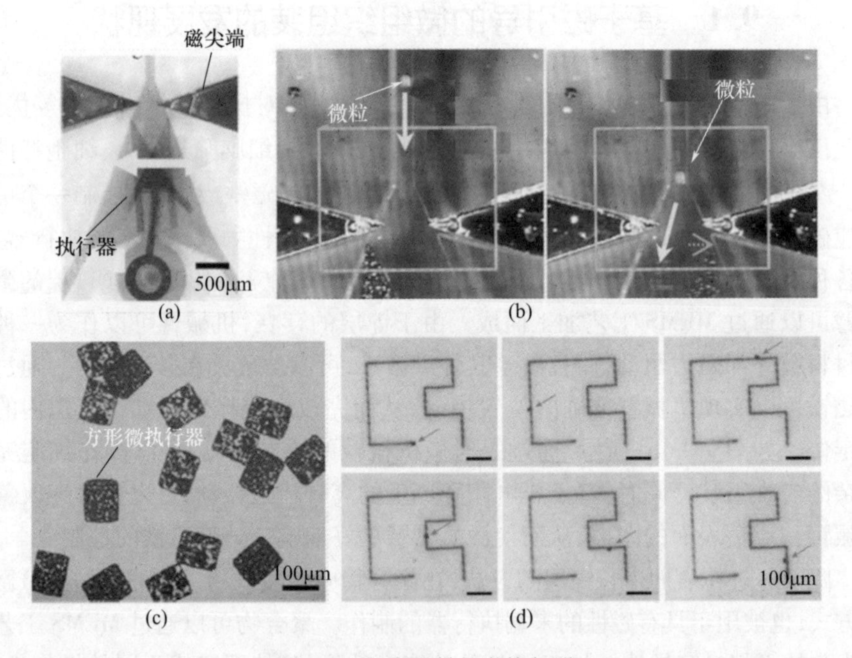

图 9.2　包裹磁粉的微执行器

(a),(b)箭头状执行器;(c),(d)方形执行器。

各种形状的聚合物本身并没有拥有任何控制与驱动能力,而磁粉微粒可以使包裹它的聚合物被磁场准确地控制,从而使这些聚合物可以去控制、驱动其他物体。这种形式与通过细胞二维封装结构来控制细胞的模式相近。如果封装结构也可以被磁力控制,那么,二维封装结构就可以进一步通过控制细胞在磁场作用下完成三维组装[13]。这一构想,目前已经通过具有超顺磁性的 Fe_3O_4 纳米磁性颗粒得以实现。纳米磁性颗粒的尺寸远远小于细胞的尺寸,因此其对细胞的影响较小[14-15]。目前,磁性纳米颗粒已经用于单细胞的操作[16],细胞质特性的测量[17],以及三维细胞的培养[18-19]等方面。同时,磁性纳米颗粒也可以进入二维细胞微结构中,由于磁性颗粒的超顺磁性和强力的界面黏附力,可以使微结构产生快速位置移动,从而为在磁场作用下完成三维细胞的组装提供了可能。

目前,已经有两项研究成果表明,细胞可以和磁性粒子一起被封装在 PEG-DA 光交联生物材料内,形成二维磁性方形细胞微结构,该结构可以在磁场的控制下完成对细胞的三维组装[20-21]。如图 9.3(a)所示,由 PEGDA 封装成的磁性方形细胞结构可以在磁棒的吸引下快速地聚集在磁棒球形顶端,形成球形三维结构。不同的磁性粒子浓度,可以形成不同直径的三维球状组装结构。经过一定的处理,还可以得到穹顶状和弓形三维细胞组装结构[22]。同时,包裹不同种类的细胞也可以实现分层累积,如图 9.3(b)所示。磁力组装除了这种快速、大量地组装效果以外,还可以通过一个磁力线圈系统对磁性方形细胞微结构进行单独精密操作[23],如图 9.3(c)所示。通过这种精密操作,方形结构可以规则地、有序地完成组装,并且保持了较高的细胞存活率,如图 9.3(d)所示。

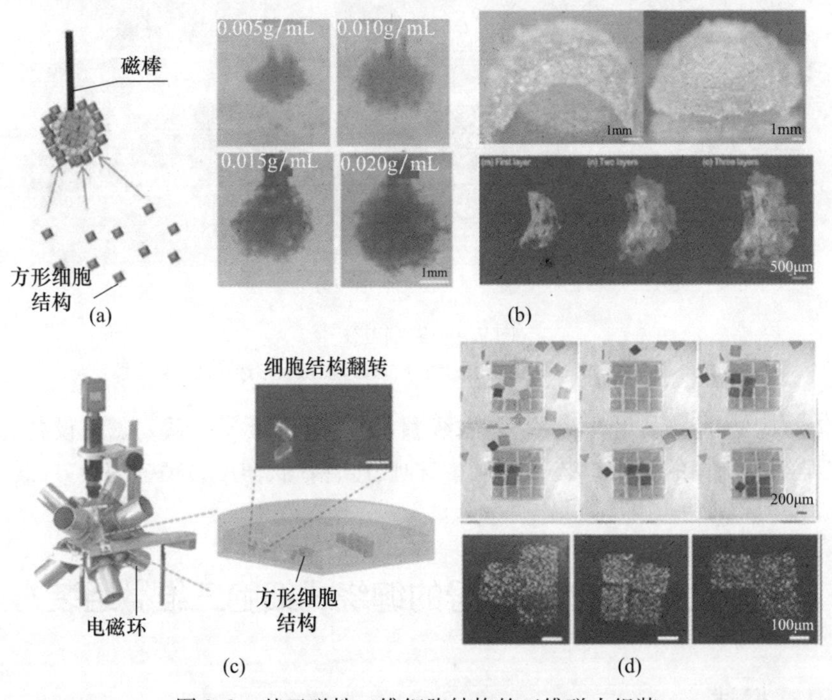

图 9.3 基于磁性二维细胞结构的三维磁力组装

(a)基于磁棒的快速三维组装;(b)基于多电磁环控制的三维微尺度精细组装;(c)电磁驱动系统与磁驱动作业原理;(d)外部磁场驱动下的微机器人组装操作。

除了永磁铁和磁力线圈对二维细胞微结构的操控外，一种尖端电磁镊也具有巨大的潜力用于此类操控[24]。如图9.4(a)所示，尖端电磁镊由一个简单的通电螺线管和一个前端为尖端的高磁导率软铁芯组成[24]。铁芯尖端被加工成微米级甚至亚微米级的尺寸。在通电螺线管内生成的磁力线被软铁芯引导至前端，并且在尖端发生汇聚，大量被汇聚的磁力线从尖端向外发散，形成较强的磁场梯度，从而可以在磁性操作目标上产生较大的作用力[25]，如图9.4(b)所示。而且通过尖端尺寸的改变，可以使电磁镊控制不同的磁性物体。当尖端较大时，由于磁力线分散的区域较大，可以将较为均匀的力作用于多个目标；当尖端较小时，由于尖端强力的汇聚作用，可以使电磁镊完成从多个目标中捕获单个目标的精细操作，如图9.4(c)所示。目前，通过与微米级磁性小球的共同作用，尖端电磁镊已经成为一种重要的工具被用于分析单个细胞的机械强度以及测试单生物分子特性等研究领域中[26]。

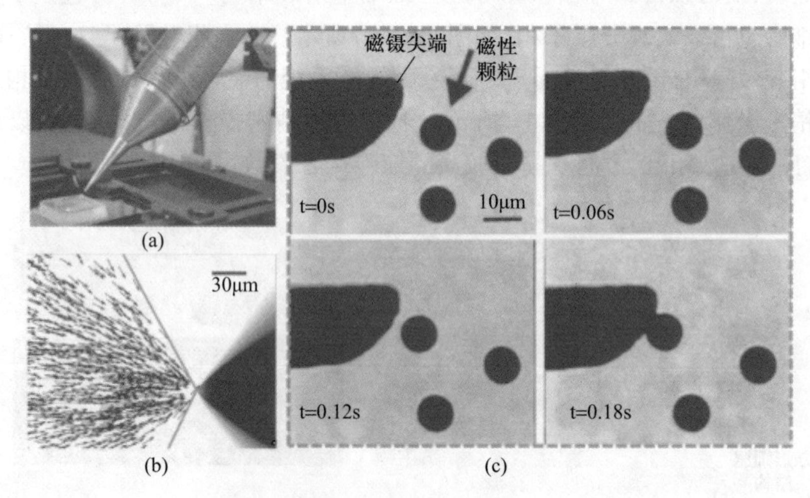

图9.4　尖端电磁镊

(a)尖端电磁镊实物图；(b)尖端磁力线分布；(c)磁镊尖端选择性捕获磁性颗粒。

磁力引导的模式和永磁铁、电磁线圈、尖端电磁镊等一系列磁控设备，为微小二维细胞结构的三维组装，提供了一种快速、精确、作用力集中的新方法。

9.2　基于尖端电磁镊引导的缠绕式细胞三维微组装方法

9.2.1　概述

基于微流控技术加工的二维磁性微纤维状细胞微结构，必须进一步通过三

维组装,才能通过三维化来模仿复杂的人体组织结构[27]。所以,我们需要进一步研究能使这种二维纤维状微结构三维化的操作方法[28]。目前,对于这种微结构最常用的三维组装方法主要有两种:一种是基于传统编织技术的网状三维结构构造,这种网状三维细胞结构相比于传统基于培养皿培养的二维细胞层是一种巨大的改进,因为三维的环境更接近于人体细胞的生存环境,但这种平面结构却无法模仿人体组织复杂的三维空间形貌[17];另一种方法是基于圆柱模型的缠绕组装,通过这种方法可以使组装后的纤维状细胞微结构模拟人体血管的管状外形结构,而且通过对封装不同细胞种类的微结构进行分层缠绕,还可以较为精确地模仿血管壁分层细胞结构[18]。然而,目前对纤维状微结构的缠绕都是在宏观尺度下完成的,形成毫米级的管状结构,还没有一个能实现微观缠绕的方法。而与此现状相对的是,人体大多数血管都是微观的。

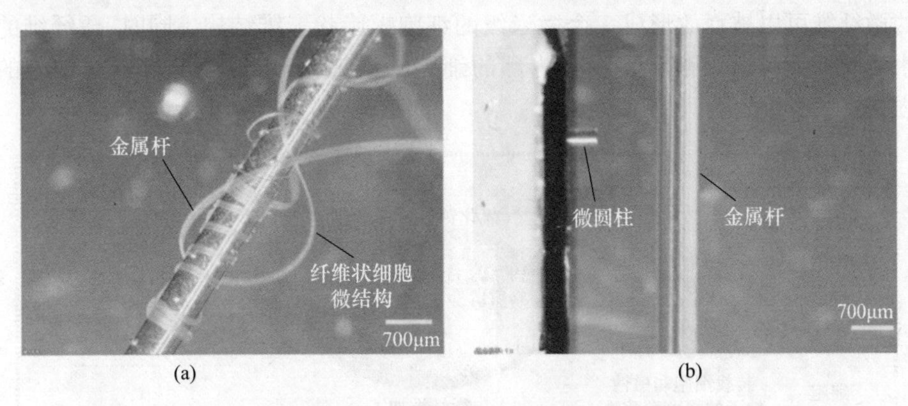

图9.5 金属杆与微圆柱比较

(a)滚轴缠绕结果;(b)微圆柱与金属杆尺寸比较。

传统对纤维状细胞微结构进行的缠绕的方法都是基于一套滚轴辅助系统[18-19,22]。该系统将一根圆杆固定在一个旋转电机上,通过控制旋转速度和轴向移动速度,微结构可以有序地盘绕在圆杆的表面。在完成组装后,组装结构可以从圆杆表面取下,从而形成空心管状结构。然而,对于组装直径小于500μm的微管状结构,由于用于支撑的微圆杆的加工工艺限制,其长度和结构强度都无法跟在滚轴系统中所使用的圆杆相比[23-24],因此导致这种缠绕操作很难通过传统的滚轴系统完成。图9.5显示了我们所使用的微圆柱和一个直径为700μm的金属杆的尺寸比较。以该金属杆作为滚轴对微结构进行精确地组装已经非常困难。所以,我们必须开发一套新的系统,来完成在微观环境下对纤维状细胞微结构的缠绕操作。为了表述方便,本节以下部分使用"微纤维"来代替"二维磁性微纤维状细胞微结构"。

微操作机器人系统在微观操作方面具有巨大的优势,通过安装特制的末端执行器,微操作目标可以在有限的尺度范围内被准确、稳定地操作,其操作动作包括对微目标的移动、翻滚、夹取、释放等[25]。另外,机器人系统允许操作过程在溶液环境中进行,这大大减少了微观力对操作过程的影响,如范德华力(Van der waals force)、静电力对微体积物体所产生的吸引作用等等。我们设计了一套基于磁力引导方法进行缠绕组装的微操作系统,其构造流程如图9.6所示。首先利用微流道加工微纤维;然后在正置显微镜的辅助下,通过一套由两个微纳操作机器人组成的操作系统,分别驱动尖端电磁镊和微移液管,通过二者的协同操作,在PBS缓冲溶液中将微纤维缠绕到一个直径为200μm,长度为400微米的微圆柱上。操作系统的侧向安装有一个摄像头,为缠绕操作提供深度信息。通过对电磁镊尖端进行优化,以及对其移动轨迹进行规划,微操作系统可以连续地将微纤维缠绕在微圆柱上,再通过二次交联反应,最后缠绕在微圆柱上的微纤维可以被释放形成一个微米级的细胞螺旋状三维结构。同时,微纤维的水凝胶外壳可以为被包裹在其内部的细胞提供保护,以避免电磁镊对细胞的损伤。

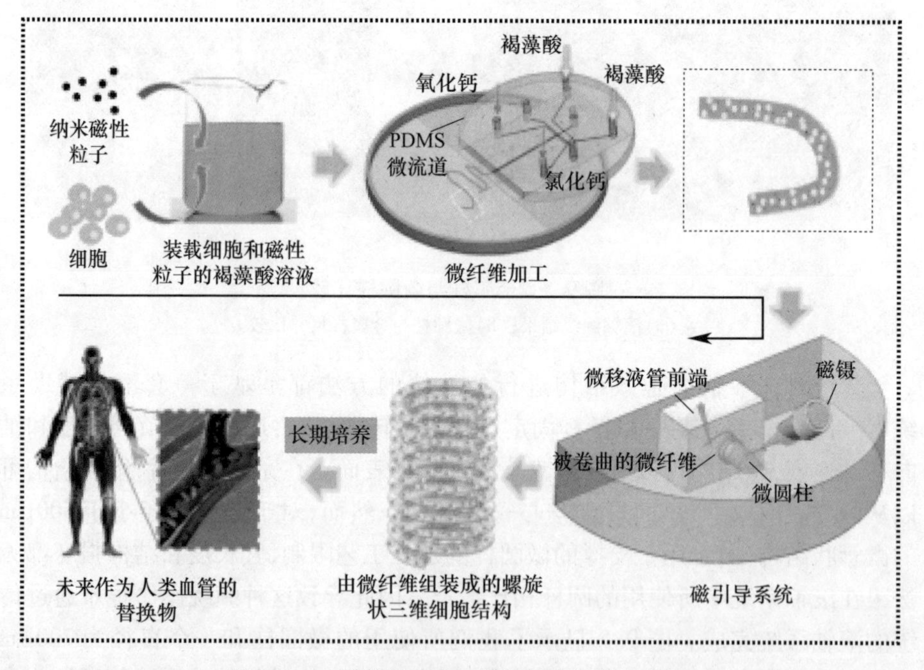

图9.6 二维微纤维的三维螺旋状组装流程图

9.2.2 尖端电磁镊引导微操作的必要性分析

使用微操作机器人实现缠绕微操作,应该满足如下过程:首先,微纤维的

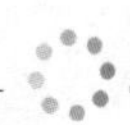

一侧需要被提前固定;然后,末端执行器在另一侧对其进行驱动引导。为了实现缠绕过程中的精确定位,微纤维必须被始终保持拉直的状态。否则,其弯曲的结构很容易就超越了微圆柱的轴向长度。由于操作空间与操作器电机行程的影响,在末端执行器和被固定位置之间被拉直的微纤维的长度远远小于可以将微圆柱全部缠绕所需的微纤维长度。所以,用于缠绕微纤维的末端执行器应该有一种专属的功能,即在缠绕的过程中,末端执行器可以通过某种方式持续地延长控制点与固定点之间的微纤维长度,以保证缠绕的顺利进行。另外,在空气环境中,微纤维可以通过和长圆杆之间的黏性力来保持其被缠绕的结构,而在 PBS 溶液环境中由于黏性力的减弱,微纤维无法保持缠绕,因此在操作过程中需要始终通过被拉紧来保持自身。所以,在延长被拉直微纤维长度的同时,又不可以释放微纤维,因为这样会造成已经被缠绕的微纤维结构的失稳松散。

在以前工作中,有研究者通过使用微移液管产生的毛细力来控制无磁性粒子的微纤维完成编织操作[29],微移液管将微纤维吸入其空心内管中。然而,由于这种吸引毛细力过于强大,导致微纤维虽然能被拉紧,但无法在微移液管内部产生滑动。相比于机械力,如毛细力、压力等,由电磁镊施加的电磁力相对较弱,一方面,这种较弱的力可以允许磁镊尖端与微纤维表面产生一个相对滑动,另一方面,通过这个相对滑动所产生的动摩擦力,微纤维又可以同时保持拉紧状态。而且由于作用力较为微弱,使得在相对摩擦滑动时,不会对微纤维结构造成危害性的变形,从而保证内部包裹细胞的安全。而且尖端电磁镊末端可以被加工到微米级,便于在微小操作空间中移动,因此我们选用尖端磁镊引导的方法来完成微纤维的微缠绕。

9.2.3　微组装系统设计

电磁镊主要由直径为 0.5mm 的漆包铜线和一根高磁导率的软钢杆组成。将长度大约为 2m 的漆包铜线紧密地绕在软钢杆的一端,形成 650 匝螺线管,通过机械加工将软钢杆的另一端做削尖处理,处理后的尖端可以近似地看作一个圆弧,其半径大约为 110μm,这个尺度大致与微纤维的尺度相当,以便于对微纤维的控制。其具体的尺寸和实物如图 9.7(a)所示。首先要使用拉针仪(PC-10Puller, Narishige, Japan),在 60℃的温度下,通过 45g 配重的作用,使微移液管从中部被拉伸形成直径大约为 60μm 的狭长尖端,微小的微移液管尖端易于进行弹性形变。制作过程与最终结果如图 9.7(b)和(c)所示。

圆柱形的 SU-8 微圆柱为微纤维的缠绕提供了结构支撑。具体流程如下。

(1)先将 SU-8(3050)通过涂胶机以初始 500r/min 的速率旋转 10s,紧接着以 1000r/min 的速率旋转 30s,均匀地将 SU-8 胶液涂覆在硅片表面。在烘焙 60min

之后,以同样的方法和速率再旋转两次,这样,一个厚度约为400μm 的 SU-8 层就被覆盖在了硅片表面。

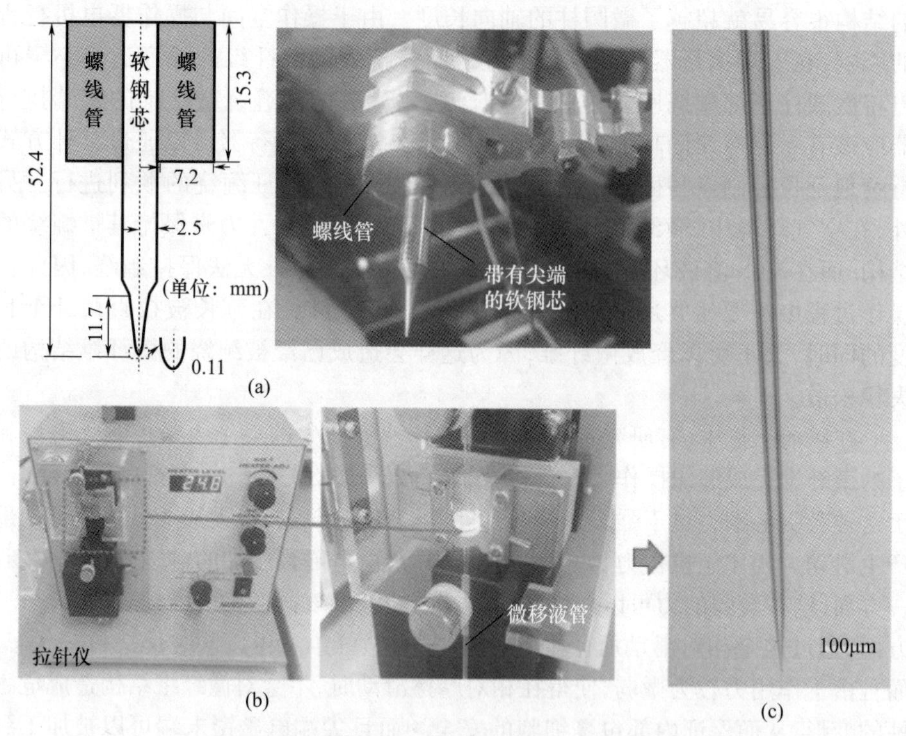

图9.7　末端执行器的制作

(a)尖端电磁镊;(b)微移液管拉伸过程;(c)带有狭长尖端的微移液管。

(2)然后将一块 Gr 掩膜版通过光刻技术形成直径为200μm 的空心圆孔。再将掩膜版放置在 SU-8 层的表面,通过一个紫外曝光机进行曝光操作后,便可以在 SU-8 层上形成一个和紫外线反应的圆形区域。

(3)将经过曝光的 SU-8 层放置在 SU-8 显影液中,进过60min 的显影,拿出硅片,用酒精和纯水洗净表面的残留物质,继而可以在硅片表面形成微圆柱阵列。制作示意过程如图9.8所示。

为了得到一个理想的操作视野,我们需要将加工好的微圆柱的轴向方向与正置显微镜的光轴垂直。为了达到这个效果。首先,我们需要将硅片上表面的微圆柱阵列进行分割,使其形成多个小正方形,每一个正方形硅片碎片上有一个微圆柱。然后,我们将这个碎片黏附在一个长方形聚亚安酯块的侧面,再将这块聚亚安酯块黏贴在一个方形培养皿的下表面。这样,我们就得到了一个微圆柱组装平台。图9.9显示了单个 SU-8 微圆柱以及组装平台的示意图。

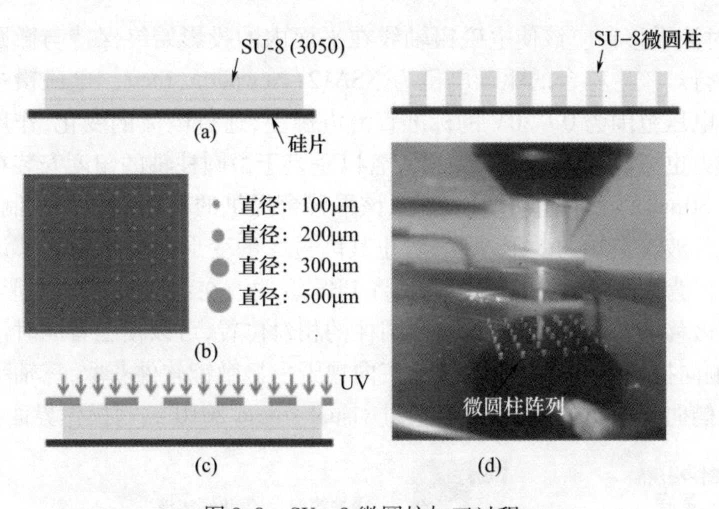

图9.8　SU－8微圆柱加工过程

(a)三层涂胶;(b)掩膜版绘制圆形图案;(c)曝光(45s);(d)显影(45s)。

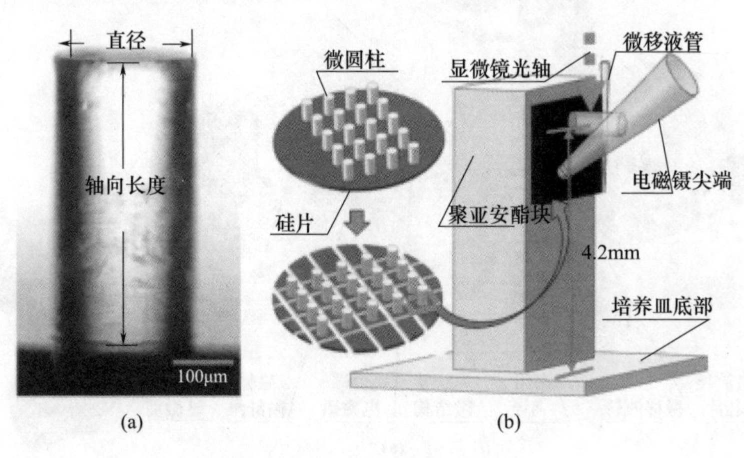

图9.9　微圆柱组装平台制作

(a)SU－8微圆柱;(b)组装平台加工过程。

9.2.4　微机器人操作系统

微操作机器人系统包括缠绕微纤维的执行系统和引导微纤维缠绕操作的显微观察系统。执行系统分别由装载尖端电磁镊和微移液管这两种末端执行器的两个三轴操作机器人组成,显微观察系统由正置显微镜(SZX16,Olympus,Japan)和一个侧向摄像头(HDC1400C,Sony,Japan)组成,如图9.10所示。电磁镊用来驱动微纤维,微移液管用来固定微纤维,正、侧向观察系统用来从平面和深度两个角度确定磁镊尖端、微移液管尖端相对于微纤维的三维位置。电磁镊被倾斜45°后,通过一个机械臂安装在一个最大移动速度为900μm/s的三轴电动平移台上,同时该平移台应该使电磁镊轴线在平面内的投影始终保持与微圆柱的轴向方向平行。该平移台的驱动电机为NSA12(Newporct,Inc)。电磁镊被连接到一个输出电压范围为0~30V的标准直流电源上,通过电流的变化,作用在微纤维上的磁力也可以发生变化。微移液管以垂直于微圆柱轴的角度安装在一个位移精度为30nm的三轴电动平移台上,该平移台提供的高精度位移控制,可以有效减缓微移液管尖端的变形速度,防止其因过大的变形而发生断裂。该平移台的驱动电机为8353(Newporct,Inc)。将PBS缓冲液在组装前充满方形培养皿。通过调整微移液管、尖端电磁铁与微圆柱的相对位置,可以使三者同时清晰地出现在正、侧向摄像头的视野范围内。正向视野由显微镜软件获取,三轴平移台的控制以及侧向摄像头的视野,可以通过visual studio 2010编写操作界面获得。

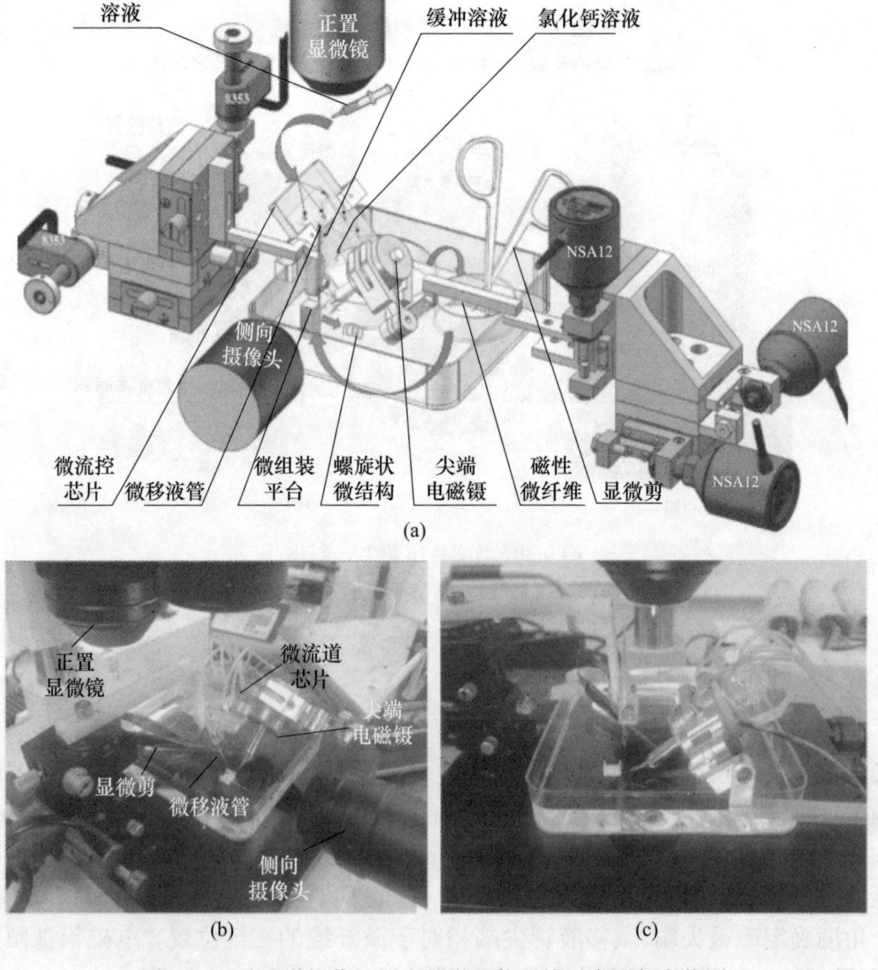

图9.10 基于微操作机器人的微组装系统示意图与实物图

在微组装系统中,上述各个分系统都被整合到了同一个方形培养皿中,这就使得本系统中针对微纤维的操作,包括:微纤维的流道合成、微纤维的修剪、微纤维的缠绕以及被缠绕微纤维结构的释放这四个操作同时可以在一个充满 PBS 缓冲液的培养皿中完成,如图 9.10 所示。这样“一站式”的操作可以极大地提高这种二维纤维状细胞微结构在操作过程中的细胞存活率,从而可以保证被组装后的微型螺旋状细胞三维结构中保存有效的细胞密度。

9.2.5　微纤维缠绕长度优化

本系统在注入包裹细胞的磁性褐藻酸溶液时,使用了一个三相流道。中间流道的褐藻酸溶液被混合了黄色的荧光微粒子,在两侧流道的褐藻酸溶液被混合了绿色的荧光微粒子,三相流道使得被注入的褐藻酸溶液形成了一个“三明治状”层流结构。同时,由于磁性粒子的加入,在显微镜明场观察下褐藻酸流呈现土黄色,其磁性粒子的密度为 0.005g/mL。微纤维的加工过程如图 9.11 所示。各个溶液的流速设定分别为:总的褐藻酸溶液流速:$Q_a = 500/300\mu L/h$,多糖溶液流速:$Q_b = 500\mu L/h$,以及氯化钙溶液流速:$Q_c = 1800\mu L/h$。由于这种“三明治状”的褐藻酸流结构,使得加工的微纤维呈现出来一种“三明治状”的荧光结构,便于后续被缠绕结构的观察。

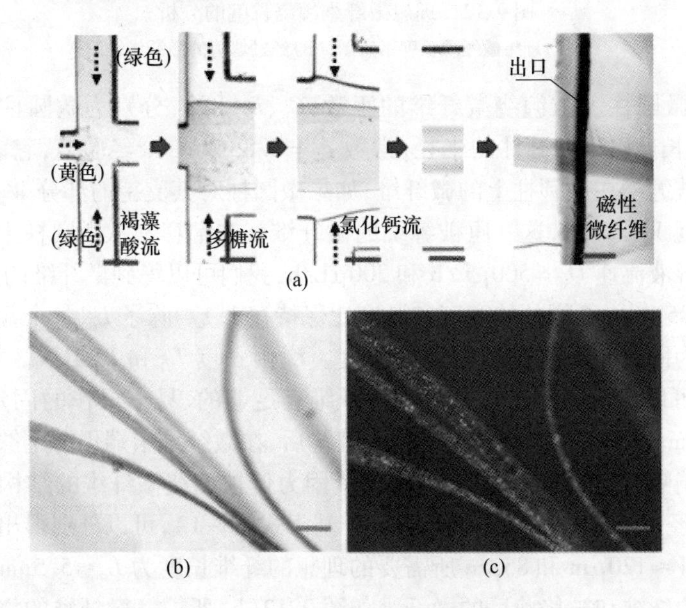

图 9.11　“三明治状”微纤维(见彩插)

(a)微纤维微流道加工流程;(b)微纤维;(c)微纤维荧光结构。

注:图中所有标尺是 100μm

相对于有限的微圆柱轴向长度，过长的微纤维长度是没有必要的，甚至可能导致缠绕过程的失败。如图 9.12(a)所示，一个理想的微纤维长度 L_p 应该包括用于缠绕的长度 L_c 和用来固定的长度 L_f。L_c 长度的大小主要取决于微纤维的宽度 W，它可以根据下式计算：

$$L_c = n\,C_p = \left[\frac{L_a}{W} + c_a\right] \cdot 2\pi r_a \quad (9-1)$$

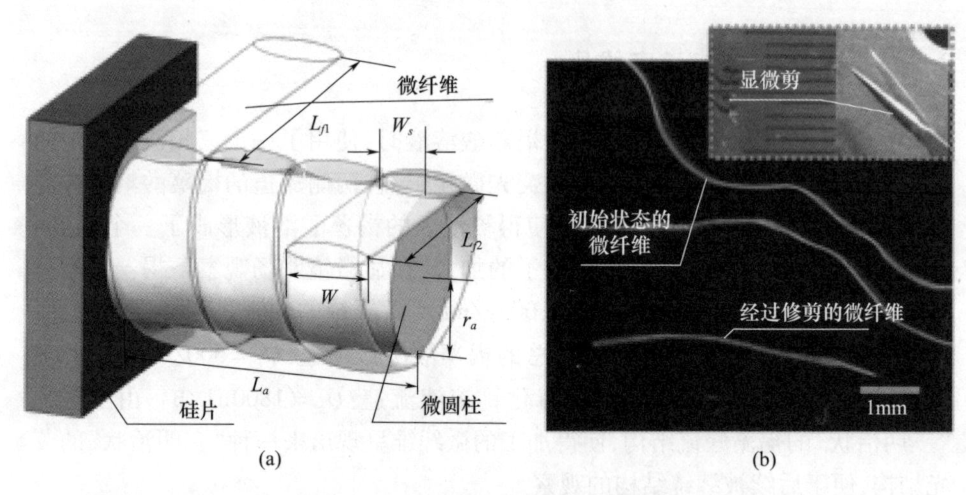

(a)　　(b)

图 9.12　理想微纤维缠绕长度的分析

(a)理想微纤维长度示意图；(b)经过修剪的微纤维。

式中：n 为微圆柱上被缠绕微纤维的匝数；C_p、L_a 和 r_a 分别为微圆柱的截面周长、中心轴长度以及微圆柱的半径；常数 $c_a = 0.33$ 为一个经验值，它表示，对于最后一匝被缠绕在微圆柱上的微纤维，如果微圆柱对其支持的部分 W_s 小于其本身纤维宽度 W 的 1/3，这一匝被缠绕的微纤维就非常容易从微圆柱上滑落。对于褐藻酸溶液流速 $Q_a = 500\mu L/h$ 和 $300\mu L/h$，我们可以得到微纤维的宽度 W 为 $120\mu m$ 和 $85\mu m$。纤维的的宽度和厚度比保持在 1.1。除了 L_c，一个额外的长度 L_f 代表作为固定微纤维时所需要的长度。L_f 由长度 L_{f1} 和 L_{f2} 组成。长度 $L_{f1} \approx 2.5mm$ 时可以保证微移液管尖端对微纤维有足够的、易于操作的固定长度，长度 $L_{f1} \approx 1mm$ 时可以保证在微纤维经过缠绕后，在微纤维末端仍有足够的空间被电磁镊尖端吸引，从而可以保持结构的紧固力使被缠绕微纤维的结构稳定。L_{f1} 和 L_{f2} 也是经过反复试验得出的经验值。基于式(9-1)，可以分别得出针对不同纤维宽度 $W \approx 120\mu m$ 和 $85\mu m$ 所需要的理想的纤维长度为 $L_p \approx 5.5mm$ 和 $7mm$。原始长度的纤维和被修剪后的微纤维如图 9.12(b)所示。微纤维的修剪过程如图 9.13 所示。

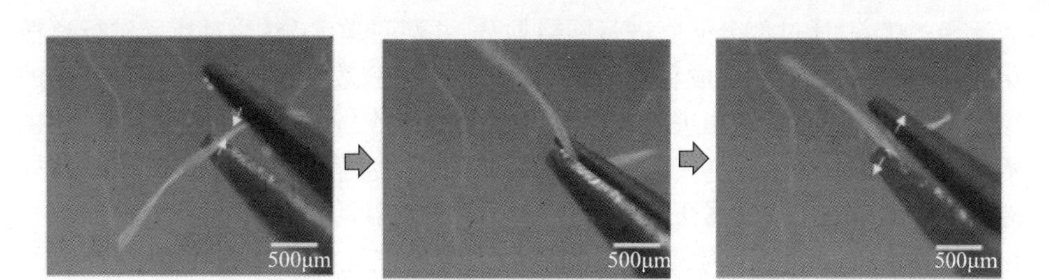

图 9.13　微纤维修剪过程

9.2.6　磁镊尖端与微纤维相互作用分析

微纤维的接触点位于电磁镊的尖端，对于这个位置的磁场分析，目前最常用的方法是通过有限元分析。由于电磁镊对微纤维作用时电流密度恒定，所以我们选取恒定电流磁场的麦克斯韦方程为

$$\nabla \times \boldsymbol{H} = J \tag{9-2}$$

式中：H 表示磁场强度；J 表示电流密度；

由 $\nabla \cdot B = 0$，根据矢量恒等式，引入矢量磁位函数 A，满足

$$\boldsymbol{B} = \nabla \times \boldsymbol{A} \tag{9-3}$$

为了能数字表征软钢磁性，我们这里近似认为磁感应强度 B 和磁场强度 H 之间的关系为：$B = \mu H$，则式(9-2)可以写为

$$\nabla \times \nu \nabla \times \boldsymbol{A} = \boldsymbol{J} \tag{9-4}$$

式中：$\nu = 1/\mu$ 为软钢的磁阻率。

这里我们选用直角坐标系，即可得到矢量磁位函数的三个分量形式所对应的三个方程：

$$\frac{\partial}{\partial y}\left[v\left(\frac{\partial \boldsymbol{A}_y}{\partial x} - \frac{\partial \boldsymbol{A}_x}{\partial y}\right)\right] - \frac{\partial}{\partial z}\left[v\left(\frac{\partial \boldsymbol{A}_x}{\partial z} - \frac{\partial \boldsymbol{A}_z}{\partial x}\right)\right] = \boldsymbol{J}_x \tag{9-5}$$

$$\frac{\partial}{\partial z}\left[v\left(\frac{\partial \boldsymbol{A}_z}{\partial y} - \frac{\partial \boldsymbol{A}_y}{\partial z}\right)\right] - \frac{\partial}{\partial x}\left[v\left(\frac{\partial \boldsymbol{A}_y}{\partial x} - \frac{\partial \boldsymbol{A}_x}{\partial y}\right)\right] = \boldsymbol{J}_y \tag{9-6}$$

$$\frac{\partial}{\partial x}\left[v\left(\frac{\partial \boldsymbol{A}_x}{\partial z} - \frac{\partial \boldsymbol{A}_z}{\partial x}\right)\right] - \frac{\partial}{\partial y}\left[v\left(\frac{\partial \boldsymbol{A}_z}{\partial y} - \frac{\partial \boldsymbol{A}_y}{\partial z}\right)\right] = \boldsymbol{J}_z \tag{9-7}$$

由于对称性，这里我们仅仅研究磁镊在 $x-y$ 平面内的磁场分布，在平面内，$\boldsymbol{A}$ 和 $\boldsymbol{J}$ 相互平行且只有 Z 方向分量，即 $\boldsymbol{A}_x = \boldsymbol{A}_y = 0$，$\boldsymbol{A}_z = \boldsymbol{A}$，$\boldsymbol{J}_x = \boldsymbol{J}_y = 0$，$\boldsymbol{J}_z = \boldsymbol{J}$，由式(9-7)可得

$$\frac{\partial}{\partial x}\left(v\,\frac{\partial \boldsymbol{A}}{\partial x}\right) + \frac{\partial}{\partial y}\left(v\,\frac{\partial \boldsymbol{A}}{\partial y}\right) = -\boldsymbol{J} \tag{9-8}$$

这样我们得到了平面磁场的微分方程，通过变分方法，可以得到式(9-8)

的泛函。接着,通过部分插值进行网格划分,并通过单元分析,对泛函进行离散化处理;然后进行整体合成和边界条件处理这一系列数学运算,可以得到泛函的矩阵形成。再通过对矩形进行迭代求解,最终得到矢量磁位 **A** 的近似值。而磁感应强度又可以通过式(9-3)进一步得到。这一过程可以通过 ANSYS15.0 软件完成。磁镊的尺寸如图 9.7 所示。图 9.14 分别显示了磁镊的网格划分,以及在螺线管电流为 0.05A 时,尖端电磁镊磁力线的三维分布和磁感应强度云图。从图中可以看出,磁力线并没有被完全导向电磁镊尖端,但由于其对磁力线的聚集作用,在尖端处会形成一个相对较强的磁场应区域。

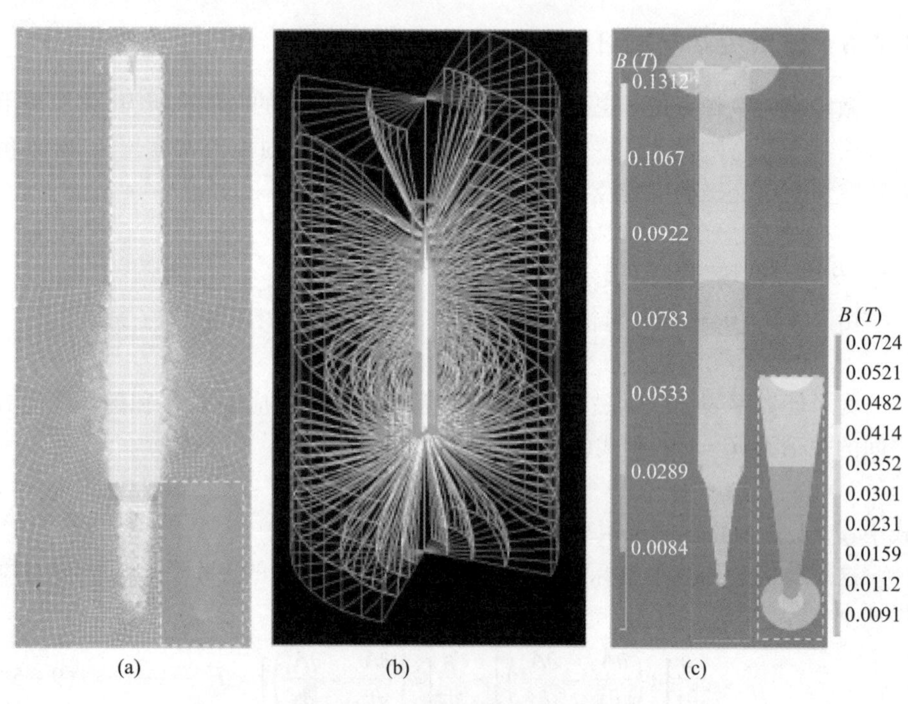

图 9.14 尖端电磁镊有限元仿真

(a)网格划分;(b)磁力线分布;(c)磁场强度云图。

通过上述有限元分析,我们可以初步了解尖端电磁镊的磁场分布趋势,然而对于实际操作,有限元方法往往无法对磁力分布进行精确的量化,尤其是对精度要求较高的微操作。所以我们进一步使用高精度高斯计,对电磁镊尖端的磁场分布进行研究。由于电磁镊尖端尺寸微小,所以,为了保证测量精度,我们将高斯计的霍尔探头固定在了一个可以三轴移动的电动平移台上,同时将电磁镊水平放置,如图 9.15(a)所示。我们这里所使用的霍尔探头并没有进行封装,这就使得霍尔探头可以直接和电磁镊尖端表面接触,得到一个从表面到空间任何位置无死区的测量空间。接着,如图 9.15(a)所示,我们在尖端位置任意取了三个测试点,通过移动平移台，霍尔探头可以很准确地到达上述位置，而且，我们不刻意要求探头有源区与尖端之间的空间位置。通过这种方式，我们可以得到三组螺线管电流 I_s 与磁感应强度 B_n 之间的变化关系，如图9.15(c)所示。虽然 B_n 对于不同的测试点是不相同的，但是在电流变化范围内，B_n 的变化趋势是一致的，都随着电流的增加而增加。但是，在电流区间 $0 \leqslant I_s \leqslant 0.035$ A 内磁场 B_n 随电流的增加速度要大于在区间 $0.035\text{A} < I_s \leqslant 0.05\text{A}$、$I_s > 0.05\text{A}$ 时，因为达到了电源最大的电压输出值，所以 I_s 不可能再被增加。在整个电流变化范围内，并没有发现电磁镊软钢芯饱和的现象。再者，我们使用温度传感器测量了电磁镊在电流区间内的温度变化，测试结果显示在30min的测试时间内电磁镊并没有明显的温度上升。

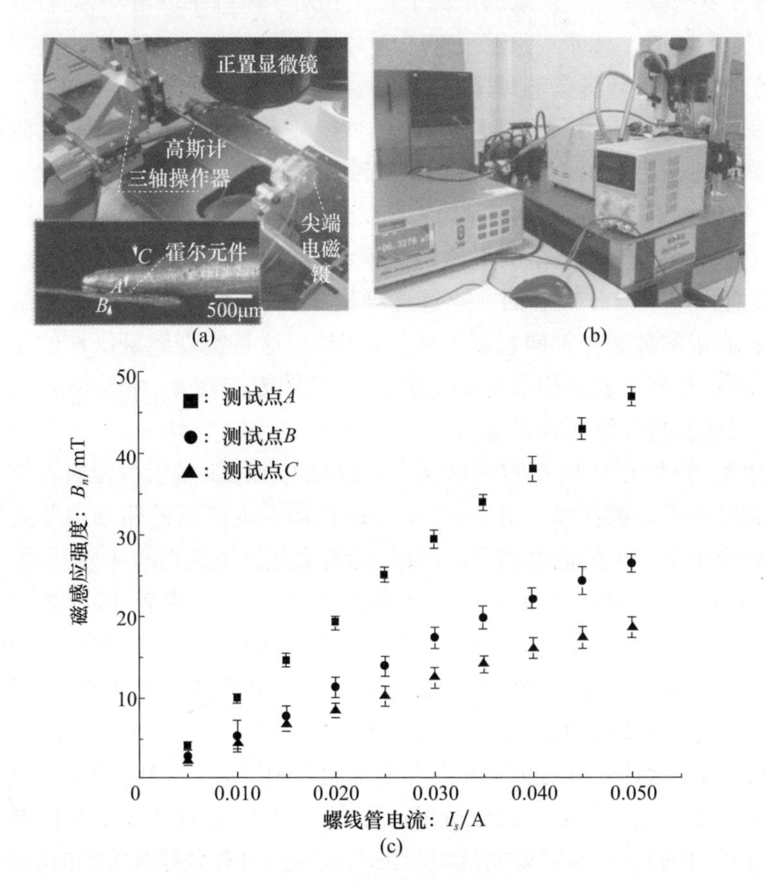

图9.15 电磁镊磁场分析

(a)，(b)基于高斯计的磁场测量系统；(c)对应 A、B、C 三个不同测试点螺线管电流 I_s 与磁场强度 B_n 的对应关系。(所有数据均被平均值和标准偏差表示($n \geqslant 10$))

在缠绕的微操作中，需要电磁镊对微纤维施加一个足够强大的电磁吸引力，从而使得微纤维可以稳定地跟随电磁镊的轨迹进行移动。由于在本操作中所使用的电磁镊尖材料、线圈匝数、尖端外形以及在微纤维中的磁性粒子密度都是固定的，所以纤维上的电磁力可以随着电磁镊螺线管电流 I_s 的增加而增加，直到电磁镊的软钢芯达到磁力饱和[30-32]。所以，这里选取电源所能提供的最大的电流值 $I_s=0.05\mathrm{A}$，从而使得作用在纤维上的磁力达到最大。

电磁镊应该具备拉紧微纤维的能力，同时允许在微纤维表面产生一个相对滑动 L_r，这个滑动既不能使微纤维从电磁镊尖端脱落，也不能使微纤维产生变形，因为变形会严重影响微纤维内细胞的活性。基于本节确定的最大螺线管电流，我们设计了一套实验用来检测在此电流上，电磁镊是否可以有效拉紧微纤维，是否可以在微纤维被拉紧的情况下产生相对于微纤维的滑动，而且保证微纤维不脱落、不变形。具体实验流程如图 9.16 所示。

我们使用微移液管尖端对微纤维的一侧进行固定按压控制，如图 9.16(a)所示。由于压力的作用，微纤维被弯曲呈现出一个发卡状的形态。电磁镊从另一侧对微纤维进行吸引。电磁镊吸引微纤维的长度应该与磁镊尖端处于同一个数量级，即接触范围不超过 200μm，从宏观上可以看作是一种“点对点”的控制。图 9.16(b)展示了一个典型的电磁镊对微纤维的尖端控制模式的示意图，电磁力 $\boldsymbol{F}_m$ 垂直作用于微纤维表面。通过这种模式，微纤维就可以在电磁镊尖端的控制下在有限的微圆柱轴向长度上被任意定位，这是实现缠绕操作的关键因素之一。随后，控制三轴操作器带动电磁镊沿 Y 轴方向移动，由于磁力吸引的原因，在电磁镊和微纤维表面产生相对滑动之前，二者之间应产生一个静摩擦力 $\boldsymbol{F}_s$。理论上，静摩擦力 $\boldsymbol{F}_s$ 应该足够强力使得在电磁镊尖端吸引位置和被固定点之间的微纤维可以被拉紧。进一步，由于操作器对电磁镊的驱动力要远远大于通过电磁吸引所产生的静摩擦力。所以，随着电磁镊继续沿着 Y 轴移动，必然会和微纤维形成一个相对滑动，产生一个滑动摩擦力 $\boldsymbol{F}_d$。或者，微纤维也可能在滑动的过程中，由于所提供的吸引力不足而从尖端脱落。从物理学知识可以知道，$F_s>F_d$，只要电磁镊和微纤维在相对滑动过程中能保持微纤维的拉紧，就可以推断静摩擦也可以有效拉紧微纤维。另外，摩擦力可能使得微纤维沿其轴向发生拉伸变形，这种变形对包裹在内部的细胞影响很大。所以，我们也要尽量避免这种情况的发生。从本节的分析可以发现，摩擦力在对微纤维的控制中发挥了主要作用，我们下一步需要通过实验来测试摩擦力对微纤维控制的影响。

从本节的介绍中我们可以看到，由螺线管产生的磁场并没有完全被导向磁镊的尖端，有很大一部分在体积逐渐缩小的电磁镊软钢芯中被泄露，这就造成狭长的微纤维很难被固定在电磁镊的尖端。而且由于微移液管按压造成了微纤维这种发卡状的结构，使得微纤维离软钢芯的距离过近，这就造成微纤维除了被软钢芯尖端位置吸引外，也非常容易被软钢芯体部位置吸引，如图 9.17 所示。因为软钢芯体部所提供的接触面积要比微米级尖端更大,导致软钢芯体提供的作用力要远远强于电磁镊尖端提供的作用力。在操作过程中,由尖端吸引的微纤维会很容易被由软钢芯体部位置吸引的微纤维拉拽滑落,从而导致尖端控制失效。很显然,这种情况下无法再继续完成摩擦力对微纤维的控制效果测试,也不利于进一步的缠绕操作。

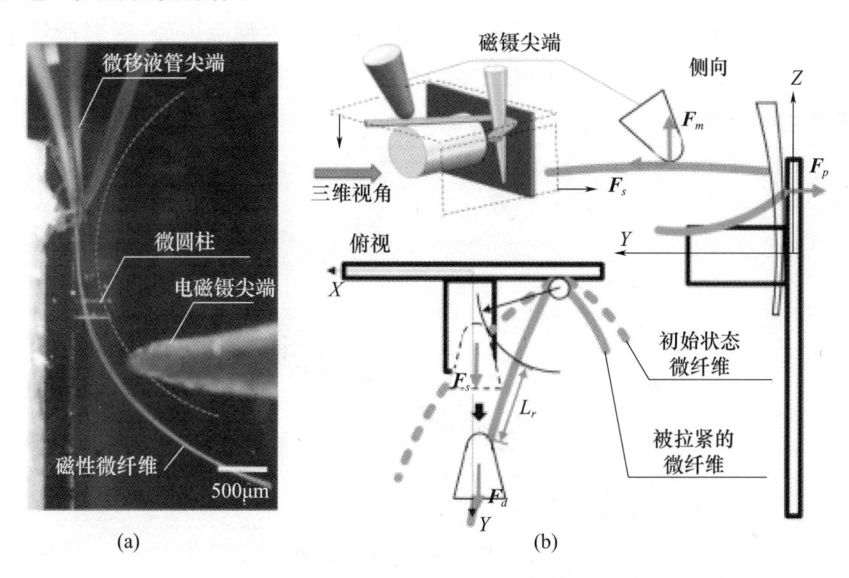

(a)　　(b)

图9.16　电磁镊对微纤维控制效果测试系统图

(a)微纤维的发卡状形态;(b)磁镊与微纤维作用力与作用效果示意图。

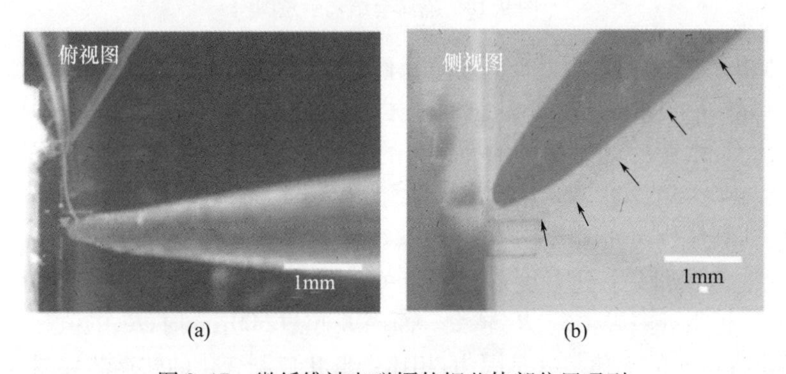

(a)　　(b)

图9.17　微纤维被电磁镊软钢芯体部位置吸引

为了消除电磁镊软钢芯磁场侧向泄露对微纤维的影响,设计了一个隔离套来将微纤维隔离在泄露磁场的作用范围之外。当磁场强度趋于0时,由其所产生的磁力也趋于0,自然扰动消除。隔离套的结构如图9.18所示,它是由套前端软钢芯轴向长度L_c,隔离套壁厚H_s以及隔离套套长L_s这三个主要参数决定。

隔离套靠近软钢芯尖端一侧的圆形横截面可以将微纤维卡在尖端，防止微纤维因软钢芯体的吸引而沿着芯轴方向滑动。这里我们设定 L_c 为 ~200μm，这个值略大于微纤维的宽度，从而使得磁镊尖端有足够的空间来吸引微纤维。另外，从图 9.16(b)磁力线分布可以看出，磁力线从软钢芯表面透出，它可以分为两个分量，其中一个分量沿着软钢芯表面方向，这个分量对微纤维的滑动干扰已经被隔离套前端的横截面所阻挡，另一个分量是 B_{np} 垂直于软钢芯表面，它对微纤维产生垂直于软钢芯表面的吸引作用，它的干扰可以通过隔离套的壁厚来消除。因此，隔离套的壁厚 H_s 由 B_{np} 来决定。

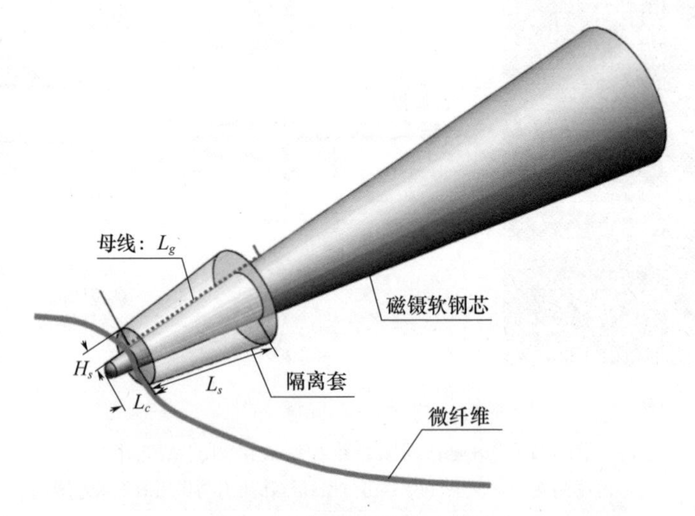

图 9.18　隔离套结构示意图

我们可以通过保持高斯计的霍尔元件有源区与软钢芯体表面平行的方法来近似地测得 B_{np}。被逐渐缩小的软钢芯体可以被近似地看做是一个去掉了顶部的圆锥体，霍尔元件可以在三轴平移台的驱动下，在距离芯体表面不同的高度 $h=0$、50、100、150、200、250μm 位置，平行沿着这个去顶的圆锥体的母线进行移动测量，其测量轨迹如图 9.18 中红色虚线所示。通过测量，可以得出在不同高度 h 下，B_{np} 和沿母线行进长度 L_g 的对应关系，如图 9.19 所示。在长度为 L_g 的测量范围中，越靠近磁镊尖端，B_{np} 越大。而当 L_g 超过 300μm 时，B_{np} 的值趋近相同，并不再出现明显的变化。这是因为，相比于形状急剧变化的软钢芯尖端区域，此处相对较大的芯体体积使得更多的磁力线导向了尖端，导致磁力线侧漏的减少，并且由于体积的变化相对均匀，侧漏量也较为均匀。随着 h 的增大，B_{np} 也逐渐减小，当 $h>250$μm 时，$B_{np}\to 0$。所以，250μm 可以当作一个阈值厚度，当隔离套的厚度大于 250μm 时，可以有效地防止沿垂直于电磁镊软钢芯表面方向对微纤维的吸引作用。

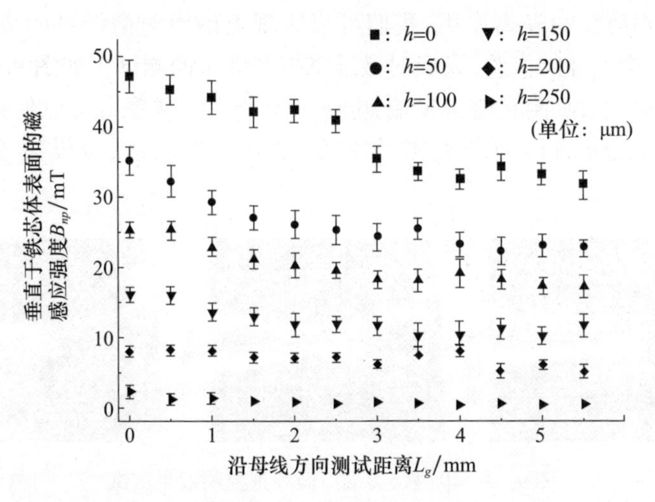

图9.19　在距软钢芯表面不同高度 h 上,沿母线方向测试距离 L_g 与垂直芯体表面的磁感应强度 B_{np} 之间的对应关系,所有数据均被平均值和标准偏差表示($n \geqslant 10$)

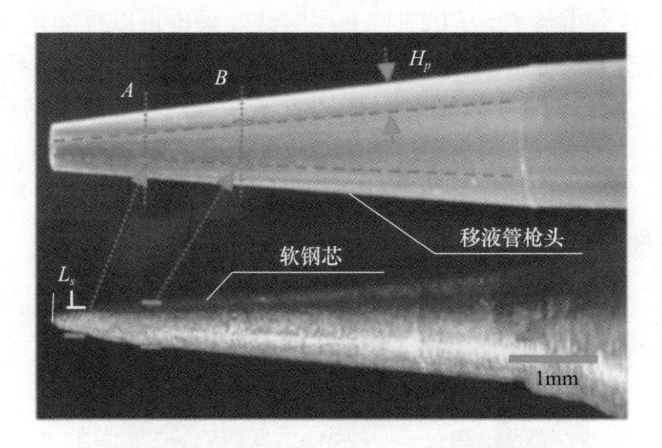

图9.20　移液管枪头内芯与软钢芯配合区域

进一步,利用一个壁厚 H_p 为 350μm 的塑料移液枪头来加工隔离套。因为移液枪头的壁厚大于上段我们得出的阀值厚度,所以由其制成的隔离套可以有效隔离来自垂直方向侧漏磁场的干扰。因此主要问题就集中于如何从移液枪头中得到一个合适的隔离套长 L_s,使得隔离套能通过一定的弹性形变被直接套在软钢芯上。这里,我们选择移液枪头上横截面 A 和横截面 B 之间的部分作为隔离套,两截面之间的长度 L_s = 1.2mm,横截面 A 的直径为 1.087mm,横截面 B 的直径为 1.41mm。在这两个横截面之间枪头的空芯部分,正好可以在保持套前段软钢芯轴向距离 $L_c \approx 200$μm 的基础上,与软钢芯体相配合,如图 9.20 所示。这样的配合使得隔离套无须特殊的处理,仅仅通过微弱的弹性变形,就可以使其牢牢地固定在软钢芯上。由于隔离套的隔离作用,我们可以实现电磁镊对微纤维的尖端控制,进而,按照本节中设计的实验,完成对微纤维控制效果的测试。如图 9.21 所示,微纤维可以牢牢地被吸附在磁镊尖端,电磁力所产生的摩擦力可以使得微纤维被拉紧,并随着磁镊的移动产生相对滑动,没有发生脱落,也没有变形现象的发生。

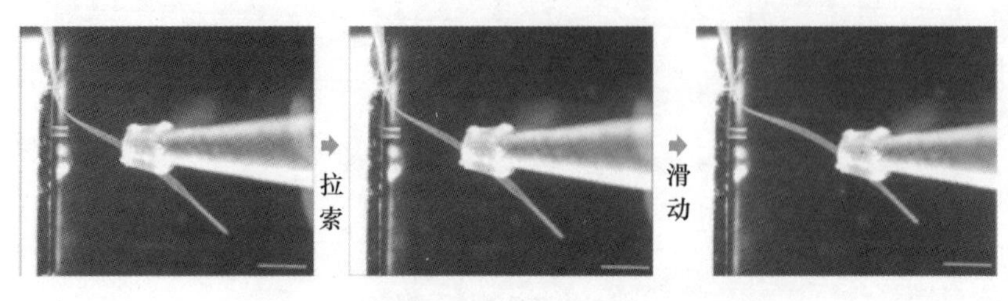

图 9.21　电磁镊尖端对微纤维控制效果测试

注:图中标尺全部为 1mm

进一步,我们也尝试减少螺线管电流来测试磁镊对微纤维的控制能力,我们发现只要当螺线管电流 $I_s>0.02$ 时,上述测试效果也可以被满足,较小的 I_s 同时意味着隔离套的尺寸可以被缩小,同时提高在微小空间内对微纤维的操作效率。为缩小尺寸,我们通过软光刻技术,设计了一种双环隔离套结构,如图 9.22 所示,但是,I_s 与这种双环隔离套结构的对应关系还需要在未来的工作中进行进一步的研究。为了保证操作的稳定性,我们在缠绕过程中依然使用电源能提供的最大电流,即 $I_s=0.05\mathrm{A}$。

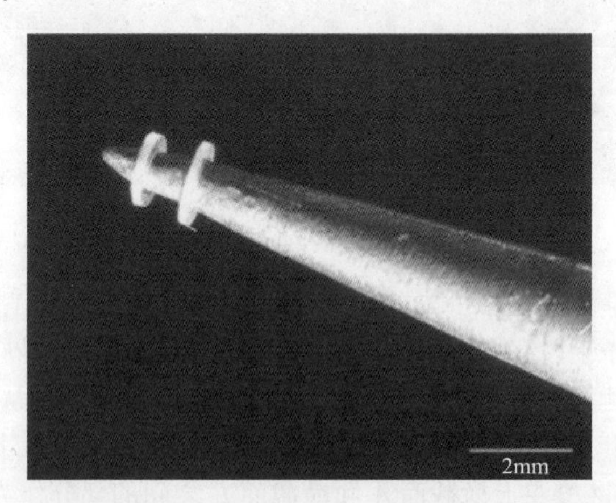

图 9.22　基于软光刻技术加工的双环隔离套结构

9.2.7　尖端电磁镊运动轨迹规划

开始缠绕操作之前,按照 9.2.6 节所提供的固定微纤维的方法,先用微移液管将微纤维的一侧自由端固定,接着用电磁镊尖端控制微纤维的另一侧。尖端控制微纤维的方式有两种:一种是将磁镊尖端置于微纤维上表面,这样,在缠绕的过程中就可以采用“推”的方式对微纤维进行缠绕组装;另一种是将磁镊尖端置于微纤维的下表面,采用“拉”的方式对微纤维进行缠绕组装。二者各有优势,使用“推”的方式对微纤维的作用力较大,但在电磁镊牵引过程中,由于液体阻力的作用,微纤维以尖端为支撑点易发生弯曲,这种弯曲朝向尖端,这就很容易使微纤维与尖端作用点相邻的部分被黏在尖端上,从而使微纤维包裹住了尖端。这种情况不利于后续操作中微纤维在尖端的自发翻转,这一过程在下面会详细论述。而采用“拉”的方式,在液体阻力下,微纤维朝着尖端外侧弯曲,这样可以避免上述包裹尖端的情况出现,但在此种方式下微纤维上的作用力又会大大被减弱,很容易导致微纤维脱落。

另外,电磁镊控制下的微纤维应该能够随意地被定位在微圆柱轴向方向的任意位置,要达到这种控制效果,微纤维除了必须被吸附在电磁镊尖端外,还必须被拉紧,这是因为微圆柱的轴向长度只有约400μm,微纤维松散时的冗余的结构很容易就超出了这个距离。另外,由于操作器行程的限制,操作器能保持微纤维被拉紧的极限距离不可能过长。所以,在没有微圆柱支撑的情况下,已经被拉紧的微纤维的长度应该尽可能的短。另外,一旦磁镊尖端与微纤维发生了相对滑动,由于微纤维只有一端被固定,磁镊尖端是不可能沿着相对滑动的路径再返回初始位置,而且如果没有相应的微圆柱对这对滑动距离进行支撑,就会产生冗余的微纤维。冗余的微纤维会使得磁镊的位置控制能力变弱。因此,在缠绕过程中,应该非常谨慎地产生相对滑动。综上所述,①微纤维必须被拉紧;②在没有微圆柱支撑的情况下,微纤维被拉紧的长度应该尽可能的短;③应谨慎产生微纤维和电磁镊尖端的相对滑动。这三个条件是微纤维始终保持精确控制并能够成功缠绕的关键因素。

在尖端控制过程中,除了磁镊尖端对微纤维的吸引外,在接触点两侧的微纤维也一样受到了磁力的作用,这样的作用非常容易使微纤维围绕磁镊尖端发生弯曲。在实验中,我们使用了1.25%(w/v)浓度的褐藻酸,使得被加工的微纤维有足够的结构强度对抗这种弯曲影响。

我们在直角坐标系中描述电磁镊尖端对微纤维的缠绕组装。由于按压造成微纤维的发卡状结构,电磁镊首先控制微纤维进行位置调整,使得其能够被拉紧,同时被精确地定位到微圆柱根部 A 点,如图9.23(a)所示。在 xoy 平面内,从电磁镊尖端顶点到微圆柱中轴线的距离 L_{tc} 应该小于从该顶点到隔离套前段外边缘的距离 L_{to},这样定位的原因在于尽可能地缩短被拉紧的微纤维的长度,因为此处微圆柱并没有对被拉紧的微纤维产生支撑作用。当然,L_{tc} 如果

大于 L_{to}，在 xoy 平面内，微纤维也有可能被拉紧，但是，后续操作将由于冗余纤维长度的产生而无法进一步进行。在 z 轴方向，电磁镊尖端应该首先被定位到微纤维上方，随着其不断下降，尖端将接触微纤维表面。在 z 轴方向上的操作，可以由侧向摄像头来辅助观察。随着电磁镊通电，我们能够看到微纤维有一个明显地被软钢芯吸引的过程，但是，由于隔离套的作用，微纤维仍然被固定在磁镊尖端。随后，磁镊驱动微纤维先沿 y 轴负方向移动，从而拉紧微纤维，再沿 x 轴负方向移动，使微纤维靠近微圆柱根部。如图 9.23(b)所示，当隔离套的右侧边缘刚刚越过微圆柱，电磁镊引导微纤维开始垂直下降。此时，由于微纤维保持了刚体的特征，其与尖端的接触位置由尖端的正下方，逐渐偏移到了尖端的右侧方。由于电磁镊持续地拉升以及微圆柱的支撑作用，微纤维可以沿着微圆柱表面进行缠绕。相似地，在 xoz 平面方向，当隔离套的上部边缘刚刚越过微圆柱下部边缘，电磁镊开始驱动微纤维沿着 y 轴正向移动。

当磁镊尖端从微圆柱的下方通过其中心轴线后，开始引导微纤维上升。但是，由于电磁镊有一个倾斜的角度 $\theta=45°$，所以，在电磁镊引导微纤维下降的过程中，必然会产生一个冗余的相对滑动距离 L_l，如图 9.23(c)所示。这段距离可以使得倾斜的电磁镊顺利地避让微圆柱，但是如果电磁镊采用与下降阶段一样的垂直模式进行上升，由于这段冗余长度没有微圆柱的支持，那么很容易在电磁镊垂直上升的过程中使已经被缠绕的微纤维发生松动，从而引起整个缠绕组装的失败。因此，为了使微纤维能逐渐地与微圆柱贴合，电磁镊采用了差动上升的移动模式。在此过程中，将避免产生相对滑动，取而代之的是利用静摩擦力控制微纤维跟随磁镊移动。当这个冗余的长度完全与微圆柱贴合之后，磁镊开始垂直上升。而此时，微纤维从磁镊尖端的上方开始逐渐向尖端的左侧翻转。但是，这种翻转被隔离套的左上角给遮挡了，如图 9.23(d)所示。这种遮挡将破坏微纤维在磁镊尖端的翻转过程，从而易造成微纤维的脱落，因此，我们将这个角削去，如图 9.23(e)所示。

从之前的分析可知，这个角的消除意味着软钢芯磁力线侧漏对微纤维的影响又再次恢复。但是，由于之前隔离套的隔离作用，此处的微纤维与微圆柱的中心轴线成一个近似 90°角的相对位置关系，这使得微纤维可以规避磁场侧漏影响，顺利地从尖端上方翻转至尖端左侧。同时在隔离套的下边缘刚刚越过微圆柱后，磁镊直接沿着 y 轴负方向平移。由于此处无须避让微圆柱，所以不会产生冗余长度。当通过微圆柱中心轴后，微纤维可以完成在微圆柱上的第一次缠绕组装。接着，电磁镊带动微纤维在 x 轴正向产生大约为纤维宽度的一个偏移，开始第二圈对微纤维的缠绕组装，如图 9.23(f)所示。

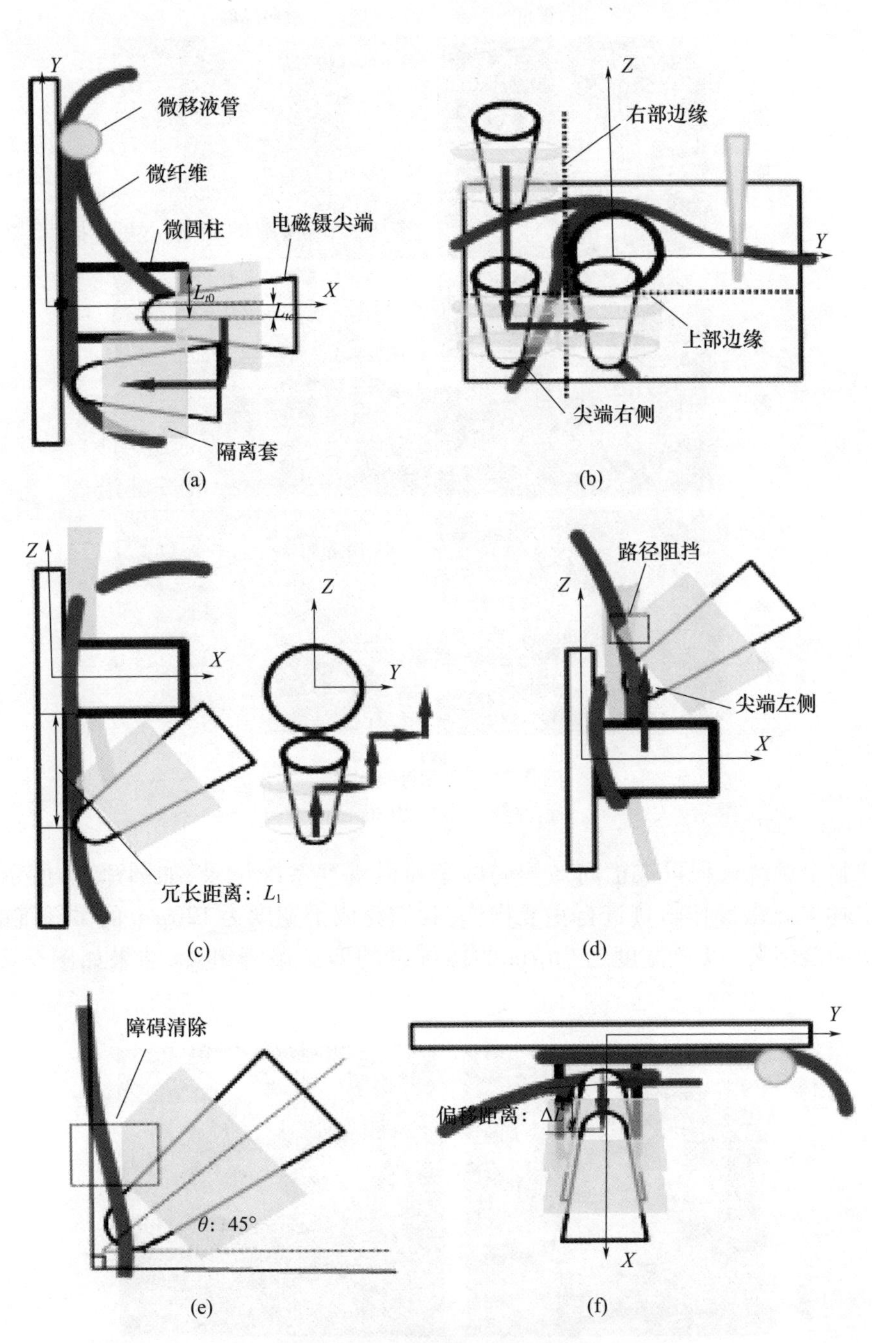

图9.23　电磁镊尖端移动轨迹

注：图中红色箭头表示移动轨迹

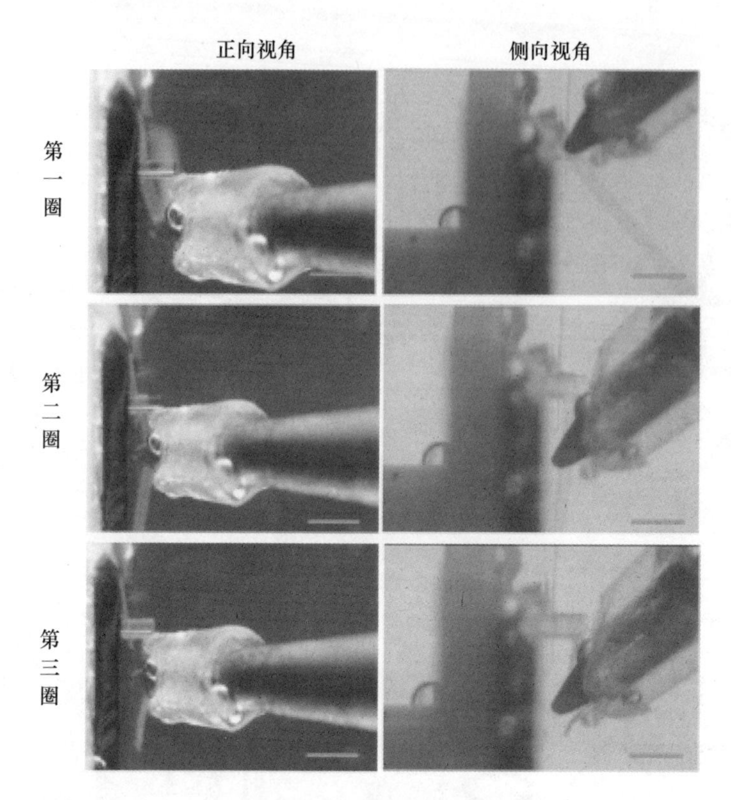

图 9. 24　实际缠绕过程

注:图中所有标尺为 500μm

整个缠绕过程可被正向与侧向两个显微观察系统记录,如图 9. 24 所示。以上述电磁镊操作轨迹进行重复操作,我们完成了宽度为 120μm 的微纤维的三次缠绕组装,以及宽度为 85μm 的微纤维的四次缠绕组装,结果如图 9. 25 所示。

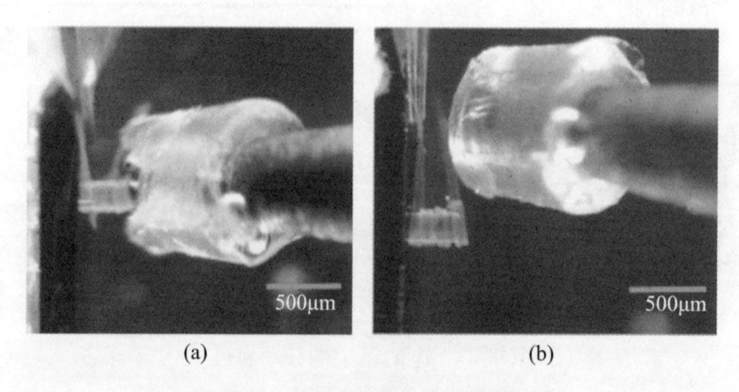

图 9. 25　微纤维被缠绕后的结构

(a)宽度为 120μm 的微纤维被缠绕三圈;(b)宽度为 85μm 的微纤维被缠绕四圈。

在操作过程中微纤维通过电磁镊持续的牵引而保持缠绕状态，同时我们使用二次交联反应，在移除电磁镊后，使微纤维可以靠自身的力量维持结构。首先，我们将2%（w/v）的氯化钙溶液通过注射器喷射到被缠绕的微纤维结构表面，这个喷射过程持续大约两分钟。随后，关闭电磁镊电源，并将其和微移液管从微纤维上移除。由于二次交联反应，被缠绕的微纤维螺旋状结构得以保持。随后，利用一个长的微移液管尖端将被缠绕的微纤维从微圆柱上释放，并再次使用显微剪，将螺旋管两端用于固定的微纤维部分减掉，就得到了一个直径约为200μm的细胞三维螺旋状微结构，如图9.26所示。

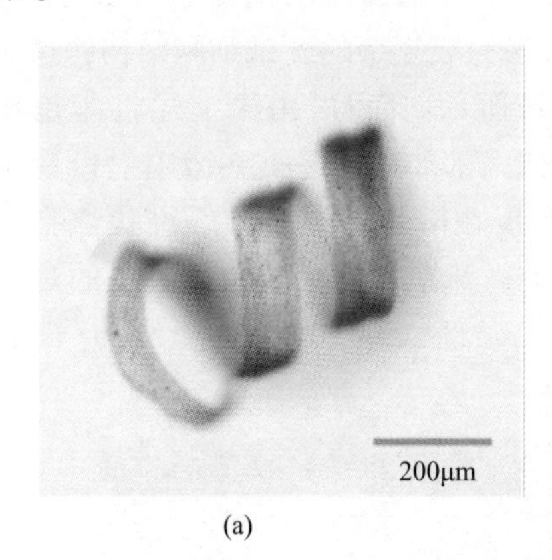

(a)

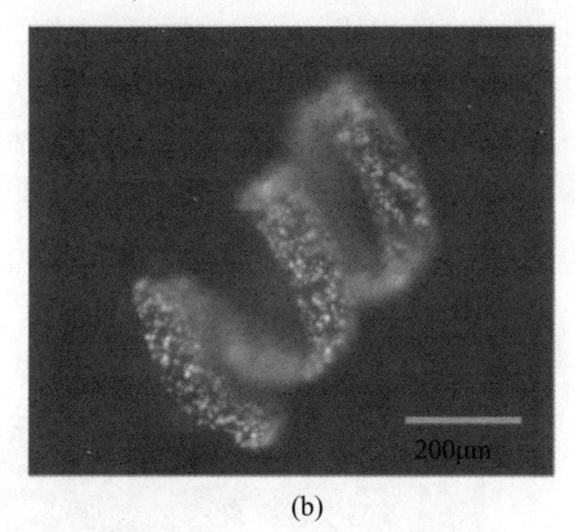

(b)

图9.26　细胞三维螺旋状微结构

（a）光学显微镜观察结果；（b）荧光下观察结果。

9.3　基于永磁引导沉淀的流道打印式细胞三维组装方法

三维体外器官模型可以为组织形成的研究、伤损器官支持以及新药的体外测试提供了一种成本低廉、细胞种类可控的人造生物平台。相比于微血管结构相对简单的环形，其他人体器官结构拥有更为繁复的三维形状，这就需要使用复杂的三维细胞结构予以模拟[33-34]。虽然之前描述的组装方法具有微米级的高组装精度，但其工作范围相对较小，并不适用宏观、复杂的细胞三维组装。因此，我们需要探索一种高效率的、大范围的、易操作的细胞三维宏观组装方法。生物打印（bioprinting）方法对包裹细胞的生物材料的组装具有灵活的、高效的空间控制能力，适用于构造复杂的三维细胞结构[35]。褐藻酸因为其优秀的生物兼容性、易于交联的材料特性，已经成为生物打印方法中最为常用的生物材料[36-37]。然而，从绪论的分析中可以得知，目前两种较为流行的生物打印方法：喷墨式和挤压式都是通过外机械力的方式进行二维细胞组装单元的封装，这很容易造成细胞的死亡。

相比于上述两种二维封装方式，采用 PDMS 微流道方法并使用流体相互作用、粒子交换的方式，可以为细胞的纤维状封装提供一个较为柔和的加工环境[38]。由于 PDMS 易于加工、稳定的材料特性[39-41]，还可以通过复杂的流道结构制作包含天然细胞外基质(ECM)的纤维状细胞微结构[42]，使得封装在其中的细胞群更容易分裂、增殖、成形。将这种优良的微结构作为组装单元，由其构造而成的三维细胞组装体必然展现更加优秀的生物学特性。因此，基于 PDMS 微流道芯片的打印组装具有更加广阔的生物应用前景[43-44]。然而，由于纤维状微结构自身的可控性较差，导致基于微流道的打印方式无法完成复杂的三维细胞结构构造。目前，只有一种网状结构[45-47]，如图 9.27(a)所示。而且，由于上述打印是在空气中完成的，由于表面张力的干扰，微流道内部非常容易被在微喷射口聚集的液滴堵塞，造成打印过程的失败。因此实现在微流道内二维纤维状细胞微结构持续、顺畅的加工与喷射过程，也是目前微流道打印模式亟须解决的难题之一。本节中为了表述方便，也统一将“二维磁性微纤维状细胞微结构”简称为“微纤维”。

图 9.27　网状结构和球状 PEGDA 结构

一种同时包裹纳米磁性粒子和细胞的聚乙二醇二丙烯酸酯(PEGDA)方形细胞二维微结构可以在外磁场的引导下快速定型成复杂的三维细胞结构[48,49]。这种基于磁导模式的高效定型方法为微纤维组装提供了新的思路[50]。本章中,我们使用PDMS微流道芯片作为打印喷口,通过操纵其喷口的位置,可以改变喷射的微纤维的沉淀位置。为了保持微纤维可以长时间稳定地喷射,利用缓冲溶液层流设计了一套喷射保护机制,该机制可以有效地防止流道堵塞。另外,使用了非接触式磁力引导的方式来辅助微纤维沉淀,该磁引导方法可以快速地大量收集微纤维[51]。微纤维被磁力沉淀到结构支撑模型的表面,形成特定的三维空间结构。同时,该沉淀过程在PBS缓冲液中完成,相比较在空气中打印,微纤维与外磁场之间的磁力可以用来代替微纤维与沉淀表面的黏附固定力,保持被组装的三维结构的稳定。整个组装过程如图9.28所示。基于这种磁导定型方法,通过改变支撑模型的形状,在不同三维空间形态的细胞组装体被成功构造的同时,可以保持较高的细胞存活率。

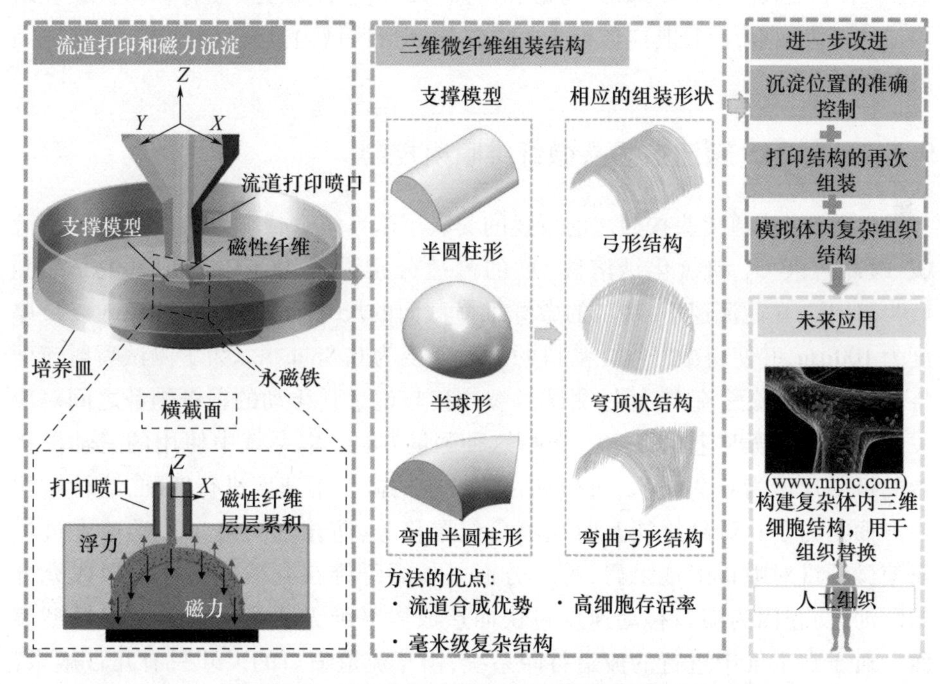

图9.28　基于永磁引导沉淀的流道打印模式的细胞三维宏观组装方法流程图

9.3.1　组装系统设计

如图9.29所示,该组装系统主要由一个PDMS微流道芯片喷头和一个磁力沉淀平台组成。微流道喷头按照第 2 章中所述的方法构造,喷口内部流道结构如图 9.3 插图所示。这些流道的高度均为 100μm。本章中所使用的流道底部玻璃盖片的尺寸为:长 50mm,宽 10mm,厚度为 0.12 ~0.17mm,这样狭长形状的玻璃片是为了配合喷口外形的矩形形状设计(长 31mm,宽 15mm,厚度 7mm)。喷头矩形设计是为了便于喷头在操作器上的安装。另外,由于打印操作是在 PBS 缓冲溶液中完成,为了减少喷口移动对被组装结构产生的扰动,喷口前段进一步被切割为一个更小的矩形,其尺寸如图 9.29(b)所示。喷口被固定在一个三自由度操作器上,如图 9.29(c)所示。喷头玻璃盖片一面始终朝向正置显微镜,这样可以在打印过程中清晰地观察流道喷口的位置,以及微纤维在流道内的合成状况。组装系统的磁力沉淀平台由聚亚安酯支撑模型、环形钕铁硼永磁铁和培养皿组成。永磁铁被放置在培养皿的下面,为包裹细胞的微纤维的沉淀提供引导磁场。使用 3D 打印机,可以获得多种形状的支撑模型,本章中我们使用了半球形、弓形和弯曲弓形这三种形状。支撑模型被黏在培养皿的下表面上,而且其应该处于永磁铁的环形区域内。最后将 PBS 溶液充满培养皿。

9.3.2 PDMS 微流道喷头微纤维喷射控制

PDMS 微流道喷头按照之前所述的交联层流系统合成微纤维。褐藻酸溶液 Q_a、缓冲溶液 Q_d 和氯化钙溶液 Q_c 的流速分别设置为 300μL/h、500μL/h 和 1500μL/h。在此流速下,加工的微纤维横截面的尺寸为:宽度为 110μm 以及厚度为 100μm,并使得微纤维在喷口的喷射速度为 0.8mm/s。为了测试喷射速度将微粒包入褐藻酸流中,通过测试微粒位移与记录其移动的视频帧数之间对应关系可以得到喷射速度,下章会分析这种测量方法。本系统中使用的三轴平移台的极限速度为 0.9mm/s,可以和在喷口中的微纤维速度进行匹配,这种匹配一方面是为了让微纤维能及时从喷口位置移除,防止因为喷口移动速度过慢而使微纤维对喷口形成阻碍,另一方面是使微纤维在支撑模型表面形成充分的沉淀,防止因为喷口移动速度过快而造成微纤维无法全面覆盖支撑模型表面。对于在空气中进行的流道打印系统,由于流道喷口的尺寸只有几百微米,在表面张力的作用下,被喷出的液体很容易在喷口位置处形成微液滴。微液滴会严重阻碍微纤维在长交联流道中的传输,这样非常容易造成微纤维碰触流道壁,并造成流道堵塞。因此,为了得到一个相对平稳、连续的喷射过程,我们将微流道喷口浸没在 PBS 溶液中来消除喷出液体表面张力的影响为流道打印提供保证。

的注射流速进行编程得到。这个缓冲溶液流体脉冲还可以用来暂停交联过程。

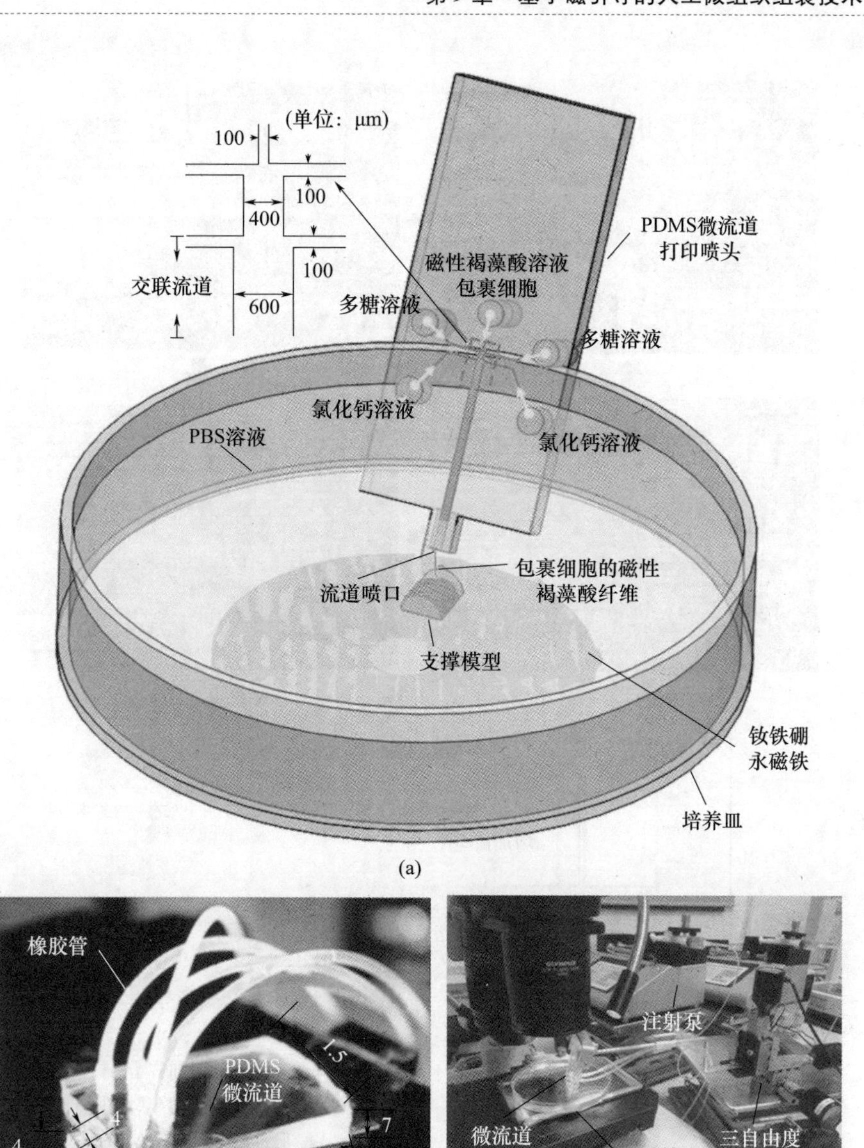

图9.29　基于永磁引导沉淀的流道打印式组装系统示意图
(a)系统原理图；(b)PDMS微流道打印喷头；(c)喷口移动操作器。

缓冲溶液被用来平衡溶液之间的黏度，减缓交联速度。此外，本系统还利用缓冲溶液流体产生的流体脉冲来冲开被堵塞的微流道。流体脉冲可以通过对注射泵的注射流速进行编程得到。这个缓冲溶液流体脉冲还可以用来暂停交联过程。图9.30(a)展示了一个在流体脉冲作用下微纤维从暂停到恢复加工的循环过程。

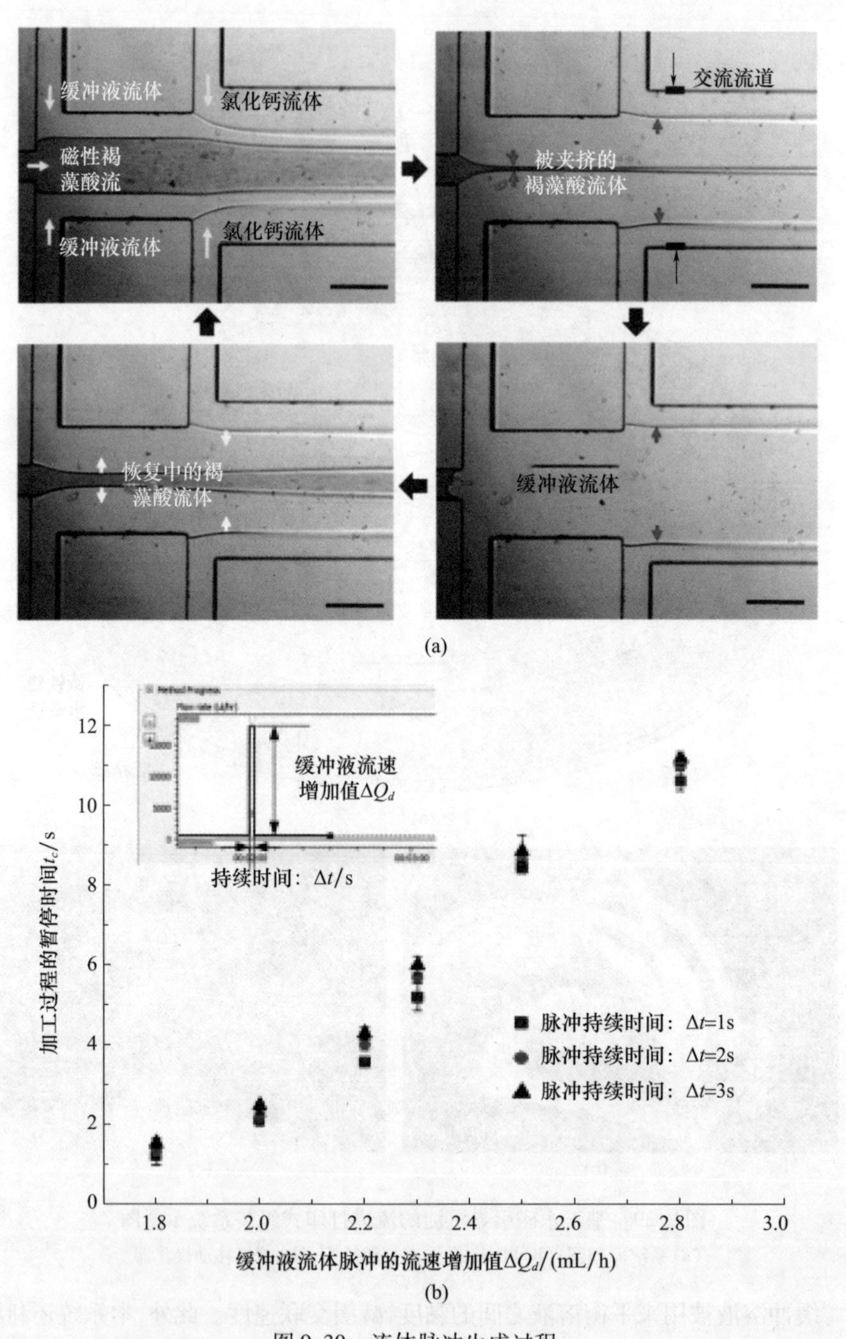

图 9.30　流体脉冲生成过程

(a)缓冲液流体脉冲暂停微纤维加工过程，红色箭头表示缓冲液流体侵入方向，白色箭头表示该流体撤出方向，图中标尺为200μm；(b)在不同的流体脉冲持续时间下，缓冲液流体脉冲流速增加值与微纤维加工暂停时间的关系，图中插图为注射泵流速控制界面。所有数据均被平均值和标准偏差表示($n\geqslant5$)。

这个脉冲瞬间产生的流体压力可以将褐藻酸流顶回注入流道,从而中止合成过程。由于多糖溶液的隔离,微流道中不会产生阻碍流体流动的水凝胶残渣。随后,随着注射褐藻酸流的注射泵不断加压使得褐藻酸流又重新回到交联流道,微纤维的加工过程又逐渐开始。当脉冲中缓冲溶液流的流速增加值 ΔQ_d > 1.8mL/h 时,才能有效夹断褐藻酸流。我们定义从褐藻酸流完全被夹断到开始恢复这段时间为喷射过程的暂停时间:t_c。ΔQ_d 和脉冲的持续时间 Δt 共同决定了暂停时间 t_c。ΔQ_d 和 Δt 的增加都可以使 t_c 增加。但是,相比于脉冲的持续时间 Δt,瞬间增大的缓冲溶液流流速将会对褐藻酸流产生更强的压力,这导致了增强脉冲流速对暂停时间的延长效果要远远大于增加脉冲持续时间所产生的效果,如图 9.30(b)所示,脉冲中流速的改变是暂停微纤维喷射过程的一种更为有效的手段。从微纤维加工的分析中我们可知,褐藻酸流在流道内部即形成了褐藻酸纤维。如果没有夹断暂停操作而强行移开打印喷口,在流道内部的褐藻酸纤维会扯拽外部已经被组装的微纤维,这很容易产生对外部组装结构的扰动。而使用了夹断暂停操作,喷口可以很顺利的从一个打印位置移开,再根据已知的暂停时间,预先到达另一个打印位置,等待微纤维喷射从而再次进行打印作业。

9.3.3　磁引导系统的优化

本系统中使用的环形永磁铁被沿着轴向方向进行磁化,其内径为 5mm,外径为 24mm,高度为 9mm。关于环形永磁铁,目前有两种物理模型可以与之等效[52]。其中一个为磁荷模型,其实质是将环形磁铁产生的磁场看作是由密度为 ρ_m 的分布磁铁产生;另一个为电流模型,其实质是将环形磁铁看作是由电路密度为 J_m 的同轴环形电流产生。与之对应的是,在工程中计算永磁铁磁场分布的算法,可以分为标量磁位法和矢量磁位法。这两种方法都可以基于 9.2.6 节中介绍的麦克斯韦方程组,通过磁标量势和磁矢量势,分别导出关于二者的微分方程组,进而采用有限元的方法进行求解。然而,由于计算过程比较复杂,我们此处仅通过第三章中使用的无封装高斯计对环形磁铁上表面的磁场强度进行测量。如图 9.31(a)所示,永磁铁上表面空间中任意一点的磁场强 $\boldsymbol{B}$ 可以通过永磁铁表面半径 r、永磁铁从表面起的轴向高度 z,以及方位角 θ 这三个参数组成的坐标系来进行描述。对应这三个参数的磁场分量分别为:沿半径分量 $B_r(r,z)$、沿轴分量 $B_z(r,z)$、沿方位角分量 $B_\theta(r,z)$。考虑到永磁铁磁场分布的对称性,我们只需沿着一条半径方向进行测量,就可以了解整个环形表面的磁场分布。由于永磁铁被轴向磁化,所以其 N 极和 S 极分别位于磁体沿轴向方向的上端和下端,磁力线从 N 极表面出发,在 S 极表面进入磁铁。由于使用的高斯计是一维的,所以,在测量三个分量时,应尽量保持霍尔探头的有缘区域与相对应的测量方向垂直，这种相对垂直位置的保持，也可以通过 9.2.3 节所示的磁力测试系统完成。在测量中我们发现，$B_\theta(r,z)$的值几乎为 0。在轴向方向，设定测试高度 z 为 2mm 和 4mm。测试高度选择 2mm 是为了避开在沿半径方向测量磁场强度时，霍尔探头在结构设计中对测试区域产生的不可避免的测试死区，4mm 的选择是因为后续所选择的组装模型高度都小于 4mm。在这两个高度上，$B_r(r,z)$和 $B_z(r,z)$和永磁铁半径 r 的相对应关系可以被测量得出，如图 9.31(b)所示。在组装过程中，微纤维在磁力的引导作用下沿 Z 轴沉淀，所以，Z 轴方向磁力的大小直接关系到组装的效果，而沿半径方向的磁场对微纤维单元的沉淀会产生一个沿半径方向的扰动。所以我们应该尽量突出磁场轴向的作用，而减少径向磁场的干扰。

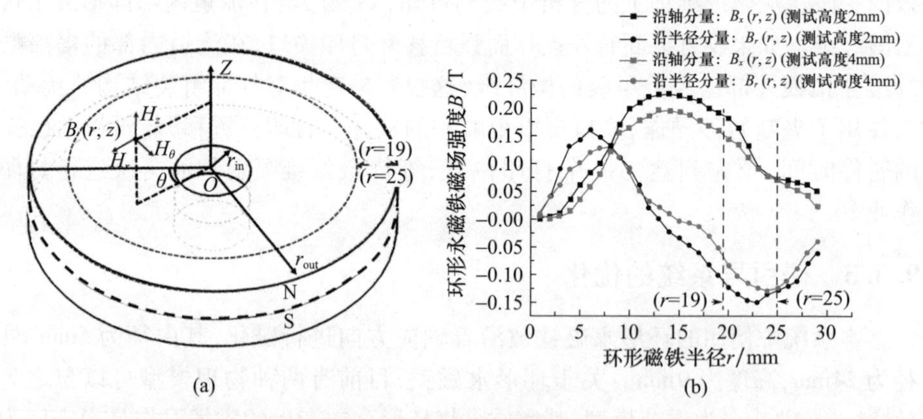

图 9.31　永磁组装区域优化

(a)永磁铁磁场强度描述方法；(b)对应于环形磁铁半径的磁场强度。

磁场对磁性粒子的作用可以用下式计算：

$$\boldsymbol{F} = (m \cdot \nabla)\boldsymbol{B} \tag{9-9}$$

式中：m 为纳米磁性粒子的磁矩，其在磁性粒子达到磁力饱和时为常数。

我们使用的钕铁硼永磁铁在其环形区域内的磁场强度大于 50mT，而如第 2 章所述，磁性粒子的饱和磁场强度为 30mT，因此，在使用永磁铁对微纤维进行组装的过程中，微纤维的磁吸引力大小，仅仅取决于磁场梯度的变化。由图 9.31(b)可知，环形磁铁半径区间在 19mm $< r <$ 25mm 时，$B_z(r,z)$的变化最为剧烈，故其在此区域内的磁场梯度最大，而径向 $B_r(r,z)$在此区域内虽然磁场强度最大，但磁场变化微弱，故其在此区域内的磁场梯度最小。根据上述分析，我们可以得出，在 19mm $< r <$ 25mm 的环形区域内沿轴方向的磁场作用力最大，有利于纤维沉淀，同时沿半径方向的磁场作用力最弱，对纤维沉淀的扰动最小，所以，这个半径区间为我们选定的最优组装区域。

9.3.4　磁性纳米粒子浓度优化

我们以9.3.3节中所选取的组装区域为基础，首先通过自主设计的一个微纤维收集装置，来评价磁性粒子浓度 C 对微纤维组装的影响，收集装置如图9.32(a)所示，一个半圆柱支撑模型被黏在永磁铁组装区域中。然后将环形永磁铁垂直地放入培养皿中，培养皿中的PBS缓冲液要浸没整个半圆柱支撑模型。其次，将微流道喷头的喷口也浸入PBS溶液中，喷口正对半圆柱模型的中部，喷口前缘到模型上表面顶点处的垂直距离固定为3mm，以保证喷口喷出的磁性微纤维能够被环形永磁铁的磁力场捕获。最后，通过控制喷口做平行于永磁铁表面的反复运动，微纤维可以在组装区域被持续收集实现层层组装。

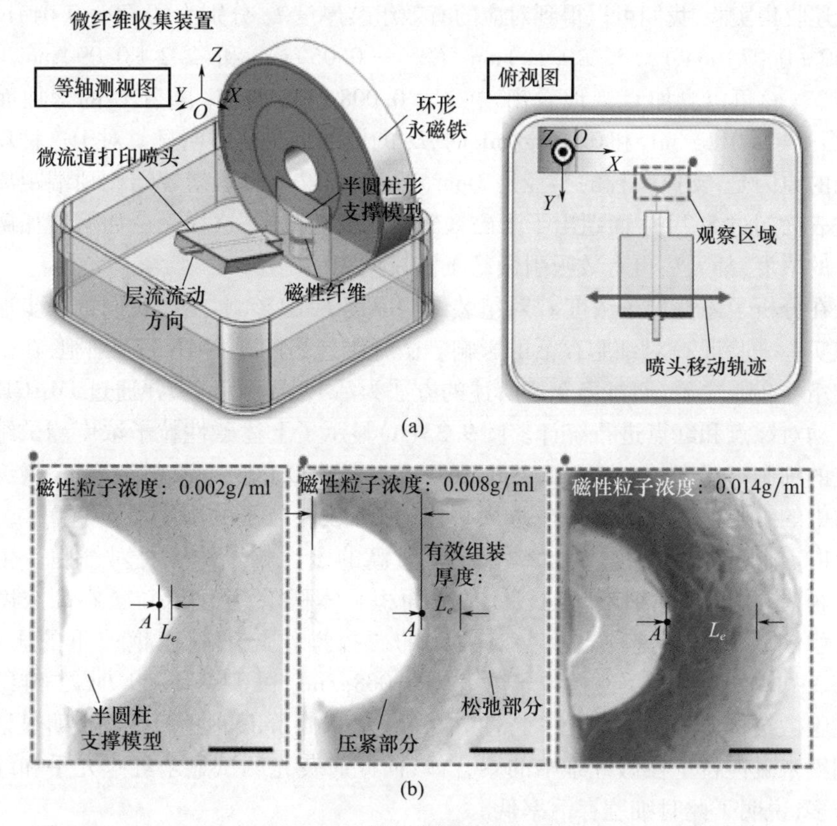

图9.32　微纤维组装厚度测试

(a)收集装置示意图；(b)不同浓度的磁性纳米粒子对组装结构的影响，图中标尺为2mm。

我们通过微纤维被组装的厚度来研究不同浓度磁性纳米粒子对组装结构的影响，微纤维的组装厚度可以通过正置显微镜来进行观察，为了保证观察效果清晰准确，要保证半圆柱模型截面与显微镜光轴垂直。从图9.32(b)可以看出，以组装体中微纤维的密度作为判断标准，组装结构可以分为压紧与松弛两部分。组装结构的压紧部分可以很好地与支撑模型的外形轮廓相互贴合，从而在磁力引导下定型成一个弓形的结构，而松弛部分的微纤维因为无法得到足够大的磁力牵引，而无法被支撑模型有效定型。所以，下一步只通过测量压紧部分的厚度，来评价磁性粒子浓度对组装结构的影响。永磁铁表面的磁场强度并不均匀，这导致压紧部分的微纤维组装结构的厚度也是不均匀的。在半圆形截面顶点 A 位置，由于这里距离永磁铁表面最远，所以微纤维在此处所受到的磁力要比在截面底部的微纤维小一些，所以顶端位置微纤维的厚度要比在底部的厚度略薄。我们取 A 点纤维层最薄处的值作为有效组装厚度 L_e。当对磁性粒子浓度 C 为 0.002g/mL、0.005g/mL、0.008g/mL、0.011g/mL 和 0.014g/mL 的微纤维分别进行上述收集实验，我们可以得到对应的有效组装厚度 L_e 分别为(0.09 ±0.04)mm、(0.52 ±0.07)mm、(1.32 ±0.12)mm、(2.1 ±0.06)mm 和(2.2 ±0.09)mm。从图 9.33(a)可以更加直观地看出，在 $C<0.008$g/mL 时，L_e 随着 C 的增加而增厚，当 $C=0.011$g/mL 和 0.014g/mL 时，L_e 的增加则变得不明显。对于这种现象可能的原因是，支撑圆柱的半径是 3mm，当 $L_e>2.2$mm 后，组装结构顶端距离永磁铁表面超过 5.2mm 而超出了永磁铁磁场的捕获范围，这样无论如何增加磁性粒子的浓度，都无法再有效吸引微纤维沿模型表面定型。

在分析了磁性粒子浓度 C 对组装结构厚度 L_e 的影响之后，我们进一步通过细胞实验来验证 C 对细胞存活的影响。微纤维包裹的是 NIH/3T3 细胞，在微纤维被培养 24h 之后，通过第 2 章所述的方法为活/死细胞染色，并通过 IMAGE 软件自动对绿点和红点进行统计。图 9.33(a)显示了上述磁性粒子浓度测试组所对应的细胞存活率。在 0.002g/mL、0.005g/mL 和 0.008g/mL 的浓度下，微纤维结构中的细胞存活率能保持在 96% 以上，而当磁性粒子的浓度增至 0.011g/mL 以上时，细胞存活率锐减到 65% 以下。过高的磁性粒子浓度将对细胞产生毒性。再者，由于磁性纳米颗粒较大的表面积 - 体积比，使纳米粒子在高浓度下将发生团状聚集。这种聚集会对后续的磁控操作与细胞产生严重的影响。图 9.33(b)分别展示了磁性粒子浓度为 0.008g/mL 和 0.011m/gL 时，二维纤维状细胞微结构的光学与荧光学特性。在 $C=0.011$g/mL 时我们可以很明显地观察到纳米磁性粒子在微纤维中的聚合体，而此时荧光测试显示红点几乎和绿点一样多，说明了此时细胞存活率低。

二维细胞纤维状结构进行三维组装的最重要作用是促进内部细胞沿着被定型的空间结构进行分化、增殖并最后形成组织。要达到这一目的，首先，需要保证组装结构具有高细胞存活率，可以有效复苏细胞功能，防止细胞持续坏死。再者，足够的细胞层厚度也需要被保证，它可以使三维组装体有足够的空间模仿体内器官层层排列的细胞结构，这对于细胞之间的交互是非常重要的。综上考虑，最终选择磁性粒子浓度 C 为 0.008g/mL 的微纤维作为最佳的组装单元。在保证足够细胞活性的基础上，此浓度可使组装体拥有最大的组装厚度。

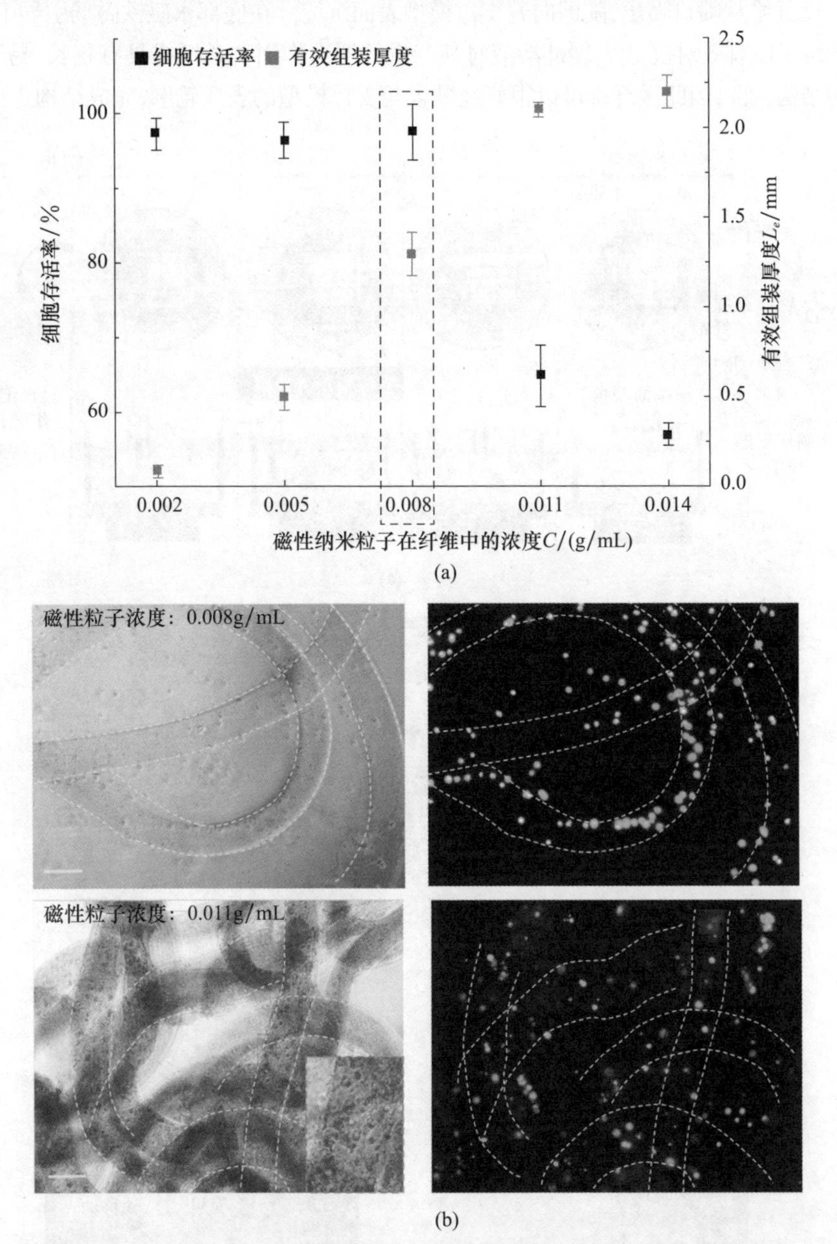

图 9.33 磁性粒子浓度对细胞存活率及有效组装厚度影响实验（见彩插）

（a）磁性纳米粒子浓度与细胞存活率和有效组装厚度的对应关系；所有数据均被平均值和标准偏差表示（$n \geq 5$）；（b）两种代表性磁性粒子浓度下，细胞存活率对比，红色箭头指向磁性纳米粒子聚集体（图中标尺为100μm）。

9.3.5 打印操作与体内组织形状模拟

微纤维从喷口喷出，随即向着支撑模型表面沉淀。在底部永磁铁磁场引导下，磁性纤维可以有效对抗 PBS 缓冲溶液对其产生的浮力作用。微纤维具有狭长、易于弯曲的结构特性，因此微纤维可以很好地贴合与支撑模型的表面轮廓，完成结构定型。

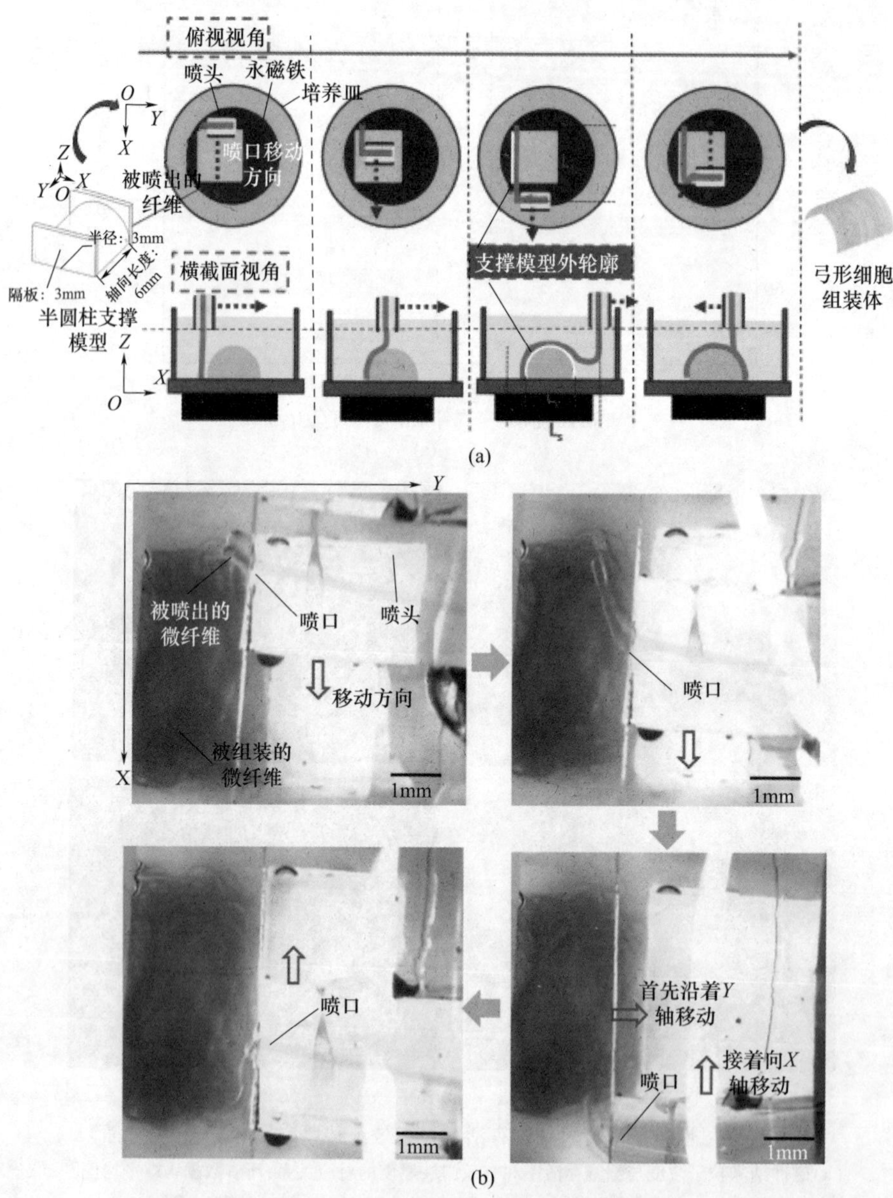

图 9.34 PDMS 微流道喷口运动轨迹规划

(a)喷口运动规划；(b)实际运动过程。

被喷出的微纤维在支撑模型上的沉淀位置会随着喷口位置的改变而改变。我们首先基于一个半圆柱形支撑模型来设计喷口的运动轨迹。由于在底部的永磁铁提供了微纤维沿 Z 轴的运动引导,所以,喷口仅仅需要在 xoy 平面进行运动规划,即可完成一个三维弓形组装结构。如图 9.34(a)所示,我们首先在模型边缘,沿着平行于 X 轴方向进行移动。因为模型的上表面是一个弧形,所以喷口的移动距离 L_s 应大于模型在 X 轴方向的底面边界长度 L_v,这样,可以保证喷口喷射足够长度的微纤维来覆盖模型表面。在完成 X 轴正向移动后,操作器再控制喷口沿 Y 轴移动 ~150μm,这个移动距离与微纤维的宽度有关。随后再沿着 X 轴负向移动,同样,其移动距离也要大于底面边界长度,如此往返。当喷口沿着 Y 轴从模型的一端面移动到了另一端面时,在模型表面就覆盖了一层纤维层,重复上述操作 8 次,可以得到一个由九层纤维层组成的弓形结构。另外,由于永磁铁在半径方向的磁场扰动,在模型端面附近沉淀的微纤维很容易发生滑落,因此,我们需要在模型两端增加一个隔板,以防止滑落的发生。

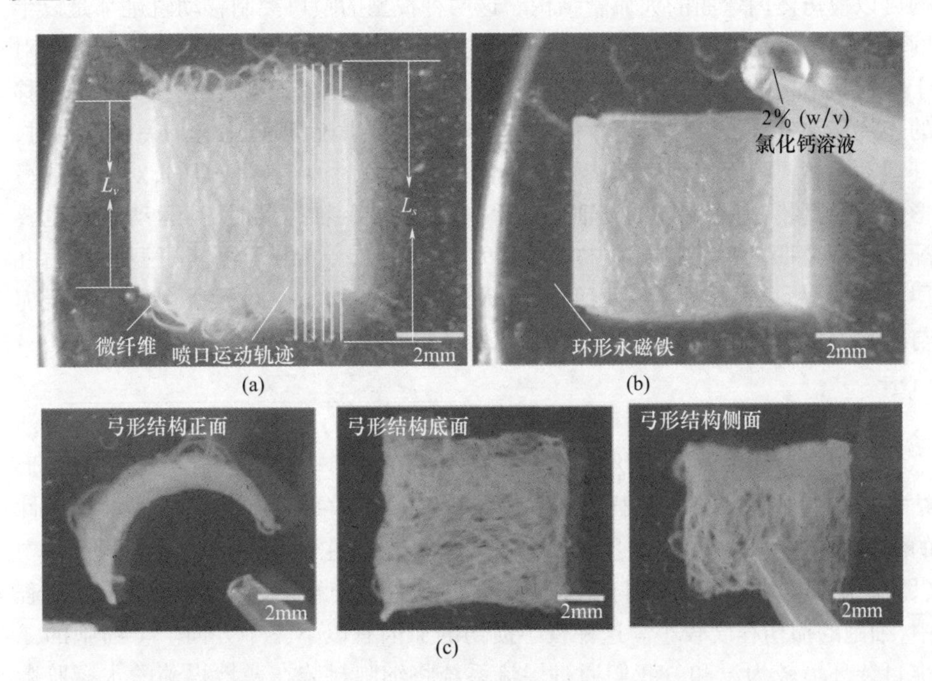

图 9.35 弓形组装结构

(a)打印完成后的结构;(b)压紧与二次交联固定;(c)弓形组装结构。

在打印操作完成后,微纤维形成了一个较为松散的组装结构,如图 9.35(a)所示。为了进一步使组装结构与支撑模型的外表轮廓相互配合,我们将培养皿中的 PBS 缓冲液抽空,由于湿润微纤维之间强大的表面张力作用,松散的组装结构将被压紧如图 9.35(b)所示。接着,我们在组装结构上注射 2%(w/v)的氯化钙溶液,微纤维之间将产生二次交联反应而使彼此之间相连。等待约 1min 左右,再次将 PBS 溶液充满培养皿并移除底部的永磁铁,组装结构将被释放漂浮在溶液中,如图 9.35(c)所示。由于二次交联的作用,弓形组装结构可以在溶液中不发生松散,长时间地保持结构稳定。至此,我们通过流道打印模式,在磁引导定型的辅助下,组装了一个三维宏观细胞结构,这种结构为进一步形成类组织细胞体提供了可靠的细胞三维培养平台。

9.3.6 三维体内组织形状模拟

被组装的结构模仿体内器官组织是三维细胞组装方法必须能够完成的任务之一。本章中,除了刚才组装的弓形结构,还可以通过半球形和弯曲圆柱形支撑模型,分别完成穹顶状三维细胞结构和弯曲弓形三维细胞结构的组装,如图 9.36(a)所示。穹顶状可以用来模仿肺部下方的横隔膜结构,而弯曲弓形结构可以模仿体内弯曲的大血管结构。这两种模型的喷口控制移动轨迹都是以半圆柱形模型规划轨迹为基础,针对不同的模型边界,通过优化改动而得到的。对于穹顶状结构的组装,喷口轨迹规划中先 X 轴平移完成铺盖沉淀,接着 y 轴平移的连续移动方式被继续沿用。但对于半球形模型来说,喷口在 x 轴往复运动时,其运动距离要随着模型底部圆形边界的变化而及时改变。相似的,对于弯曲弓形结构的组装,完成上述的 x 轴运动后,在随后沿 Y 轴运动时,其运动轨迹也要配合模型弯曲的边界进行调整,如图 9.36(b)所示。由于组装模型同样为九层纤维层,所以两个组合结构的厚度大致都为 0.9mm。同样通过上述的压缩与二次交联,我们最终可以得到紧凑、稳定的三维细胞组装结构,如图 9.36(c)所示。

进一步,我们评价了这种基于流道打印模式磁力三维组装方法对细胞存活率的影响。存活率测试方法按照第二章中描述的步骤进行。在一个弯曲弓形结构任意五处位置进行采样,最后得出了 97.2% 的平均细胞存活率。代表性的细胞测试结果如图 9.37 所示,可以清楚地看到,在细胞存活率荧光测试图中(图 9.37(b)),几乎看不到有代表死细胞的红色光点出现,这说明了在操作过程中,细胞的损伤程度较小。这种较小损伤的原因有以下三个方面。①细胞的二维封装环境较为温和。我们通过层流系统将细胞封装在磁性褐藻酸水凝胶微纤维中,这样不会因为强烈的外力对细胞在封装阶段就造成不可逆转的损伤。②操作的效率较高。从绪论中可以看到,使用传统的方法完成本章中所形成的结构,如穹顶状结构,需要在穹顶下方首先完成牺牲层的打印,才能进一步支撑完成这种结构的组装。而我们的方法可以直接将微纤维在磁力的引导下快速地喷射在半球形支撑模型表面而沉淀定型,不需要制备牺牲层,这就节省了很多时间,从而形成了较高的细胞存活率。③组装完成于液体内。传统的打印基本都是在空气中而无法在液体环境中完成。这是由于液体本身对褐藻酸凝胶有浮力作用,使得褐藻酸凝胶之间依靠表面张力形成的结构紧固力失效,从而导致整个组装结构的松散。而在这里我们使用了磁力辅助定型的方法,通过包裹在微纤维结构中的磁性纳米颗粒对抗自身产生的浮力,从而保证了复杂结构的稳定,促成了在液体环境中三维细胞的组装。液体中湿润的环境也能更好地使细胞保持活性。所以,上述三点说明了为何这种组装方法能保持很高的细胞存活率。同时,我们使用了层层沉淀的组装方法,这种方法可以通过更改封装不同细胞的打印喷头,较为简单地使多种细胞在空间中按一定分布就行排列,促进了宏观组装体进一步对真实人体器官中的细胞分布结构的模拟,具有较为明显的组织学意义。

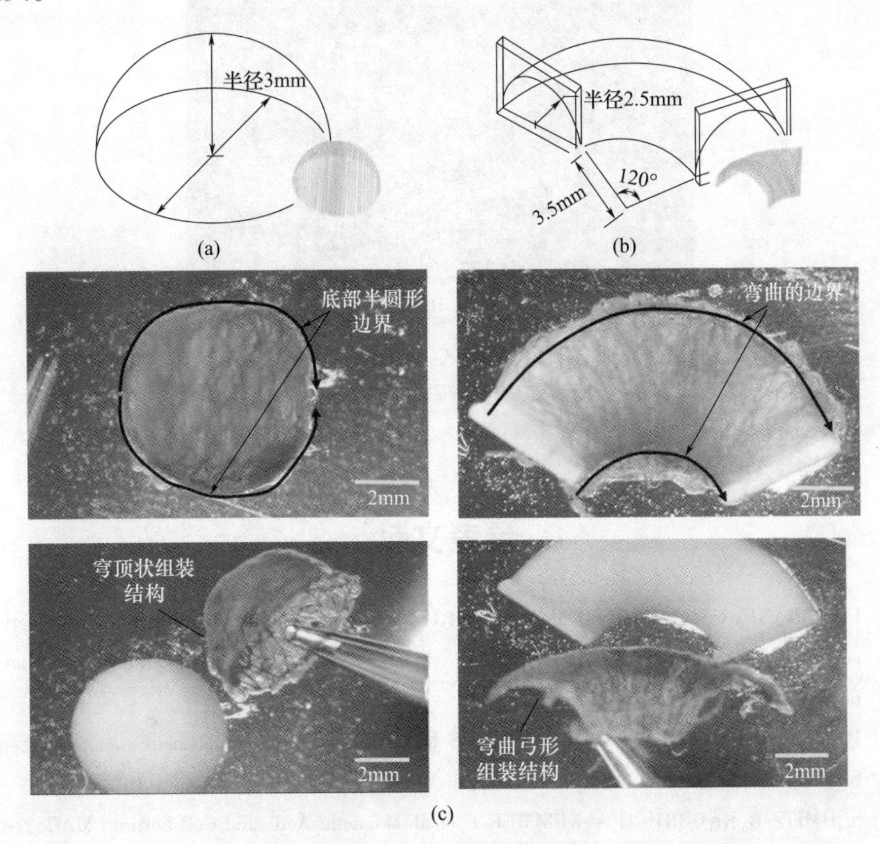

图 9.36　模拟体内组织的三维细胞组装结构(见彩插)

(a)结构支撑模型与组装体示意图;(b)组装过程中喷口轨迹规划;

(c)穹顶状和弯曲弓形组装结构。

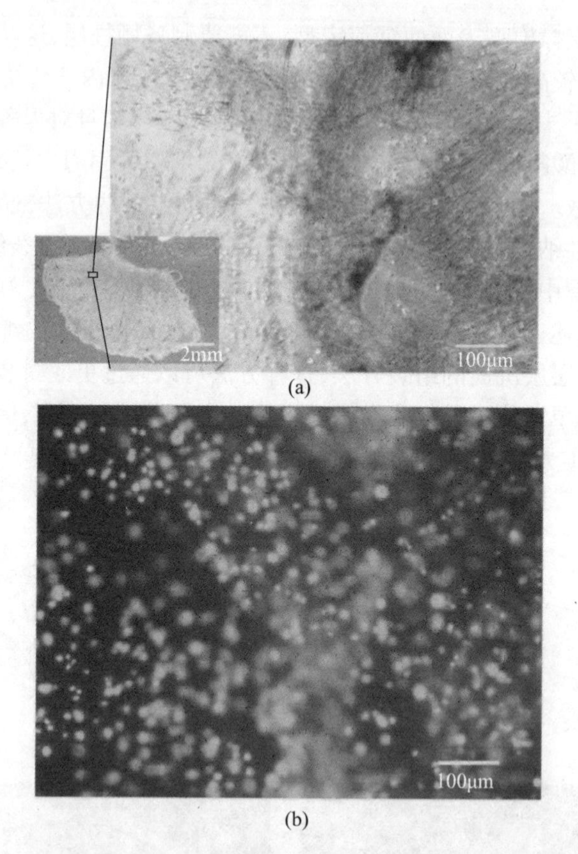

(a)

(b)

图 9.37　组装结构内细胞存活率测试(绿色代表活细胞,红色代表死细胞)
(a)观察部分在组装结构中的位置示意图;(b)荧光测试结果图。

参考文献

[1] GHORBANIAN S, QASAIMEH M A, AKBARI M, et al. Microfluidic direct writer with integrated declogging mechanism for fabricating cell - laden hydrogel constructs[J]. Biomedical Microdevices, 2014, 16(3): 387 - 395.

[2] PANKHURST Q A, CONNOLLY J, JONES S K, et al. Application of magnetic nanoparticles in biomedicine[J]. Journal of Physics D: Applied Physics, 2003, 36(13): 167 - 181.

[3] SCHMITZ B, RADBRUCH A, KÜMMEL T, et al. Magnetic Activated Cell Sorting(MACS) - a new immunomagnetic method for megakaryocytic cell isolation: comparison of different separation techniques[J]. European Journal of Haematology, 1994, 52(5): 267 - 275.

[4] YAN H, DING C G, TIAN P X, et al. Magnetic cell sorting and flow cytometry sorting methods

for the isolation and function analysis of mouse CD4 + CD25 + Treg cells[J]. Journal of Zhejiang Universityence B,2009,10(12):928 – 932.

[5] LAURENT VM,HÉNON S,PLANUS E,et al. Assessment of mechanical properties of adherent living cells by bead micromanipulation: comparison of magnetic twisting cytometry vs optical tweezers[J]. Journal of Biomedical Engineering,2002,124(4):408 – 421.

[6] SUN J F,LIU X A,HUANG J Q,et al. Magnetic assembly – mediated enhancement of differentiation of mouse bone marrow cells cultured on magnetic colloidal assemblies[J]. Scientific Reports,2014,4(4):1 – 8.

[7] HAGIWARA M,KAWAHARA T,YAMANISHI Y,et al. On – chip magnetically actuated robot with ultrasonic vibration for single cell manipulations[J]. Lab on a Chip,2011,11(11):2049 – 2054.

[8] FRASCA G,GAZEAU F,WILHELM C. Formation of a three – dimensional multicellular assembly using magnetic patterning[J]. Langmuir,2009,25(4):2384 – 2354.

[9] YAMANISHI Y,SAKUMA S,ONDA K,et al. Biocompatible polymeric magnetically driven microtool for particle sorting[J]. Journal of Micro – Nano Mechatronics,2008,4(4):49 – 57.

[10] YAMANISHI Y,SAKUMA S,ONDA K,et al. Powerful actuation of magnetized microtools by focused magnetic field for particle sorting in a chip[J]. Biomedical Microdevices,2010,12(4):745 – 752.

[11] CHUNG Y C,WU C M,LIN S H. Particles sorting in micro channel using designed micro electromagnets of magnetic field gradient[J]. Journal of Magnetism & Magnetic Materials,2016,407(6):209 – 217.

[12] INOMATA N,MIZUNUMA T,YAMANISHI Y,et al. Omnidirectional actuation of magnetically driven microtool for cutting of oocyte in a Chip[J]. Journal of Microelectromechanical Systems,2011,20(2):383 – 388.

[13] YAMANISHI Y,SAKUMA S,KIHARA Y,et al. Fabrication and application of 3 – D magnetically driven microtools[J]. Journal of Microelectromechanical Systems,2010,19(2):350 – 356.

[14] LI H,FLYNN T J,NATION J C,et al. Photopatternable NdFeB polymer micromagnets for microfluidics and microrobotics applications[J]. Journal of Micromechanics and Microengineering,2013,23(23):065002.

[15] AMSTAD E,GILLICH T,BILECKA I,et al. Ultrastable iron oxide nanoparticle colloidal suspensions using dispersants with catechol – derived anchor groups[J]. Nano Letter,2009,9(12):4042 – 4048.

[16] YANG K,PENG H B,WEN Y H,et al. Re – examination of characteristic FTIR spectrum of secondary layer in bilayer oleic acid – coated Fe_3O_4 nanoparticles[J]. Applied Surface Science,2010,256(10):3093 – 3097.

[17] LIU J,SHI J,JIANG L,et al. Segmented magnetic nanofibers for single cell manipulation[J]. Applied Surface Science,2012,258(19):7530 – 7535.

[18] VRIES AHBD, KRENN B E, DRIEL R V, et al. Micro magnetic tweezers for nanomanipulation in side live cells[J]. Biophysical Journal, 2005, 88(3): 2137 – 2144.

[19] SOUZA G R, MOLINA J R, RAPHAEL R M, et al. Three – dimensional tisse culture based on magnetic cell levitation[J]. Nature Nanotechnology, 2010, 5(4): 291 – 296.

[20] AKIYAMA H, ITO A, KAWABE Y, et al. Fabrication of complex three – dimensional tissue architectures using a magnetic force – based cell patterning technique[J]. Biomedical Microdevices, 2009, 11(4): 713 – 721.

[21] Ito A, Jitsunobu H, Kawabe Y, et al. Construction of heterotypic cell sheets by magnetic force – based 3 – D coculture of HepG2 and NIH3T3 cells[J]. Journal of Bioscience and Bioengineering, 2007, 104(5): 371 – 378.

[22] OKOCHI M, TAKANO S, ISAJI Y, et al. Three – dimensional cell culture array using magnetic force – based cell patterning for analysis of invasive capacity of BALB/3T3/v – src[J]. 2009, 9(23): 3378 – 3384.

[23] XU F, WU C M, RENGARAJAN V, et al. Three – dimensional magnetic assembly of microscale hydrogels[J]. 2011, 23(37): 4254 – 4260.

[24] TASOGLU S, DILLER E, GUVEN S, et al. Untethered micro – robotic coding of three – dimensional material composition[J]. Nature Communications, 2014, 5(1): 1 – 9.

[25] SUH S K, CHAPIN S C, HATTON T A, et al. Synthesis of magnetic hydrogel microparticels for bioassays and tweezer manipulation in microwells[J]. Microfluidic and Nanofluidic, 2012, 13(4): 665 – 674.

[26] COWELL T W, VALERA E, JANKELOW A, et al. Rapid, multiplexed detection of biomolecules using electrically distinct hydrogel beads[J]. Lab on a Chip, 2020, 20(13): 2274 – 2283.

[27] AGARWAL D, THAKUR A D, THAKUR A. Magnetic microbot – based micromanipulation of surrogate biological objects in fluidic channels[J]. 2022: 1 – 15.

[28] SUN T, Wang H, Shi Q, et al. Micromanipulation for coiling microfluidic spun alginate microfibers by magnetically guided system[J]. IEEE Robotics & Automation Letters, 2017, 1(2): 808 – 813.

[29] ONOE HIROAKI, OKITSU T, ITOU A, et al. Metre – long cell – laden microfibres exhibit tissue morphologies and functions[J]. Mature Materials, 2013, 12(6): 584 – 590.

[30] BIJAMOV A, SHUBITIDZE F, OLIVER P M, et al. Quantitative modeling of forces in electromagnetic tweezers[J]. Journal of Applied Physics, 2010, 108(10): 104701.

[31] CHEN L, OFFENHÄUSSER A, KRAUSE H J. Magnetic tweezers with high permeability electromagnets for fast actuation of magnetic beads[J]. Review of Scientific Instruments, 2015, 86(4): 044701.

[32] YAPICI M K, OZMETIN A E, ZOU J, et al. Developmetn and experimental characterization of micromachined electromagnetic probes for biological manipulation and stimulation applications[J]. Sensors & Actuators A Physical, 2008, 144(1): 213 – 221.

[33] GOSSE C, CROQUETTE V. Magnetic tweezers: Micromanipulation and force measurement at

the molecular level[J]. Biophysical Journal,2002,82(6):3314 – 3329.

[34] PETER, DALDROP, HERGEN, et al. Extending the range for force calibration in magnetic tweezers[J]. Biophysical Journal,2015,108(10):2550 – 2561.

[35] KOLLMANNSBERGER P,FABRY B. High – force magnetic tweezers with force feedback for biological applications[J]. Review of Scientific Instruments,2007,78(11):114301.

[36] CHEN W,ZHU B,LI M,et al. Shape – controlled fabrication of cell – laden calcium alginate – PLL hydrogel microcapsules by electrodeposition on microelectrode[J]. Journal of Biomaterials Applications,2017,32(4):504 – 510.

[37] SHEN Y,NAKAJIMA M,HU C,et al. 3D cell assembly based on electro deposition of calcium alginate[C]//2012 International Symposium on Micro – Nano Mechatronics and Human Science(MHS). IEEE,2012:249 – 252.

[38] DU Y,GHODOUSI M,QI H,et al. Sequential assembly of cell – laden hydrogel constructs to engineer vascular – like microchannels[J]. Biotechnology & Bioengineering,2011,108(7):1693 – 1703.

[39] MATTHEWS B D,LAVAN D A,OVERBY D R,et al. Electromagnetic needles with submicron pole tip radii for nanomanipulation of biomolecules and living cells[J]. Applied Physics Letters,2004,85(14):2968 – 2970.

[40] WANG X,LAW J,LUO M,et al. Magnetic measurement and stimulation of cellular and intracellular structures[J]. ACS Nano,2020,14(4):3805 – 3821.

[41] Schuerle S,Erni S,Flink M,et al. Three – Dimensional magnetic manipulation of micro and nanostructures for applications in life sciences[J]. IEEE Transactions on Magnetics,2013,49(1):321 – 330.

[42] SPERO R C,VICCI L,CRIBB J,et al. High throughput system for magnetic manipulation of cells,polymer,and biomaterials[J]. Review of Scientific Instruments,2008,79(8):083707.

[43] GANG L,XU S. Small diameter microchannel of PDMS and complex three – dimensional microchannel network[J]. Materials & Design,2015,81(9):82 – 86.

[44] YUE T,NAKAJIMA M,TAJIMA H,et al. Fabrication of microstructures embedding controllable particles inside dielectrophoretic microfluidic devices [J]. International Journal of Advanced Robotic Systems,2013,10(2):132.

[45] GRINNELL F. Fibroblast biology in three – dimensional collagen matrices[J]. Trends in Cell Biology,2003,13(5):264 – 269.

[46] PETRIE R J,YAMADA K M. Fibroblasts lead the way:a unified view of 3D cell motility[J]. Trends in Cell Biology,2015,25(11):666 – 674.

[47] GREEN J A,YAMADA K M. Three – dimensional microenvironments modulate fibroblast signaling responses[J]. Advanced Drug Delivery Reviews,2007,59(13):1293 – 1298.

[48] XU F, WU C M, RENGARAJAN V, et al. Three – dimensional magnetic assembly of microscale hydrogels[J]. 2011,23(37):4254 – 4260.

[49] BRANDENBERG N,LUTOLF M P. In situ patterning of microfluidic networks in 3D cell –

laden hydrogels[J]. Advanced Materials,2016,28(34):7450 – 7456.

[50] JEON S,HOSHIAR A K,KIM K,et al. A magnetically controlled soft microrobot steering a guidewire in a three – dimensional phantom vascular network[J]. Soft Robotics,2019,6(1): 54 –68.

[51] HWANG J,KIM J,CHOI H. A review of magnetic actuation systems and magnetically actuated guidewire – and catheter – based microrobots for vascular interventions[J]. Intelligent Service Robotics,2020,13(1):1 – 14.

[52] 王瑞凯,左洪福,吕萌．环形磁铁空间磁场的解析计算与仿真[J]．航空计算技术,2011,41(5):19 –23.

图 1.15　机器人化细胞组装整体概念

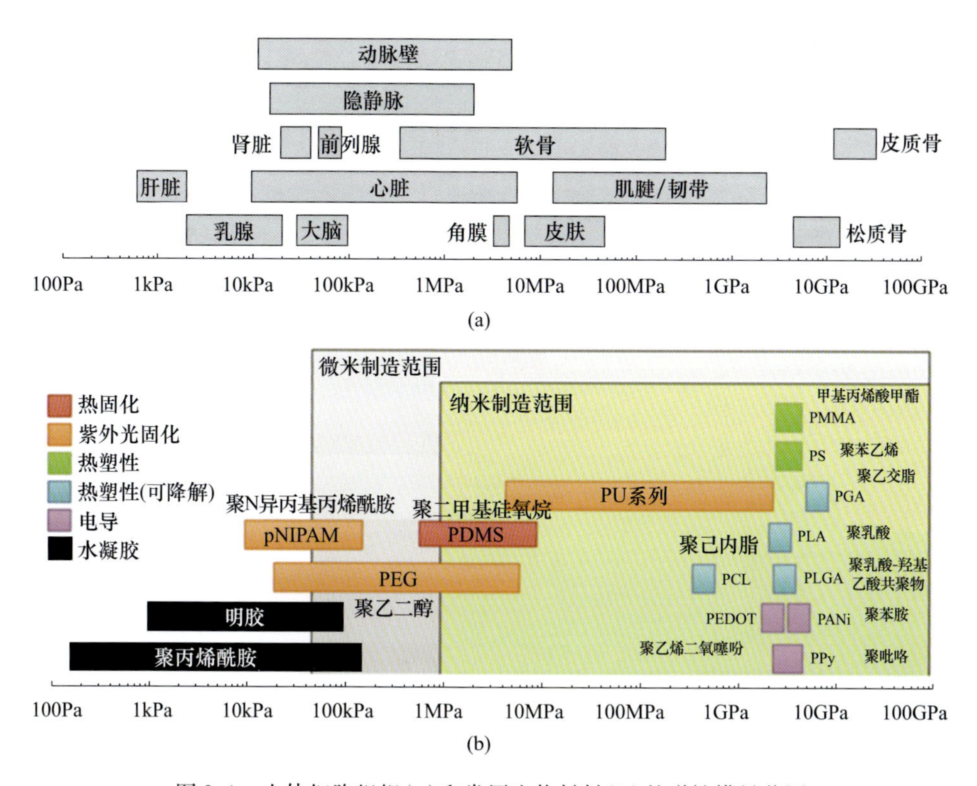

图 2.1　人体细胞组织(a)和常用生物材料(b)的弹性模量范围

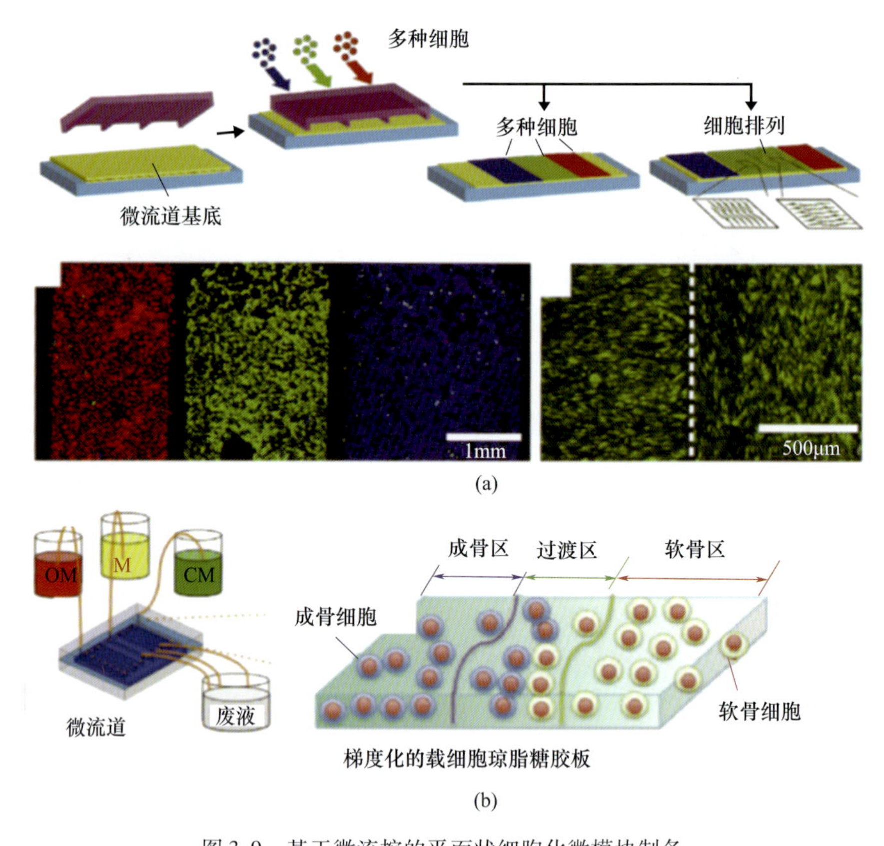

图 3.9　基于微流控的平面状细胞化微模块制备

(a)利用微流道控制平面状微模块上的细胞分布;(b)利用微流道引导细胞在凝胶板上的分化趋势。

细胞化微组装模块
模块化三维人工组织
真实人体微组织
细胞-水凝胶混合液
微流道系统
微纳操作器1
微纳操作器2
培养皿
导轨微纳操作机器人系统
物镜
UV 光源
可构型掩模板
肝小叶
微血管
肌肉纤维
(a)　(b)　(c)

图 5.1　面向细胞三维操作与自动化组装的跨尺度微纳操作机器人系统

(a)细胞化微模块片上加工;(b)微纳机器人协同组装;(c)模块化微组织未来应用。

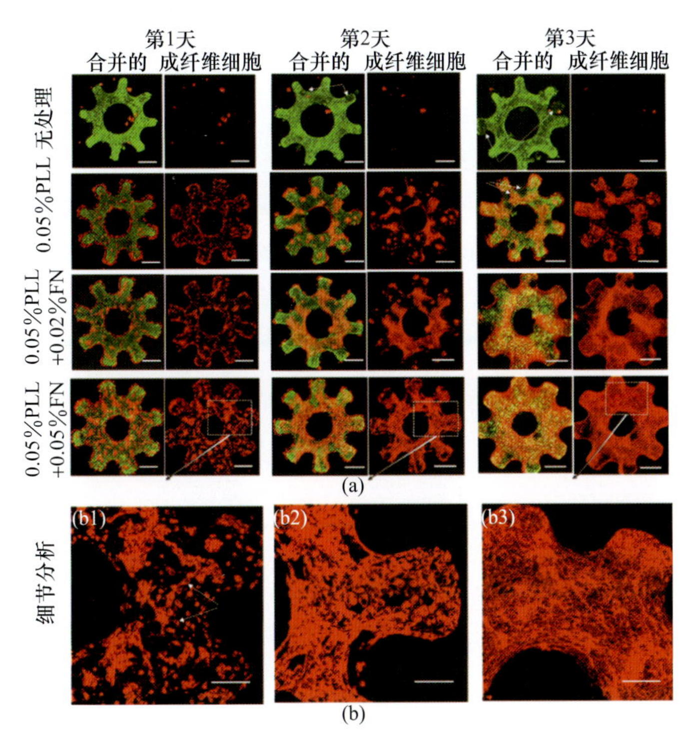

图 6.7 成纤维细胞培养

(a)共聚焦显微镜扫描荧光图像显示位于核心肝细胞(绿色)和位于表面成纤维细胞(红色)处理不同比率的组件(无处理,0.05%(w/v)PLL,0.05%(w/v)PLL 加 0.02%(w/v)FN 和 0.05%(w/v)PLL 加 0.05%(w/v)FN)在合并后的图像和成纤细胞图像;(b)第 1、2、3 天 0.05%(w/v)PLL 和 0.05%(w/v)FN 处理后微结构表面的详细表征(标尺:100μm)。

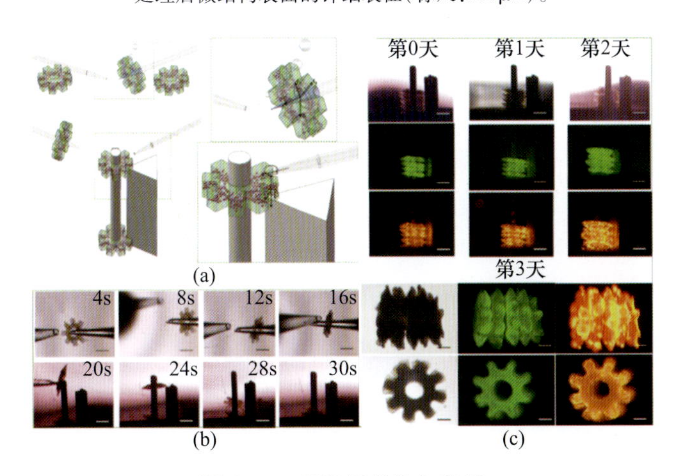

图 6.13 微组织组装与培养

(a)微柱拾取和微柱导向装配的原理;(b)微球拾取和微柱导向装配的实时过程(标尺:500 μm);(c)细胞自黏合过程在第 1、2、3 和 0 天(装配完成后)进行表征,标尺:250 μm(第 3 天),500 μm(第 0 天、第 1 天、第 2 天)。

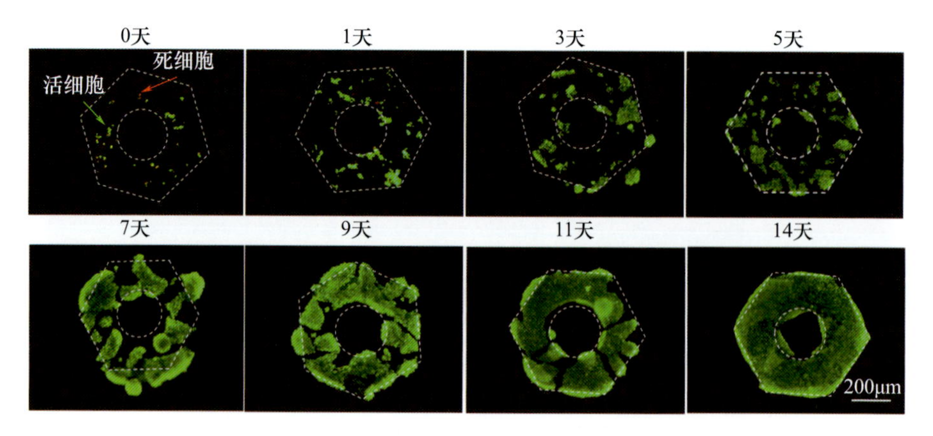

图 7.12 细胞化二维六边形微单元的体外长期培养

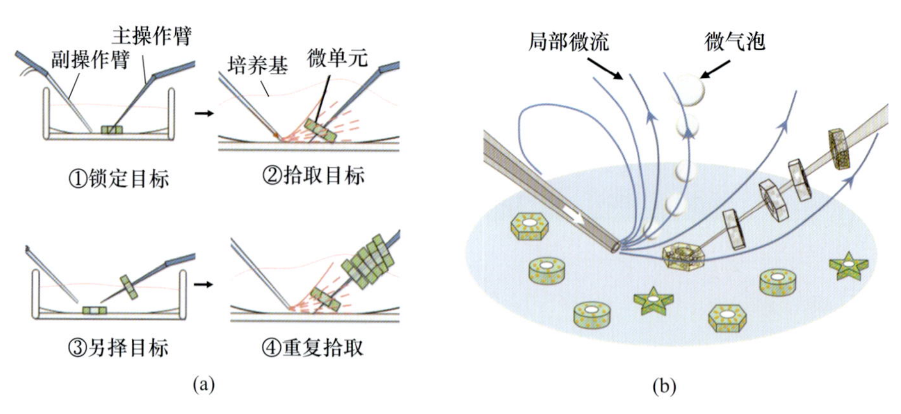

图 7.14 微单元组装

(a)六边形微单元的拾取过程;(b)局部微流实现微单元的非接触式拾取。

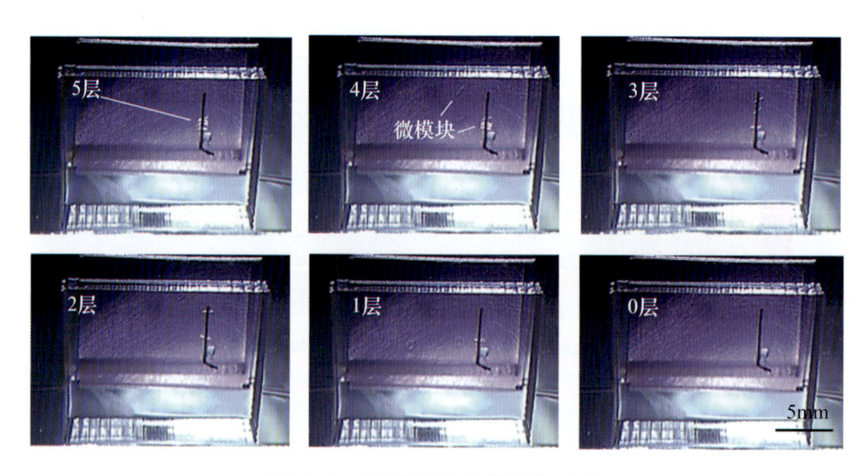

图 7.18 组装微单元的释放过程

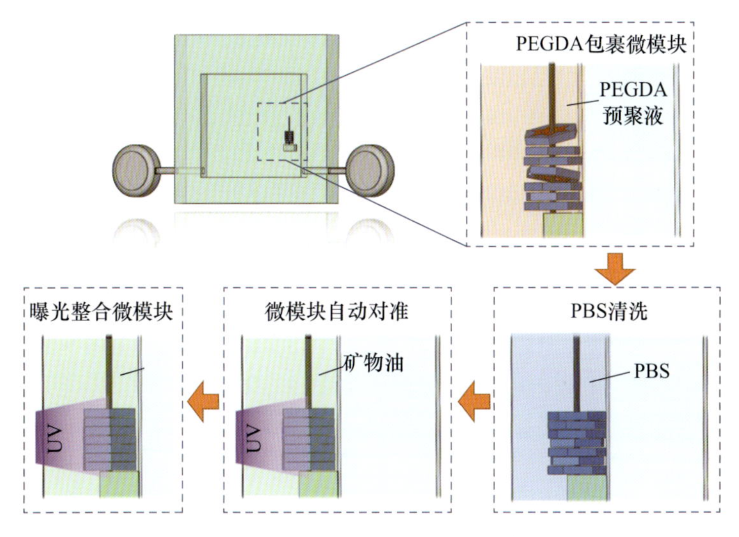

图 7.19　微单元的自动对齐和整合过程

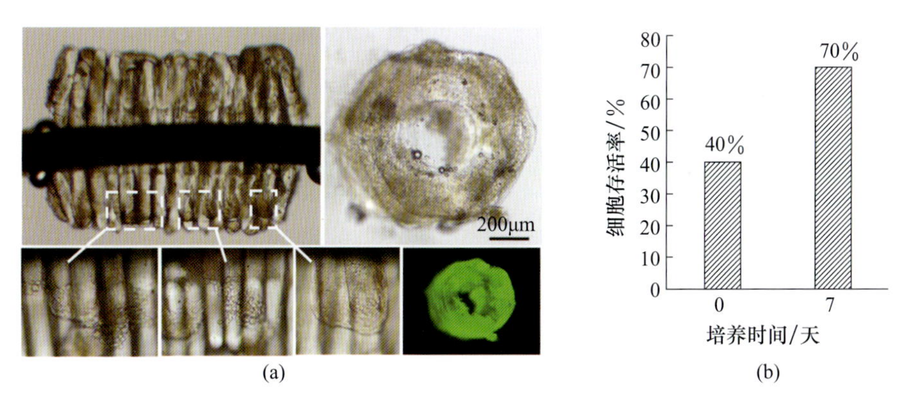

图 7.20　仿肝小叶三维微组织的体外长期培养

(a)培养 7 天后微组织中细胞的增殖、延展情况;(b)微组织细胞存活率检测。

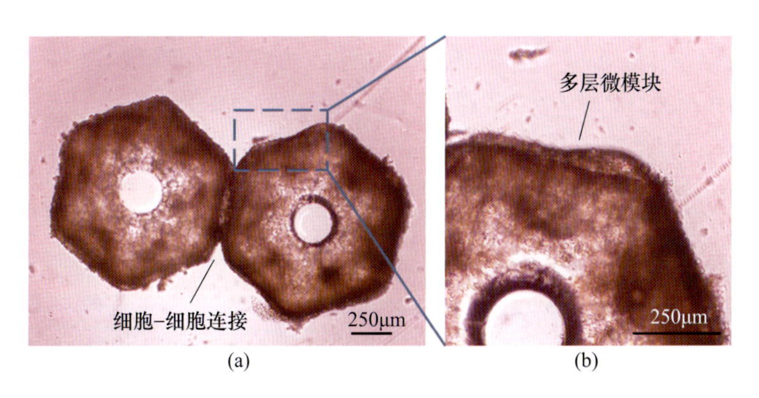

图 7.23　仿肝小叶三维微组织扩大培养

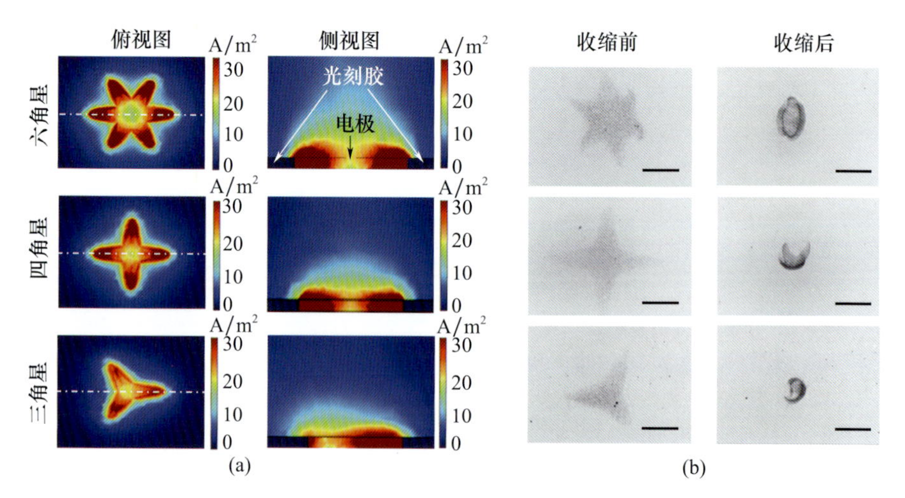

图 8.9　六角星、四角星和三角星海藻酸水凝胶微结构的电流密度模拟和变形（比例尺：500μm）

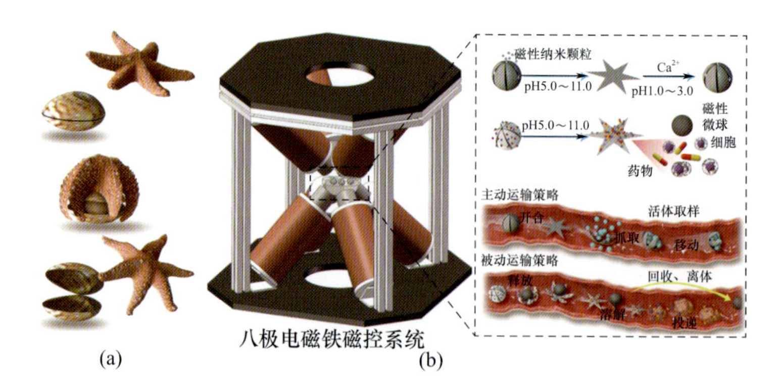

图 8.14　微机器人磁控系统及运动控制策略示意图

（a）海星捕食贝类示意图；（b）主动运输策略和被动运输策略示意图。

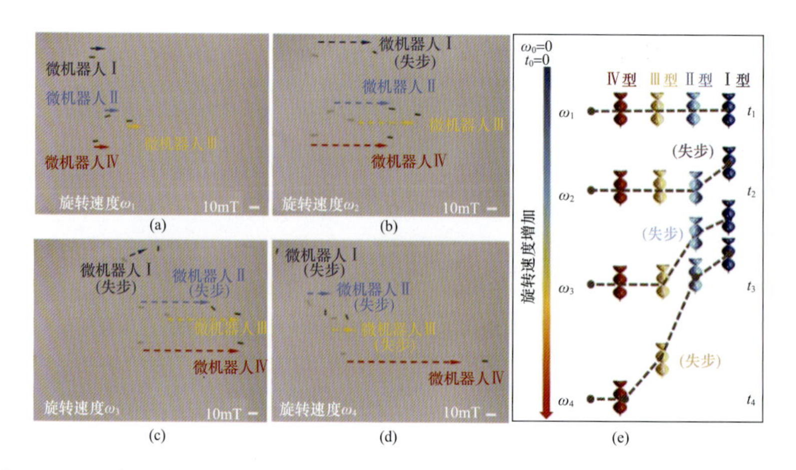

图 8.24　四种不同凹坑表面积占比的双螺旋微机器人在水中的运动速度对比实验

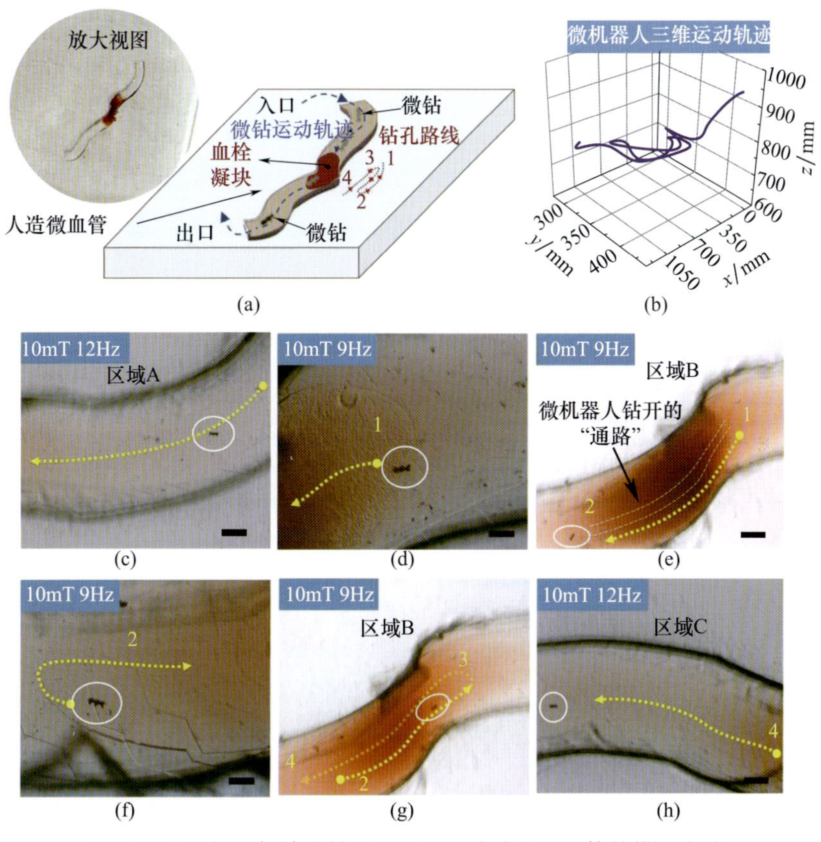

图 8.26　磁性双螺旋微钻机器人用于清除血栓的体外模拟实验

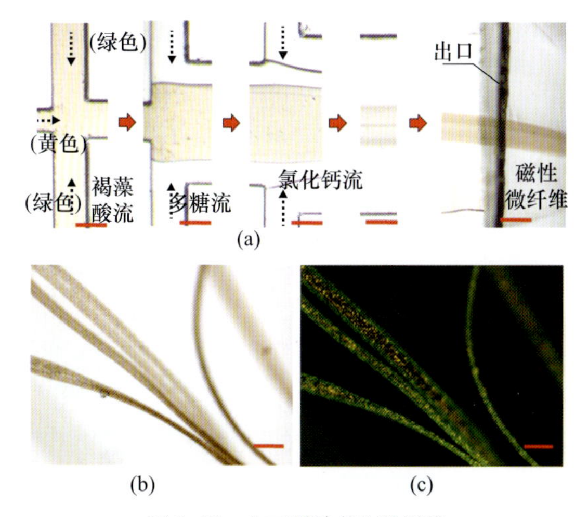

图 9.11　“三明治状”微纤维

(a)微纤维微流道加工流程;(b)微纤维;(c)微纤维荧光结构。

注:图中所有标尺是 100μm

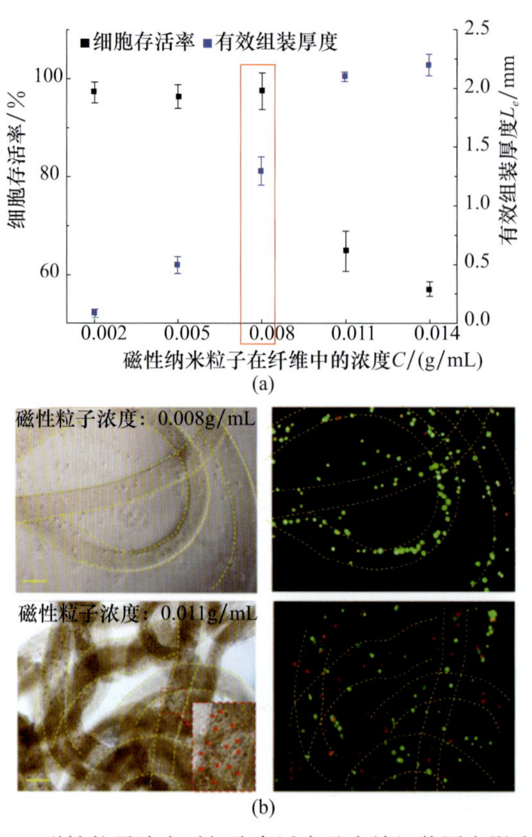

图 9.33　磁性粒子浓度对细胞存活率及有效组装厚度影响实验

(a)磁性纳米粒子浓度与细胞存活率和有效组装厚度的对应关系;所有数据均被平均值和标准偏差表示($n \geq 5$);(b)两种代表性磁性粒子浓度下,细胞存活率对比,红色箭头指向磁性纳米粒子聚集体(图中标尺为 100μm)。

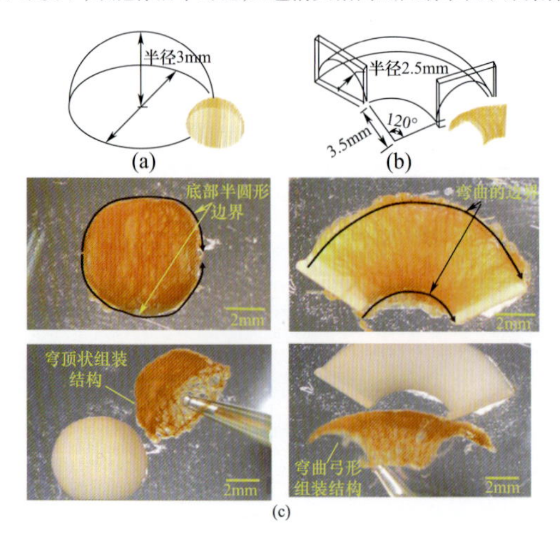

图 9.36　模拟体内组织的三维细胞组装结构

(a)结构支撑模型与组装体示意图;(b)组装过程中喷口轨迹规划;(c)穹顶状和弯曲弓形组装结构。